高等学校规划教材·计算机工程建模实例系列教程

AutoCAD 2010 机械设计实例教程

主　编　曹　岩　李建勇　田卫军

副主编　李　郁　何扣芳

编　者　侯　伟　殷　锐　李文燕　兰贤辉
　　　　潘天丽　张淑鸽　田静云　陈　荣
　　　　王　婷　宋佳佳　杨振朝　石　凯
　　　　李　燕　王引卫

西北工業大學出版社

【内容简介】本书从使用者的角度出发，通过典型实例的详细讲解，系统深入地介绍了 AutoCAD 2010 的主要功能，使读者在完成各种不同实例的绘制过程中，系统地掌握 AutoCAD 的使用方法。全书主要内容包括 AutoCAD 2010 概述，板类零件建模，机座及箱体类零件建模，凸轮类零件建模，旋转体及轴类零件建模，塞、阀类零件建模，标准件建模，标准件平面图绘制，齿轮类零件建模，齿轮类零件平面图绘制，蜗轮及蜗杆类零件建模，盘盖类零件建模，支架、杆、轮、叶片类零件建模，模具型腔类零件建模，曲面类零件建模等。

本书以图文对照的方式进行编写，内容全面，循序渐进，通俗易懂，有助于用户迅速掌握和全面提高使用技能。本书可作为高等学校计算机辅助设计教材，也可供企业、研究机构、大中专院校从事有关 CAD/CAM 技术工作的专业人员使用。

图书在版编目（CIP）数据

AutoCAD 2010 机械设计实例教程/曹岩，李建勇，田卫军主编．—西安：西北工业大学出版社，2010.12
高等学校规划教材·计算机工程建模实例系列教程
ISBN 978-7-5612-2983-5

Ⅰ．①A…　Ⅱ．①曹…②李…③田…　Ⅲ．①机械设计：计算机辅助设计—应用软件，AutoCAD 2010—高等学校—教材　Ⅳ．①TH122

中国版本图书馆 CIP 数据核字（2010）第 249926 号

出版发行：西北工业大学出版社
通信地址：西安市友谊西路 127 号　　**邮编**：710072
电　　话：（029）88493844　88491757
网　　址：www.nwpup.com
电子邮箱：computer@nwpup.com
印 刷 者：陕西向阳印务有限公司
开　　本：787 mm×1 092 mm　1/16
印　　张：19.25
字　　数：516 千字
版　　次：2010 年 12 月第 1 版　　2010 年 12 月第 1 次印刷
定　　价：36.00 元

前 言

AutoCAD 是美国 AutoDesk 公司首次于 1982 年推出的计算机辅助设计软件，主要用于二维绘图、详细绘制、设计文档和三维设计等。AutoDesk 公司对 AutoCAD 软件进行过多次改进，使其功能不断提高，在建筑、汽车、电子、服装、造船以及测绘等许多行业中得到了广泛的应用，是现今设计领域中使用最为广泛的绘图工具之一。现在，AutoCAD 从最初基本的二维制图发展到集二维制图、三维制图和互联网通信等为一体的通用计算机辅助设计软件包。AutoDesk 公司在继承以前版本优点的基础上推出了最新版本——AutoCAD 2010。

本书通过典型实例的详细讲解，系统深入地介绍了 AutoCAD 2010 的主要功能，使读者在完成各种不同实例的绘制过程中，系统地掌握其使用方法与过程。全书主要内容如下：

第 1 章　AutoCAD 2010 概述：介绍了 AutoCAD 的发展和新特性，AutoCAD 2010 的安装、启动、界面和退出。

第 2 章　板类零件建模：通过 2 个简单的板类零件的建模过程，介绍了简单曲面类零件常用的建模方法。

第 3 章　机座及箱体类零件建模：通过 6 个实例，介绍了机座及箱体类零件建模的相关知识。

第 4 章　凸轮类零件建模：通过 4 个实例，介绍了凸轮类零件建模的过程与方法。

第 5 章　旋转体及轴类零件建模：通过弹簧、连接轴套、平键轴、曲轴这 4 个建模实例，介绍了创建、编辑三维旋转实体模型的方法。

第 6 章　塞、阀类零件建模：以球塞和阀盖为例，结合工程制图中的形体分析法，介绍了运用三维实体造型功能及编辑技术构造三维实体模型的方法。

第 7 章　标准件建模：标准件用途广，用量大，互换性能好。本章通过 6 个实例，介绍了创建常用标准件实体模型的过程和方法。

第 8 章　标准件平面图绘制：介绍了绘制标准件平面图的方法，包括绘制弹性垫圈、蝶形螺母、螺钉、螺栓、内六角螺钉、起吊环、轴承挡环和单列向心球轴承等 8 个实例。

第 9 章　齿轮类零件建模：常见的齿轮形式有圆柱直齿轮、圆柱斜齿轮、圆锥齿轮等，通过这 3 个实例介绍了创建常用齿轮类零件实体模型的过程和方法。

第 10 章　齿轮类零件平面图绘制：介绍了齿轮平面图的绘制方法，包括圆柱直齿轮、圆柱斜齿轮和锥齿轮等 3 个实例。

第 11 章　蜗轮及蜗杆类零件建模：以蜗轮及蜗杆的三维实体模型为例，介绍了进行此类零件实体建模的方法和过程。

第 12 章　盘盖类零件建模：通过 4 个实例，介绍了盘盖类零件的三维建模方法、建模面板和实体编辑面板的使用以及坐标系的变换。

第 13 章　支架、杆、轮、叶片类零件建模：通过 7 个实例，介绍了综合运用软件的快捷命令进行建模的方法。

第 14 章　模具型腔类零件建模：通过 3 个实例，介绍了模具型腔类实体建模的相关知识。

第 15 章　曲面类零件建模：通过 4 个实例，介绍了一般曲面类产品建模的相关知识。

本书以图文对照方式进行编写，内容全面，循序渐进，通俗易懂，有助于用户迅速掌握和全面提高使用技能。本书可作为高等学校计算机辅助设计教材，也可供企业、研究机构、大中专院校从事有关 CAD/CAM 技术工作的专业人员使用。

全书由曹岩、李建勇、田卫军任主编，李郁、何扣芳任副主编。参编人员有侯伟、殷锐、李文燕、兰贤辉、潘天丽、张淑鸽、田静云、陈荣、王婷、宋佳佳、杨振朝、石凯、李燕、王引卫等。

由于水平所限，不足之处在所难免，希望读者不吝赐教，特在此表示衷心的感谢！

编　者

2010 年 9 月

目　录

第 1 章　AutoCAD 2010 概述

1.1　AutoCAD　简　介

CAD 是计算机辅助设计(Computer Aided Design)的简称。它是将计算机迅速、准确地处理信息的特点与人类的创造思维能力及推理判断能力巧妙地结合起来进行设计的一种技术，是在机械、电子、建筑等领域中得到了广泛应用并逐步改善和发展的。由 AutoDesk 公司开发的 AutoCAD 便是其中之一，它在推出后一直受到广大工程设计人员的青睐。

1.1.1　什么是 AutoCAD

AutoCAD 是美国 AutoDesk 公司于 1982 年率先生产的自动计算机辅助设计软件，主要用于二维绘图、详细绘制、设计文档和三维设计等，现已成为国际上广为流行的绘图工具之一。

1.1.2　AutoCAD 的发展历程

AutoDesk 公司自从 1982 年成立以来，对 AutoCAD 软件进行过多次改进，使其功能不断提高，在建筑、汽车、电子、服装、造船以及测绘等许多行业中得到了广泛的应用，成为现今设计领域使用最为广泛的绘图工具之一。AutoCAD 从最初的基本的二维制图发展到集二维制图、三维制图和互联网通信等为一体的通用计算机辅助设计软件包。现在，AutoDesk 公司在继承以前版本优点的基础上推出了最新版本——AutoCAD 2010。

1.1.3　AutoCAD 2010 的新特性

AutoCAD 2010 的新功能包括：

● 参数化绘图功能：通过基于设计意图约束图形对象，能极大地提高工作效率。几何及尺寸约束能够让对象间的特定关系和尺寸保持不变。

● 动态块：对几何及尺寸约束的支持，让用户能够基于块属性表来驱动块尺寸，甚至在不保存或退出块编辑器的情况下测试块。

● 三维建模：通过三维建模，用户可以使用实体、曲面和网格模型进行设计。

● 光滑网线工具：让用户能够创建自由形式和流畅的 3D 模型。

● PDF 输出：提供了灵活、高质量的输出，把 TureType 字体输出为文本而不是图片，定义包括层信息在内的混合选项，并可以自动预览输出的 PDF。

● PDF 覆盖：这是 AutoCAD 2010 中最受用户期待的功能。用户可以通过与附加其他外部参照如 DWG，DWF，DGN 及图形文件一样的方式，在 AutoCAD 图形中附加一个 PDF 文件，甚至可以利用熟悉的对象捕捉来捕捉 PDF 文件中几何体的关键点。

AutoCAD 2010 本身提供了这些新功能专题研习的帮助资料，用户可以根据以下步骤来学习这些新功能。

（1）在第一次打开 AutoCAD 2010 软件时，就会弹出一个提示窗口，提示用户是否需要研习新功能，当用户选择研习新功能时就会弹出“新功能专题研习”窗口。

（2）单击 AutoCAD 2010 软件右上角的问号（帮助按钮），就会弹出 AutoCAD 2010 帮助窗口，然后单击新功能专题研习，就会弹出“新功能专题研习”窗口，“新功能专题研习”窗口如图 1-1 所示。

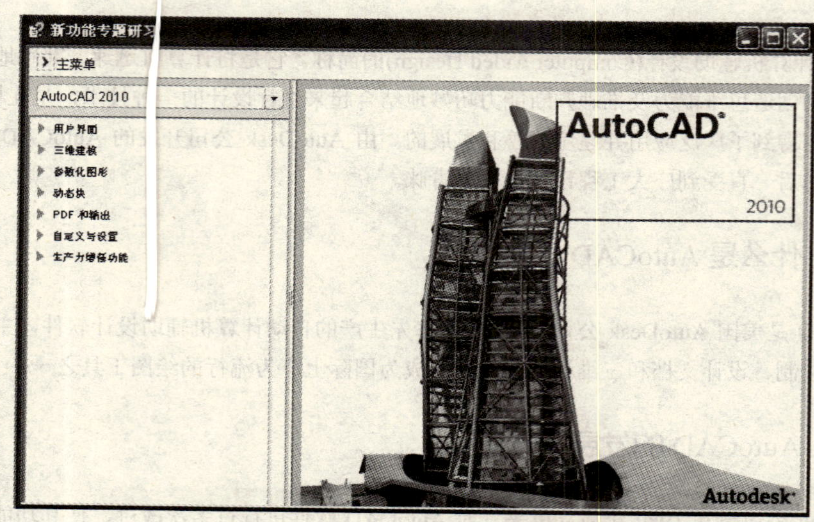

图 1-1　新功能专题研习窗口

1.2　AutoCAD 2010 的安装

1.2.1　平台和系统要求

在单独的计算机上安装 AutoCAD 2010 之前，请确保计算机满足最低系统配置需求。AutoCAD 2010 对用户的计算机有如下要求：

- 操作系统：Windows® XP Home 和 Professional SP2 或更高版本
  Microsoft® Windows Vista® SP1 或更高版本。
- 浏览器：Microsoft Internet Explorer 7.0 Service Pack 1 或更高版本。
- 处理器：Pentium（R）4 或更高主频（最小为 1.6 GHz）。
- 内存：2 GB。
- 显示器：1 024×768 真彩色。
- 硬盘：最小为 1GB。
- 定点设备：MS-Mouse 兼容。

注意：①需要完成的第一项任务是确保计算机满足最低系统要求。如果系统不满足这些要求，则在 AutoCAD 内和操作系统级别上可能会出现问题。②必须有管理权限，才能安装

AutoCAD 2010。

1.2.2 安装过程

AutoCAD 2010 的安装包括单机版许可和网络版许可两种安装类型，一般选择的是单机版许可安装。单机版安装的过程如下：

（1）将 AutoCAD 2010 的安装光盘插入计算机的驱动器中。

（2）在 AutoCAD 安装向导中，为安装说明选择语言或接受默认语言。单击“安装产品”。

（3）在显示的“单击安装”向导界面中单击“安装”按钮。

（4）在 AutoCAD 2010 安装向导中，按照界面中的说明进行操作。请确保产品序列号可用，没有序列号将无法安装 AutoCAD 2010。

注意：如果要从 AutoCAD 的早期版本进行升级，请在安装新产品时使用新的序列号。

AutoCAD 2010 的媒体浏览器如图 1-2 所示，它包括安装、新功能、文档和支持 4 个部分。除安装部分外的其余 3 个部分的功能如下：

- 新功能检查 AutoCAD 2010 中的某些全新和增强的功能。
- 文档包括用户文档和安装许可文档，可以查看某些信息。
- 支持是获取 AutoDesk 软件的帮助。

图 1-2 AutoCAD 2010 媒体浏览器

1.3 AutoCAD 2010 的启动、界面与退出

1.3.1 AutoCAD 2010 的启动

启动 AutoCAD 2010 的方式如下：

（1）桌面快捷方式图标。安装 AutoCAD 2010 时，将在桌面上放置一个 AutoCAD 2010 快捷方式图标（除非在安装过程中没有勾选该复选框）。双击该图标可以启动 AutoCAD 2010。

（2）“开始”菜单。依次单击操作系统“开始”→“程序”→“Autodesk”→“AutoCAD 2010”命令。

（3）AutoCAD 2010 的安装位置。如果用户具有超级用户权限或管理员权限，则可以从 AutoCAD 2010 的安装位置（例如，C:\Program Files\AutoCAD 2010\acad.exe）运行该程序。有限权限用户必须从“开始”菜单或桌面快捷方式图标运行该程序。如果希望创建自定义快捷方式，须确保快捷方式的“起始位置”目录指向用户具有写权限的目录。

1.3.2 AutoCAD 2010 的界面

启动 AutoCAD 2010 后，会自动进入如图 1-3 所示的界面，界面中主要包括菜单栏、工具栏、工具选项板、命令窗口、设计中心、绘图区、滚动条和状态栏等部分。用户可通过单击菜单栏中的相应命令或在命令行输入相应的命令来进行工程设计，AutoCAD 2010 还为用户提供了各种辅助绘图工具。因此，如要顺利地完成设计任务，了解 AutoCAD 2010 界面中的各部分功能则是必不可少的。

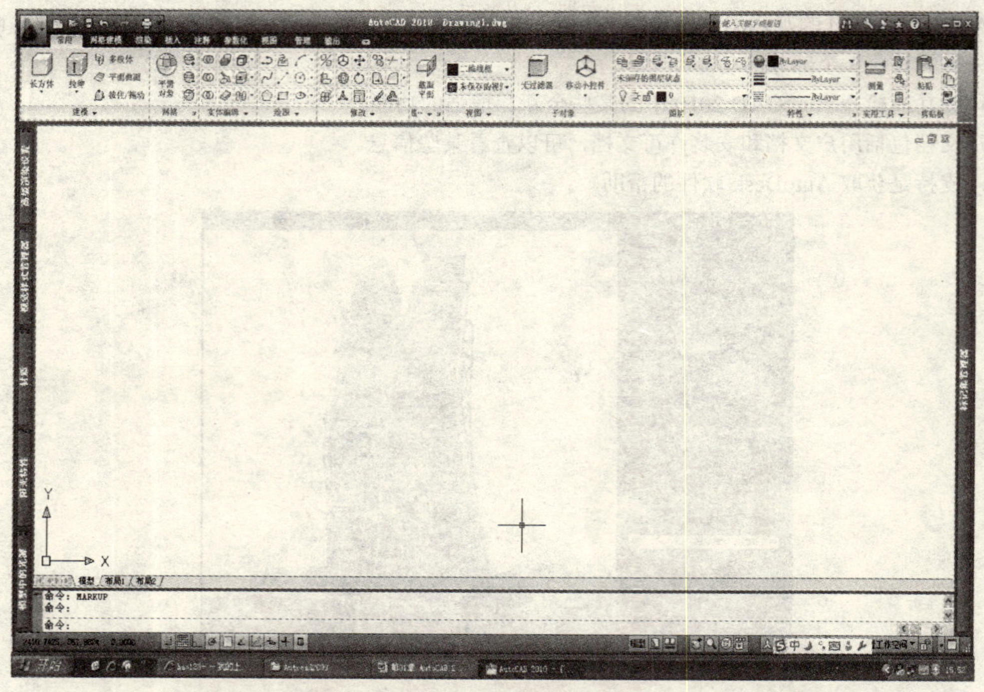

图 1-3 AutoCAD 2010 的界面

1. 应用程序区

应用程序区包括快速访问工具栏和功能区，如图 1-4 所示。

图 1-4 应用程序区

（1）快速访问工具栏：进行文件操作，其菜单如图 1-5 所示，包括新建文件、保存文件、打印文件以及对快速访问工具栏添加或删除工具等命令。各命令的功能介绍如下：

1）新建：创建新的空白图形文件或图纸集。

2）打开：打开现有的图形文件或图纸集。

3）保存：保存当前文件。

4）放弃：撤销上一个动作。

5）恢复：恢复上一个放弃的效果。

6）打印：将图形用打印机或绘图仪进行打印。

图 1-5　快速访问工具栏

此外在文件下拉菜单里还可以进行另存为、输出、发布、发送、关闭和图形使用工具等相关命令的操作，以及显示最近打开的文档，如图 1-6 所示。

（2）功能区：当创建或打开文件时，会自动显示功能区，提供一个包括创建文件所需的所有工具的小型选项板，如图 1-4 所示的常用、网格建模、渲染、插入、注释、参数化、视图、管理和输出等选项卡，单击每个选项卡就会出现不同的命令面板供用户使用。功能区可水平显示，也可竖直显示。如果用户从功能区选项卡中拉出了面板，且将其放入了绘图区域或另一个监控器中，则该面板将在放置的位置浮动；浮动面板将一直处于打开状态，直到被放回功能区，如图 1-7 所示。面板标题右侧的箭头表明用户可以展开该面板以显示其他工具和控件；默认情况下，当单击其他面板时，展开的面板会自动关闭，若要使面板处于展开状态，请单击展开的面板左下角的图钉图标，如图 1-8 所示。

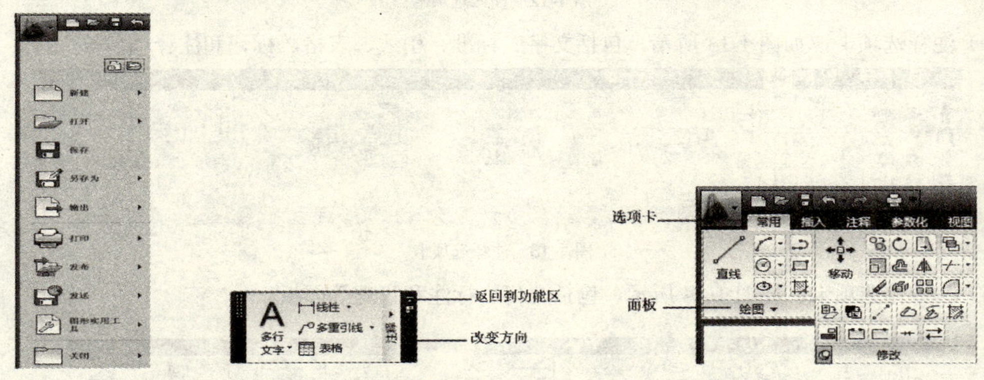

图 1-6　“文件”下拉菜单　　图 1-7　浮动面板　　图 1-8　面板的展开

1）常用选项卡，如图 1-9 所示，包括建模、网格、实体编辑、绘图、修改、截面、视图、子对象、图层、特性、实用工具和剪贴板等面板。

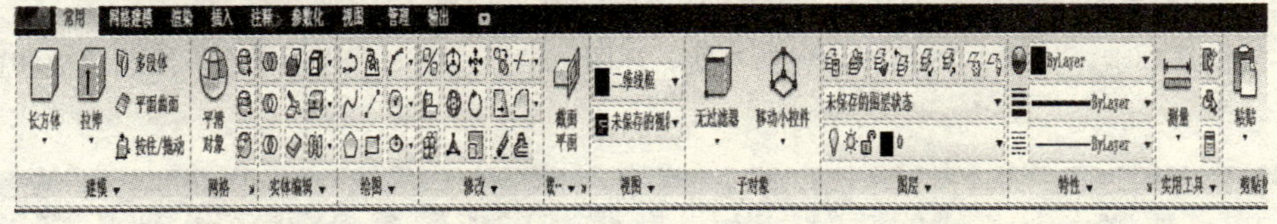

图 1-9　常用选项卡

2）网格建模选项卡，如图 1-10 所示，包括图元、网格、编辑网格、转换网格、截面和子对象等面板。

3）渲染选项卡，如图 1-11 所示，包括视觉样式、边缘效果、光源、阳光和位置、材质、相机、动画和渲染等面板。

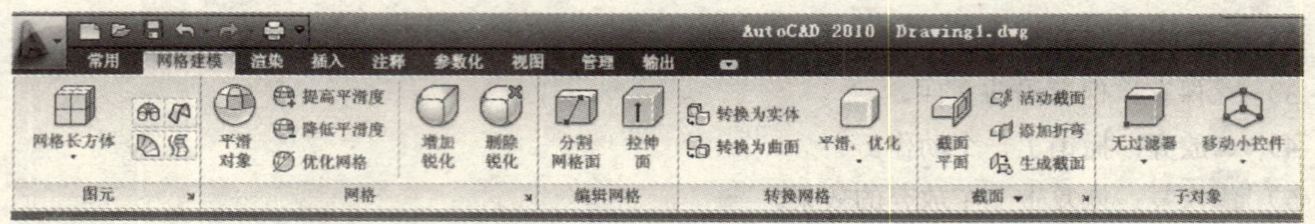

图 1-10　网格建模选项卡

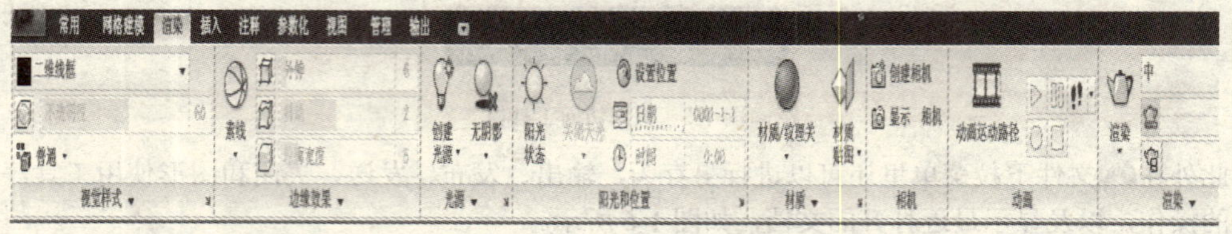

图 1-11　渲染选项卡

4）插入选项卡，如图 1-12 所示，包括参照、块、属性、输入、数据、连接和提取等面板。

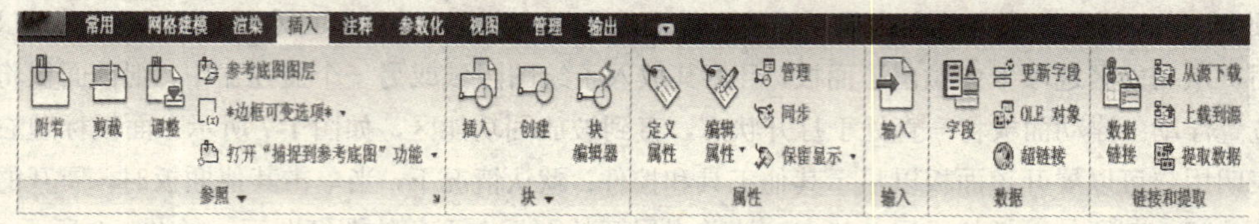

图 1-12　插入选项卡

5）注释选项卡，如图 1-13 所示，包括文字、标准、引线、表格、标记和注释缩放等面板。

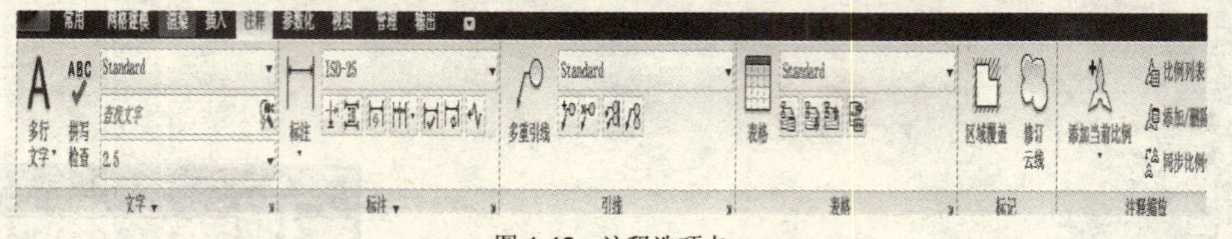

图 1-13　注释选项卡

6）参数化选项卡，如图 1-14 所示，包括几何、标注和管理等面板。

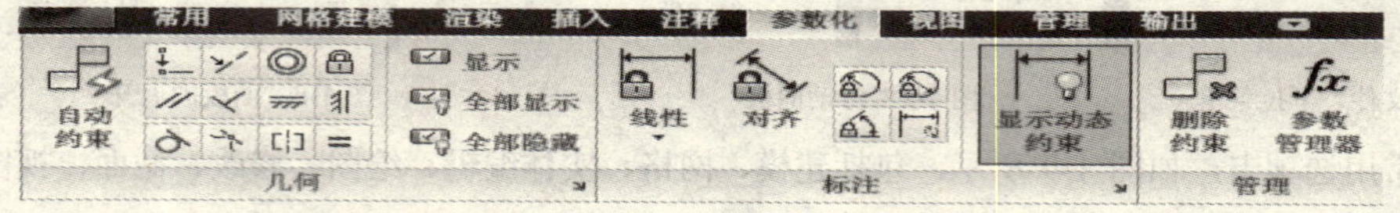

图 1-14　参数化选项卡

7）视图选项卡，如图 1-15 所示，包括导航、视图、坐标、视口、选项板、三维选项板和窗口等面板。

图 1-15　视图选项卡

8）管理选项卡，如图 1-16 所示，包括动作录制器、自定义设置、应用程序和 CAD 标准等面板。

图 1-16　管理选项卡

9）输出选项卡，如图 1-17 所示，包括打印、输出 DWF/PDF、三维打印和输出至 Impression 等面板。

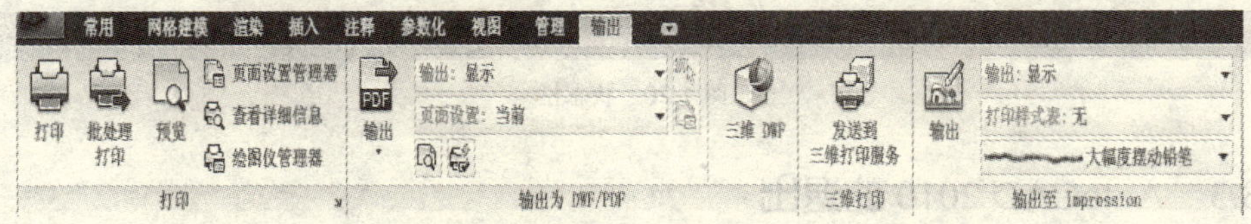

图 1-17　输出选项卡

2．绘图区域

如图 1-18 所示的绘图区域是绘图的工作区域，图像将显示在该区域中，绘图区域的下方有一个表示坐标系的图标，它指示绘图区域的方位。“W”表示当前正在使用的世界坐标系，而“X”“Y”分别表示 X 轴和 Y 轴的方向，当移动鼠标时，绘图区的十字光标会跟随移动，与此同时将会显示坐标点的坐标读数。绘图区域有两种作图环境，一种为模型空间，另一种为图纸空间。

图 1-18　绘图区域

3．命令窗口

命令窗口由当前命令行和命令历史列表框组成，如图 1-19 所示。当用户在命令行输入指令时，然后按 Enter 键或空格键就会执行该命令，如果想取消该命令，可以按 Esc 键。

4．状态栏

状态栏包括程序状态栏和图形状态栏，如图 1-20 所示。应用程序状态栏主要显示光标的坐标值、绘图工具、导航工具以及用于快速查看和注释缩放的工具，图像状态栏主要用于显示缩放注释的工具。状态栏上常常用到控制按钮包括捕捉模式、格栅显示、正交模式、极轴追踪、对象捕捉追踪、容许/禁止动态、动态输入、显示/隐藏线宽和快捷特性等按钮。

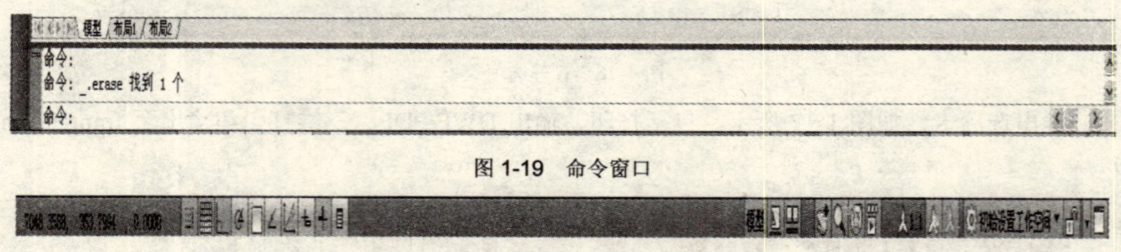

图 1-19　命令窗口

图 1-20　状态栏

1.3.3　AutoCAD 2010 的退出

AutoCAD 2010 的退出有以下几种方式：

（1）单击菜单栏中的“文件”下拉菜单→“关闭”命令。

（2）单击程序窗口右上角的 ☒（关闭）按钮。

注意：退出时，会有类似“是否保存所作的修改？”的提示，可以选择“是”“否”或“取消”。

思　考　题

1．AutoCAD 2010 系统对计算机软、硬件的配置有什么要求？

2．AutoCAD 2010 的新特性有哪些？

3．简述 AutoCAD 2010 的工作界面构成。

第 2 章　板类零件建模

【内容】

本章将通过两个简单的板类零件的建模过程，介绍 AutoCAD 2010 中简单曲面类零件常用的建模方法。曲面类零件建模是造型设计的基础，其形状复杂多样，建模方法灵活，所使用的命令有“直线”“圆角”“圆”“面域”“倒角”“偏移”“拉伸”“实体编辑”“三维操作”等。

【实例】

实例 1：连接板建模。

实例 2：千叶板建模。

【目的】

了解在 AutoCAD 2010 中进行曲面类零件建模的基本方法，掌握“直线”“圆角”“圆”“面域”“倒角”“偏移”“拉伸”“实体编辑”“三维操作”等常见命令的使用方法。

2.1　连接板建模

本节将通过基本的三维绘制命令来完成如图 2-1 所示的连接板零件的建模。

图 2-1　连接板零件

具体操作步骤如下：

（1）新建文件，以“连接板”作为保存的名称。当前坐标系为世界坐标系。

（2）通过绘制线段、偏移、倒角、绘制圆等操作，首先绘制如图 2-2 所示的二维图形。

1）依次单击常用选项卡中的“绘图”面板→“直线”命令，命令行提示：

命令：line

指定第一点：0，0

指定下一点：@100，0

指定下一点[闭合（c）/放弃（u）]：@300，<60

指定下一点[闭合（c）/放弃（u）]：（按<Enter>键）

2）依次单击常用选项卡中的“修改”面板→“偏移”命令，命令行提示：

命令：offset

当前设置：删除源=否，图层=源，OFFSETGAPTYPE=0

指定偏移距离或[通过（T）/删除（E）/图层（L）]<通过>：300

选择要偏移的对象或[退出(E/放弃(o))]<退出>：选择上一步中绘制的短线段（按<Enter>键）

指定要偏移的那一侧上的点，或 [退出(E)/多个(M)/放弃(U)] <退出>:（鼠标点上侧）

命令：offset

当前设置：删除源=否，图层=源，OFFSETGAPTYPE=0

指定偏移距离或[通过（T）/删除（E）/图层（L）]<通过>：100

选择要偏移的对象或[退出(E/放弃(o))]<退出>：选择上一步中绘制的长斜线段（按<Enter>键）

指定要偏移的那一侧上的点，或 [退出(E)/多个(M)/放弃(U)] <退出>:（鼠标点左侧）

把上面绘制的线段按 1，2，3，4 的序号排列，如图 2-3 所示。

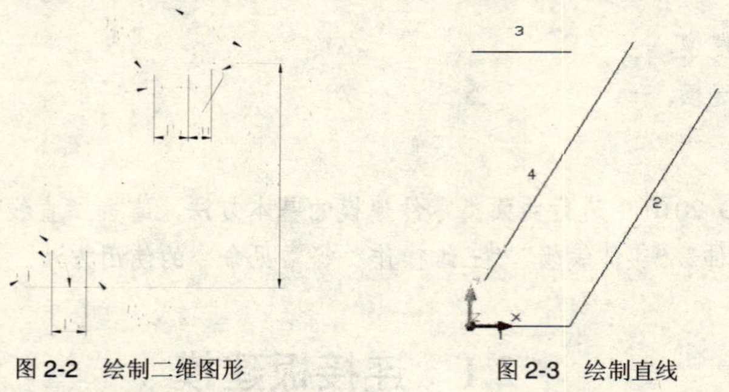

图 2-2　绘制二维图形　　图 2-3　绘制直线

3）单击常用选项卡中的“修改”面板→“圆角”命令，命令行提示：

命令：fillet

当前设置：模式=修剪，半径=0.000

选择第一个对象或[放弃（U）/多段线（P）/半径（R）/修剪（T）/多个（M）]：r

指定圆角半径<0.000>：15

选择第一个对象或[放弃（U）/多段线（P）/半径（R）/修剪（T）/多个（M）]：选择线段 4

选择第二个对象，或按住 Shift 键选择要应用角点的对象：选择线段 1

命令：fillet

当前设置：模式=修剪，半径=0.000

选择第一个对象或[放弃（U）/多段线（P）/半径（R）/修剪（T）/多个（M）]：r

指定圆角半径<0.000>：15

选择第一个对象或[放弃（U）/多段线（P）/半径（R）/修剪（T）/多个（M）]：选择线段 3

选择第二个对象，或按住 Shift 键选择要应用角点的对象：选择线段 2

命令：fillet

当前设置：模式=修剪，半径=0.000

选择第一个对象或[放弃（U）/多段线（P）/半径（R）/修剪（T）/多个（M）]：r

指定圆角半径<0.000>：30

选择第一个对象或[放弃（U）/多段线（P）/半径（R）/修剪（T）/多个（M）]：选择线段 1

选择第二个对象，或按住 Shift 键选择要应用角点的对象：选择线段 2

命令：fillet

当前设置：模式=修剪，半径=0.000

选择第一个对象或[放弃（U）/多段线（P）/半径（R）/修剪（T）/多个（M）]：r

指定圆角半径<0.000>：30

选择第一个对象或[放弃（U）/多段线（P）/半径（R）/修剪（T）/多个（M）]：选择线段 4

选择第二个对象，或按住 Shift 键选择要应用角点的对象：选择线段 3

绘制的圆角如图 2-4 所示。

4）单击常用选项卡中的“绘图”面板→“直线”命令，命令行提示：

命令：line

指定第一点：选择线段 1 和线段 4 圆角所得到的圆弧的中点

指定下一点：选择此圆弧的圆心（按<Enter>键）

命令：line

指定第一点：选择圆角后线段 1 的端点

指定下一点：选择圆弧的圆心（按<Enter>键）

5）单击常用选项卡中的“修改”面板→“偏移”命令，命令行提示：

命令：offset

当前设置：删除源=否，图层=源，OFFSETGAPTYPE=0

指定偏移距离或[通过（T）/删除（E）/图层（L）]<通过>：30

选择要偏移的对象或[退出(E/放弃(o))]<退出>：连接线段 1 与圆心的线段（按<Enter>键）

指定要偏移的那一侧上的点，或 [退出(E)/多个(M)/放弃(U)] <退出>:（鼠标点右侧）

6）单击常用选项卡中的“修改”面板→“圆角”命令，命令行提示：

命令：fillet

当前设置：模式=修剪，半径=0.000

选择第一个对象或[放弃（U）/多段线（P）/半径（R）/修剪（T）/多个（M）]：选择偏移后的线段

选择第二个对象，或按住 Shift 键选择要应用角点的对象：选择连接圆心与圆弧中点的线段（按<Enter>键）

由第 4)，5)，6）步，即可确定内孔的圆心，如图 2-5 所示。

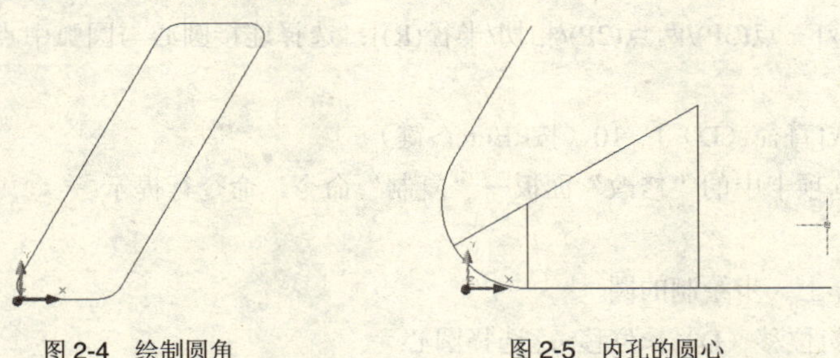

图 2-4　绘制圆角　　　　图 2-5　内孔的圆心

7）单击常用选项卡中的“绘图”面板→“圆”→“圆心、半径”命令，命令行提示：

命令：circle

指定圆的圆心或[三点(3P)/两点(2P)/相切/半径(R)]：选择连接圆心与圆弧中点的线段与偏移后的线段倒角后的交点

指定圆的半径或[直径（D）]：10（按<Enter>键）

8）单击常用选项卡中的“修改”面板→“复制”命令，命令行提示：

命令：copy

选择对象：选择上一步绘制的圆

指定基点或位移[位移（D）]<位移>：选择圆心

指定第二点或<使用第一个点作为位移>：@45，0（按<Enter>键）

9）单击常用选项卡中的“绘图”面板→“直线”命令，命令行提示：

命令：Line

指定第一点：选择线段 2 和线段 3 圆角所得到的圆弧的中点

指定下一点：选择此圆弧的圆心（按<Enter>键）

命令：line

指定第一点：选择圆角后线段 3 的端点

指定下一点：选择圆弧的圆心（按<Enter>键）

10）单击常用选项卡中的“修改”面板→“偏移”命令，命令行提示：

命令：offset

当前设置：删除源=否，图层=源，OFFSETGAPTYPE=0

指定偏移距离或[通过（T）/删除（E）/图层（L）]<通过>：30

选择要偏移的对象或[退出(E/放弃(o))]<退出>：选择连接线段 3 与圆心的线段（按<Enter>键）

指定要偏移的那一侧上的点，或 [退出(E)/多个(M)/放弃(U)] <退出>:（鼠标点左侧）

11）单击常用选项卡中的“修改”面板→“圆角”命令，命令行提示：

命令：fillet

当前设置：模式=修剪，半径=0.000

选择第一个对象或[放弃（U）/多段线（P）/半径（R）/修剪（T）/多个（M）]：选择偏移后的线段

选择第二个对象，或按住 Shift 键选择要应用角点的对象：选择连接圆心与圆弧中点的线段（按<Enter>键）

12）单击常用选项卡中的“绘图”面板→“圆”→“圆心、半径”命令，命令行提示：

命令：circle

指定圆的圆心或[三点(3P)/两点(2P)/相切/半径(R)]：选择连接圆心与圆弧中点的线段与偏移后的线段倒角后的交点

指定圆的半径或[直径（D）]：10（按<Enter>键）

13）单击常用选项卡中的“修改”面板→“复制”命令，命令行提示：

命令：copy

选择对象：选择上一步绘制的圆

指定基点或位移[位移（D）]<位移>：选择圆心

指定第二点或<使用第一个点作为位移>：@－45，0

删除为画圆而绘制的辅助线，结果如图 2-6 所示。

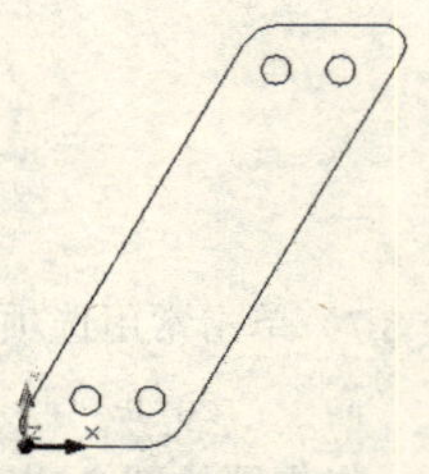

图 2-6　绘制的圆角及圆

（3）单击常用选项卡中的“绘图”面板→“面域”命令，命令行提示：

命令：region

选择对象：选择前面绘制的所有图形（按<Enter>键）

已提取 5 个环。

已创建 5 个面域。

（4）单击常用选项卡中的“实体编辑”面板→“差集”命令，命令行提示：

命令：subtract

选择要从中减去的实体或面域

选择对象：选择上一步中绘制的大面（按<Enter>键）

选择对象：选择要减去的实体或面域（按<Enter>键）

选择对象：选择上一步中绘制的 4 个小圆面（按<Enter>键）

（5）单击常用选项卡中的“建模”面板→“拉伸”命令，命令行提示：

命令：extrude

当前线框密度：ISOLINES=4

选择对象：选择上一步绘制的面

指定拉伸高度或[路径（P）]：60（按<Enter>键）。

拉伸结果如图 2-7 所示。

（6）变换坐标系。在命令行输入 UCS，命令行提示：

命令: ucs

当前 UCS 名称: *俯视*

指定 UCS 的原点或 [面(F)/命名(NA)/对象(OB)/上一个(P)/视图(V)/世界(W)/X/Y/Z/Z 轴(ZA)] <世界>: y

指定绕 Y 轴的旋转角度 <90>:（按<Enter>键）

（7）单击常用选项卡中的“绘图”面板→“直线”命令，命令行提示：

命令：line

指定第一点：0，0

指定下一点：@0，80

指定下一点：@－30，120

指定下一点：@0，180（按<Enter>键）

把上面绘制的线段按 5，6，7 的序号排列，结果如图 2-8 所示。

图 2-7　拉伸实体

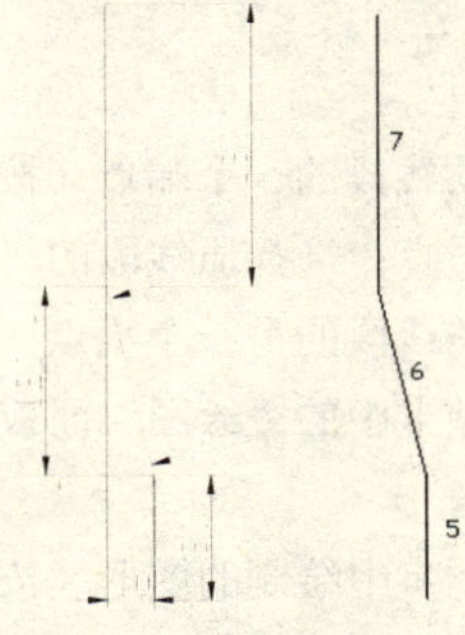

图 2-8　绘制线段及倒角

（8）单击常用选项卡中的“修改”面板→“圆角”命令，命令行提示：

命令：fillet

当前设置：模式=修剪，半径=0.000

选择第一个对象或[放弃（U）/多段线（P）/半径（R）/修剪（T）/多个（M）]：r（按<Enter>键）

指定圆角半径<0.0000>：50（按<Enter>键）

选择第一个对象或[放弃（U）/多段线（P）/半径（R）/修剪（T）/多个（M）]：选择线段 7

选择第二个对象，或按住 Shift 键选择要应用角点的对象：选择线段 6（按<Enter>键）

（9）单击常用选项卡中的“修改”面板→“圆角”命令，命令行提示：

命令：fillet

当前设置：模式=修剪，半径=0.000

选择第一个对象或[放弃（U）/多段线（P）/半径（R）/修剪（T）/多个（M）]：r（按<Enter>键）

指定圆角半径<50>：60（按<Enter>键）

选择第一个对象或[放弃（U）/多段线（P）/半径（R）/修剪（T）/多个（M）]：选择线段 6

选择第二个对象，或按住 Shift 键选择要应用角点的对象：选择线段 5（按<Enter>键)

（10）单击常用选项卡中的“绘图”面板→“多段线”命令，命令行提示：

命令：pedit 选择多段线或[多条（M）]：选择线段 7

选定的对象不是多段线

是否将其转换为多段线？<Y>：（按<Enter>键）

输入选项[闭合（C）/合并（J）/宽度（W）/编辑顶点（E）/拟合（F）/样条曲线（S）/非曲线化（D）/线型生成（L）/放弃（U）]：j（按<Enter>键）

选择对象：找到 1 个，……总计 5 个

选择对象：（按<Enter>键）

4 条线段已添加到多段线中。

（11）单击常用选项卡中的“修改”面板→“偏移”命令，命令行提示：

命令：offset

当前设置：删除源=否，图层=源，OFFSETGAPTYPE=0

指定偏移距离或[通过（T）/删除（E）/图层（L）]<通过>：12

选择要偏移的对象或[退出(E/放弃(o))]<退出>：选择合并后的线段（按<Enter>键）

指定要偏移的那一侧上的点，或 [退出(E)/多个(M)/放弃(U)] <退出>:（鼠标点上侧）

（12）单击常用选项卡中的“绘图”面板→“直线”命令，命令行提示：

命令：line

指定第一点：0，0

指定下一点：复制的线段的一个端点（按<Enter>键）

命令：line 指定第一点：选择原线段的另一个端点

指定下一点：复制的线段的另一个端点（按<Enter>键）

（13）单击常用选项卡中的“绘图”面板→“面域”命令，命令行提示：

命令：region

选择对象：选择上一步中绘制的图形（按<Enter>键）

面域结果如图 2-9 所示。

（14）单击常用选项卡中的“建模”面板→“拉伸”命令，命令行提示：

命令：extrude

当前线框密度：ISOLINES=4

选择对象：选择上一步绘制的面

指定拉伸高度或[方向（D）/路径（P）/倾斜角（T）]：－300（按<Enter>键）

拉伸结果如图 2-10 所示。

图 2-9　面域结果

图 2-10　拉伸结果

（15）单击常用选项卡中的“实体编辑”面板→“交集”命令，命令行提示：

命令：intersect

选择对象：选择上面绘制的两实体（按<Enter>键）

最终绘制结果如图 2-1 所示。

2.2　千叶板建模

本节将通过基本的三维绘制命令来完成如图 2-9 所示的千叶板零件的绘制。操作步骤如下：

（1）新建文件，以“千叶板”作为保存的名称。当前坐标系为世界坐标系。

（2）通过画圆、绘制线段、偏移等操作，首先绘制如图 2-10 所示的二维图形。

1）依次单击常用选项卡中的“绘图”面板→“圆”→“圆心、半径”命令，命令行提示：

命令：circle

指定圆的圆心或[三点（3）/两点（2P）/相切、半径（T）]：0，0

指定圆的半径[直径(D)]：550（按<Enter>键）

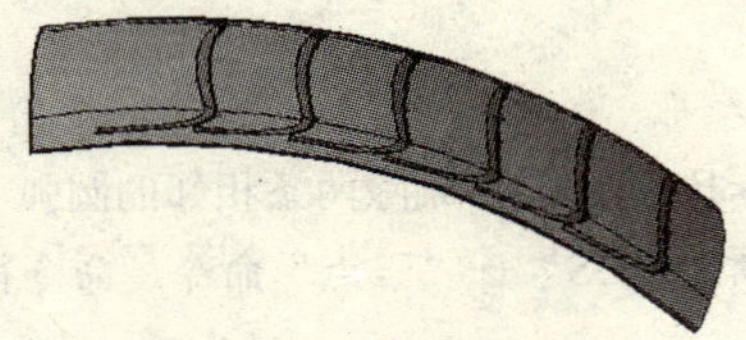

图 2-9　千叶板零件

图 2-10　绘制二维图形

2）单击常用选项卡中的“绘图”面板→“直线”命令，命令行提示：

命令：line

指定第一点：0，0

指定下一点：0，550

指定下一点[闭合(c)/放弃(u)]：（按<Enter>键）

3）单击常用选项卡中的“修改”面板→“偏移”命令，命令行提示：

命令：offset

当前设置：删除源=否，图层=源，OFFSETGAPTYPE=0

指定偏移距离或[通过（T）/删除（E）/图层（L）]<通过>：250

选择要偏移的对象，或[退出（E）/放弃（U）]<退出>：选择上一步绘制的线段

指定要偏移的那一侧上的点，或[退出（E）/多个（M）/放弃（U）]<退出>：选择线段的左侧

选择要偏移的对象，或[退出（E）/放弃（U）]<退出>：选择上一步绘制的线段

指定要偏移的那一侧上的点，或[退出（E）/多个（M）/放弃（U）]<退出>：选择线段的右侧

4）单击常用选项卡中的“修改”面板→“修剪”命令，命令行提示：

命令：trim

当前设置：投影=ucs，边=无，选择剪切边...

选择对象<全部选择>：选择上一步偏移的两线段

选择要修剪的对象，或按住 Shift 键选择要延伸的对象或[栏选（F）/窗交（C）/投影（P）/边（E）/删除（R）/放弃（U）]：选择与两线段相交的大圆弧，删除除圆弧外的所有线段

（3）单击常用选项卡中的“修改”面板→“复制”命令，命令行提示：

命令：copy

选择对象：选择上一步绘制的圆弧

指定基点或位移[位移（D）]<位移>：选择圆弧的一个端点

指定第二点或<使用第一个点作为位移>：@0，0，－90（按<Enter>键）

指定第二点或<使用第一个点作为位移>：@0，0，90（按<Enter>键）

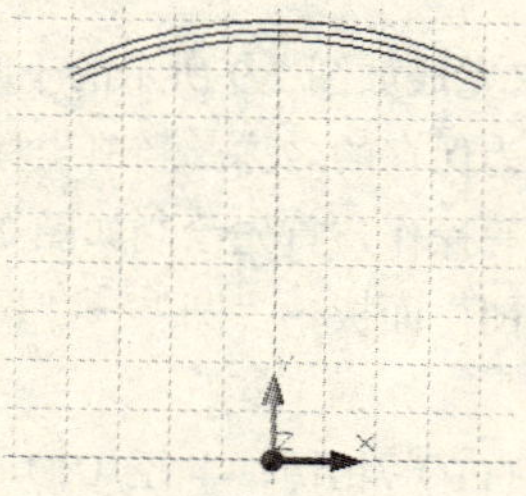

（4）单击常用选项卡中的“绘图”面板→“直线”命令，命令行提示：

命令：line

指定第一点：选择上一步偏移的其中一圆弧的端点

指定下一点：选择另一圆弧同方向的端点（按<Enter>键），删除两条相邻的圆弧

（5）单击视图选项卡中的“坐标”面板→“新建 UCS”→“三点”命令，命令行提示：

命令：ucs

当前 UCS 名称：*世界*

指定 UCS 的原点或 [面(F)/命名(NA)/对象(OB)/上一个(P)/视图(V)/世界(W)/X/Y/Z/Z 轴(ZA)] <世界>: _3

指定新原点：选择线段的两个端点及（0，0）

（6）单击常用选项卡中的“修改”面板→“偏移”命令，命令行提示：

命令：offset

当前设置：删除源=否， 图层=源，OFFSETGAPTYPE=0

指定偏移距离或[通过（T）/删除（E）/图层（L）]<通过>：210

选择要偏移的对象，或[退出（E）/放弃（U）]<退出>：选择第（4）步绘制的线段

指定要偏移的那一侧上的点，或[退出（E）/多个（M）/放弃（U）]<退出>：选择线段下方一点

指定要偏移的那一侧上的点，或[退出（E）/多个（M）/放弃（U）]<退出>：（按<Enter>键）

（7）单击常用选项卡中的“绘图”面板→“圆”→“圆心、半径”命令，命令行提示：

命令：circle

指定圆的圆心或[三点(3P)/两点(2P)/相切/半径(R)]：选择第（6）步绘制的线段的中点

指定圆的半径或[直径（D）]：230（按<Enter>键）

（8）单击常用选项卡中的“绘图”面板→“圆”→“圆心、半径”命令，命令行提示：

命令：circle

指定圆的圆心或[三点(3P)/两点(2P)/相切/半径(R)]：选择第（4）步绘制的线段的端点

指定圆的半径或[直径（D）]：125（按<Enter>键）

（9）单击常用选项卡中的“绘图”面板→“圆”→“圆心、半径”命令，命令行提示：

命令：circle

指定圆的圆心或[三点(3P)/两点(2P)/相切/半径(R)]：选择第（4）步绘制的线段的另一端点

指定圆的半径或[直径（D）]：125（按<Enter>键）

（10）单击常用选项卡中的“修改”面板→“偏移”命令，命令行提示：

命令：offset

当前设置：删除源=否，图层=源，OFFSETGAPTYPE=0

指定偏移距离或[通过（T）/删除（E）/图层（L）]<通过>：125

选择要偏移的对象，或[退出（E）/放弃（U）]<退出>：选择第（7）步绘制的圆

指定要偏移的那一侧上的点，或[退出（E）/多个（M）/放弃（U）]<退出>：选择圆内侧一点

指定要偏移的那一侧上的点，或[退出（E）/多个（M）/放弃（U）]<退出>：（按<Enter>键）

（11）单击常用选项卡中的“绘图”面板→“圆”→“圆心、半径”命令，命令行提示：

命令：circle

指定圆的圆心或[三点(3P)/两点(2P)/相切/半径(R)]：选择第（8）步绘制的圆与第（10）步绘制的圆的交点

指定圆的半径或[直径（D）]：125（按<Enter>键）

（12）单击常用选项卡中的“绘图”面板→“圆”→“圆心、半径”命令，命令行提示：

命令：circle

指定圆的圆心或[三点(3P)/两点(2P)/相切/半径(R)]：选择第（9）步绘制的圆与第（10）步绘制的圆的交点

指定圆的半径或[直径（D）]：125（按<Enter>键），删除以线段端点为半径的两个圆及偏移的圆

（13）单击常用选项卡中的“修改”面板→“修剪”命令，命令行提示：

命令：trim

当前设置：投影=UCS　边=无

选择剪切边...

选择对象或<全部选择>：选择第（11）步和第（12）步绘制的圆

选择要修剪的对象，或按住 Shift 键选择要延伸的对象或[栏选（F）/窗交（C）/投影（P）/边（E）/删除（R）/放弃（U）]：选择与两圆相交的大圆弧

（14）单击常用选项卡中的“修改”面板→“修剪”命令，命令行提示：

命令：trim

当前设置：投影=UCS　边=无

选择剪切边...

选择对象或<全部选择>：选择第（13）步绘制的圆弧和线段

选择要修剪的对象，或按住 Shift 键选择要延伸的对象或[栏选（F）/窗交（C）/投影（P）/边（E）/删除（R）/放弃（U）]：选择与两者相交的大圆弧及过线段内部点的圆弧

绘制结果如图 2-11 所示。删除线段。

图 2-11　绘制圆弧

（15）单击常用选项卡中的“修改”面板→“对象”→“多段线”命令，命令行提示：

命令：pedit

选择多段线或[多条（M）]：选择第（13）步绘制的圆弧

是否将其转换为多段线？（Y）：（按<Enter>键）

输入选项[闭合（C）/合并（F）/宽度（W）/编辑顶点（E）/拟合（F）/样条曲线（S）/非曲线化（D）/线型生成（L）/放弃（U）]：j

输入对象：选择与第（13）步绘制的圆弧相连的两段圆弧（按<Enter>键）

两条线段已添加到多段线中。

（16）单击常用选项卡中的“建模”→“拉伸”命令，命令行提示：

命令：extrude

当前线框密度 ISOLINES=4

选择要拉伸的对象：选择第（15）步绘制的多段线

指定拉伸的高度或[方向（D）/路径（P）/倾斜角（T）]：p

选择拉伸路径或[倾斜角]：选择如图 2-10 所示的圆弧

拉伸结果如图 2-12 所示。

（17）单击常用选项卡中的“修改”面板→“三维操作”→“加厚”命令，命令行提示：

命令：thicken

选择要加厚的曲面：选择第（16）步所绘制的面（按<Enter>键）

指定厚度<0.0000>：3（按<Enter>键）

完成如图 2-13 所示的实体的创建。

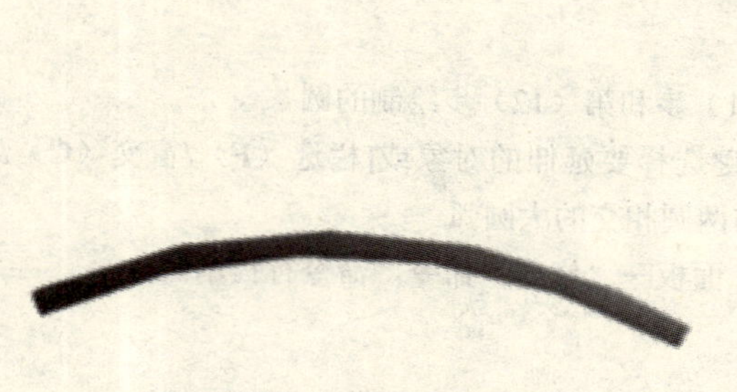

图 2-12　拉伸结果

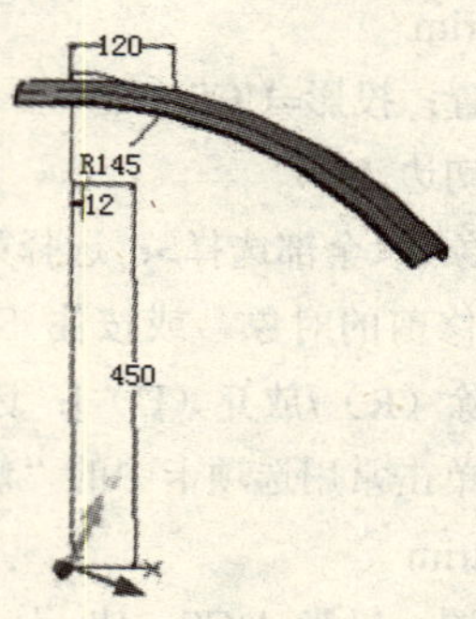

图 2-13　修剪结果

（18）在命令行输入 UCS，命令行提示：

命令：UCS

当前 UCS 名称：*没有名称*

指定 UCS 原点或[面（F）/命名（NA）/对象（OB）/上一个（P）/视图（V）/世界（W）/X/Y/Z/Z 轴（ZA）]<世界>：w（按<Enter>键）

命令：UCS

当前 UCS 名称：*世界*

指定 UCS 原点或[面（F）/命名（NA）/对象（OB）/上一个（P）/视图（V）/世界（W）/X/Y/Z/Z 轴（ZA）]<世界>：n（按<Enter>键）

指定新 UCS 的原点或[Z 轴（ZA）/三点（3）/对象（OB）/面（F）/视图（V）/X/Y/Z]<0,0,0>：Z（按<Enter>键）

指定绕 Z 轴的旋转角度：22（按<Enter>键）

（19）单击常用选项卡中的“绘图”面板→“直线”命令，命令行提示：

命令：line

指定第一点：0，0

指定第二点：0，580（按<Enter>键）

（20）单击常用选项卡中的“修改”面板→“偏移”命令，命令行提示：

命令：offset

当前设置：删除源=否，图层=源，OFFSETGAPTYPE=0

指定偏移距离或[通过（T）/删除（E）/图层（L）]<通过>：12

选择要偏移的对象，或[退出（E）/放弃（U）]<退出>：选择第（19）步绘制的线段

指定要偏移的那一侧上的点，或[退出（E）/多个（M）/放弃（U）]<退出>：选择线段右方的一点

（21）单击常用选项卡中的“修改”面板→“偏移”命令，命令行提示：

命令：offset

当前设置：删除源=否，图层=源，OFFSETGAPTYPE=0

指定偏移距离或[通过（T）/删除（E）/图层（L）]<通过>：120

选择要偏移的对象，或[退出（E）/放弃（U）]<退出>：选择第（19）步绘制的线段

指定要偏移的那一侧上的点，或[退出（E）/多个（M）/放弃（U）]<退出>：选择线段右方的一点

（22）单击常用选项卡中的“绘图”面板→“圆”→“圆心、半径”命令，命令行提示：

命令：circle

指定圆的圆心或[三点(3P)/两点(2P)/相切/半径(R)]：选择第（19）步绘制的线段的端点

指定圆的半径或[直径（D）]：145（按<Enter>键）

（23）单击常用选项卡中的“绘图”面板→“圆”→“圆心、半径”命令，命令行提示：

命令：circle

指定圆的圆心或[三点(3P)/两点(2P)/相切/半径(R)]：选择第（20）步绘制的线段与第（22）步绘制的圆的交点

指定圆的半径或[直径（D）]：145（按<Enter>键），删除第（22）步绘制的圆

（24）单击常用选项卡中的“修改”面板→“修剪”命令，命令行提示：

命令：trim

当前设置：投影=UCS　边=无

选择剪切边...

选择对象或<全部选择>：选择过原点的线段和第（21）步得到的线段

选择要修剪的对象，或按住 Shift 键选择要延伸的对象或[栏选（F）/窗交（C）/投影（P）/边（E）/删除（R）/放弃（U）]：选择与两者相交的圆弧

修剪结果如图 2-13 所示。

（25）单击常用选项卡中的“修改”面板→“复制”命令，命令行提示：

命令：copy

选择对象：选择第（24）步得到的圆弧

指定基点[位移（D）]<位移>：选择圆弧的端点

指定第二个基点或<使用第一个点作为位移>：@0，0，−80

指定第二个基点或<使用第一个点作为位移>：@0，0，80（按<Enter>键）

（26）单击常用选项卡中的“绘图”面板→“直线”命令，命令行提示：

命令：line

指定第一点：选择第（25）步得到的其中一圆弧的端点

指定第二点：选择第（25）步得到的另一圆弧的端点

删除两边的两段圆弧。

（27）在命令行输入 UCS，命令行提示：

命令：UCS

当前 UCS 名称：*没有名称*

指定 UCS 原点或[面（F）/命名（NA）/对象（OB）/上一个（P）/视图（V）/世界（W）/X/Y/Z/Z 轴（ZA）]<世界>：n

指定新 UCS 的原点或[Z 轴（ZA）/三点（3）/对象（OB）/面（F）/视图（V）/X/Y/Z]<0,0,0>：3

指定新 UCS 原点：选择线段的两个端点及（0，0）

（28）单击常用选项卡中的“修改”面板→“偏移”命令，命令行提示：

命令：offset

当前设置：删除源=否，图层=源，OFFSETGAPTYPE=0

指定偏移距离或[通过（T）/删除（E）/图层（L）]<通过>：35

选择要偏移的对象，或[退出（E）/放弃（U）]<退出>：选择第（26）步绘制的线段

指定要偏移的那一侧上的点，或[退出（E）/多个（M）/放弃（U）]<退出>：选择线段下方的一点

（29）单击常用选项卡中的“绘图”面板→“直线”命令，命令行提示：

命令：line

指定第一个点：选择第（26）步所绘制线段的一端点

指定第二点：选择第（28）步所绘制线段的一端点（按<Enter>键）

（30）单击常用选项卡中的“绘图”面板→“直线”命令，命令行提示：

命令：line

指定第一个点：选择第（26）步所绘制线段的另一端点

指定第二点：选择第（28）步所绘制线段的另一端点（按<Enter>键）

（31）单击常用选项卡中的“绘图”面板→“圆”→“圆心、半径”命令，命令行提示：

命令：circle

指定圆的圆心或[三点(3P)/两点(2P)/相切/半径(R)]：选择第（26）步所绘制线段的中点

指定圆的半径或[直径（D）]：400（按<Enter>键）

（32）单击常用选项卡中的“绘图”面板→“圆”→“圆心、半径”命令，命令行提示：

命令：circle

指定圆的圆心或[三点(3P)/两点(2P)/相切/半径(R)]：选择过圆点的线段与圆的交点

指定圆的半径或[直径（D）]：400（按<Enter>键）

删除第（31）步所绘制的圆。

（33）单击常用选项卡中的“修改”面板→“偏移”命令，命令行提示：

命令：offset

当前设置：删除源=否，图层=源，OFFSETGAPTYPE=0

指定偏移距离或[通过（T）/删除（E）/图层（L）]<通过>：24

选择要偏移的对象，或[退出（E）/放弃（U）]<退出>：选择第（32）步所绘制的圆

指定要偏移的那一侧上的点，或[退出（E）/多个（M）/放弃（U）]<退出>：选择圆的内侧一点

（34）单击常用选项卡中的“绘图”面板→“圆”→“圆心、半径”命令，命令行提示：

命令：circle

指定圆的圆心或[三点(3P)/两点(2P)/相切/半径(R)]：选择第（28）步所绘制线段的一个端点

指定圆的半径或[直径（D）]：24（按<Enter>键）

（35）单击常用选项卡中的“绘图”面板→“圆”→“圆心、半径”命令，命令行提示：

命令：circle

指定圆的圆心或[三点(3P)/两点(2P)/相切/半径(R)]：选择第（28）步所绘制线段的另一个端点

指定圆的半径或[直径（D）]：24（按<Enter>键）

（36）单击常用选项卡中的“绘图”面板→“圆”→“圆心、半径”命令，命令行提示：

命令：circle

指定圆的圆心或[三点(3P)/两点(2P)/相切/半径(R)]：选择第（33）步所绘制的圆与第（34）步所绘制的圆的交点

指定圆的半径或[直径（D）]：24（按<Enter>键）

（37）单击常用选项卡中的“绘图”面板→“圆”→“圆心、半径”命令，命令行提示：

命令：circle

指定圆的圆心或[三点(3P)/两点(2P)/相切/半径(R)]：选择第（33）步所绘制的圆与第（35）步所绘制的圆的交点

指定圆的半径或[直径（D）]：24（按<Enter>键）

删除第（33）、（34）、（35）步所绘制的圆。

（38）单击常用选项卡中的“修改”面板→“修剪”命令，命令行提示：

命令：trim

当前设置：投影=UCS　边=无

选择剪切边...

选择对象或<全部选择>：选择第（36）、（37）步所绘制的圆

选择要修剪的对象，或按住 Shift 键选择要延伸的对象或[栏选（F）/窗交（C）/投影（P）/边（E）/删除（R）/放弃（U）]：选择与两者相交的大圆弧

（39）单击常用选项卡中的“修改”面板→“修剪”命令，命令行提示：

命令：trim

当前设置：投影=UCS　边=无

选择剪切边...

选择对象或<全部选择>：选择第（38）步所绘制的圆弧和第（28）步所绘制的线段

选择要修剪的对象，或按住 Shift 键选择要延伸的对象或[栏选（F）/窗交（C）/投影（P）/边（E）/删除（R）/放弃（U）]：选择与两者相交的外侧与内侧的圆弧

修剪结果如图 2-14 所示。

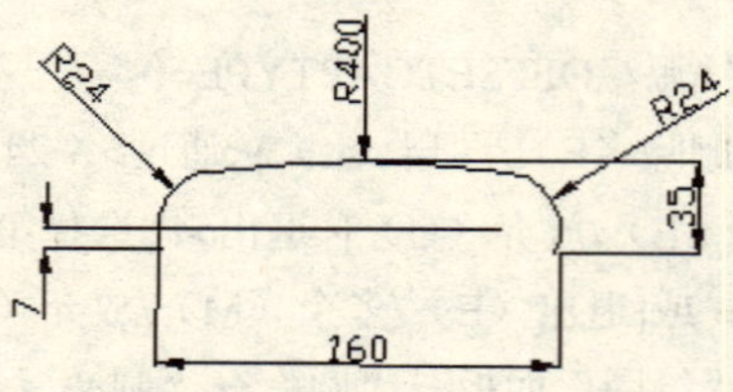

图 2-14　修剪结果

（40）单击常用选项卡中的“修改”面板→“对象”→“多段线”命令，命令行提示：

命令：pedit

选择多段线或[多条（M）]：选择第（38）步所绘制的圆弧

是否将其转换为多段线？（Y）：（按<Enter>键）

输入选项[闭合（C）/合并（F）/宽度（W）/编辑顶点（E）/拟合（F）/样条曲线（S）/非曲线化（D）/线型生成（L）/放弃（U）]：J

输入对象：选择第（39）步所绘制的两段圆弧（按<Enter>键）

两条线段已添加到多段线中。

（41）单击常用选项卡中的“绘图”面板→“实体”→“拉伸”命令，命令行提示：

命令：extrude

当前线框密度：ISOLINE=4

选择对象：选择第（40）步所绘制的曲线

拉伸高度或[路径（P）]：p

选择拉伸路径或[倾斜角]：选择第（24）步所绘制的圆弧

（42）单击常用选项卡中的“修改”面板→“三维操作”→“加厚”命令，命令行提示：

命令：thickem

选择要加厚的曲面：选择第（41）步所绘制的面（按<Enter>键）

指定厚度<0.0000>：3（按<Enter>键）

拉伸结果如图 2-15 所示。

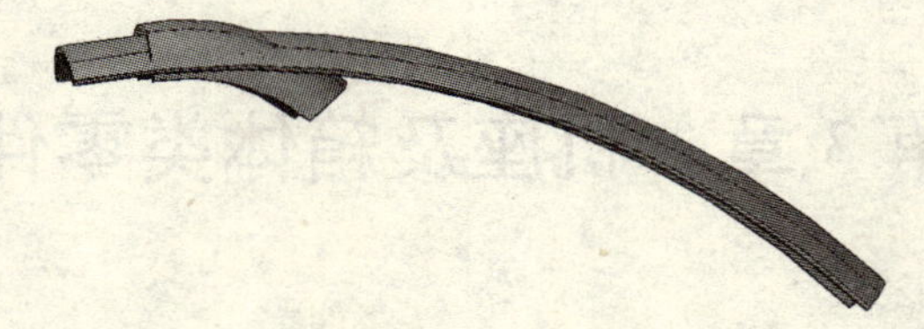

图 2-15　拉伸结果

（43）在命令行输入 UCS，命令行提示：

命令：UCS

当前 UCS 名称：*没有名称*

指定 UCS 原点或[面（F）/命名（NA）/对象（OB）/上一个（P）/视图（V）/世界（W）/X/Y/Z/Z 轴（ZA）]<世界>：w

（44）单击常用选项卡中的“修改”面板→“阵列”命令，显示如图 2-16 所示的“阵列”对话框。命令行提示：

命令：array

选择对象：选择第（42）步得到的实体

阵列结果如图 2-17 所示。

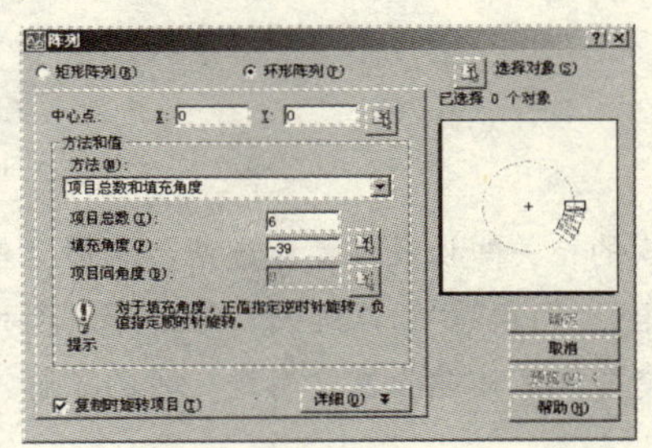

图 2-16　“阵列”对话框

图 2-17　阵列结果

（45）单击常用选项卡中的“修改”面板→“实体编辑”→“差集”命令，命令行提示：

命令：subtract

选择从中减去的实体或面域...

选择对象：长的实体（按<Enter>键）

选择对象：选择要减去的实体或面域（按<Enter>键）

选择对象：选择 6 个小实体（按<Enter>键）

结果如图 2-9 所示。

思　考　题

1．AutoCAD 2010 中板类零件建模的基本过程是什么的？

2．按照书中的讲述，动手完成各个零件的建模。

3．板类零件建模常用的特征有哪些？

第 3 章　机座及箱体类零件建模

【内容】

本章将介绍机座及箱体类零件建模的相关知识。对于这类结构较简单、外观较规则的实体类产品，一般先利用“矩形”“圆”等常用工具绘制剖面，再用“拉伸”命令绘制出基本模型，最后利用“差集”“三维阵列”“圆柱体”等命令完成其他部分的绘制。另外，创建此类模型时还经常用到“抽壳”“剖切”及“面域”命令，使用这些命令可以完成从三维实体对象中以指定厚度创建壳体、切开实体并移去指定部分和将二维闭合环创建成二维封闭区域等工作，从而使创建机座及箱体类产品的过程变得更简单。

【实例】

实例 1：机器底座建模。

实例 2：圆柱滚轴支座建模。

实例 3：三维箱体建模。

实例 4：减速箱壳体建模。

实例 5：蜗轮减速器箱体建模。

【目的】

掌握在 AutoCAD 中进行机座及箱体类零件建模的相关知识及其操作方法，掌握“差集”“抽壳”“剖切”“面域”等命令的综合使用以及使用“圆角”“倒角”“三维阵列”等命令对产品细节进行设计和修饰的方法和技巧，对 AutoCAD 的三维实体造型和实体编辑方法有进一步的了解。

3.1　机器底座建模

本节将创建如图 3-1 所示的机器底座模型。

图 3-1　机器底座模型

具体操作步骤如下：

（1）启动 AutoCAD 2010 系统，单击快捷工具栏中的（新建）按钮，弹出“选择样板”对话框，在下拉菜单中选取“acadiso.dwt”，为模板建立新的图形文件，单击“打开”按钮。

（2）设置用户坐标系。在命令行中输入 ucs，命令行提示：

命令: ucs

当前 UCS 名称: *世界*

指定 UCS 的原点或[面(F)/命名(NA)/对象(OB)/上一个(P)/视图(V)/世界(W)/X/Y/Z/Z 轴(ZA)] <世界>: 150，150，0（按<Enter>键）

指定 X 轴上的点或 <接受>:（按<Enter>键）

（3）绘制圆。单击常用选项卡中的“绘图”面板→（圆）按钮，命令行提示：

命令: circle

指定圆的圆心或[三点(3P)/两点(2P)/相切、相切、半径(T)]: 0，0，0（按<Enter>键）

指定圆的半径或[直径(D)]: 50（按<Enter>键）

（4）绘制圆。单击常用选项卡中的“绘图”面板→（圆）按钮，命令行提示：

命令: circle

指定圆的圆心或[三点(3P)/两点(2P)/相切、相切、半径(T)]: 400，150，0（按<Enter>键）

指定圆的半径或[直径(D)] <50.0000>: 40（按<Enter>键）

重复以上操作过程，以坐标原点为圆心、40 为半径绘制一个同心圆，结果如图 3-2 所示。

（5）绘制直线。单击常用选项卡中的“绘图”面板→（直线）按钮，命令行提示：

命令: line

指定第一点: tan（按<Enter>键）

到：选取左边两个圆中的大圆

指定下一点或[放弃(U)]: tan（按<Enter>键）

到：选取右边的圆

结果如图 3-3 所示。

图 3-2　绘制 3 个圆　　图 3-3　绘制直线

（6）绘制圆。单击常用选项卡中的“绘图”面板→（圆）按钮，绘制一个半径为 40、圆心为（400，-150）的圆，结果如图 3-4 所示。

（7）绘制直线。单击常用选项卡中的“绘图”面板→（直线）按钮，命令行提示：

命令: line

指定第一点: tan（按<Enter>键）

到：选取左上方的圆

指定下一点或[放弃(U)]: tan（按<Enter>键）

到：选取右下方的圆

结果如图 3-5 所示。

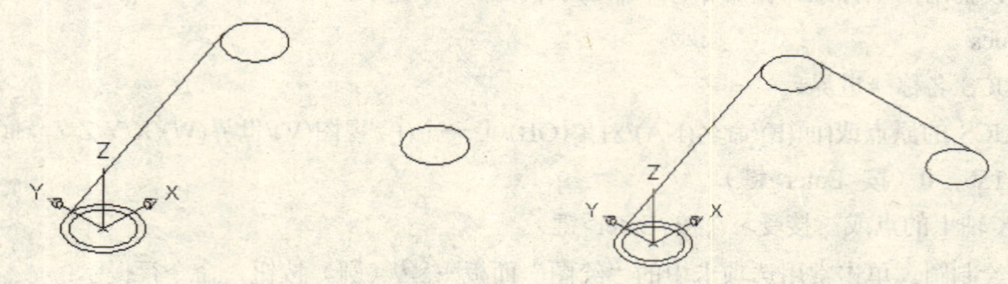

图 3-4　绘制圆　　　　图 3-5　绘制直线

（8）镜像处理。单击常用选项卡中的“修改”面板→（镜像）按钮，命令行提示：

命令: mirror

选择对象: 选取第（5）步绘制的直线（按<Enter>键）

选择对象: （按<Enter>键）

指定镜像线的第一点: 0，0（按<Enter>键）

指定镜像线的第二点: 10，0（按<Enter>键）

要删除源对象吗？[是(Y)/否(N)] <N>:（按<Enter>键）

结果如图 3-6 所示。

（9）修剪上述圆弧和线段。单击常用选项卡中的“修改”面板→（修剪）按钮，命令行提示：

命令: trim

当前设置:投影=UCS，边=无

选择剪切边...

选择对象或 <全部选择>: 选取 3 条线段（按<Enter>键）

选择对象: （按<Enter>键）

选择要修剪的对象，或按住 Shift 键选择要延伸的对象，或[栏选(F)/窗交(C)/投影(P)/边(E)/删除(R)/放弃(U)]: 选取 3 个圆的内侧边（按<Enter>键）

结果如图 3-7 所示。

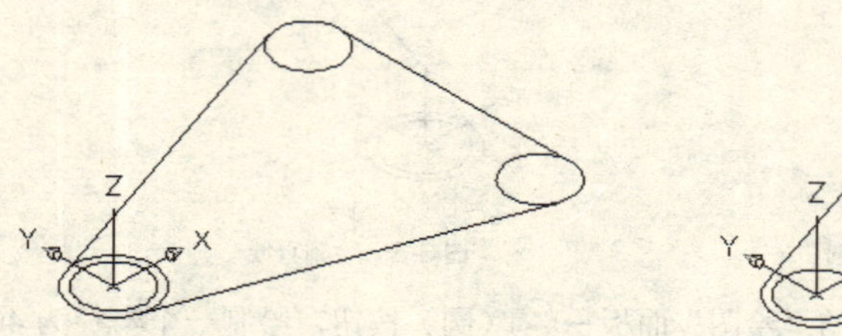

图 3-6　镜像处理

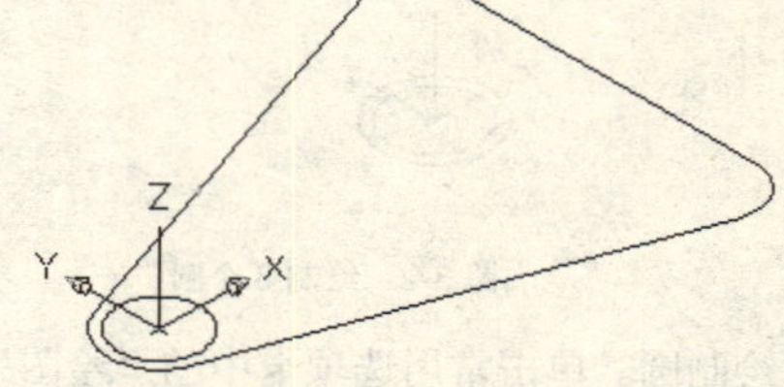

图 3-7　修剪圆弧和线段

（10）绘制圆。单击常用选项卡中的“绘图”面板→（圆）按钮，命令行提示：

命令: circle

指定圆的圆心或[三点(3P)/两点(2P)/相切、相切、半径(T)]: 400，150，0（按<Enter>键）

指定圆的半径或[直径(D)] <40.0000>: 25（按<Enter>键）

（11）重复上述操作，在点（400，－150）处绘制一个半径为 25 的圆，结果如图 3-8 所示。

（12）单击常用选项卡中的“绘图”面板→“面域”命令，命令行提示：

命令:　region

选择对象: all（按<Enter>键）

选择对象:（按<Enter>键）

已提取 4 个环

已创建 4 个面域

（13）切换视图方式。单击常用选项卡中的“视图”面板→“三维视图”→“东南等轴测”命令。

（14）生成实体。单击常用选项卡中的“实体编辑”面板→“拉伸面”命令，或在命令行中输入 extrude，命令行提示：

命令: extrude

当前线框密度: ISOLINES=4

选择要拉伸的对象: 选取底座和两个小圆（按<Enter>键）

指定拉伸的高度或[方向(D)/路径(P)/倾斜角(T)]: 40（按<Enter>键）

结果如图 3-9 所示。

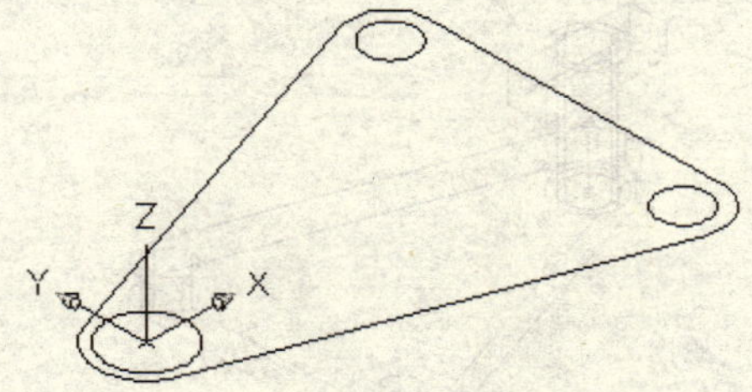

图 3-8　绘制两个圆

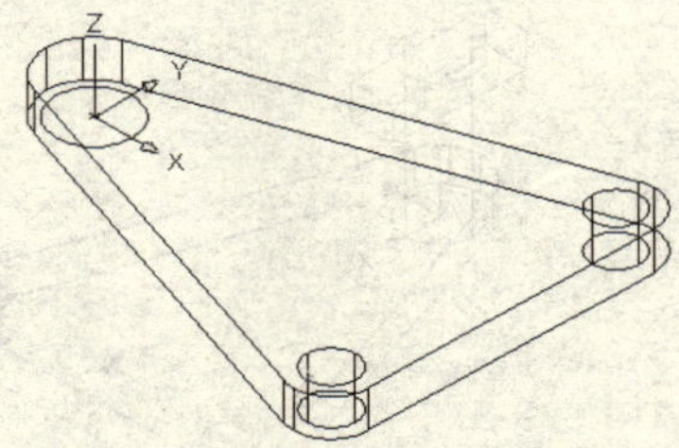

图 3-9　拉伸生成实体

（15）重复以上操作过程，将半径为 40 的圆拉伸高度为 170 的实体，结果如图 3-10 所示。

（16）绘制矩形。单击常用选项卡中的“绘图”面板→□（矩形）按钮，命令行提示：

命令: rectang

指定第一个角点或[倒角(C)/标高(E)/圆角(F)/厚度(T)/宽度(W)]: −80，25，130（按<Enter>键）

指定另一个角点或[面积(A)/尺寸(D)/旋转(R)]: 80，−25（按<Enter>键）

结果如图 3-11 所示。

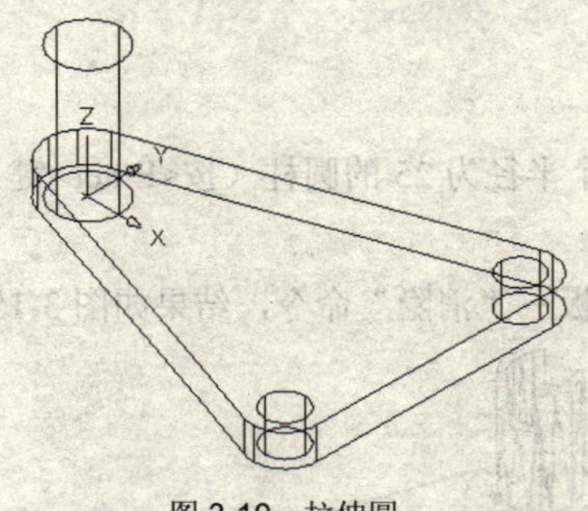

图 3-10　拉伸圆

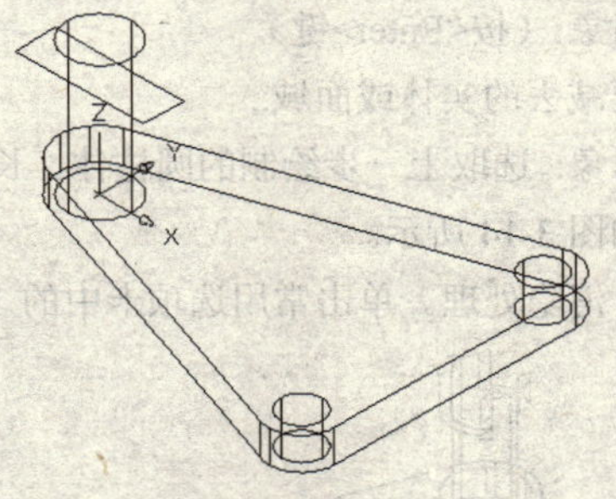

图 3-11　绘制矩形

（17）面域上述区域。单击常用选项卡中的“绘图”面板→“面域”命令，命令行提示：

命令: region

选择对象: 选取矩形（按<Enter>键）

选择对象:（按<Enter>键）

已提取 1 个环

已创建 1 个面域

（18）拉伸生成实体。单击常用选项卡中的“实体编辑”面板→“拉伸面”命令，命令行提示：

命令: extrude

当前线框密度: ISOLINES=4

选择要拉伸的对象: 选取矩形（按<Enter>键）

指定拉伸的高度或[方向(D)/路径(P)/倾斜角(T)] <170.0000>: 40（按<Enter>键）

结果如图 3-12 所示。

（19）绘制圆柱体。单击常用选项卡中的“建模”面板→“圆柱体”命令，命令行提示：

命令: cylinder

指定底面的中心点或[三点(3P)/两点(2P)/相切、相切、半径(T)/椭圆(E)]: 0，0，0（按<Enter>键）

指定底面半径或[直径(D)]: 30（按<Enter>键）

指定高度或[两点(2P)/轴端点(A)] <40.0000>: 170（按<Enter>键）

结果如图 3-13 所示。

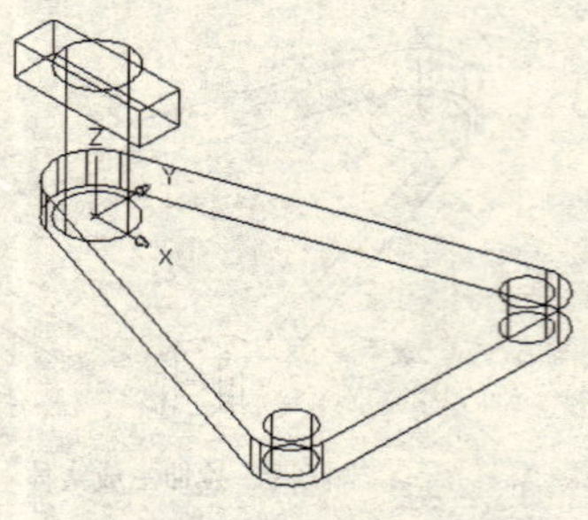

图 3-12　拉伸矩形

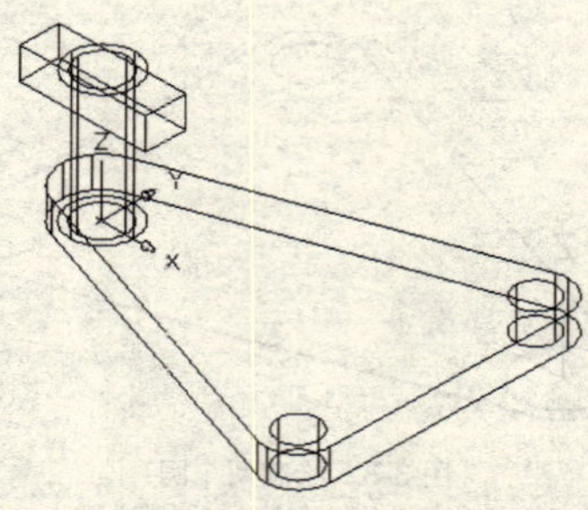

图 3-13　绘制圆柱体

（20）差集处理，生成中心孔。单击常用选项卡中的“实体编辑”面板→“差集”命令，命令行提示：

命令: subtract

选择要从中减去的实体或面域...

选择对象: 选取底座和半径为 40 的圆柱（按<Enter>键）

选择对象:（按<Enter>键）

选择要减去的实体或面域...

选择对象: 选取上一步绘制的圆柱体、长方体和两个半径为 25 的圆柱（按<Enter>键）

结果如图 3-14 所示。

（21）消隐处理。单击常用选项卡中的“视图”面板→“消隐”命令，结果如图 3-15 所示。

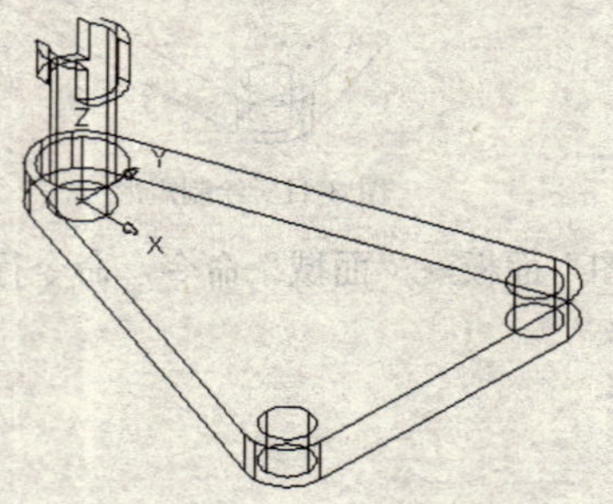

图 3-14　差集处理

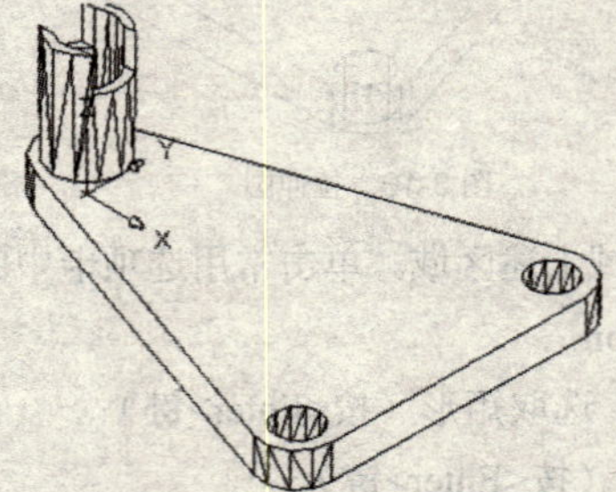

图 3-15　消隐处理

3.2 圆柱滚轴支座建模

本节将创建如图 3-16 所示的圆柱滚轴支座模型。具体操作步骤如下：

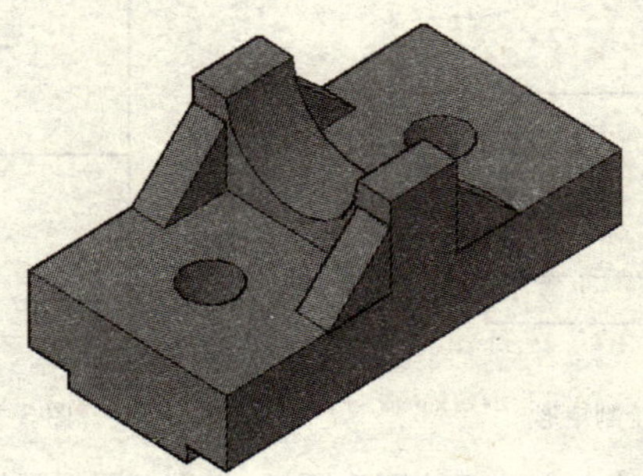

图 3-16 圆柱滚轴支座模型

（1）启动 AutoCAD 2010 系统，单击快捷工具栏中的（新建）按钮，弹出“选择样板”对话框，在下拉菜单中选取“acadiso.dwt”，为模板建立新的图形文件，单击“打开”按钮。

（2）切换视图。单击常用选项卡中的“视图”面板→“三维视图”中的“主视”命令。

（3）绘制矩形。单击常用选项卡中的“绘图”面板→（矩形）按钮，命令行提示：

命令: rectang

指定第一个角点或[倒角(C)/标高(E)/圆角(F)/厚度(T)/宽度(W)]: －30，10（按<Enter>键）

指定另一个角点或[面积(A)/尺寸(D)/旋转(R)]: 30，－10（按<Enter>键）

（4）设置用户坐标系。在命令行中输入 ucs，命令行提示：

命令: ucs

当前 UCS 名称: *主视*

指定 UCS 的原点或[面(F)/命名(NA)/对象(OB)/上一个(P)/视图(V)/世界(W)/X/Y/Z/Z 轴(ZA)] <世界>: 0，-10（按<Enter>键）

指定 X 轴上的点或 <接受>: （按<Enter>键）

（5）绘制矩形。单击常用选项卡中的“绘图”面板→（矩形）按钮，命令行提示：

命令: rectang

指定第一个角点或[倒角(C)/标高(E)/圆角(F)/厚度(T)/宽度(W)]: －18，0（按<Enter>键）

指定另一个角点或[面积(A)/尺寸(D)/旋转(R)]: 18，－5（按<Enter>键）

结果如图 3-17 所示。

（6）设置用户坐标系。在命令行中输入 ucs，命令行提示：

命令: ucs

当前 UCS 名称: *没有名称*

指定 UCS 的原点或[面(F)/命名(NA)/对象(OB)/上一个(P)/视图(V)/世界(W)/X/Y/Z/Z 轴(ZA)] <世界>: 0，47（按<Enter>键）

指定 X 轴上的点或<接受>:（按<Enter>键）

（7）绘制矩形。单击常用选项卡中的“绘图”面板→（矩形）按钮，命令行提示：

命令: rectang

指定第一个角点或[倒角(C)/标高(E)/圆角(F)/厚度(T)/宽度(W)]: -30，-26（按<Enter>键）

指定另一个角点或[面积(A)/尺寸(D)/旋转(R)]: 30，0（按<Enter>键）

结果如图 3-18 所示。

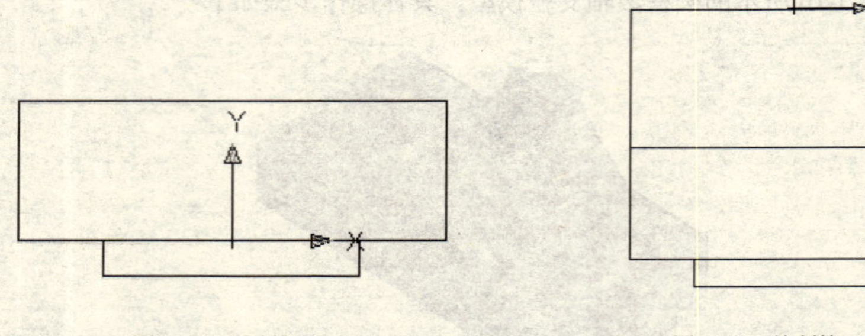

图 3-17 绘制矩形　　图 3-18 绘制第三个矩形

（8）绘制圆。单击常用选项卡中的“绘图”面板→（圆）按钮，命令行提示：

命令: circle

指定圆的圆心或[三点(3P)/两点(2P)/相切、相切、半径(T)]: 0，0（按<Enter>键）

指定圆的半径或[直径(D)]: 20（按<Enter>键）

结果如图 3-19 所示。

（9）拉伸生成长方体。单击常用选项卡中的“实体编辑”面板→“拉伸面”命令，命令行提示：

命令: extrude

当前线框密度: ISOLINES=4

选择要拉伸的对象: 选取如图 3-19 所示的矩形 1（按<Enter>键）

选择要拉伸的对象:（按<Enter>键）

指定拉伸的高度或[方向(D)/路径(P)/倾斜角(T)] <－40.0000>: 60（按<Enter>键）

单击常用选项卡中的“视图”面板→“三维视图”→“东南等轴测”命令，切换视点，结果如图 3-20 所示。

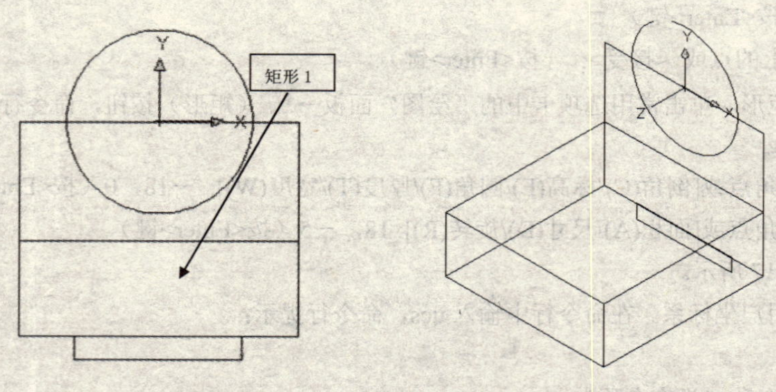

图 3-19 绘制圆　　图 3-20 拉伸生成长方体

（10）重复上述的操作，拉伸上述最小面的矩形，拉伸高度设为 60。结果如图 3-21 所示。

（11）拉伸生成长方体和圆柱体。单击常用选项卡中的“实体编辑”面板→“拉伸面”命令，命令行提示：

命令: extrude

当前线框密度: ISOLINES=4

选择要拉伸的对象：选取如图 3-21 所示的未被拉伸的矩形和圆（按<Enter>键）

选择要拉伸的对象：（按<Enter>键）

指定拉伸的高度或[方向(D)/路径(P)/倾斜角(T)] <60.0000>: 10（按<Enter>键）

结果如图 3-22 所示。

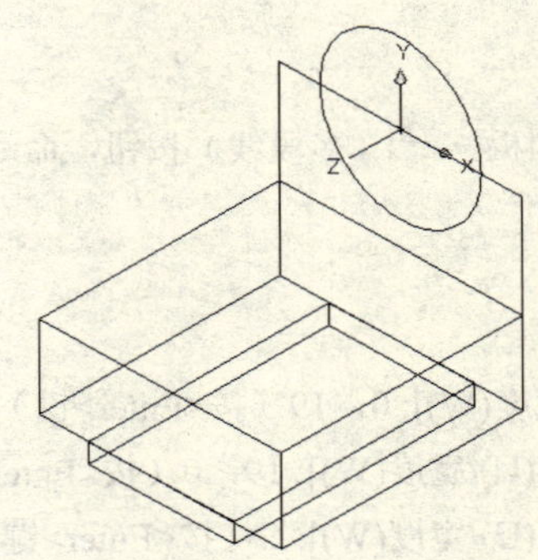

图 3-21　拉伸小矩形

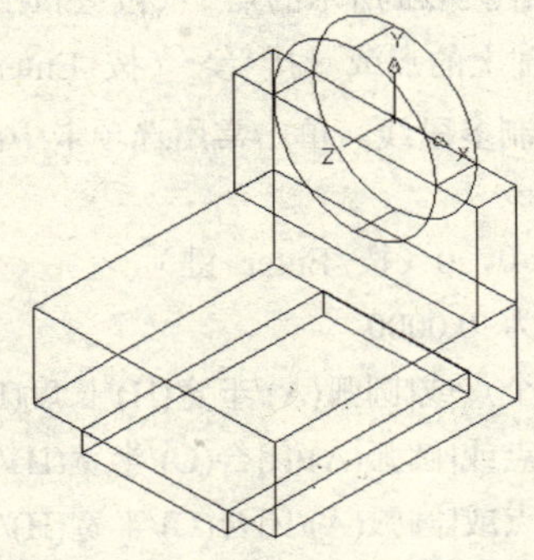

图 3-22　拉伸生成长方体和圆柱体

（12）并集处理。单击常用选项卡中的“实体编辑”面板→“并集”命令，或在命令行中输入 union，命令行提示：

命令: union

选择对象：选取所有的长方体（按<Enter>键）

结果如图 3-23 所示。

（13）差集处理。单击常用选项卡中的“实体编辑”面板→“差集”命令，或在命令行中输入 subtract，命令行提示：

命令: subtract

选择要从中减去的实体或面域...

选择对象：选取上一步并集的实体（按<Enter>键）

选择对象：（按<Enter>键）

选择要减去的实体或面域...

选择对象：选取圆柱（按<Enter>键）

结果如图 3-24 所示。

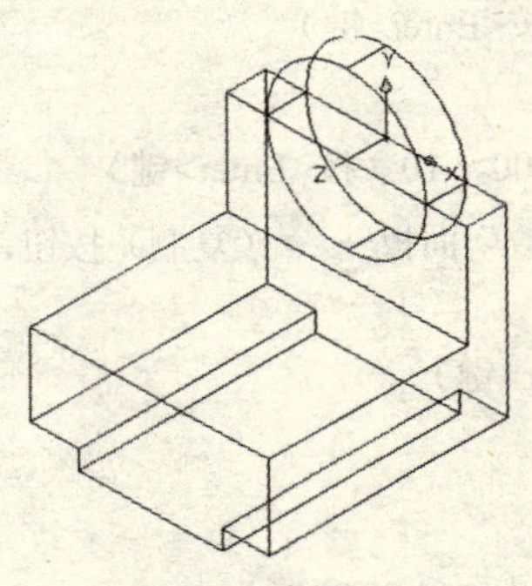

图 3-23　并集处理

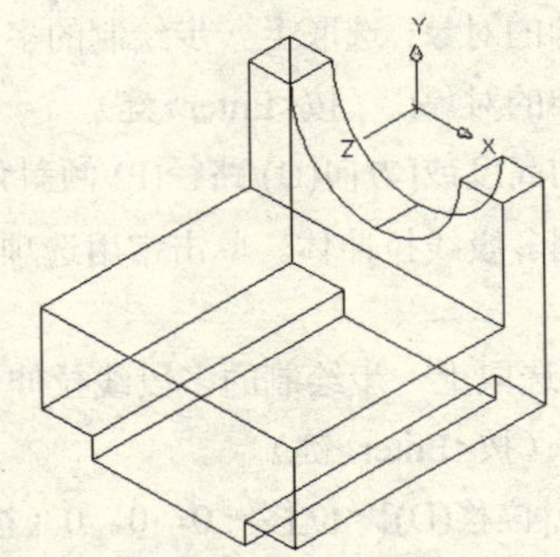

图 3-24　差集处理

（14）切换视图。单击常用选项卡中的“视图”面板→“三维视图”→“左视”命令，视图切换结果如图 3-25 所示。

（15）设置用户坐标系。在命令行中输入 ucs，命令行提示：

命令: ucs

当前 UCS 名称: *左视*

指定 UCS 的原点或[面(F)/命名(NA)/对象(OB)/上一个(P)/视图(V)/世界(W)/X/Y/Z/Z 轴(ZA)] <世界>: 选取如图 3-25 所示的点 1（按<Enter>键）

指定 X 轴上的点或 <接受>:（按<Enter>键）

（16）绘制多段线。单击常用选项卡中的“绘图”面板→（多段线）按钮，命令行提示：

命令: pline

指定起点: 0，0（按<Enter>键）

当前线宽为 0.0000

指定下一个点或[圆弧(A)/半宽(H)/长度(L)/放弃(U)/宽度(W)]: 0，19（按<Enter>键）

指定下一点或[圆弧(A)/闭合(C)/半宽(H)/长度(L)/放弃(U)/宽度(W)]: 19，0（按<Enter>键）

指定下一点或[圆弧(A)/闭合(C)/半宽(H)/长度(L)/放弃(U)/宽度(W)]: C（按<Enter>键）

结果如图 3-26 所示。

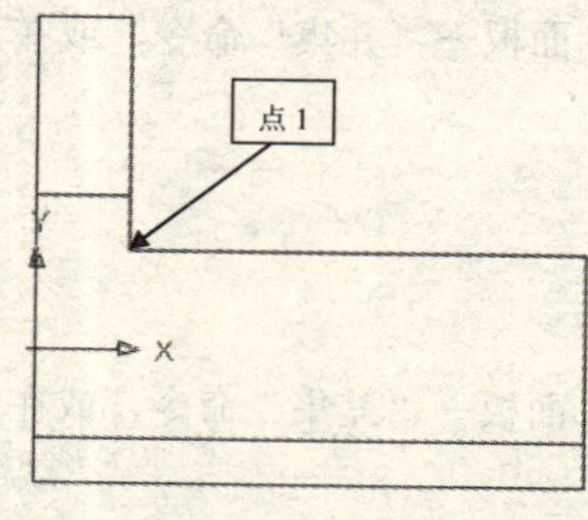

图 3-25　切换视图

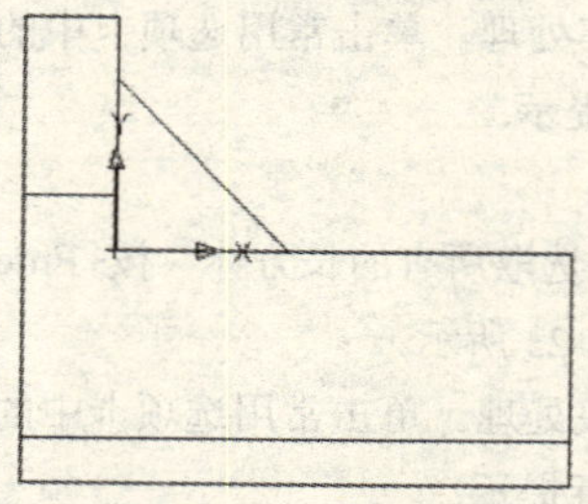

图 3-26　绘制多段线

（17）切换视图。单击常用选项卡中的“视图”面板→“三维视图”→“东南等轴测视图”命令，视图切换结果如图 3-27 所示。

（18）拉伸上述多段线区域。单击常用选项卡中的“实体编辑”面板→“拉伸面”命令，或在命令行中输入 extrude，命令行提示：

命令: extrude

当前线框密度: ISOLINES=4

选择要拉伸的对象: 选取上一步绘制的多段线区域（按<Enter>键）

选择要拉伸的对象:（按<Enter>键）

指定拉伸的高度或[方向(D)/路径(P)/倾斜角(T)] <10.0000>: 10（按<Enter>键）

（19）复制多段线拉伸体。单击常用选项卡中的“修改”面板→（复制）按钮，命令行提示：

命令: copy

选择对象: 选取上一步绘制的多段线拉伸体（按<Enter>键）

选择对象:（按<Enter>键）

指定基点或[位移(D)] <位移>: 0，0，0（按<Enter>键）

指定第二个点或<使用第一个点作为位移>: 0，0，−50（按<Enter>键）

指定第二个点或[退出(E)/放弃(U)] <退出>:（按<Enter>键）

结果如图 3-28 所示。

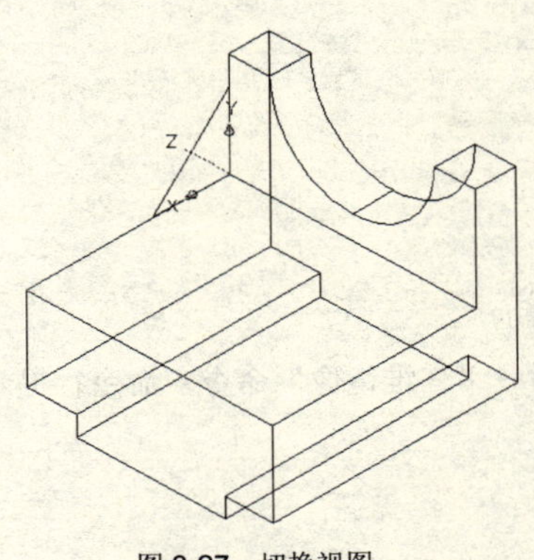

图 3-27　切换视图

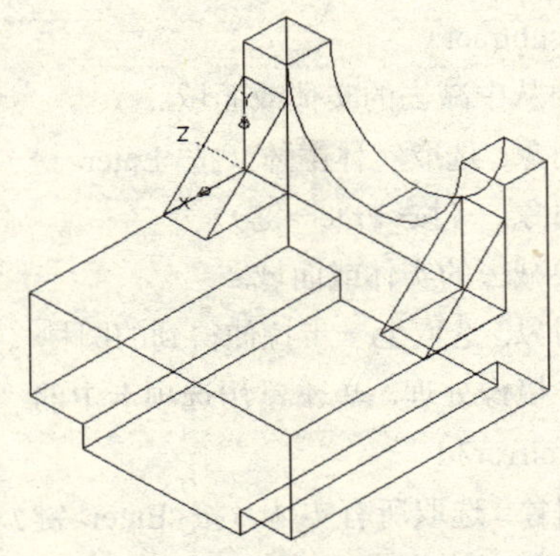

图 3-28　复制多段线拉伸体

（20）切换视图。单击常用选项卡中的“视图”面板→“三维视图”→“俯视”命令。

（21）设置用户坐标系。在命令行中输入 ucs，命令行提示：

命令: ucs

当前 UCS 名称: *俯视*

指定 UCS 的原点或[面(F)/命名(NA)/对象(OB)/上一个(P)/视图(V)/世界(W)/X/Y/Z/Z 轴(ZA)] <世界>: 选取筋板的中点（按<Enter>键）

指定 X 轴上的点或 <接受>: （按<Enter>键）

结果如图 3-29 所示。

（22）绘制圆。单击常用选项卡中的“绘图”面板→（圆）按钮，命令行提示：

命令: circle

指定圆的圆心或[三点(3P)/两点(2P)/相切、相切、半径(T)]: 0，－25，0（按<Enter>键）

指定圆的半径或[直径(D)] <20.0000>: 8（按<Enter>键）

（23）拉伸生成圆柱体。单击常用选项卡中的“实体编辑”面板→“拉伸面”命令，或命令行中输入 extrude，命令行提示：

命令: extrude

当前线框密度: ISOLINES=4

选择要拉伸的对象: 选取上一步绘制的圆（按<Enter>键）

选择要拉伸的对象:（按<Enter>键）

指定拉伸的高度或[方向(D)/路径(P)/倾斜角(T)] <－10.0000>: －25（按<Enter>键）

切换到东南等轴测视图，结果如图 3-30 所示。

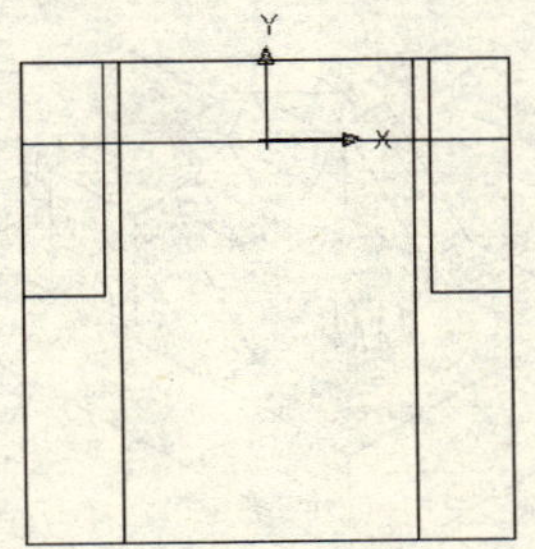

图 3-29　设置用户坐标系

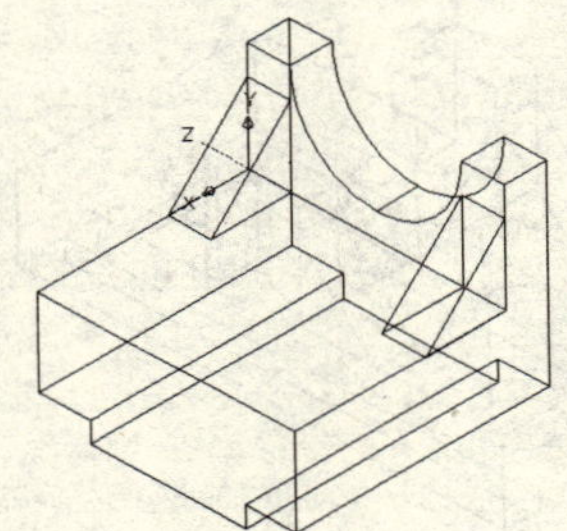

图 3-30　拉伸生成圆柱体

（24）差集处理。单击常用选项卡中的“实体编辑”面板→“差集”命令，命令行提示：

命令: subtract

选择要从中减去的实体或面域...

选择对象: 选取实体主体（按<Enter>键）

选择对象: （按<Enter>键）

选择要减去的实体或面域...

选择对象: 选取上一步拉伸得到的圆柱（按<Enter>键）

（25）镜像处理。单击常用选项卡中的“修改”面板→“三维镜像”命令，命令行提示:

命令: mirror3d

选择对象: 选取所有实体（按<Enter>键）

选择对象: （按<Enter>键）

指定镜像平面 (三点) 的第一个点或[对象(O)/最近的(L)/Z 轴(Z)/视图(V)/XY 平面(XY)/YZ 平面(YZ)/ZX 平面(ZX)/三点(3)] <三点>: zx（按<Enter>键）

指定 ZX 平面上的点 <0,0,0>: 0，10，0（按<Enter>键）

是否删除源对象？[是(Y)/否(N)] <否>:（按<Enter>键）

结果如图 3-31 所示。

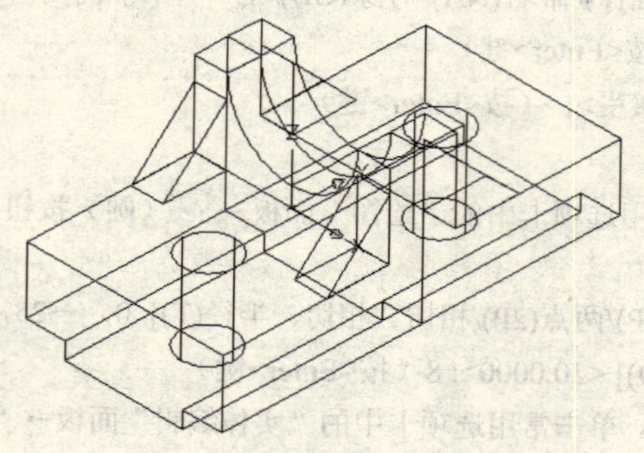

图 3-31　镜像处理

（26）并集处理。单击常用选项卡中的“实体编辑”面板→“并集”命令，命令行提示:

命令: union

选择对象: 选取上一步镜像生成的两个实体（按<Enter>键）

结果如图 3-32 所示。

（27）消隐处理。单击常用选项卡中的“视图”面板→“视觉样式”→“三维消隐”命令，或在命令行中输入 hide，消隐处理结果如图 3-33 所示。

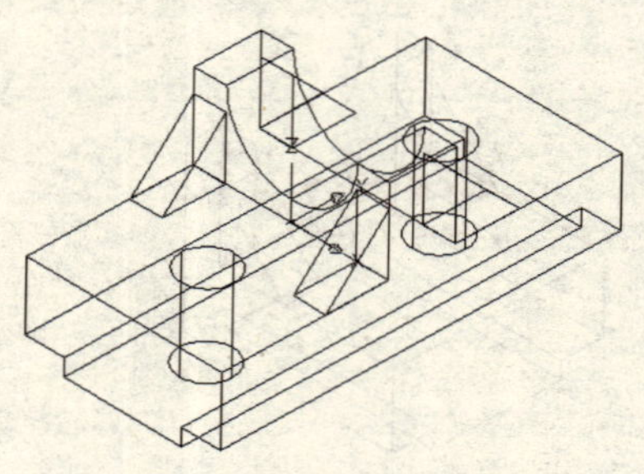

图 3-32　并集处理

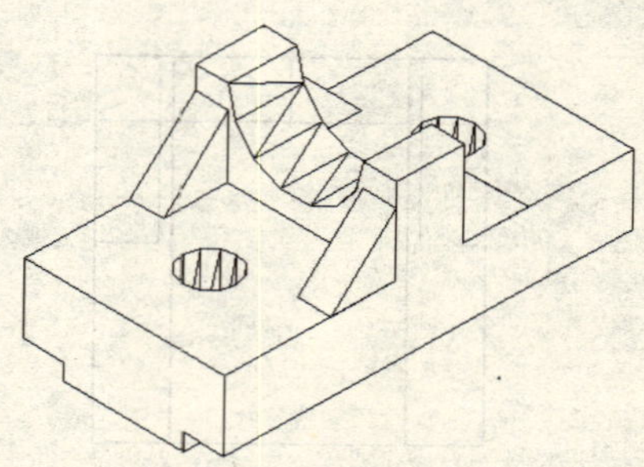

图 3-33　消隐处理

3.3　三维箱体建模

本节将创建如图 3-34 所示的三维箱体模型。具体操作步骤如下：

（1）启动 AutoCAD 2010 系统，单击快捷工具栏中的（新建）按钮，打开“选择样板”对话框，在下拉菜单中选取“acadiso.dwt”，为模板建立新的图形文件，单击“打开”按钮。

（2）设置视点。单击常用选项卡中的“视图”面板→“三维视图”→“东南等轴测”命令。

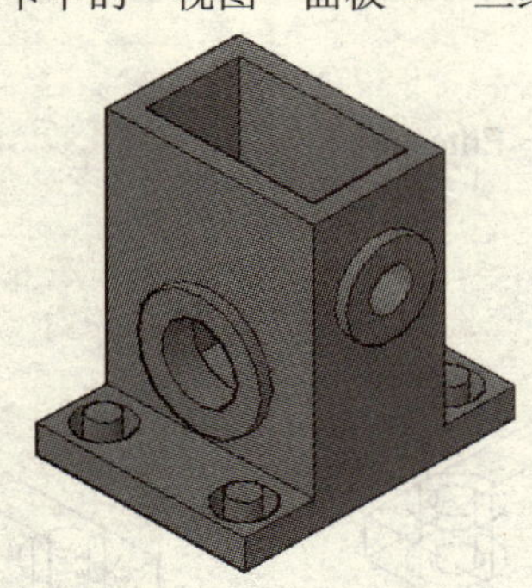

图 3-34　三维箱体模型

（3）绘制长方体。单击常用选项卡中的“绘图”面板→“建模”→“长方体”命令，命令行提示：

命令: box

指定第一个角点或[中心(C)]: 0，0，0（按<Enter>键）

指定其他角点或[立方体(C)/长度(L)]: @88，116（按<Enter>键）

指定高度或[两点(2P)]: 12（按<Enter>键）

结果如图 3-35 所示。

（4）绘制圆柱体。单击常用选项卡中的“建模”面板→“圆柱体”命令，命令行提示：

命令: cylinder

指定底面的中心点或[三点(3P)/两点(2P)/相切、相切、半径(T)/椭圆(E)]: 14，14，0（按<Enter>键）

指定底面半径或[直径(D)]: 6（按<Enter>键）

指定高度或[两点(2P)/轴端点(A)] <12.0000>: 16（按<Enter>键）

同理，再以点（14，14，0）为底面中心，绘制一个半径为 11、高为 16 的圆柱体，结果如图 3-36 所示。

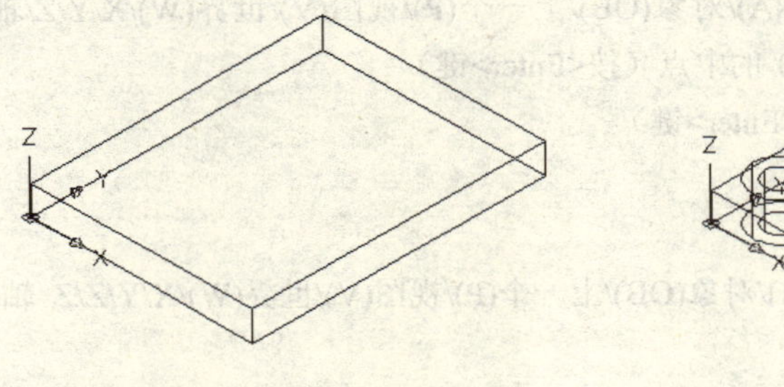

图 3-35　绘制长方体

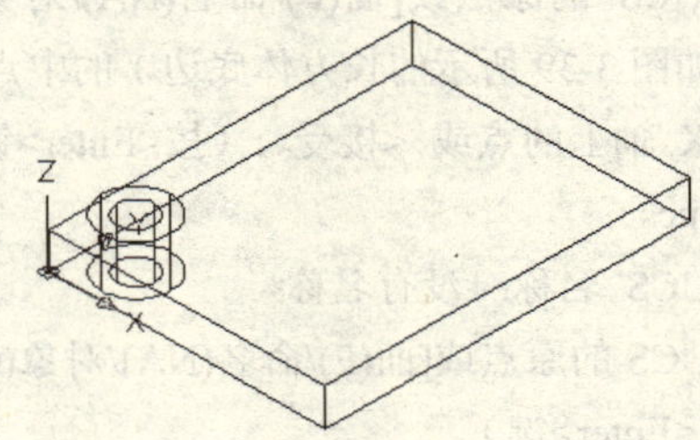

图 3-36　绘制圆柱体

（5）阵列圆柱体。单击常用选项卡中的“修改”面板→（阵列）按钮，弹出“阵列”对话框，点选“矩形阵列”单选钮，设置行和列均为 2、行偏移为 88、列偏移为 60，然后选择绘制的两个圆柱体，单击“确定”按钮完成阵列复制，结果如图 3-37 所示。

（6）差集处理，生成孔。单击常用选项卡中的“实体编辑”面板→“差集”命令，命令行提示：

命令: subtract

选择要从中减去的实体或面域...

选择对象: 选取长方体（按<Enter>键）

选择对象:（按<Enter>键）

选择要减去的实体或面域...

选择对象: 选取 4 个大圆柱（按<Enter>键）

选择对象:（按<Enter>键）

结果如图 3-38 所示。

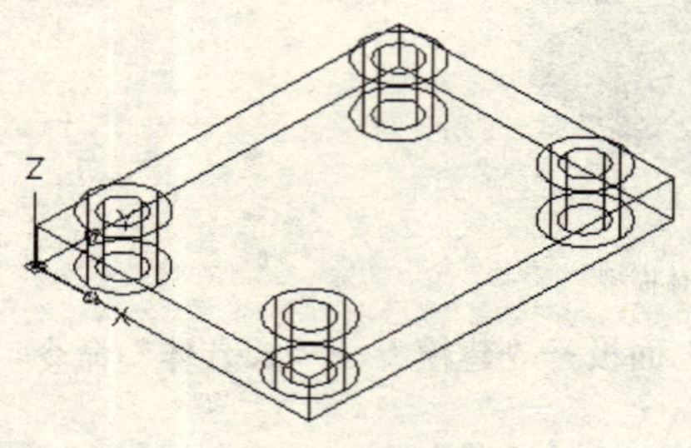

图 3-37　阵列圆柱体

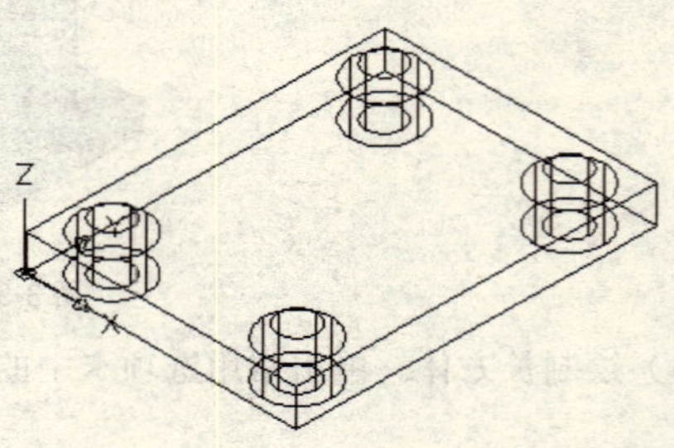

图 3-38　差集处理

（7）绘制长方体。单击常用选项卡中的“建模”面板→“长方体”命令，或在命令行中输入 box，命令行提示：

命令：box

指定第一个角点或[中心(C)]: 0，30，0（按<Enter>键）

指定其他角点或[立方体(C)/长度(L)]: @88，56（按<Enter>键）

指定高度或[两点(2P)] <-16.0000>: 116（按<Enter>键）

同理，再以点（8，38，12）为长方体的角点，绘制一个长 72、宽 40、高 104 的长方体，结果如图 3-39 所示。

（8）改变坐标系位置。在命令行中输入 ucs，命令行提示：

命令: ucs

当前 UCS 名称: *世界*

指定 UCS 的原点或[面(F)/命名(NA)/对象(OB)/上一个(P)/视图(V)/世界(W)/X/Y/Z/轴(ZA)]<世界>: 选取如图 3-39 所示的长方体底边 1 的中点（按<Enter>键）

指定 X 轴上的点或 <接受>:（按<Enter>键）

命令: ucs

当前 UCS 名称: *没有名称*

指定 UCS 的原点或[面(F)/命名(NA)/对象(OB)/上一个(P)/视图(V)/世界(W)/X/Y/Z/Z 轴(ZA)] <世界>: x（按<Enter>键）

指定绕 X 轴的旋转角度 <90>: −90（按<Enter>键）

结果如图 3-40 所示。

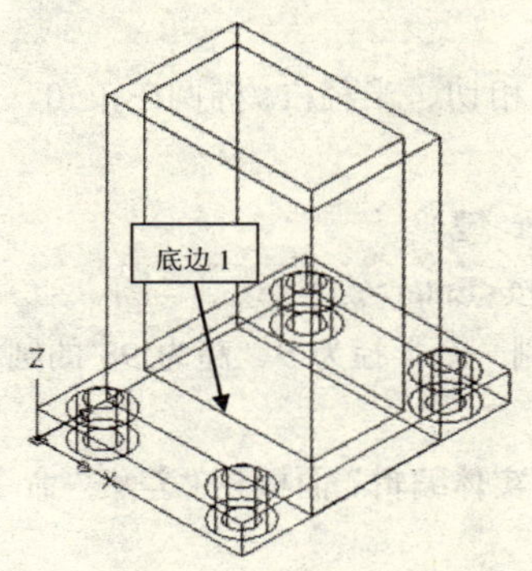

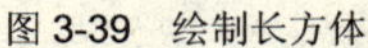
图 3-39　绘制长方体

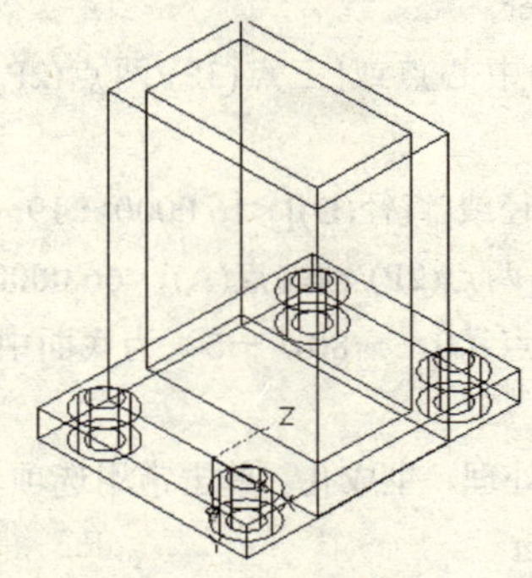

图 3-40　改变坐标系位置

（9）绘制圆柱体。单击常用选项卡中的“建模”面板→“圆柱体”命令，命令行提示：

命令: cylinder

指定底面的中心点或[三点(3P)/两点(2P)/相切、相切、半径(T)/椭圆(E)]: 0，－44，－5（按<Enter>键）

指定底面半径或[直径(D)] <19.0000>: 26（按<Enter>键）

指定高度或[两点(2P)/轴端点(A)] <98.0000>: 66（按<Enter>键）

同理，再以点（0，－4，－5）为底面中心，绘制一个半径为 16、高为 66 的圆柱体，结果如图 3-41 所示。

（10）改变坐标系位置。在命令行中输入 ucs，命令行提示：

命令: ucs

当前 UCS 名称: *没有名称*

指定 UCS 的原点或[面(F)/命名(NA)/对象(OB)/上一个(P)/视图(V)/世界(W)/X/Y/Z/Z 轴(ZA)] <世界>: 选取如图 3-41 所示的长方体底边 2 的中点（按<Enter>键）

指定 X 轴上的点或 <接受>:（按<Enter>键）

命令: ucs

当前 UCS 名称: *没有名称*

指定 UCS 的原点或[面(F)/命名(NA)/对象(OB)/上一个(P)/视图(V)/世界(W)/X/Y/Z/Z 轴(ZA)] <世界>: y（按<Enter>键）

指定绕 Y 轴的旋转角度 <90>: －90（按<Enter>键）

结果如图 3-42 所示。

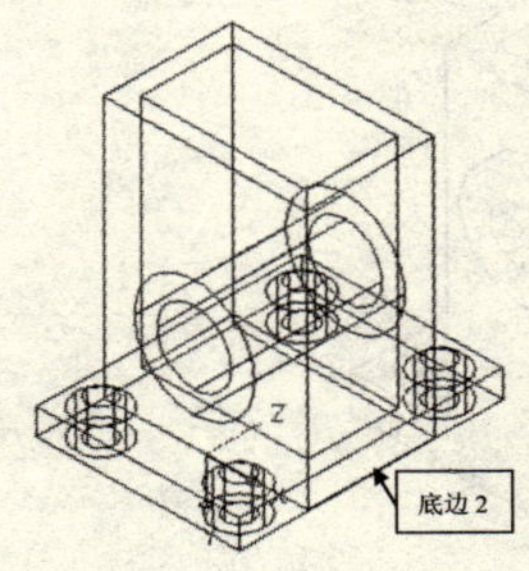

图 3-41　绘制圆柱体

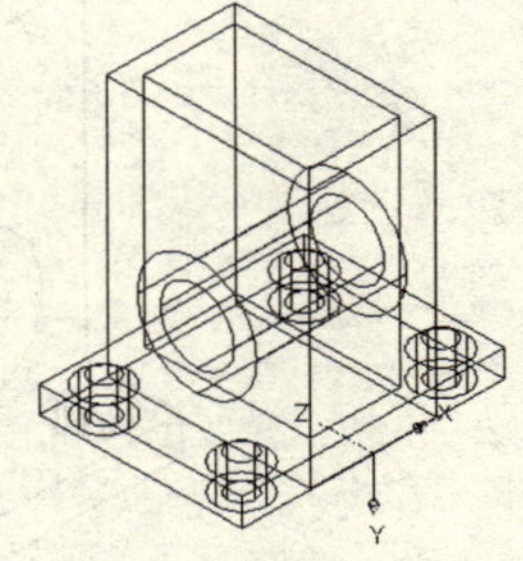

图 3-42　改变坐标系位置

（11）绘制圆柱体。单击常用选项卡中的“建模”面板→“圆柱体”命令，命令行提示：

命令: cylinder

指定底面的中心点或[三点(3P)/两点(2P)/相切、相切、半径(T)/椭圆(E)]: 0，－80，－5（按<Enter>键）

指定底面半径或[直径(D)] <16.0000>: 19（按<Enter>键）

指定高度或[两点(2P)/轴端点(A)] <66.0000>: 98（按<Enter>键）

同理，再以点（0，－80，－5）为底面中心，绘制一个半径为 9、高为 98 的圆柱体，结果如图 3-43 所示。

（12）差集处理，生成孔。单击常用选项卡中的“实体编辑”面板→“差集”命令，命令行提示:

命令: subtract

选择要从中减去的实体或面域...

选择对象: 选取前面创建的差集图形、大长方体和两个圆柱体（按<Enter>键）

选择对象:（按<Enter>键）

选择要减去的实体或面域...

选择对象: 选取小长方体和两个小圆柱体（按<Enter>键）

选择对象:（按<Enter>键）

结果如图 3-44 所示。

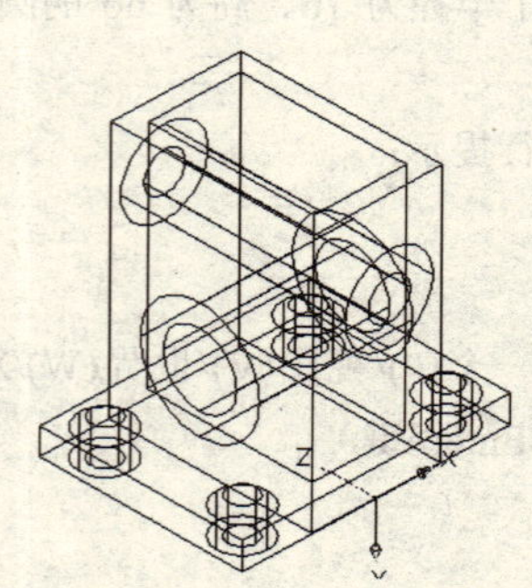

图 3-43　绘制圆柱体

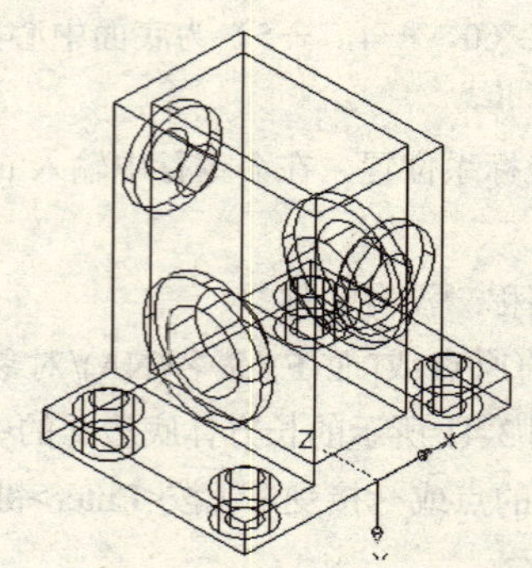

图 3-44　差集处理

（13）消隐处理。单击常用选项卡中的“视图”面板→“视觉样式”→“三维消隐”命令，消隐处理结果如图 3-45 所示。

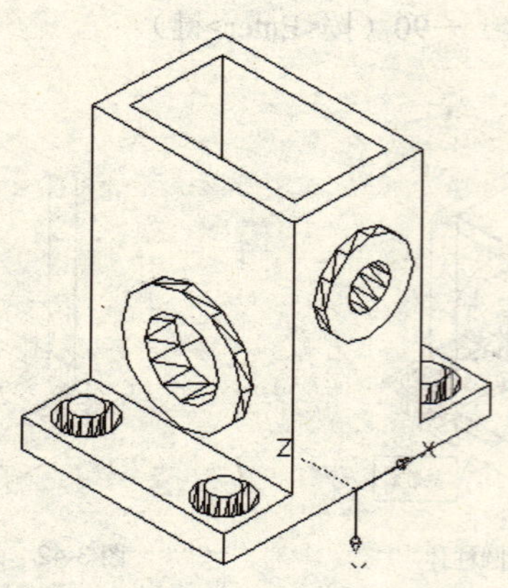

图 3-45　消隐处理

3.4　减速箱壳体建模

本节将创建如图 3-46 所示的减速箱壳体模型。

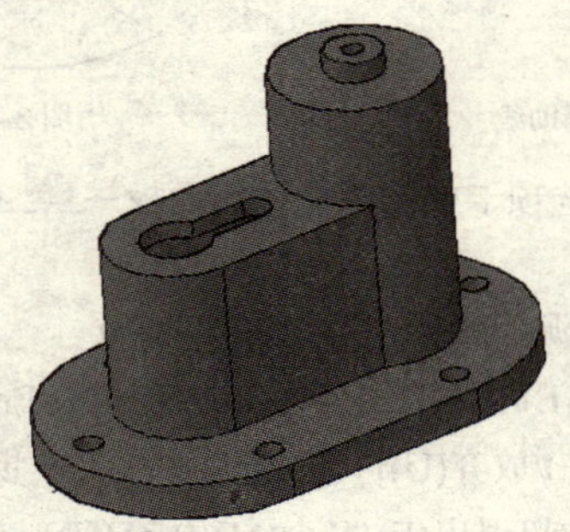

图 3-46　减速箱壳体模型

具体操作步骤如下：

（1）启动 AutoCAD 2010 系统，单击快捷工具栏中的（新建）按钮，弹出“选择样板”对话框，在下拉菜单中选取“acadiso.dwt”，为模板建立新的图形文件，单击“打开”按钮。

（2）设置视点。单击常用选项卡中的“视图”面板→“三维视图”→“西南等轴图”命令。

（3）绘制辅助线。单击常用选项卡中的“绘图”面板→（直线）按钮，命令行提示：

命令: line

指定第一点: －90，0（按<Enter>键）

指定下一点或[放弃(U)]: @300，0（按<Enter>键）

指定下一点或[放弃(U)]: （按<Enter>键）

同理，再绘制两条直线，直线的起点和终点坐标分别为（0，90)，(@0，－180）以及（120，90)，(@0，－180)，结果如图 3-47 所示。

（4）绘制底板。单击常用选项卡中的“绘图”面板→（多段线）按钮，命令行提示：

命令: pline

指定起点: 0，80（按<Enter>键）

当前线宽为 0.0000

指定下一个点或[圆弧(A)/半宽(H)/长度(L)/放弃(U)/宽度(W)]: @120，0（按<Enter>键）

指定下一点或[圆弧(A)/闭合(C)/半宽(H)/长度(L)/放弃(U)/宽度(W)]: a（按<Enter>键）

指定圆弧的端点或[角度(A)/圆心(CE)/闭合(CL)/方向(D)/半宽(H)/直线(L)/半径(R)/第二个点(S)/放弃(U)/宽度(W)]: 160（按<Enter>键）

指定圆弧的端点或[角度(A)/圆心(CE)/闭合(CL)/方向(D)/半宽(H)/直线(L)/半径(R)/第二个点(S)/放弃(U)/宽度(W)]: l（按<Enter>键）

指定下一点或[圆弧(A)/闭合(C)/半宽(H)/长度(L)/放弃(U)/宽度(W)]: @－120，0（按<Enter>键）

指定下一点或[圆弧(A)/闭合(C)/半宽(H)/长度(L)/放弃(U)/宽度(W)]: a（按<Enter>键）

指定圆弧的端点或[角度(A)/圆心(CE)/闭合(CL)/方向(D)/半宽(H)/直线(L)/半径(R)/第二个点(S)/放弃(U)/宽度(W)]: 选取多段线的起点（按<Enter>键）

结果如图 3-48 所示。

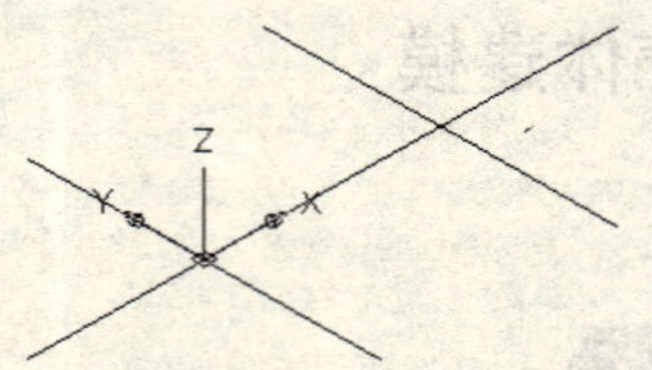

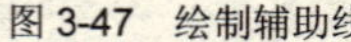
图 3-47　绘制辅助线

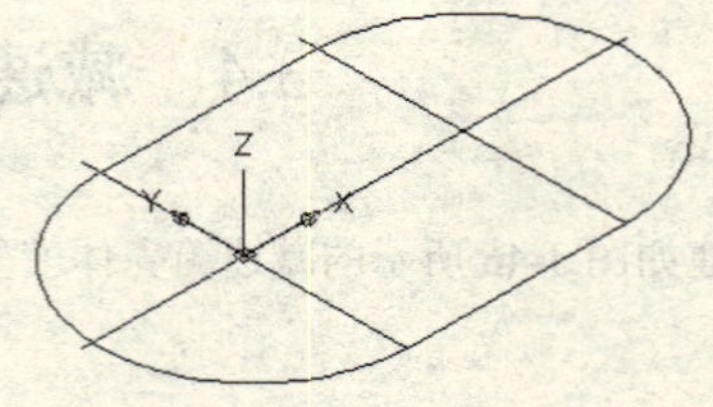

图 3-48　绘制底板

（5）绘制多段线。单击常用选项卡中的“修改”面板→（偏移）按钮，命令行提示：

命令: offset

当前设置: 删除源=否　图层=源　OFFSETGAPTYPE=0

指定偏移距离或[通过(T)/删除(E)/图层(L)] <通过>: 20（按<Enter>键）

选择要偏移的对象，或[退出(E)/放弃(U)] <退出>: 选取上一步绘制的多段线（按<Enter>键）

指定要偏移的那一侧上的点，或[退出(E)/多个(M)/放弃(U)] <退出>: 选取多段线内侧的任意一点（按<Enter>键）

结果如图 3-49 所示。

（6）移动多段线。单击常用选项卡中的“修改”面板→（移动）按钮，命令行提示：

命令: move

选择对象: 选取外侧的多段线（按<Enter>键）

选择对象:（按<Enter>键）

指定基点或[位移(D)] <位移>: 任意选取一个基点（按<Enter>键）

指定第二个点或<使用第一个点作为位移>: @0，0，－10（按<Enter>键）

结果如图 3-50 所示。

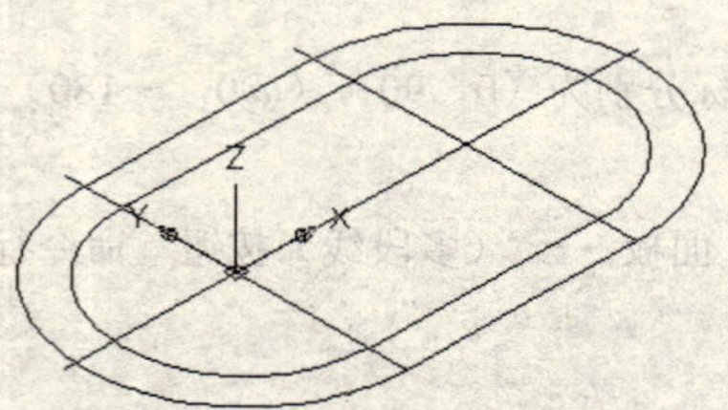

图 3-49　绘制多段线

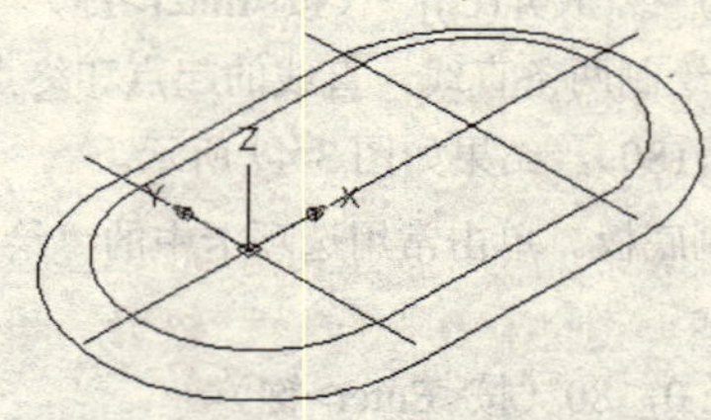

图 3-50　移动多段线

（7）拉伸实体。单击常用选项卡中的“实体编辑”面板→“拉伸面”命令，命令行提示：

命令: extrude

当前线框密度: ISOLINES=4

选择要拉伸的对象: 选取外侧的多段线（按<Enter>键）

选择要拉伸的对象: （按<Enter>键）

指定拉伸的高度或[方向(D)/路径(P)/倾斜角(T)] <－30.0000>: 30（按<Enter>键）

结果如图 3-51 所示。

（8）绘制多段线。单击常用选项卡中的“绘图”面板→（多段线）按钮，命令行提示：

命令: pline

指定起点: 0，40（按<Enter>键）

当前线宽为 0.0000

指定下一个点或[圆弧(A)/半宽(H)/长度(L)/放弃(U)/宽度(W)]: @120，0（按<Enter>键）

指定下一点或[圆弧(A)/闭合(C)/半宽(H)/长度(L)/放弃(U)/宽度(W)]: @0，－80（按<Enter>键）

指定下一点或[圆弧(A)/闭合(C)/半宽(H)/长度(L)/放弃(U)/宽度(W)]: @－120，0（按<Enter>键）

指定下一点或[圆弧(A)/闭合(C)/半宽(H)/长度(L)/放弃(U)/宽度(W)]: a（按<Enter>键）

指定圆弧的端点或[角度(A)/圆心(CE)/闭合(CL)/方向(D)/半宽(H)/直线(L)/半径(R)/第二个点(S)/放弃(U)/宽度(W)]: 选取多段线的起点（按<Enter>键）

结果如图 3-52 所示。

（9）绘制圆。单击常用选项卡中的“绘图”面板→（圆）按钮，命令行提示：

命令: circle

指定圆的圆心或[三点(3P)/两点(2P)/相切、相切、半径(T)]: 120，0（按<Enter>键）

指定圆的半径或[直径(D)]: 46（按<Enter>键）

结果如图 3-53 所示。

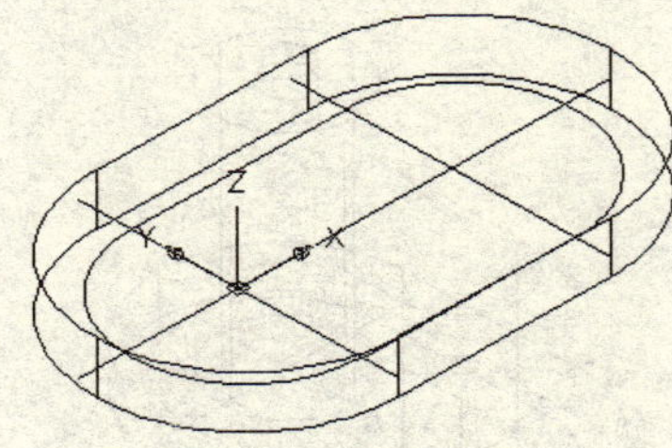

图 3-51　拉伸实体

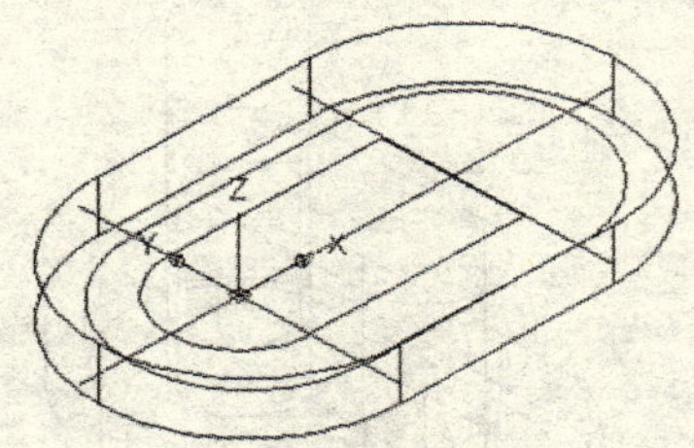

图 3-52　绘制多段线

（10）拉伸圆。单击常用选项卡中的“实体编辑”面板→“拉伸面”命令，或在命令行中输入 extrude，命令行提示：

命令: extrude

当前线框密度: ISOLINES=4

选择要拉伸的对象: 选取上一步绘制的圆（按<Enter>键）

选择要拉伸的对象: （按<Enter>键）

指定拉伸的高度或[方向(D)/路径(P)/倾斜角(T)] <30.0000>: 178（按<Enter>键）

结果如图 3-54 所示。

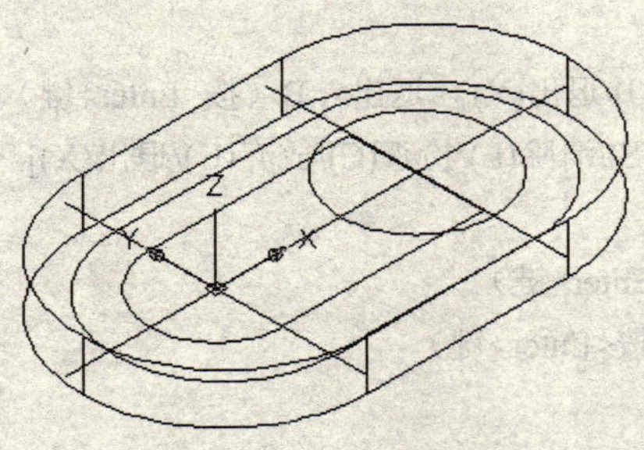

图 3-53　绘制圆

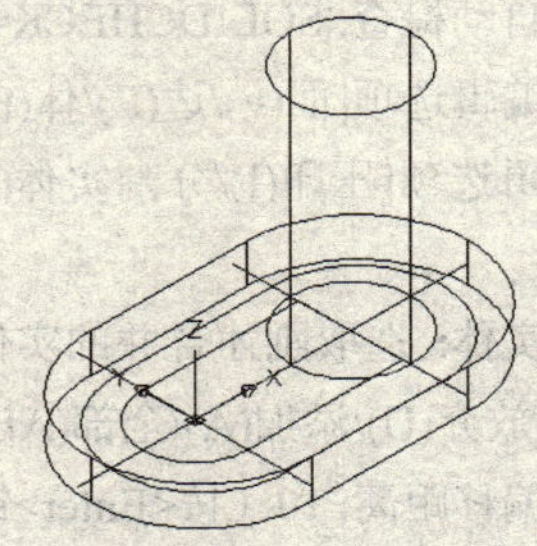

图 3-54　拉伸圆

（11）拉伸多段线。单击常用选项卡中的“实体编辑”面板→“拉伸面”命令，或在命令行中输入 extrude，命令行提示：

命令: extrude

当前线框密度: ISOLINES=4

选择要拉伸的对象: 选取第（8）步中绘制的多段线（按<Enter>键）

选择要拉伸的对象:（按<Enter>键）

指定拉伸的高度或[方向(D)/路径(P)/倾斜角(T)] <-120.0000>: 120（按<Enter>键）

结果如图 3-55 所示。

（12）绘制圆柱体。单击常用选项卡中的“绘图”面板→“建模”→“圆柱体”命令，命令行提示:

命令: cylinder

指定底面的中心点或[三点(3P)/两点(2P)/相切、相切、半径(T)/椭圆(E)]: 选取刚才拉伸成的大圆柱体顶面的圆心（按<Enter>键）

指定底面半径或[直径(D)] <6.0000>: 16（按<Enter>键）

指定高度或[两点(2P)/轴端点(A)] <120.0000>: 12（按<Enter>键）

结果如图 3-56 所示。

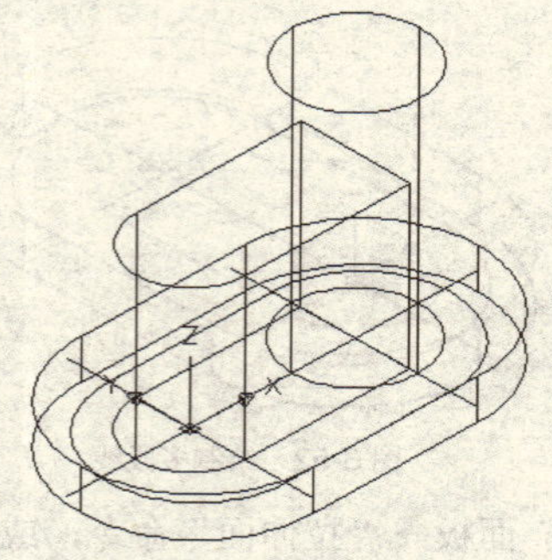

图 3-55　拉伸多段线

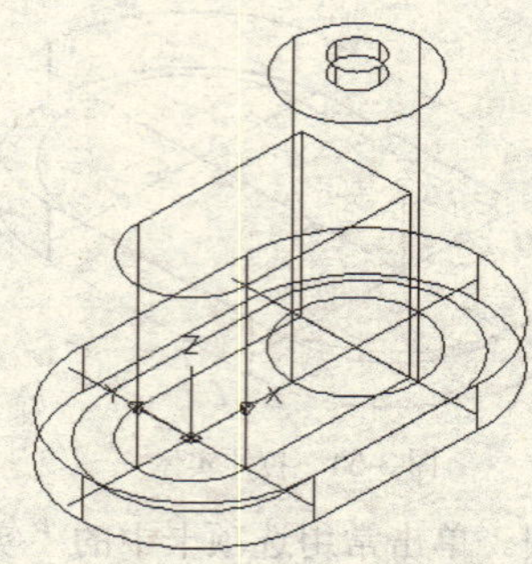

图 3-56　绘制圆柱体

（13）合并实体。单击常用选项卡中的“实体编辑”面板→“并集”命令，命令行提示:

命令: union

选择对象: 选取所有的实体（按<Enter>键）

结果如图 3-57 所示。

（14）将实体抽壳。单击常用选项卡中的“实体编辑”面板→“抽壳”命令，命令行提示:

命令: solidedit

实体编辑自动检查: SOLIDCHECK=1

输入实体编辑选项[面(F)/边(E)/体(B)/放弃(U)/退出(X)] <退出>: B（按<Enter>键）

输入体编辑选项[压印(I)/分割实体(P)/抽壳(S)/清除(L)/检查(C)/放弃(U)/退出(X)] <退出>: S（按<Enter>键）

选择三维实体: 选取刚才合并的实体（按<Enter>键）

删除面或[放弃(U)/添加(A)/全部(ALL)]:（按<Enter>键）

输入抽壳偏移距离: 10（按<Enter>键）

已开始实体校验

已完成实体校验

输入体编辑选项[压印(I)/分割实体(P)/抽壳(S)/清除(L)/检查(C)/放弃(U)/退出(X)] <退出>: x（按<Enter>键）

结果如图 3-58 所示。

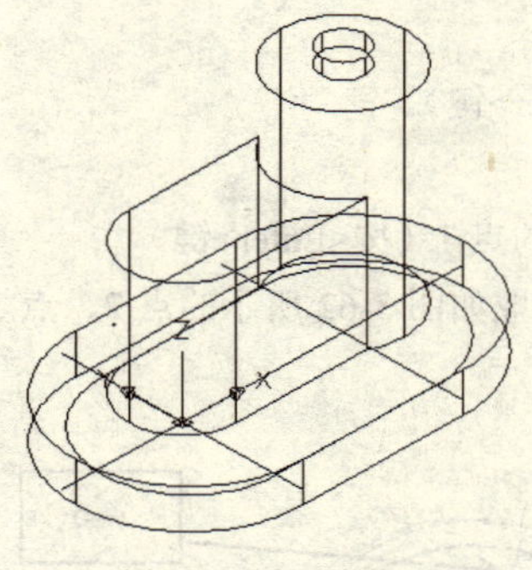

图 3-57 合并实体

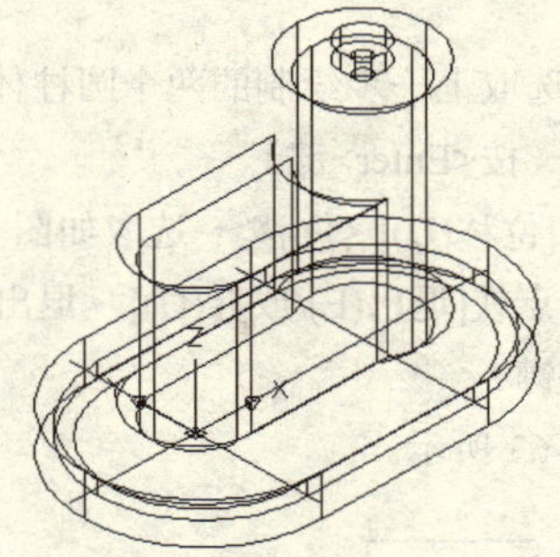

图 3-58 将实体抽壳

（15）绘制小圆柱体。单击常用选项卡中的“建模”面板→“圆柱体”命令，命令行提示：

命令: cylinder

指定底面的中心点或[三点(3P)/两点(2P)/相切、相切、半径(T)/椭圆(E)]: 选取如图 3-59 所示的点 1（按<Enter>键）

指定底面半径或[直径(D)] <16.0000>: 5（按<Enter>键）

指定高度或[两点(2P)/轴端点(A)] <12.0000>: 14（按<Enter>键）

结果如图 3-60 所示。

同理，再次用“cylinder”命令绘制圆柱体，捕捉刚才绘制的小圆柱体顶面的圆心作为圆柱体的圆心，设置底面半径为 8、高度为 50，结果如图 3-61 所示。

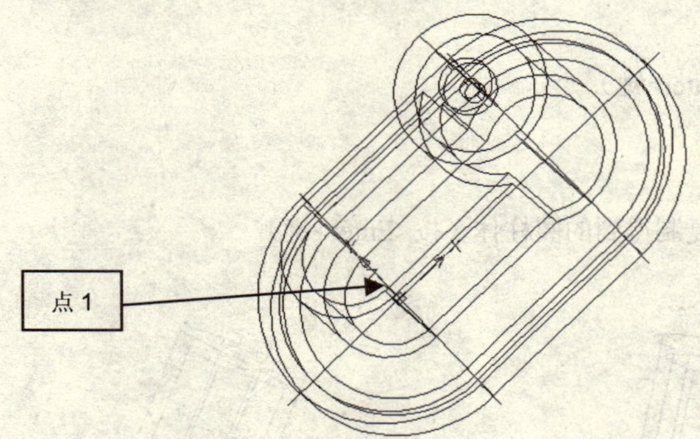

图 3-59 选取点 1

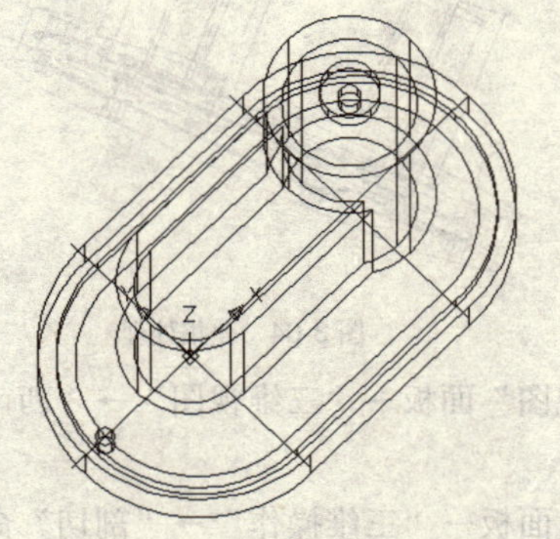

图 3-60 绘制小圆柱体

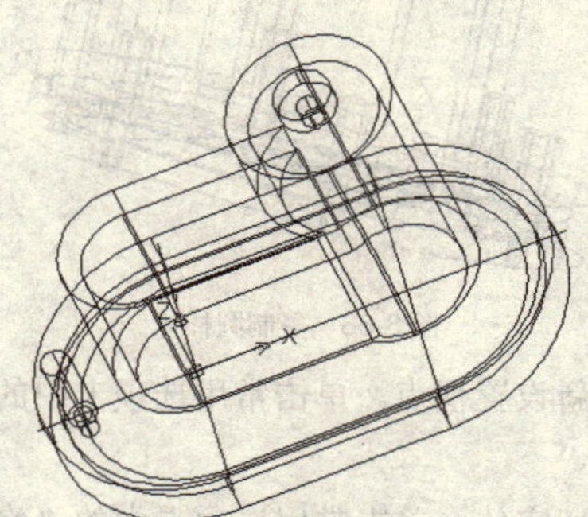

图 3-61 绘制圆柱体

（16）复制圆柱体。单击常用选项卡中的“修改”面板→ （复制）按钮，命令行提示：

命令: copy

选择对象: 选取上一步绘制的两个圆柱体（按<Enter>键）

选择对象: （按<Enter>键）

指定基点或[位移(D)] <位移>: 选取如图 3-59 所示的点 1（按<Enter>键）

指定第二个点或[退出(E)/放弃(U)] <退出>: 依次选取如图 3-62 所示的点 2、点 3、点 4、点 5、点 6（按<Enter>键）

结果如图 3-63 所示。

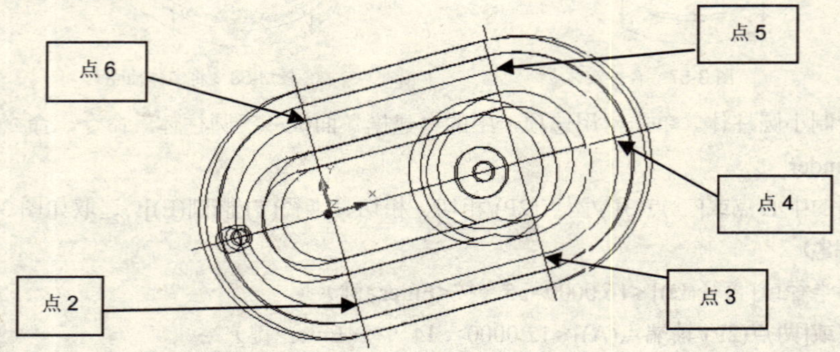

图 3-62　依次选点 2、点 3、点 4、点 5、点 6

（17）差集处理。单击常用选项卡中的“实体编辑”面板→“差集”命令，命令行提示:

命令: subtract

选择要从中减去的实体或面域...

选择对象: 选取大实体（按<Enter>键）

选择对象: （按<Enter>键）

选择要减去的实体或面域...

选择对象: 选择上一步绘制和复制得到的圆柱体（按<Enter>键）

结果如图 3-64 所示。

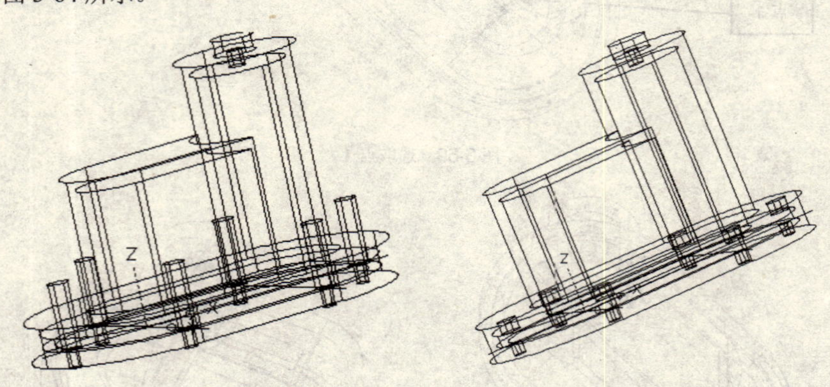

图 3-63　复制圆柱体　　　　图 3-64　差集处理

（18）重新设置视点。单击常用选项卡中的“视图”面板→“三维视图”→“西南等轴测图”命令。

（19）剖切实体。单击常用选项卡中的“修改”面板→“三维操作”→“剖切”命令，命令行提示:

命令: slice

选择要剖切的对象：选取整个实体（按<Enter>键）

选择要剖切的对象：（按<Enter>键）

指定切面的起点或[平面对象(O)/曲面(S)/Z 轴(Z)/视图(V)/XY/YZ/ZX/三点(3)] <三点>：XY（按<Enter>键）

指定 XY 平面上的点 <0,0,0>：（按<Enter>键）

在所需的侧面上指定点或[保留两个侧面(B)] <保留两个侧面>：在实体上方任意拾取一点，保留上方的实体，删除下方的实体（按<Enter>键）

结果如图 3-65 所示。

（20）绘制一个小圆柱体。单击常用选项卡中的“建模”面板→“圆柱体”命令，命令行提示：

命令: cylinder

指定底面的中心点或[三点(3P)/两点(2P)/相切、相切、半径(T)/椭圆(E)]：选取最上面的小圆柱的圆心（按<Enter>键）

指定底面半径或[直径(D)] <6.0000>: 6（按<Enter>键）

指定高度或[两点(2P)/轴端点(A)] <50.0000>：－50（按<Enter>键）

结果如图 3-66 所示。

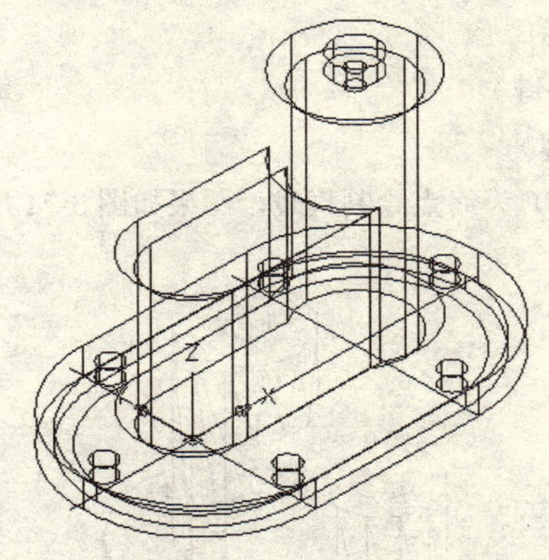

图 3-65　剖切实体

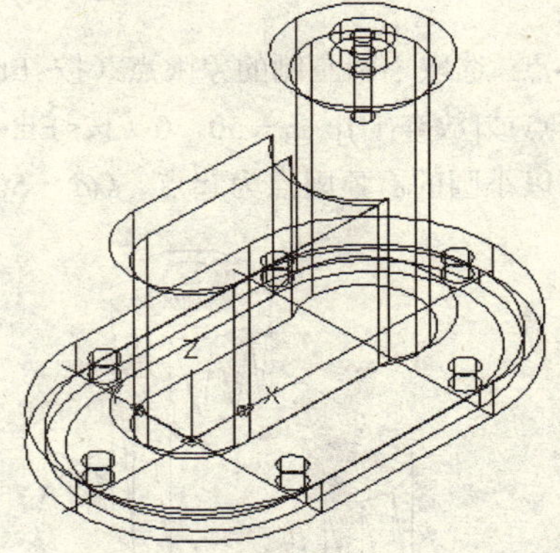

图 3-66　绘制小圆柱体

（21）差集处理。单击常用选项卡中的“实体编辑”面板→“差集”命令，命令行提示：

命令: subtract

选择要从中减去的实体或面域...

选择对象：选取整个大实体（按<Enter>键）

选择对象：（按<Enter>键）

选择要减去的实体或面域...

选择对象：选取上一步绘制的小圆柱体（按<Enter>键）

结果如图 3-67 所示。

（22）消隐处理。单击常用选项卡中的“视图”面板→“视觉样式”→“三维消隐”命令，或在命令行中输入 hide。

（23）绘制圆。单击常用选项卡中的“绘图”面板→（圆）按钮，命令行提示：

命令: circle

指定圆的圆心或[三点(3P)/两点(2P)/相切、相切、半径(T)]：选取如图 3-68 所示的点 1（按

<Enter>键）

指定圆的半径或[直径(D)] <46.0000>: 20（按<Enter>键）

结果如图 3-69 所示。

同理，再在大实体的台阶上以（@50，0）为圆心，绘制一个半径为 10 的小圆，结果如图 3-70 所示。

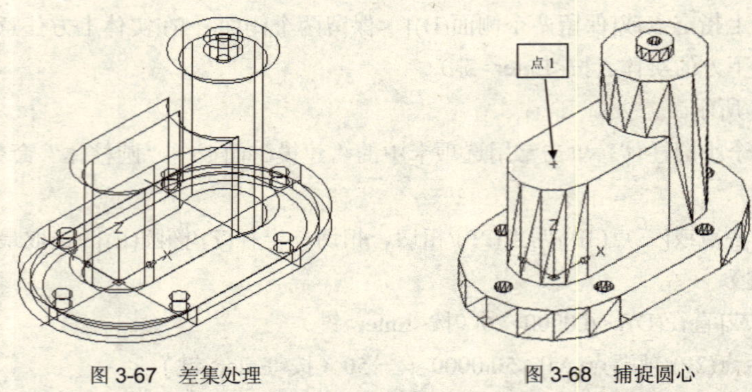

图 3-67　差集处理　　　　图 3-68　捕捉圆心

（24）绘制直线。单击常用选项卡中的“绘图”面板→（直线）按钮，命令行提示：

命令: line

指定第一点: 选取小圆左侧的象限点（按<Enter>键）

指定下一点或[放弃(U)]: @－50，0（按<Enter>键）

同理，再以小圆的右象限点为起点、（@－50，0）为终点绘制直线，结果如图 3-71 所示。

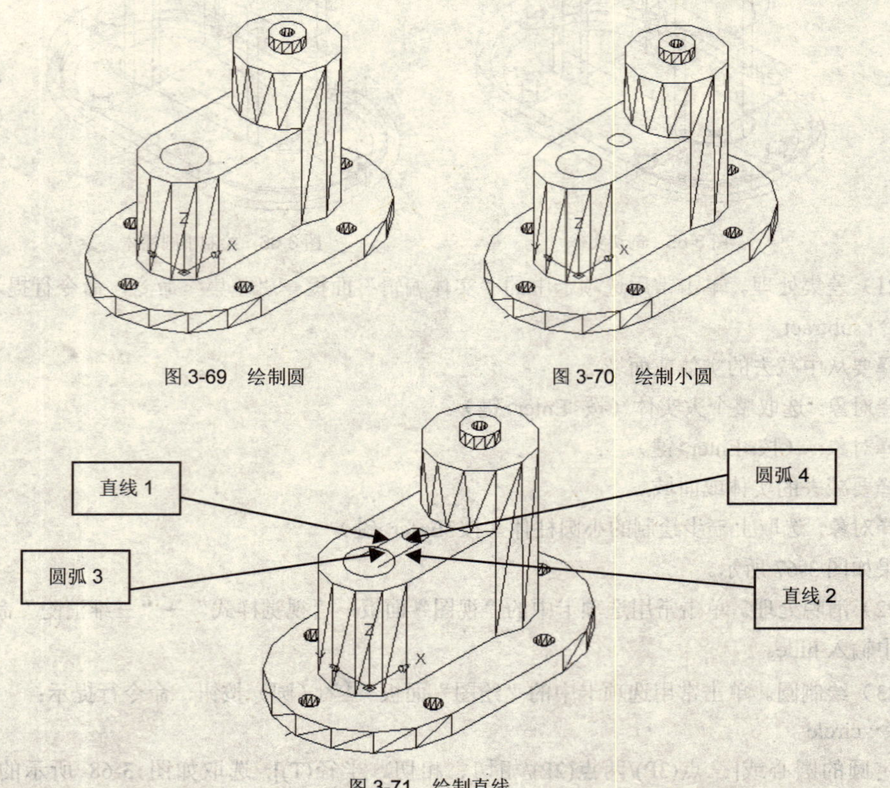

图 3-69　绘制圆　　　　图 3-70　绘制小圆

图 3-71　绘制直线

（25）修剪多余的线段。单击常用选项卡中的“修改”面板→（修剪）按钮，命令行提示：

命令: trim

当前设置: 投影=UCS，边=无

选择剪切边...

选择对象或<全部选择>:　选取如图 3-71 所示的直线 1、直线 2（按<Enter>键）

选择对象:（按<Enter>键）

选择要修剪的对象，或按住 Shift 键选择要延伸的对象，或[栏选(F)/窗交(C)/投影(P)/边(E)/删除(R)/放弃(U)]: 依次选取如图 3-71 所示的圆弧 3、圆弧 4（按<Enter>键）

同理，修剪其他多余的线段，结果如图 3-72 所示。

（26）创建面域。单击常用选项卡中的“绘图”面板→“面域”命令，命令行提示：

命令: region

选择对象: 依次选取上一步绘制的几条弧线和直线（按<Enter>键）

已提取 1 个环

已创建 1 个面域

结果看不出什么变化。

（27）拉伸封闭面域。单击常用选项卡中的“实体编辑”面板→“拉伸面”命令，命令行提示：

命令: extrude

当前线框密度: ISOLINES=4

选择要拉伸的对象: 选取上一步创建的封闭面域（按<Enter>键）

选择要拉伸的对象:（按<Enter>键）

指定拉伸的高度或[方向(D)/路径(P)/倾斜角(T)] <40.0000>: 40（按<Enter>键）

结果如图 3-73 所示。

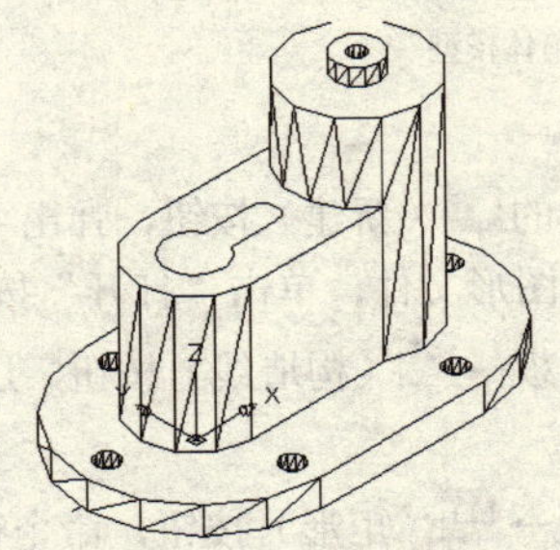

图 3-72　修剪多余的线段

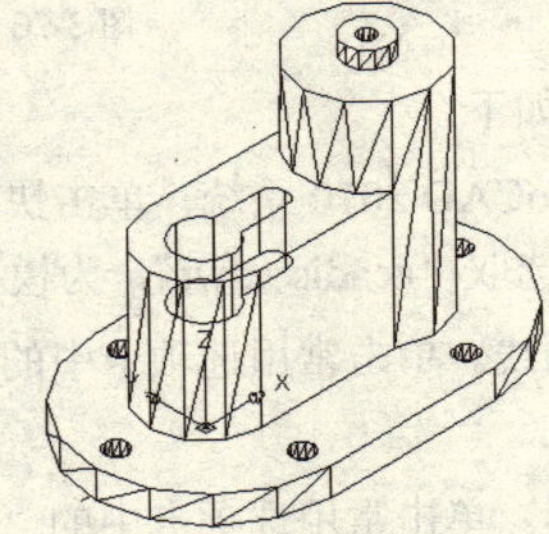

图 3-73　拉伸封闭面域

（28）差集处理。单击常用选项卡中的“实体编辑”面板→“差集”命令，命令行提示：

命令: subtract

选择要从中减去的实体或面域...

选择对象: 选取大实体（按<Enter>键）

选择对象:（按<Enter>键）

选择要减去的实体或面域...

选择对象: 选取上一步拉伸形成的实体（按<Enter>键）

结果如图 3-74 所示。

（29）消隐处理。单击常用选项卡中的“视图”面板→“视觉样式”→“三维消隐”命令，或在命令行中输入 hide，消隐处理结果如图 3-75 所示。

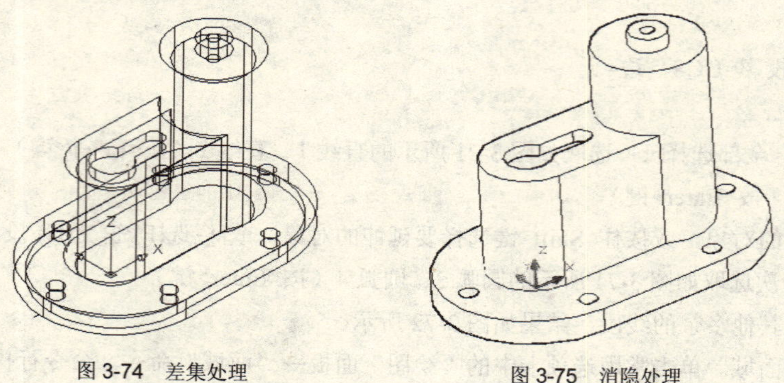

图 3-74　差集处理　　　　图 3-75　消隐处理

3.5　蜗轮减速器箱体建模

本节将创建如图 3-76 所示的蜗轮减速器箱体模型。

图 3-76　蜗轮减速器箱体模型

具体操作步骤如下：

（1）启动 AutoCAD 2010 系统，单击快捷工具栏中的（新建）按钮，弹出“选择样板”对话框，在下拉菜单中选取“acadiso.dwt”，为模板建立新的图形文件，单击“打开”按钮。

（2）绘制辅助线。单击常用选项卡中的“绘图”面板→（构造线）按钮，过原点绘制水平和竖直直线。

（3）绘制矩形。单击常用选项卡中的“绘图”面板→（矩形）按钮，命令行提示：

命令: rectang

指定第一个角点或[倒角(C)/标高(E)/圆角(F)/厚度(T)/宽度(W)]: －120，80（按<Enter>键）

指定另一个角点或[面积(A)/尺寸(D)/旋转(R)]: 120，－80（按<Enter>键）

（4）绘制圆。单击常用选项卡中的“绘图”面板→（圆）按钮，命令行提示：

命令: circle

指定圆的圆心或[三点(3P)/两点(2P)/相切、相切、半径(T)]: －90，50（按<Enter>键）

指定圆的半径或[直径(D)]: 15（按<Enter>键）

同理，再分别以（90，50）、(90，－50）和（－90，－50）为圆心，分别绘制半径为 15 的圆，结果如图 3-77 所示。

（5）拉伸生成实体。单击常用选项卡中的“实体编辑”面板→“拉伸面”命令，命令行提示：

命令: extrude

当前线框密度: ISOLINES=4

选择要拉伸的对象: 选取所有实体（按<Enter>键）

选择要拉伸的对象: （按<Enter>键）

指定拉伸的高度或[方向(D)/路径(P)/倾斜角(T)] <－25.0000>: 30（按<Enter>键）

单击常用选项卡中的“视图”面板→“三维视图”→“东南等轴测”命令，切换视点，结果如图 3-78 所示。

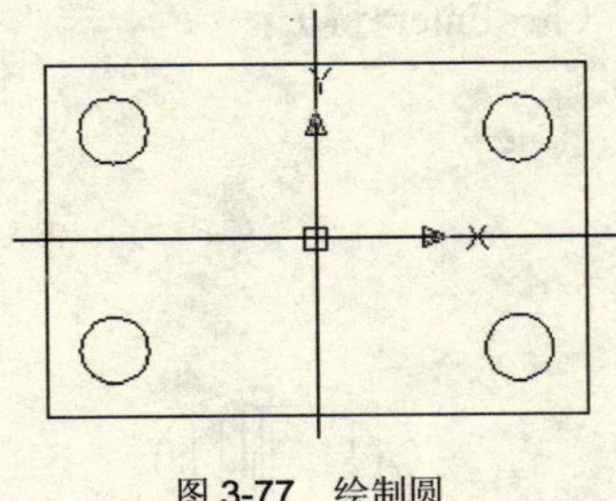

图 3-77　绘制圆

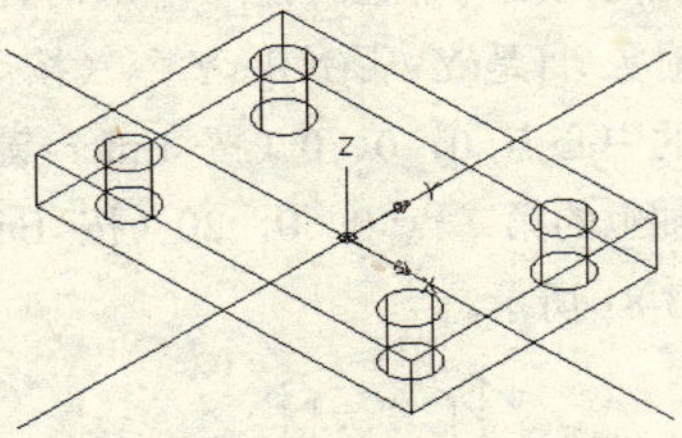

图 3-78　拉伸生成实体

（6）差集处理。单击常用选项卡中的“实体编辑”面板→“差集”命令，命令行提示:

命令: subtract

选择要从中减去的实体或面域...

选择对象: 选取长方体（按<Enter>键）

选择对象: （按<Enter>键）

选择要减去的实体或面域...

选择对象: 选取 4 个小圆柱（按<Enter>键）

（7）绘制圆。单击常用选项卡中的“绘图”面板→（圆）按钮，以原点为圆心，分别绘制半径为 50 和 70 的两个圆。

（8）重复上述操作，再以点（60，0）为圆心绘制半径为 8 的圆，结果如图 3-79 所示。

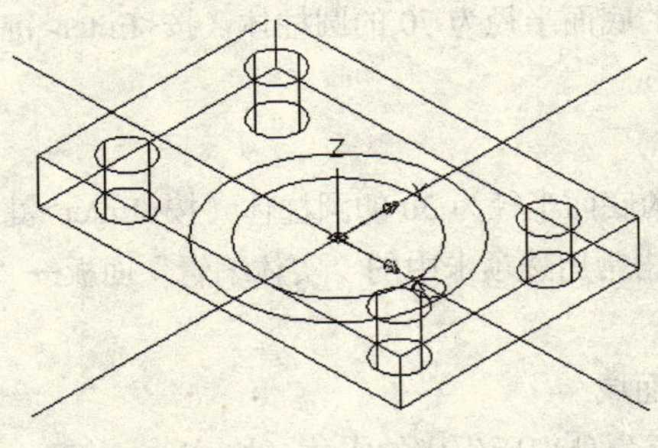

图 3-79　绘制圆

（9）拉伸生成实体。单击常用选项卡中的“实体编辑”面板→“拉伸面”命令，命令行提示:

命令: extrude

当前线框密度: ISOLINES=4

选择要拉伸的对象: 选取上一步绘制的半径为 50、70 和 8 的圆（按<Enter>键）

选择要拉伸的对象: （按<Enter>键）

指定拉伸的高度或[方向(D)/路径(P)/倾斜角(T)] <30.0000>: 240（按<Enter>键）

结果如图 3-80 所示。

（10）三维阵列实体。单击常用选项卡中的“修改”面板→“三维阵列”命令，命令行提示：

命令: 3darray

正在初始化...　已加载 3DARRAY

选择对象: 选取上一步拉伸形成的底面半径为 8 的小圆柱（按<Enter>键）

选择对象: （按<Enter>键）

输入阵列类型[矩形(R)/环形(P)] <矩形>: p（按<Enter>键）

输入阵列中的项目数目: 3（按<Enter>键）

指定要填充的角度 (+=逆时针，－=顺时针) <360>: （按<Enter>键）

旋转阵列对象？[是(Y)/否(N)] <Y>: （按<Enter>键）

指定阵列的中心点: 0，0，0（按<Enter>键）

指定旋转轴上的第二点: 0，0，20（按<Enter>键）

结果如图 3-81 所示。

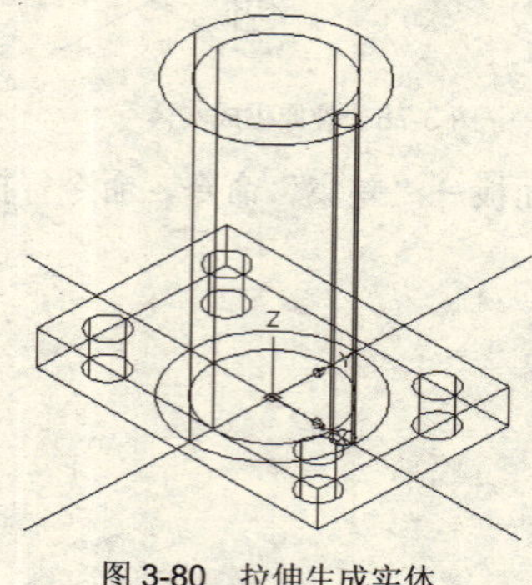

图 3-80　拉伸生成实体　　　　图 3-81　三维阵列

（11）差集处理。单击常用选项卡中的“实体编辑”面板→“差集”命令，命令行提示：

命令: subtract

选择要从中减去的实体或面域...

选择对象: 选取拉伸形成的底面半径为 70 的圆柱体（按<Enter>键）

选择对象: （按<Enter>键）

选择要减去的实体或面域...

选择对象: 选取拉伸形成的底面半径为 50 的圆柱体（按<Enter>键）

（12）继续差集处理。单击常用选项卡中的“实体编辑”面板→“差集”命令，命令行提示：

命令: subtract

选择要从中减去的实体或面域...

选择对象: 选取上一步由差集处理所生成的实体（按<Enter>键）

选择对象: （按<Enter>键）

选择要减去的实体或面域...

选择对象: 选取阵列形成的 3 个底面半径为 8 的圆柱体（按<Enter>键）

（13）三维旋转实体。单击常用选项卡中的“修改”面板→“三维旋转”命令，命令行提示：

命令: rotate3d

当前正向角度: ANGDIR=逆时针　ANGBASE=0

选择对象: 选取之前步骤中所移动的全部实体，如图 3-82 中的虚线所示（按<Enter>键）

选择对象:（按<Enter>键）

指定轴上的第一个点或定义轴依据[对象(O)/最近的(L)/视图(V)/X 轴(X)/Y 轴(Y)/Z 轴(Z)/两点(2)]: Y（按<Enter>键）

指定 Y 轴上的点 <0,0,0>:（按<Enter>键）

指定旋转角度或[参照(R)]: 90（按<Enter>键）

结果如图 3-83 所示。

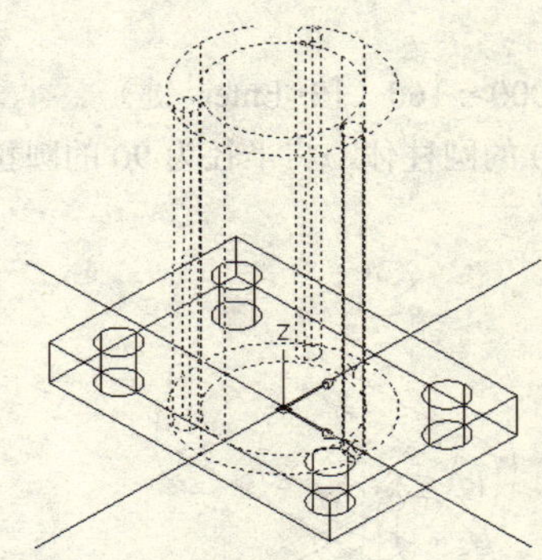

图 3-82　选取虚线所示的实体

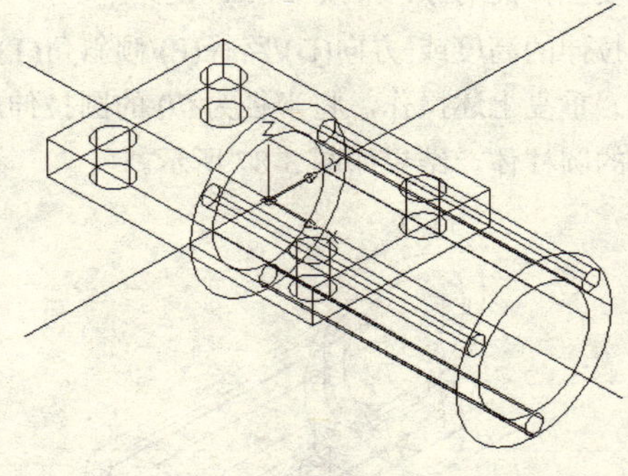

图 3-83　三维旋转实体

（14）移动实体。单击常用选项卡中的“修改”面板→（移动）按钮，命令行提示:

命令: move

选择对象: 选取上一步中旋转的全部实体，如图 3-84 中的虚线所示（按<Enter>键）

选择对象:（按<Enter>键）

指定基点或[位移(D)] <位移>: 0，0，0（按<Enter>键）

指定第二个点或 <使用第一个点作为位移>: －120，0，100（按<Enter>键）

结果如图 3-85 所示。

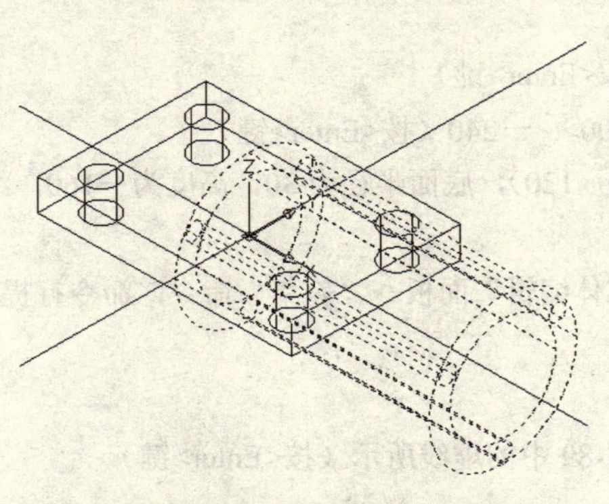

图 3-84　选取虚线所示的实体

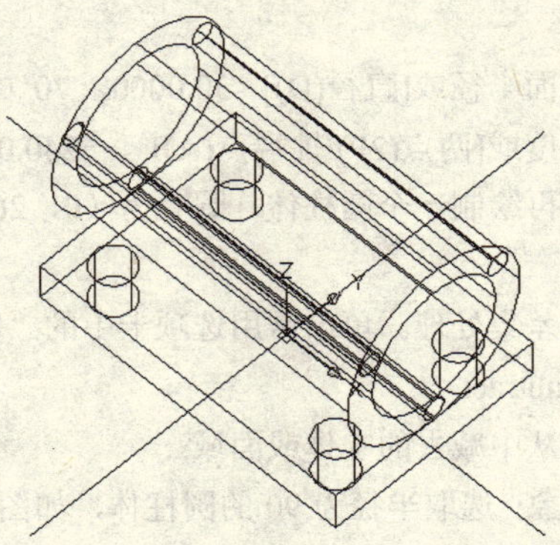

图 3-85　移动实体

（15）设置用户坐标系。在命令行中输入 ucs，命令行提示:

命令: ucs

当前 UCS 名称: *世界*

指定 UCS 的原点或[面(F)/命名(NA)/对象(OB)/上一个(P)/视图(V)/世界(W)/X/Y/Z/Z 轴(ZA)] <世界>: x（按<Enter>键）

指定绕 X 轴的旋转角度 <90>: 90（按<Enter>键）

（16）绘制三个圆。单击常用选项卡中的“绘图”面板→（圆）按钮，以圆心为（0，260，120），分别绘制半径为 50、70 和 90 的 3 个圆，结果如图 3-86 所示。

（17）拉伸生成实体。单击常用选项卡中的“实体编辑”面板→“拉伸面”命令，命令行提示：

命令: extrude

当前线框密度: ISOLINES=4

选择要拉伸的对象: 选取上一步绘制的半径为 50 的圆（按<Enter>键）

选择要拉伸的对象: （按<Enter>键）

指定拉伸的高度或[方向(D)/路径(P)/倾斜角(T)] <－160.0000>: 160（按<Enter>键）

（18）重复上述操作，将半径为 70 的圆拉伸成高度为 50 的圆柱体，将半径为 90 的圆拉伸成高度为 240 的圆柱体，结果如图 3-87 所示。

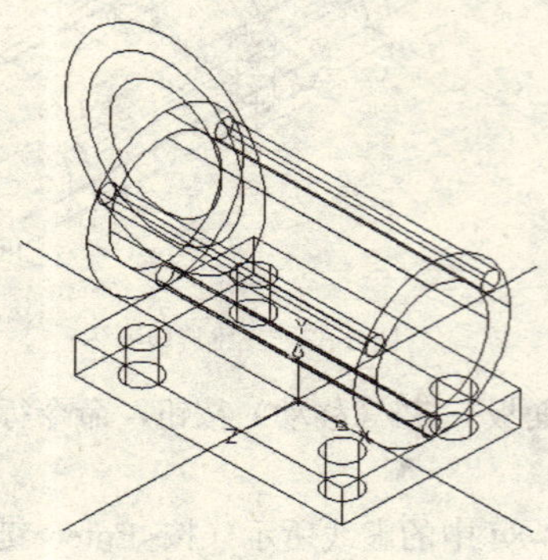

图 3-86　绘制 3 个圆

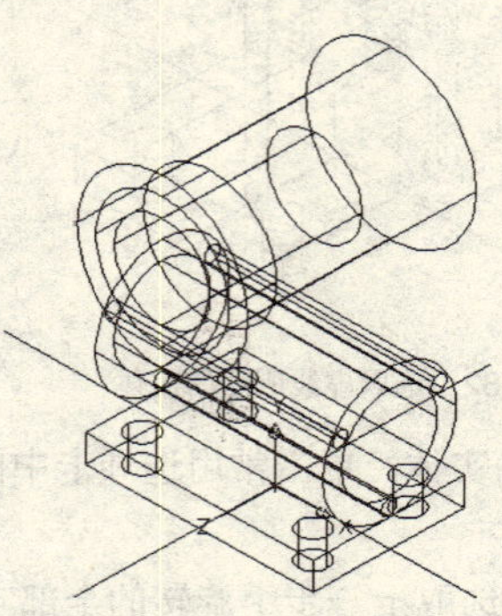

图 3-87　拉伸生成实体

（19）绘制两个圆柱体。单击常用选项卡中的“建模”面板→“圆柱体”命令，命令行提示：

命令: cylinder

指定底面的中心点或[三点(3P)/两点(2P)/相切、相切、半径(T)/椭圆(E)]: 0，260，120（按<Enter>键）

指定底面半径或[直径(D)] <30.0000>: 70（按<Enter>键）

指定高度或[两点(2P)/轴端点(A)] <－240.0000>: －240（按<Enter>键）

同理，再绘制一个圆柱体，圆心为（0，260，120），底面半径为 30，高度为－160，结果如图 3-88 所示。

（20）差集处理。单击常用选项卡中的“实体编辑”面板→“差集”命令，命令行提示：

命令: subtract

选择要从中减去的实体或面域...

选择对象: 选取半径为 90 的圆柱体，如图 3-89 中的虚线所示（按<Enter>键）

选择对象: （按<Enter>键）

选择要减去的实体或面域...

选择对象: 选取上一步绘制的第一个圆柱体，如图 3-90 中的虚线所示（按<Enter>键）

（21）继续差集处理。单击常用选项卡中的“实体编辑”面板→“差集”命令，命令行提示：

命令: subtract

选择要从中减去的实体或面域...

选择对象: 选取半径为 50 的圆柱体，如图 3-91 中的虚线所示（按<Enter>键）

选择对象:（按<Enter>键）

选择要减去的实体或面域...

选择对象: 选取上一步绘制的第二个圆柱体，如图 3-92 中的虚线所示（按<Enter>键）

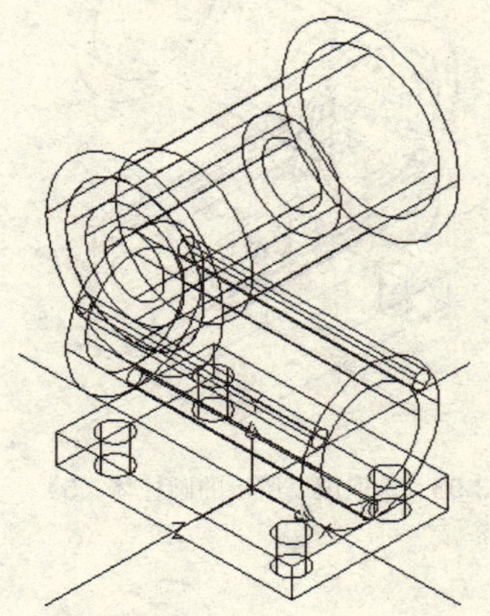

图 3-88　绘制两个圆柱体

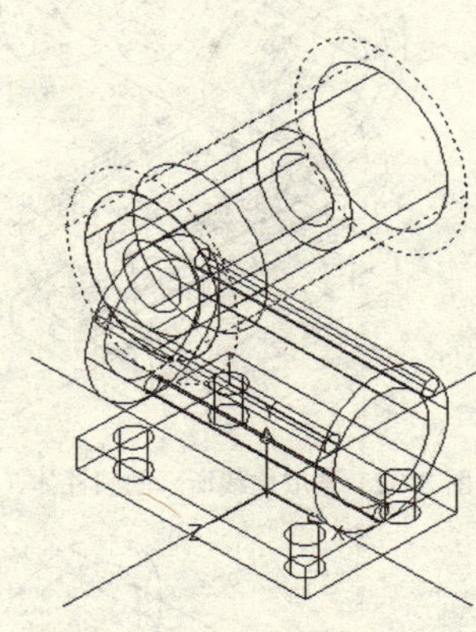

图 3-89　选取虚线所示的圆柱体（1）

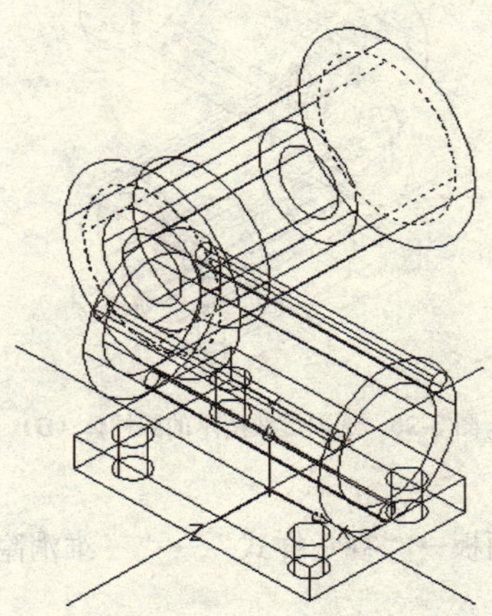

图 3-90　选取虚线所示的圆柱体（2）

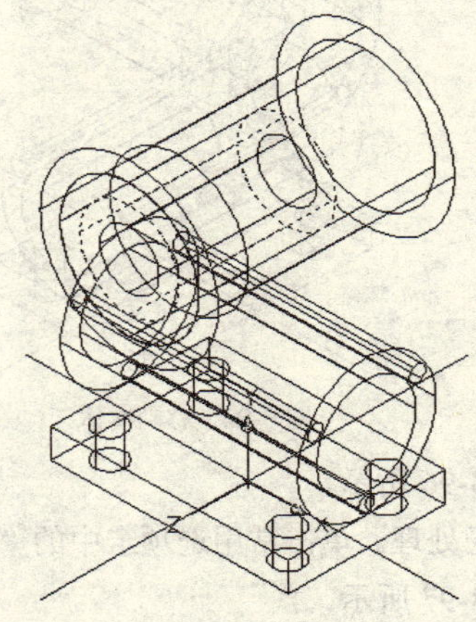

图 3-91　选取虚线所示的圆柱体（3）

（22）移动实体。单击常用选项卡中的“修改”面板→（移动）按钮，命令行提示:

命令: move

选择对象: 选取上一步的第二个差集实体，如图 3-93 中的虚线所示（按<Enter>键）

选择对象:（按<Enter>键）

指定基点或[位移(D)] <位移>: 0，260，120（按<Enter>键）

指定第二个点或 <使用第一个点作为位移>: @0，0，－40（按<Enter>键）

结果如图 3-94 所示。

（23）移动实体。单击常用选项卡中的“修改”面板→（移动）按钮，命令行提示:

命令: move

选择对象: 选取底面半径为 70、高度为 50 的圆拉伸体，如图 3-95 中的虚线所示（按<Enter>键）

选择对象:（按<Enter>键）

指定基点或[位移(D)] <位移>: 0，260，120（按<Enter>键）

指定第二个点或 <使用第一个点作为位移>: @0，0，－95（按<Enter>键）

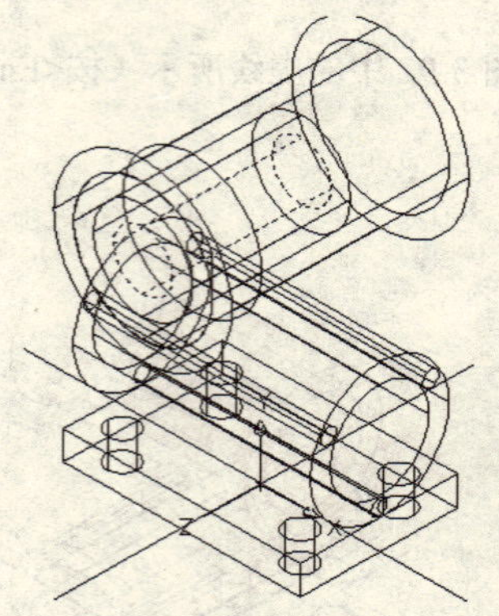
图 3-92　选取虚线所示的圆柱体（4）

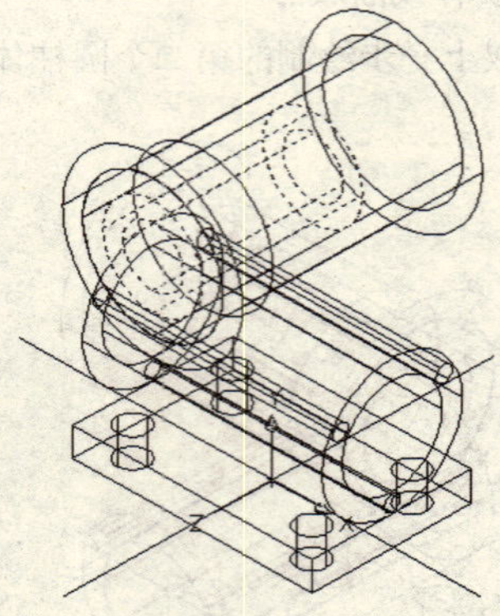
图 3-93　选取虚线所示的圆柱体（5）

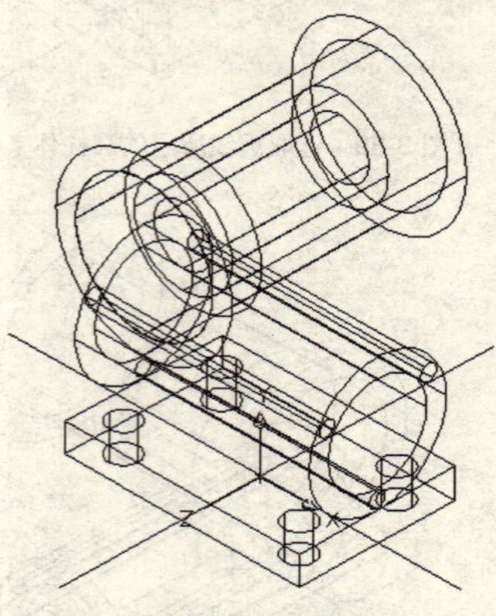
图 3-94　移动实体

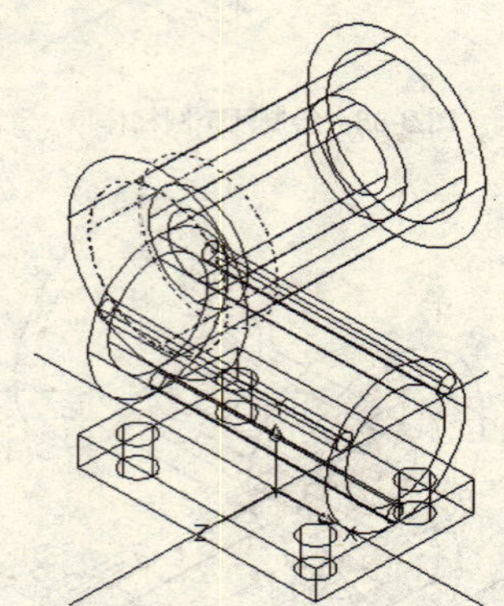
图 3-95　选取虚线所示的圆柱体（6）

结果如图 3-96 所示。

（24）消隐处理。单击常用选项卡中的“视图”面板→“视觉样式”→“三维消隐”命令，消隐处理结果如图 3-97 所示。

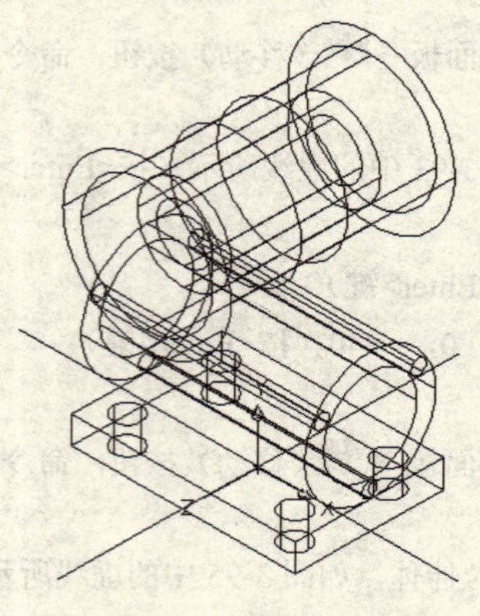
图 3-96　移动实体

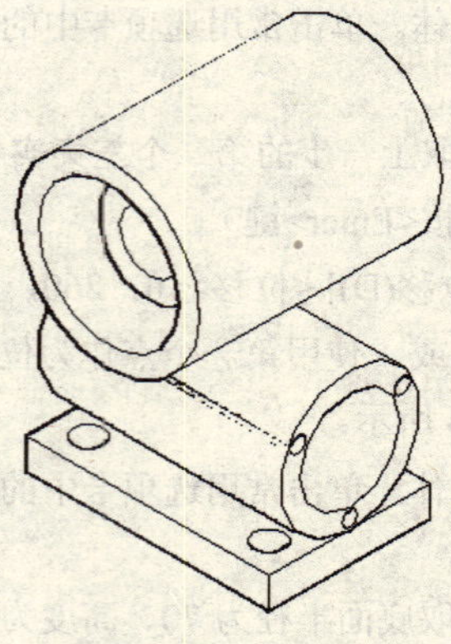
图 3-97　消隐处理

3.6 泵盖建模

本节将创建如图 3-98 所示的蜗轮减速器箱体模型。具体操作步骤如下：

（1）启动 AutoCAD 2010 系统，单击快捷工具栏中的（新建）按钮，弹出“选择样板”对话框，在下拉菜单中选取“acadiso.dwt”，为模板建立新的图形文件，单击“打开”按钮。

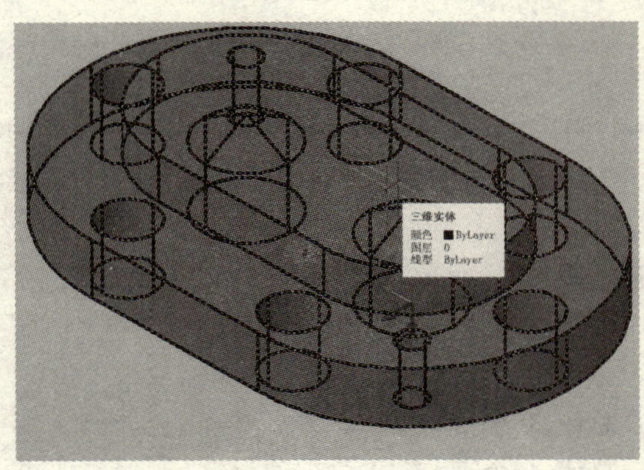

图 3-98　泵盖

（2）绘制圆。单击常用选项卡中的“绘图”面板→（圆）按钮，命令行提示：

命令: circle

指定圆的圆心或[三点(3P)/两点(2P)/相切、相切、半径(T)]: 0，0（按<Enter>键）

指定圆的半径或[直径(D)]: 17（按<Enter>键）

再单击常用选项卡中的“绘图”面板→（圆）按钮，命令行提示：

命令: circle

指定圆的圆心或[三点(3P)/两点(2P)/相切、相切、半径(T)]: 0，32（按<Enter>键）

指定圆的半径或[直径(D)]: 17（按<Enter>键），如图 3-99 所示。

（3）绘制两圆的切线。单击常用选项卡中的“绘图”面板→（直线）按钮，命令行提示：

命令: line

指定第一点:点击第一个圆的左边（按<Enter>键）

指定下一点或[放弃(U)]: 点击第二个圆的左边（按<Enter>键）

再单击常用选项卡中的“绘图”面板→（直线）按钮，命令行提示：

命令: line

指定第一点:点击第一个圆的右边（按<Enter>键）

指定下一点或[放弃(U)]: 点击第二个圆的右边（按<Enter>键），如图 3-100 所示。

（4）单击常用选项卡中的“修改”面板→“修剪”命令，命令行提示：

命令：trim

当前设置：投影=ucs, 边=无，选择剪切边...

选择对象<全部选择>：选择上一步的两条切线

选择要修剪的对象，或按住 Shift 键选择要延伸的对象或[栏选（F）/窗交（C）/投影（P）/边（E）/删除（R）/放弃（U）]：选择两条切线中间的两个半圆弧，如图 3-101 所示。

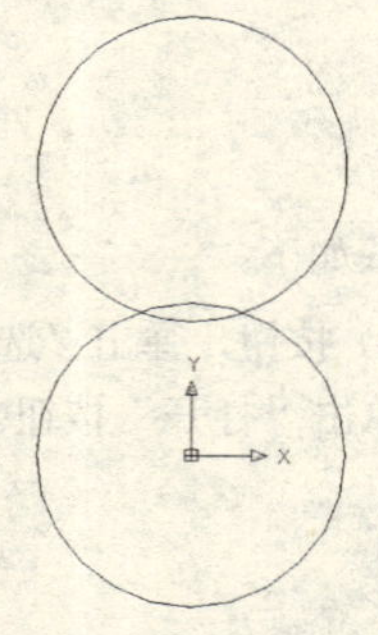

图 3-99　绘制两个圆

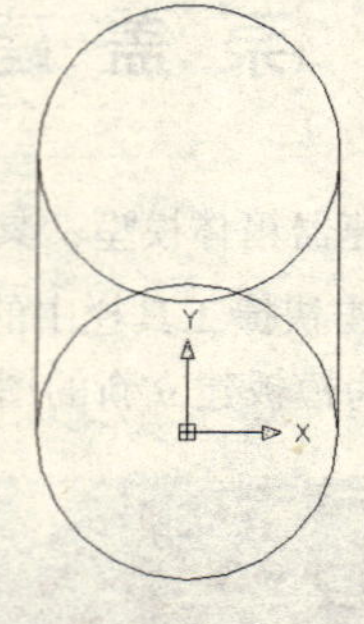

图 3-100　绘制的切线

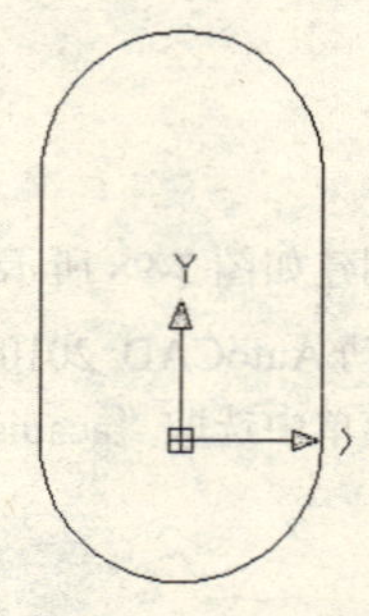

图 3-101　裁剪的结果

（5）单击常用选项卡中的“绘图”面板→“面域”命令，命令行提示：

命令: _region

选择对象:选择上面的所有图形

选择对象: 找到 1 个

选择对象: 找到 1 个，总计 2 个

选择对象: 找到 1 个，总计 3 个

选择对象: 找到 1 个，总计 4 个

已提取 1 个环

已创建 1 个面域

（6）绘制圆。单击常用选项卡中的“绘图”面板→（圆）按钮，命令行提示：

命令: circle

指定圆的圆心或[三点(3P)/两点(2P)/相切、相切、半径(T)]: 0，0（按<Enter>键）

指定圆的半径或[直径(D)]: 30（按<Enter>键）

再单击常用选项卡中的“绘图”面板→（圆）按钮，命令行提示：

命令: circle

指定圆的圆心或[三点(3P)/两点(2P)/相切、相切、半径(T)]: 0，32（按<Enter>键）

指定圆的半径或[直径(D)]: 30（按<Enter>键）

（7）绘制两园的切线。单击常用选项卡中的“绘图”面板→（直线）按钮，命令行提示：

命令: line

指定第一点:点击第一个圆的左边（按<Enter>键）

指定下一点或[放弃(U)]: 点击第二个圆的左边（按<Enter>键）

再单击常用选项卡中的“绘图”面板→（直线）按钮，命令行提示：

命令: line

指定第一点:点击第一个圆的右边（按<Enter>键）

指定下一点或[放弃(U)]: 点击第二个圆的右边（按<Enter>键）。

（8）单击常用选项卡中的“修改”面板→“修剪”命令，命令行提示：

命令：trim

当前设置：投影=ucs, 边=无，选择剪切边...

选择对象<全部选择>：选择上一步的两条切线

选择要修剪的对象，或按住 Shift 键选择要延伸的对象或[栏选（F）/窗交（C）/投影（P）/

边（E）/删除（R）/放弃（U）]：选择两条切线中间的两个半圆弧，如图 3-102 所示。

（9）绘制圆。单击常用选项卡中的“绘图”面板→（圆）按钮，命令行提示：

命令: circle

指定圆的圆心或[三点(3P)/两点(2P)/相切、相切、半径(T)]: 0，-23（按<Enter>键）

指定圆的半径或[直径(D)]: 5（按<Enter>键）

再单击常用选项卡中的“绘图”面板→（圆）按钮，命令行提示：

命令: circle

指定圆的圆心或[三点(3P)/两点(2P)/相切、相切、半径(T)]: $-\frac{23\sqrt{2}}{2}$，$-\frac{23\sqrt{2}}{2}$（按<Enter>键）

指定圆的半径或[直径(D)]: 2.5（按<Enter>键）

在绘制半径为 10，坐标分别为（−23，0），(23，0)，(−23，32)，(23，32)，(0，55）的几个圆，以及半径为 5，坐标为（$\frac{23\sqrt{2}}{2}$，$32+\frac{23\sqrt{2}}{2}$）的圆，如图 3-103 所示。

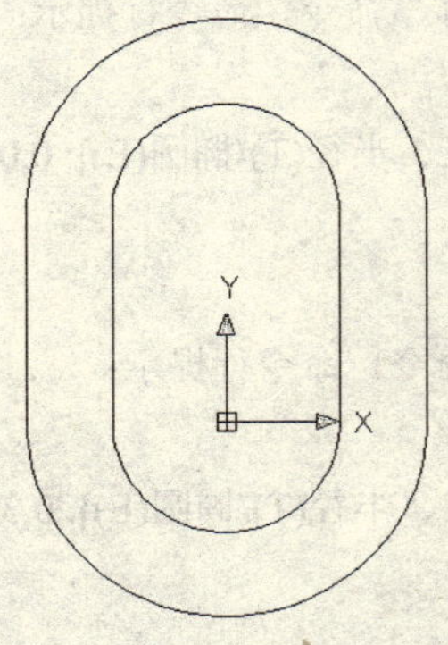

图 3-102 裁剪

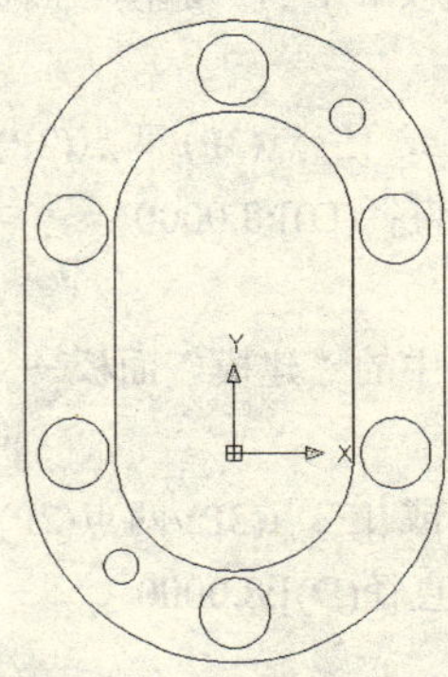

图 3-103 绘制圆

（10）单击常用选项卡中的“绘图”面板→“面域”命令，命令行提示：

命令: _region

选择对象:选择上面的刚画的两条切线、两个半圆弧和所有的圆

选择对象：找到 1 个

选择对象：找到 1 个，总计 2 个

选择对象：找到 1 个，总计 3 个

选择对象：找到 1 个，总计 4 个

已提取 1 个环

已创建 1 个面域

（11）单击常用选项卡中的“实体编辑”面板→“差集”命令，命令行提示：

命令：subtract 选择要从中减去的实体或面域

选择对象：选择第（9）步面域后的图形（按<Enter>键）

选择对象：选择要减去的实体或面域（按<Enter>键）

选择对象：选择前面中所有的圆（按<Enter>键）

（12）单击常用选项卡中的“视图”面板→“三维视图”→“东南等轴测”命令，切换视点。

（13）单击常用选项卡中的“建模”面板→“拉伸”命令，命令行提示：

命令：extrude

当前线框密度：ISOLINES=4

选择对象：选择第（5）步面域得到的图形

指定拉伸高度或[路径（P）]：18（按<Enter>键）。

再单击常用选项卡中的“建模”面板→“拉伸”命令，命令行提示：

命令：extrude

当前线框密度：ISOLINES=4

选择对象：选择第（10）步差集得到的图形

指定拉伸高度或[路径（P）]：10（按<Enter>键）。

（14）单击常用选项卡中的“实体编辑”面板→“并集”命令，命令行提示：

命令: _union

选择对象：选择所有的图形（按<Enter>键），如图 3-104 所示。

（15）单击常用选项卡中的“建模”面板→“圆柱体”命令，命令行提示：

命令: _cylinder

指定底面的中心点或 [三点(3P)/两点(2P)/切点、切点、半径(T)/椭圆(E)]: 0,0

指定底面半径或 [直径(D)]:8.0000

指定高度：12

再单击常用选项卡中的“建模”面板→“圆柱体”命令，命令行提示：

命令: _cylinder

指定底面的中心点或 [三点(3P)/两点(2P)/切点、切点、半径(T)/椭圆(E)]: 0,32

指定底面半径或 [直径(D)]:8.0000

指定高度：12

（16）单击常用选项卡中的“建模”面板→“圆锥体”命令，命令行提示：

命令: _cone

指定底面的中心点或 [三点(3P)/两点(2P)/切点、切点、半径(T)/椭圆(E)]:0，0，12

指定底面半径或 [直径(D)] <8.0000>:按回车键

指定高度：4.6

再单击常用选项卡中的“建模”面板→“圆锥体”命令，命令行提示：

命令: _cone

指定底面的中心点或 [三点(3P)/两点(2P)/切点、切点、半径(T)/椭圆(E)]:0，32，12

指定底面半径或 [直径(D)] <8.0000>:按回车键

指定高度：4.6

（17）单击常用选项卡中的“实体编辑”面板→“并集”命令，命令行提示：

命令: _union

选择对象：选择下边的上下照应的圆柱体和圆锥体（按<Enter>键）

再单击常用选项卡中的“实体编辑”面板→“并集”命令，命令行提示：

命令: _union

选择对象：选择上边的上下照应的圆柱体和圆锥体（按<Enter>键），如图 3-105 所示。

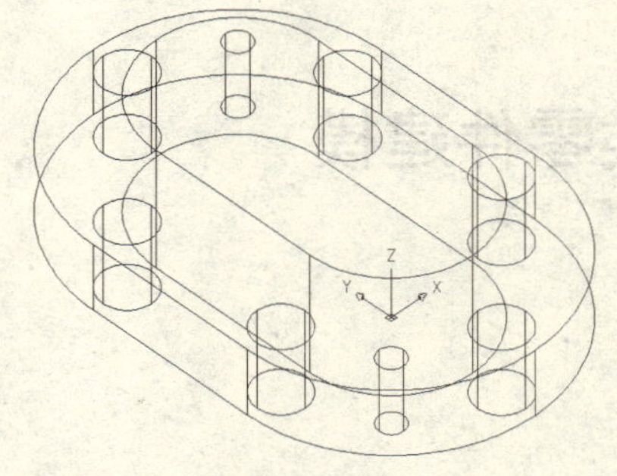

图 3-104　所有图形并集处理

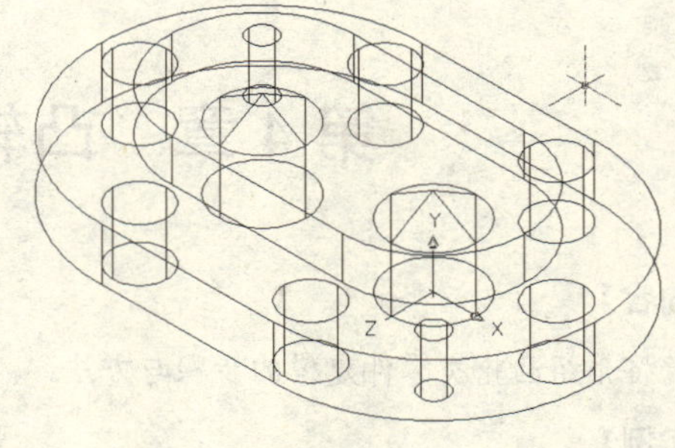

图 3-105　圆柱体和圆锥体并集处理

（18）单击常用选项卡中的“实体编辑”面板→“差集”命令，命令行提示：

命令: _subtract

选择要从中减去的实体、曲面和面域...

选择对象: 选择第（13）步并集后的图形（按<Enter>键）

选择对象: 选择第（16）步并集后的图形

选择对象: 找到 2 个

（19）单击常用选项卡中的“视图”面板→“概念”命令，如图 3-106 和图 3-107 所示。

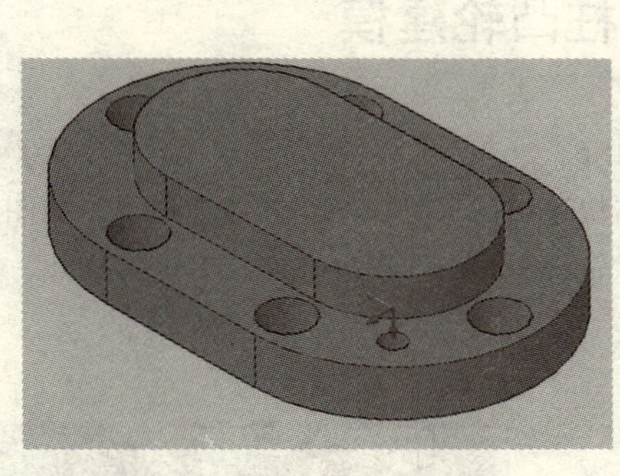

图 3-106　概念处理

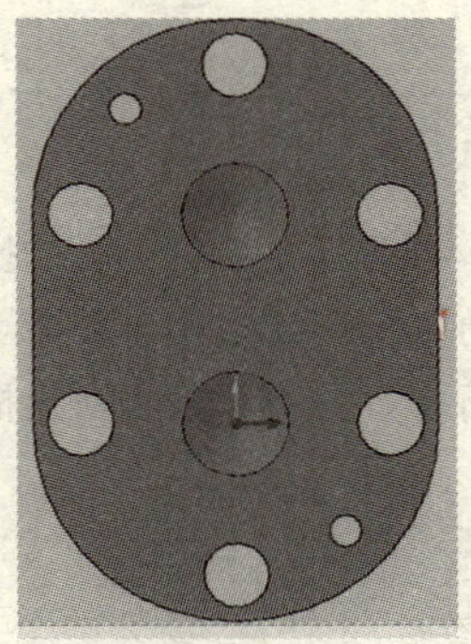

图 3-107　仰视图

思　考　题

1. AutoCAD 中机座及箱体类零件建模的基本过程是什么？
2. 按照书中的讲述，动手完成各个零件的建模。
3. 机座及箱体类零件建模常用的特征有哪些？

第 4 章　凸轮类零件建模

【内容】

本章将介绍凸轮类零件建模的步骤与方法。

【实例】

实例 1：圆柱凸轮建模。

实例 2：盘形凸轮建模。

实例 3：端面凸轮建模。

实例 4：移动凸轮建模。

【目的】

掌握使用“拉伸”命令对二维平面图形拉伸，使用“镜像”命令将三维实体进行镜像处理，使用“并集”和“差集”命令对三维实体进行布尔运算。

4.1　圆柱凸轮建模

创建如图 4-1 所示的圆柱凸轮的操作步骤如下：

（1）启动 AutoCAD 2010 系统，依次单击快速访问工具栏→“新建”命令，如图 4-2 所示。弹出如图 4-3 所示的“选择样板”对话框，选择“acadiso.dwt”样板文件，单击“打开”按钮。

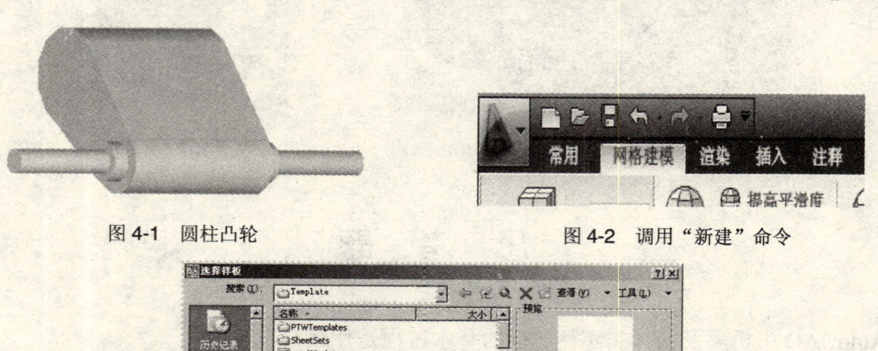

图 4-1　圆柱凸轮　　　　图 4-2　调用“新建”命令

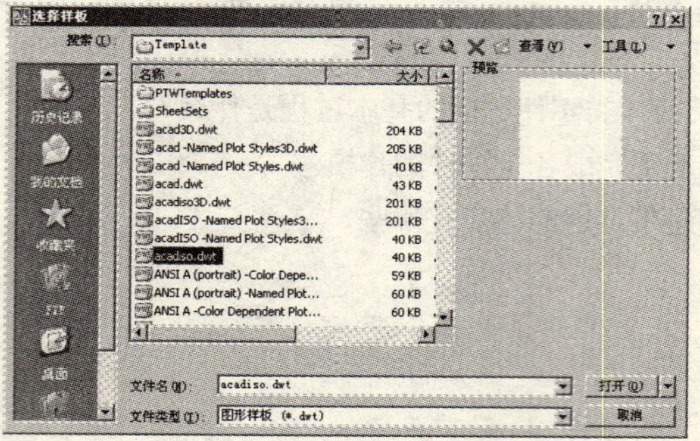

图 4-3　“选择样板”对话框

（2）绘制圆。单击常用选项卡中的“绘图”面板→（圆）按钮，根据命令行的提示以原点为圆心绘制圆，设定半径为 80。同理，以原点为圆心，以 50 和 30 为半径绘制圆，如图 4-4 所示。以

“300，0，0”为圆心，以 120 为半径绘制圆。

（3）绘制多段线。单击常用选项卡中的“绘图”面板→（多段线）按钮，根据命令行的提示绘制与两圆相切的多段线。

（4）修剪处理。单击常用选项卡中的“修改”面板→（修剪）按钮，利用两条切线，修剪半径为 80 和 120 两个圆的内圆弧，然后单击常用选项卡中的“绘图”面板→“面域”命令，把剩下的两条圆弧和两条切线进行面域处理，如图 4-5 所示。

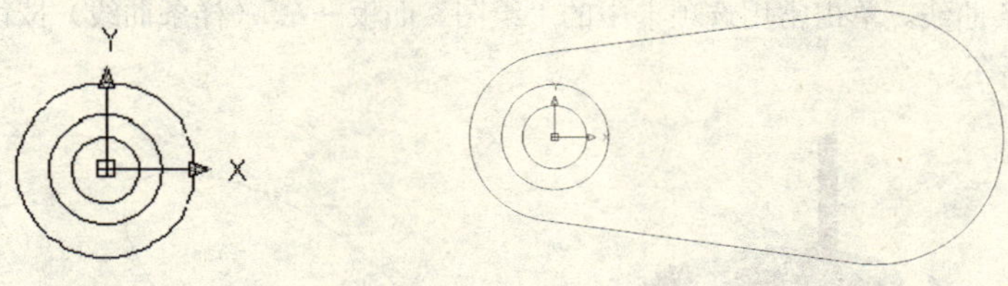

图 4-4　绘制圆　　　　图 4-5　绘制多段线

（5）实体拉伸。单击常用选项卡中的“建模”面板→（拉伸）按钮，根据命令行的提示将刚才进行面域处理的图形选定，设定拉伸高度为 200；将半径为 50 的圆拉伸，设定拉伸高度为 240；将半径为 30 的圆拉伸，设定拉伸高度为 500，结果如图 4-6 所示。

（6）合并实体。单击常用选项卡中的“实体编辑”面板→（并集）按钮，根据命令行的提示对所有图形进行并集处理。

（7）镜像处理。单击常用选项卡中的“修改”面板→“三维镜像”命令按钮，对图形进行镜像处理，如图 4-7 所示。

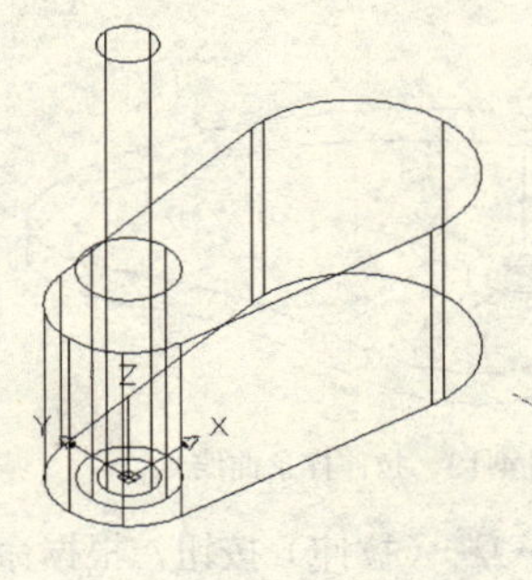

图 4-6　实体拉伸

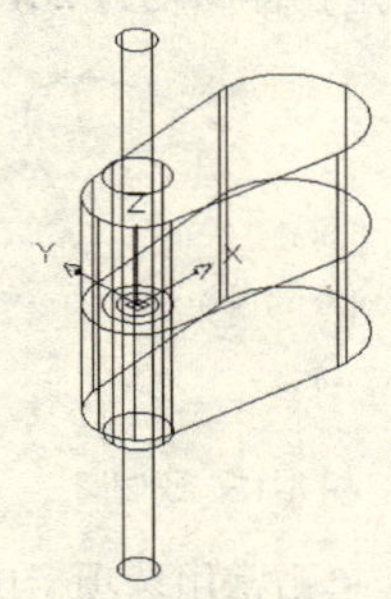

图 4-7　镜像处理

（8）合并实体。单击常用选项卡中的“实体编辑”面板→（并集）按钮，根据命令行的提示对所有图形进行并集处理，如图 4-8 所示。

（9）渲染实体。单击常用选项卡中的“视图”面板→“概念或真实”按钮，选择适当的材质对实体进行渲染，如图 4-9 所示。

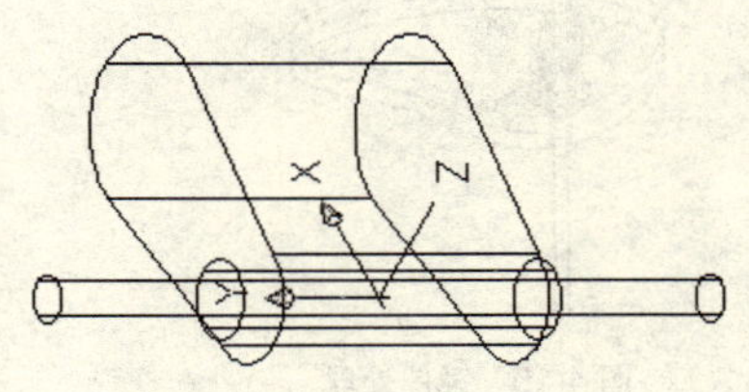

图 4-8　并集处理

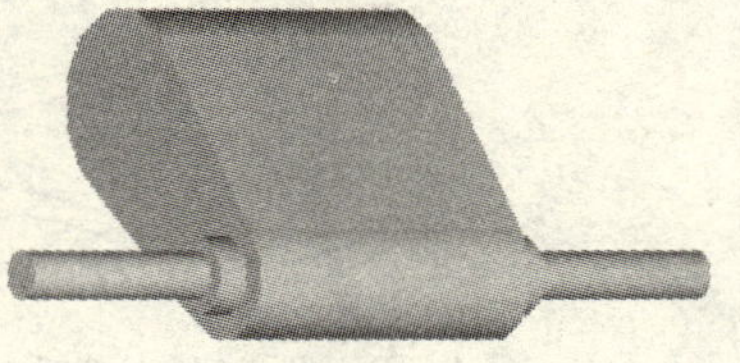

图 4-9　渲染实体

4.2　盘形凸轮建模

创建如图4-10所示的盘形凸轮的操作步骤如下：

（1）启动AutoCAD 2010系统，依次单击快速访问工具栏→“新建”命令，弹出“选择样板”对话框，选择“acadiso.dwt”样板文件，单击“打开”按钮。

（2）绘制样条曲线。单击常用选项卡中的“绘图”面板→（样条曲线）按钮，绘制一条闭合曲线，如图4-11所示。

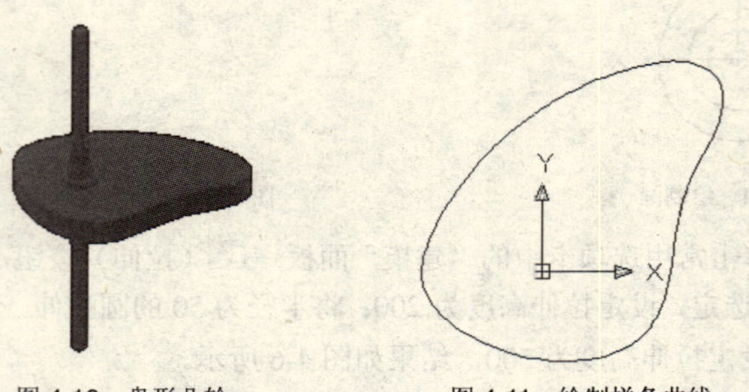

图4-10　盘形凸轮　　图4-11　绘制样条曲线

（3）绘制圆。单击常用选项卡中的“绘图”面板→（圆）按钮，根据命令行的提示以原点为圆心，分别以10，15，20和30为半径绘制圆，如图4-12所示。

（4）拉伸样条曲线。单击常用选项卡中的“建模”面板→（拉伸）按钮，根据命令行的提示拉伸样条曲线，设定拉伸高度为20，如图4-13所示。

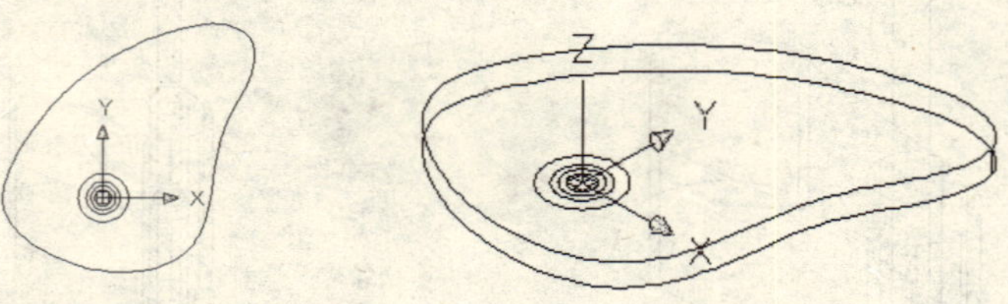

图4-12　绘制圆　　图4-13　拉伸样条曲线

（5）拉伸圆。单击常用选项卡中的“建模”面板→（拉伸）按钮，根据命令行的提示拉伸半径为10，15，20和30的圆，设定拉伸高度分别为300，100，50和30，如图4-14所示。

（6）镜像处理。单击常用选项卡中的“修改”面板→（镜像）按钮，对图形进行镜像处理，如图4-15所示。

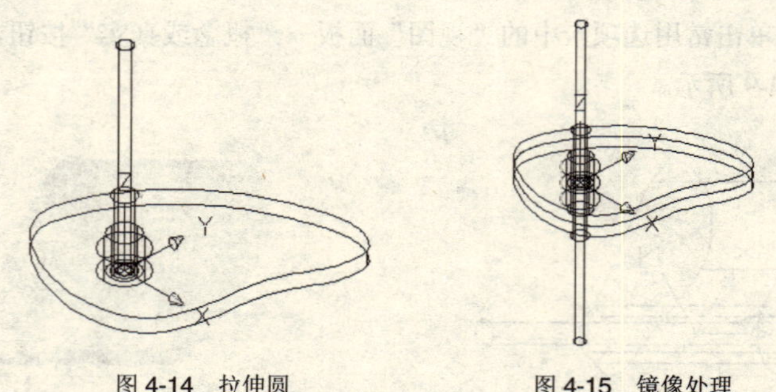

图4-14　拉伸圆　　图4-15　镜像处理

（7）合并实体。单击常用选项卡中的“实体编辑”面板→（并集）按钮，根据命令行的提示将所有拉伸实体进行合并，如图 4-16 所示。

（8）移动实体。单击常用选项卡中的“修改”面板→（移动）按钮，将实体移出坐标原点，如图 4-17 所示。

（9）渲染实体。单击常用选项卡中的“视图”面板→“概念或真实”按钮，选择适当的材质对实体进行渲染，如图 4-18 所示。

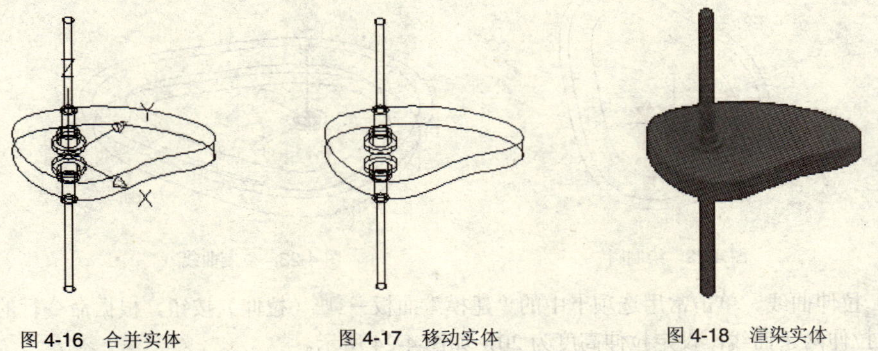

图 4-16　合并实体　　图 4-17　移动实体　　图 4-18　渲染实体

4.3　端面凸轮建模

创建如图 4-19 所示的端面凸轮。

图 4-19　端面凸轮

其操作步骤如下：

（1）启动 AutoCAD 2010 系统，单击快速访问工具栏→“新建”命令，弹出“选择样板”对话框，选择“acadiso.dwt”样板文件，单击“打开”按钮。

（2）绘制样条曲线。单击常用选项卡中的“绘图”面板→（样条曲线）按钮，绘制一条闭合曲线，如图 4-20 所示。

（3）绘制等距线。单击常用选项卡中的“修改”面板→（偏移）按钮，根据命令行的提示将样条曲线偏移，设定偏移距离分别为 50 和 70，如图 4-21 所示。

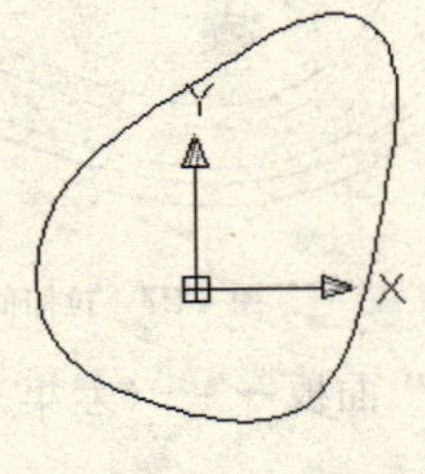

图 4-20　绘制样条曲线

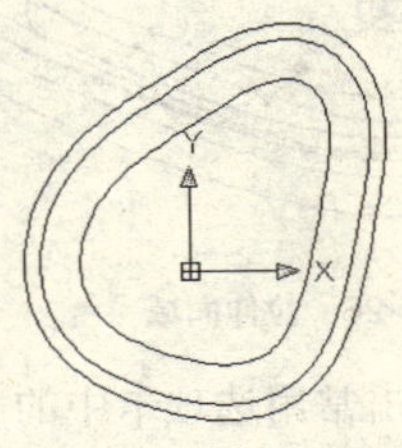

图 4-21　绘制等距线

（4）绘制圆。单击常用选项卡中的“绘图”面板→（圆）按钮，根据命令行的提示以原点为圆心，分别以 10，15，20 和 30 为半径绘制圆，如图 4-22 所示。

（5）复制曲线。单击常用选项卡中的“修改”面板→（复制）按钮，从内向外依次复制两条曲线，如图 4-23 所示。

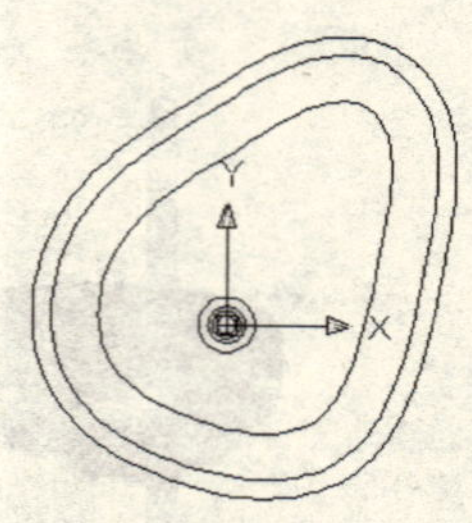

图 4-22　绘制圆

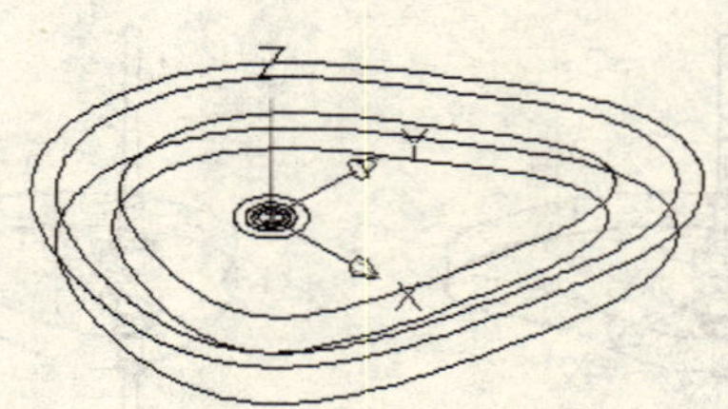

图 4-23　复制曲线

（6）拉伸曲线。单击常用选项卡中的“建模”面板→（拉伸）按钮，根据命令行的提示从外向内依次拉伸两条曲线，设定拉伸高度为 20，如图 4-24 所示。

（7）差集处理。单击常用选项卡中的“实体编辑”面板→（差集）按钮，根据命令行的提示将两个拉伸实体进行差集处理，如图 4-25 所示。

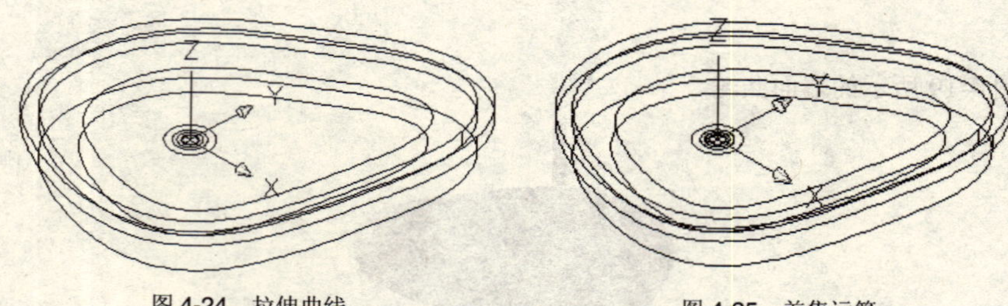

图 4-24　拉伸曲线　　图 4-25　差集运算

（8）创建面域。单击常用选项卡中的“绘图”面板→（面域）按钮，根据命令行的提示将最内部的曲线创建面域。

（9）拉伸面域。单击常用选项卡中的“建模”面板→（拉伸）按钮，根据命令行的提示拉伸面域，设定拉伸高度为 20，如图 4-26 所示。

（10）拉伸曲线。将复制的两条曲线移动回原位置。单击常用选项卡中的“建模”面板→（拉伸）按钮，根据命令行的提示拉伸这两条曲线，设定拉伸高度为 5，如图 4-27 所示。

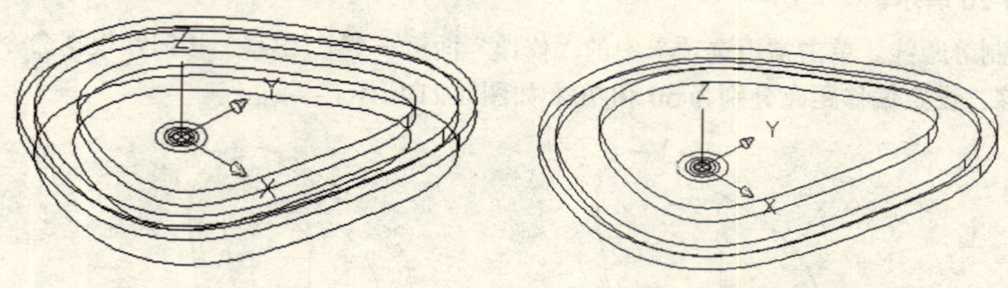

图 4-26　拉伸面域　　图 4-27　拉伸曲线

（11）差集运算。单击常用选项卡中的“实体编辑”面板→（差集）按钮，根据命令行的提示将上一步骤中创建的两个拉伸实体进行差集运算。

（12）拉伸圆。单击常用选项卡中的“建模”面板→（拉伸）按钮，根据命令行的提示拉伸半径为 10，15，20 和 30 的圆，设定拉伸高度分别为 300，100，50 和 30，如图 4-28 所示。

（13）合并实体。单击常用选项卡中的“实体编辑”面板→（并集）按钮，根据命令行的提示将所有拉伸实体进行并集处理，如图 4-29 所示。

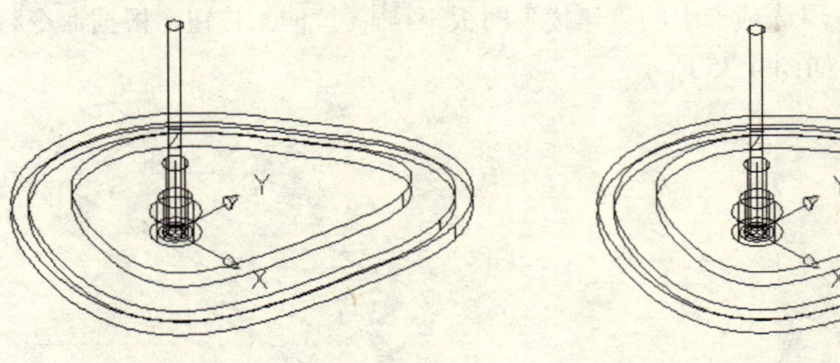

图 4-28　拉伸圆　　图 4-29　合并实体

（14）移动实体。单击常用选项卡中的“修改”面板→（移动）按钮，将实体移出坐标原点，如图 4-30 所示。

（15）渲染实体。单击常用选项卡中的“视图”面板→“概念或真实”命令按钮，选择适当的材质对实体进行渲染，如图 4-31 所示。

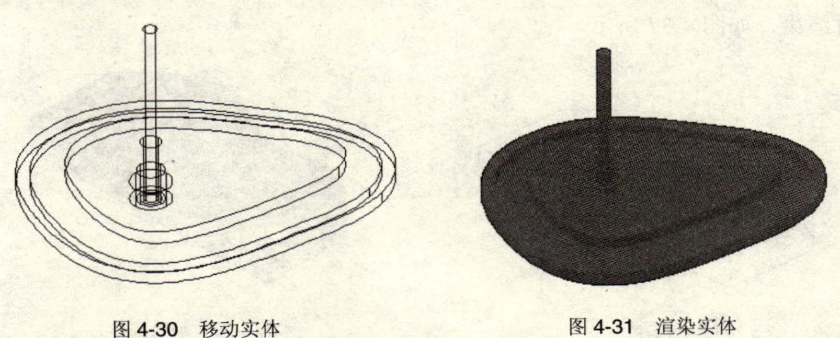

图 4-30　移动实体　　图 4-31　渲染实体

4.4　移动凸轮建模

创建如图 4-32 所示的移动凸轮的操作步骤如下：

（1）启动 AutoCAD 2010 系统，单击快速访问工具栏→“新建”命令，弹出“选择样板”对话框，选择“acadiso.dwt”样板文件，单击“打开”按钮。

（2）绘制多段线。单击常用选项卡中的“绘图”面板→（多段线）按钮，根据命令行的提示绘制多段线，如图 4-33 所示。

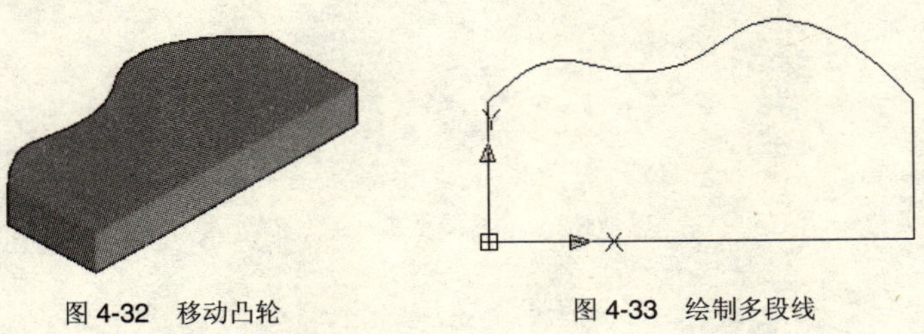

图 4-32　移动凸轮　　图 4-33　绘制多段线

(3) 创建面域。单击常用选项卡中的“绘图”面板→ (面域) 按钮，根据命令行的提示选择绘制的图形创建面域。

(4) 切换视图。单击常用选项卡中的“视图”面板→ (西南等轴测) 按钮，切换到西南等轴测视图，如图 4-34 所示。

(5) 拉伸面域。单击常用选项卡中的“建模”面板→ (拉伸) 按钮，根据命令行的提示拉伸面域，设定拉伸高度为 40，如图 4-35 所示。

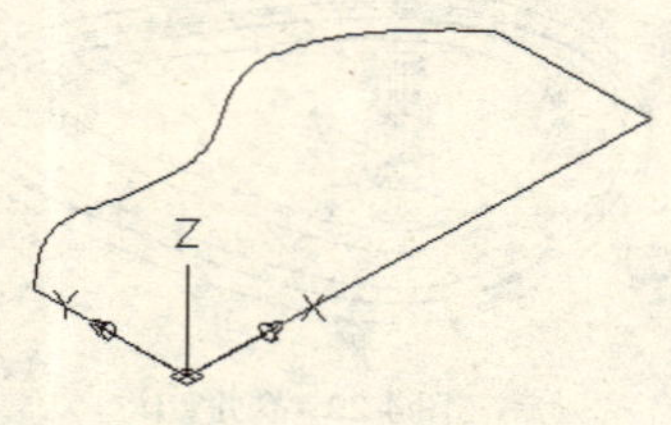

图 4-34　切换视图

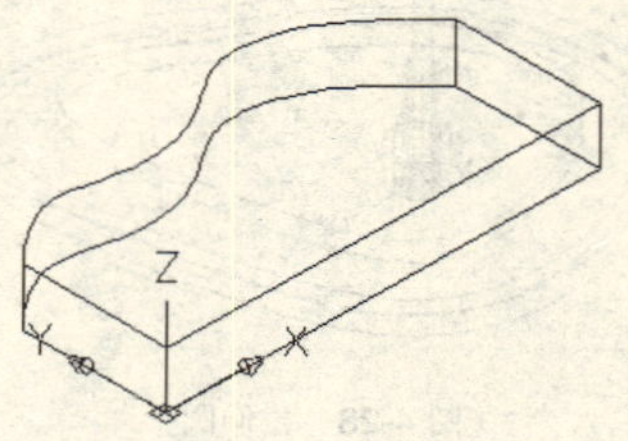

图 4-35　拉伸面域

(6) 移动实体。单击常用选项卡中的“修改”面板→ (移动) 按钮，将实体移出坐标原点，如图 4-36 所示。

(7) 渲染实体。单击常用选项卡中的“视图”面板→“概念或真实”命令按钮，选择适当的材质对实体进行渲染，如图 4-37 所示。

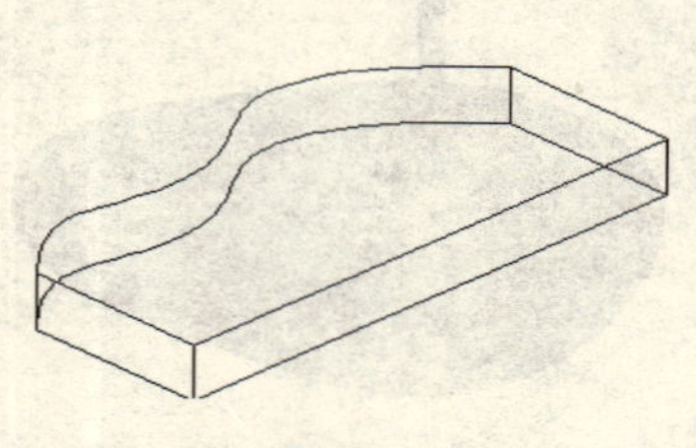

图 4-36　移动实体

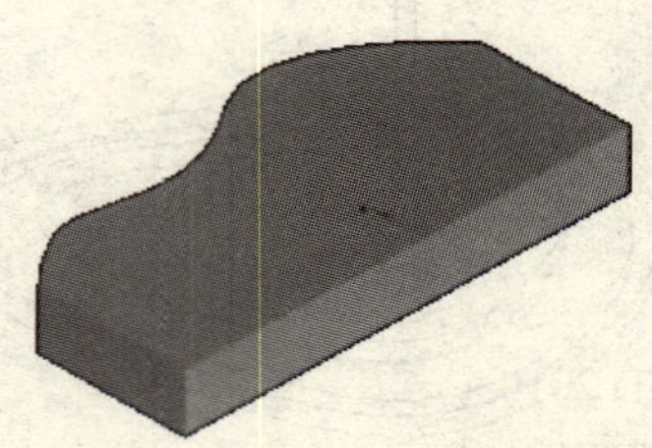

图 4-37　渲染实体

思 考 题

1. AutoCAD 中凸轮类零件建模的基本过程是什么？
2. 按照书中的讲述，动手完成各个零件的建模。
3. 凸轮类零件建模常用的特征有哪些？

第 5 章　旋转体及轴类零件建模

【内容】

本章将以弹簧、连接轴套、平键轴、曲轴为例，系统介绍在 AutoCAD 2010 中创建、编辑三维旋转实体模型的方法。

【实例】

实例 1：弹簧建模。

实例 2：连接轴套建模。

实例 3：平键轴建模。

实例 4：曲轴建模。

【目的】

掌握在 AutoCAD 2010 中创建弹簧、连接轴套、平键轴、曲轴等典型曲面的方法，并学会利用“拉伸面”“旋转面”“剖切”“分割”等命令对所创建的实体模型进行编辑和修改。

5.1　弹 簧 建 模

弹簧作为一种常见的弹性元件，可以在轴向载荷的作用下产生弹性变形。

在 AutoCAD 2010 中，已经有专用绘制三维螺旋线的命令，使用起来十分方便。

本节将介绍两种创建三维圆柱弹簧模型的方法：其一是通过平面图形的旋转得到螺旋型弹簧实体，这也是在 AutoCAD 2006 及其以前版本中较为常用的方法；其二是首先在 AutoCAD 2010 中绘制圆柱形的螺旋线，然后通过实体扫掠的方法得到圆柱弹簧实体模型。下面分别就这两种创建方法进行介绍。

5.1.1　利用平面图形旋转来建立弹簧的三维实体模型

利用平面图形旋转来建立弹簧的三维实体模型的操作步骤如下：

（1）绘制弹簧主剖面多线段。

1）新建文件。启动 AutoCAD 2010，单击快速访问工具栏的“新建”命令，弹出“选择样板”对话框，在“文件名”选项框中选择“acadiso.dwt”，在“文件类型”选项框中选择“图形样板.dwt”，单击“打开”按钮。

2）绘制一条多线段。单击常用选项卡中的“绘图”面板→“多线段”命令，命令行提示：

命令：_pline

指定起点：0，0，0（按<Enter>键）

指定下一个点或[圆弧(A)/半宽(H)/长度(L)/放弃(U)/宽度(W)]：　@180<12（按<Enter>键）

指定下一个点或[圆弧(A)/闭合(C)/半宽(H)/长度(L)/放弃(U)/宽度(W)]：@180<168（按<Enter>键）

绘制的多线段如图 5-1 所示。

3）创建多线段组作为主剖面线。依次单击常用选项卡→“修改”面板→“复制”命令，命令行提示：

命令: _copy

选择对象: 选择上面绘制的多线段（按<Enter>键）

指定基点或[位移(D)]: 0，0，0（按<Enter>键）

指定第二个点或[退出(E)/放弃(U)]: 选择第一条多线段最上面的顶点

指定第二个点或 [退出(E)/放弃(U)]: 选择第二条多线段最上面的顶点

重复上面的操作，得到几组首尾相接的多线段作为弹簧的主剖面线，结果如图 5-2 所示。

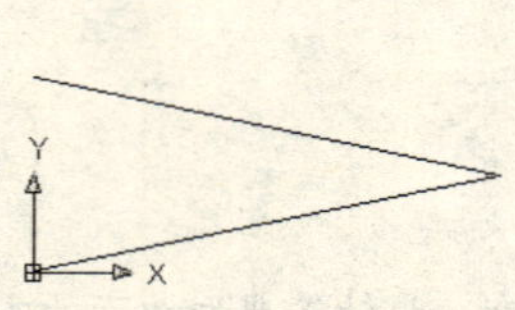

图 5-1　绘制一条多线段

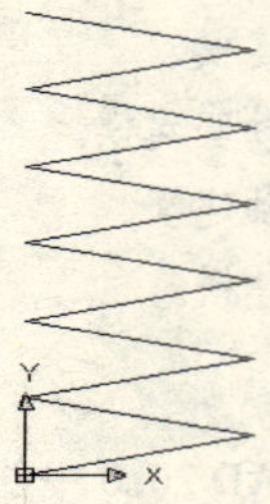

图 5-2　创建多线段组作为主剖面线

（2）绘制弹簧截面圆。

1）绘制圆。单击常用选项卡中的“绘图”面板→“圆”面板→“圆心、半径”命令，命令行提示：

命令: _circle

指定圆的圆心或[三点(3P)/两点(2P)/相切、相切、半径(T)]: 0，0，0（按<Enter>键）

指定圆的半径或[直径(D)]: 10（按<Enter>键）

2）复制圆。单击常用选项卡中的“修改”面板→“复制”命令，命令行提示：

命令: _copy

选择对象: 选择上面绘制的圆（按<Enter>键）

指定基点或[位移(D)]: 0，0，0（按<Enter>键）

指定第二个点或[退出(E)/放弃(U)]: 选择多线段的各个顶点

结果如图 5-3 所示。

（3）创建用于曲面旋转的对称轴。

1）单击常用选项卡中的“绘图”面板→“直线”命令，命令行提示：

命令: _line

指定第一点: 选择第一条多线段的中点

指定下一点或[放弃(U)]: 选择最后一条多线段的中点（按<Enter>键）

绘制出一条直线作为剖面线的对称轴，结果如图 5-4 所示。

2）分别绘制两条短的直线段作为旋转轴。

①单击常用选项卡中的“绘图”面板→“直线”命令，命令行提示：

命令: _line

指定第一点: 选择最下面的多线段中点

指定下一点或[放弃(U)]: @30<102（按<Enter>键）

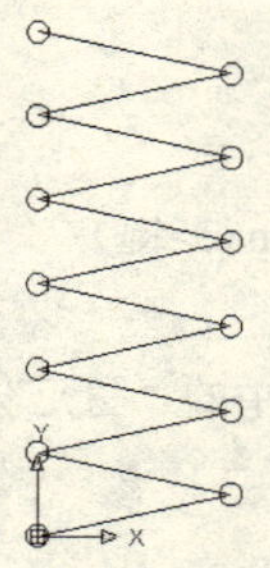

图 5-3　创建与复制圆作为旋转对象

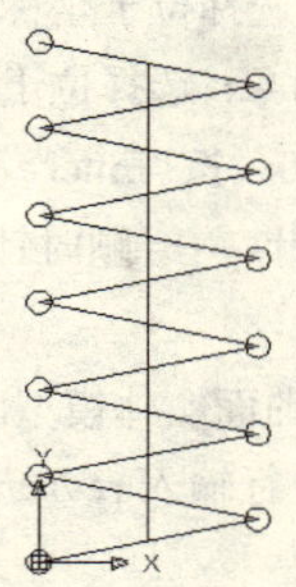

图 5-4　创建直线作为对称轴

②单击常用选项卡中的“修改”面板→“复制”命令命令行提示:

命令: _copy

选择对象: 选择上面绘制的线段（按<Enter>键）

指定基点或[位移(D)]: 选择位于多线段上的直线端点（按<Enter>键）

指定第二个点或[退出(E)/放弃(U)]: 选择向右上倾的各条多线段的中点

结果如图 5-5 所示。

③单击常用选项卡中的“绘图”面板→“直线”命令，命令行提示:

命令: _line

指定第一点: 选择下面的第二条多线段的中点

指定下一点或[放弃(U)]: @30<78（按<Enter>键）

④单击常用选项卡中的“修改”面板→“复制”命令，命令行提示:

命令: _copy

选择对象: 选择上面绘制的线段（按<Enter>键）

指定基点或[位移(D)]: 选择位于多线段上的直线端点（按<Enter>键）

指定第二个点或[退出(E)/放弃(U)]: 选择向左上倾的各个多线段的中点（按<Enter>键）

绘制结果如图 5-6 所示。

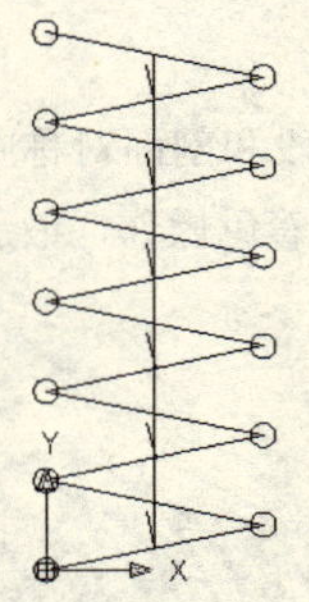

图 5-5　创建一组短线段作为旋转轴

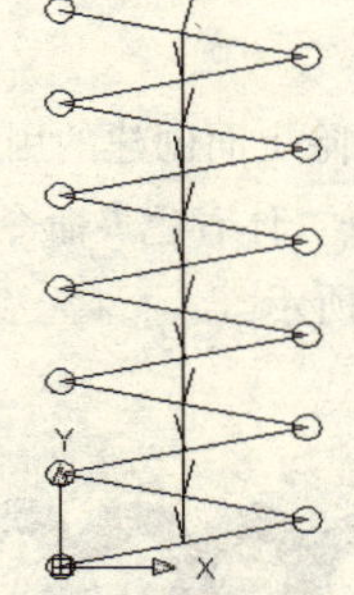

图 5-6　创建另一组短线段作为旋转轴

（4）进行曲面旋转生成弹簧实体模型。

1）创建第一条旋转曲面实体模型。单击网格建模选项卡→“图元”面板→“建模、网格、旋转曲线”命令，或在命令行输入 revsurf，命令行提示:

命令: _revsurf

当前线框密度: SURFTAB1=20　SURFTAB2=20

选择要旋转的对象: 选择位于坐标原点的圆

选择定义旋转轴的对象: 选择位于此多线段上的短直线段

指定起点角度 <0>: 0（按<Enter>键）

指定包含角(+=逆时针，－=顺时针) <360>: －180（按<Enter>键）

结果如图 5-7 所示。

2）创建第二条旋转曲面实体模型。单击网格建模选项卡中的“图元”面板→“建模、网格、旋转曲线”命令，或在命令行输入 revsurf，命令行提示：

命令: _revsurf

当前线框密度: SURFTAB1=20　SURFTAB2=20

选择要旋转的对象: 选择第三个圆作为旋转对象

选择定义旋转轴的对象: 选择位于此多线段上的短直线段

指定起点角度 <0>: 0（按<Enter>键）

指定包含角 (+=逆时针，－=顺时针) <360>: 180（按<Enter>键）

结果如图 5-8 所示。

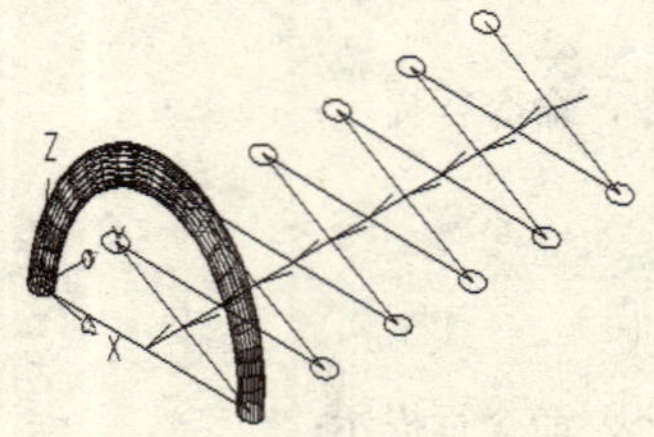

图 5-7　创建第一条旋转曲面模型

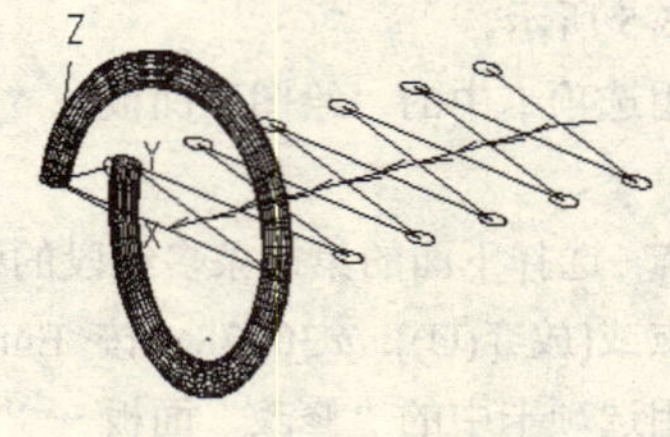

图 5-8　创建第二条旋转曲面模型

3）创建其他旋转曲面实体模型。重复上述操作，单击网格建模选项卡中的“图元”面板→“建模、网格、旋转曲线”命令，或在命令行输入 revsurf，然后选择相对应的圆和旋转对称轴进行曲面旋转，结果如图 5-9 所示。

提示：创建其他旋转曲面模型时，需要将所有的“包含角”指定 180°，否则会得到不正确的实体模型。

4）修改模型。删除上面创建的用作旋转对称轴的所有短线段和剖面对称中心线，单击常用选项卡中的“视图”面板→“体着色”命令，进行弹簧实体模型的体着色操作，最后得到弹簧实体模型的三维效果，如图 5-10 所示。

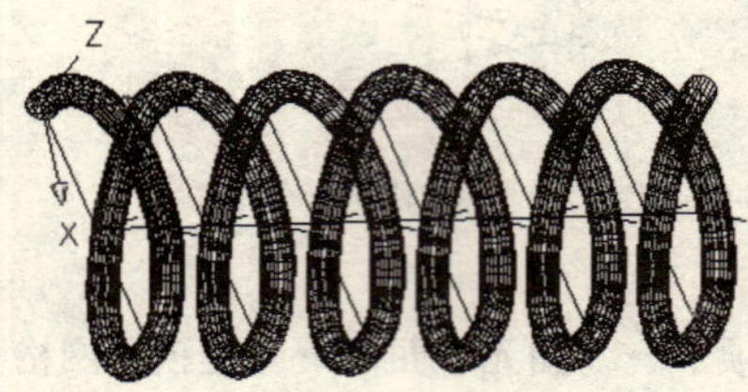

图 5-9　创建其他旋转曲面模型

图 5-10　完成弹簧实体创建后的效果图

5.1.2　利用螺旋线扫掠创建弹簧的三维实体模型

（1）新建文件。启动 AutoCAD 2010，单击快速访问工具栏的“新建”命令，弹出“选择样板”对话框，在“文件名”选项框中选择“acadiso.dwt”，在“文件类型”选项框中选择“图形样板.dwt”，单击“打开”按钮。

（2）绘制圆柱螺旋线。单击常用选项卡中的“绘图”面板→“螺旋”命令，命令行提示：

命令: _helix

圈数=12.0000　扭曲=CCW

指定底面的中心点: 0，0，0（按<Enter>键）

指定底面半径或[直径(D)] <0.0000>: 88（按<Enter>键）

指定顶面半径或[直径(D)] <88.0000>: （按<Enter>键）

指定螺旋高度或[轴端点(A)/圈数(T)/圈高(H)/扭曲(W)] <240.0000>: t（按<Enter>键）

输入圈数 <12.0000>: 6（按<Enter>键）

指定螺旋高度或[轴端点(A)/圈数(T)/圈高(H)/扭曲(W)] <240.0000>: h（按<Enter>键）

指定圈间距 <20.0000>: 75（按<Enter>键）

圆柱螺旋线绘制结果如图 5-11 所示。

（3）新建 UCS 坐标系。单击视图选项卡中的“坐标”面板→“新建 UCS”面板→“X”命令，命令行提示：

命令: _ucs

输入选项[新建(N)/移动(M)/正交(G)/上一个(P)/恢复(R)/保存(S)/删除(D)/应用(A)/世界(W)] <世界>: _x

指定绕 X 轴的旋转角度 <90>: （按<Enter>键）

（4）绘制截面圆。单击常用选项卡中的“绘图”面板→“圆心、半径”命令，单击“对象捕捉”按钮，捕捉刚才所绘制螺旋线的起点为圆心，绘制一个半径为 10 的圆，结果如图 5-12 所示。

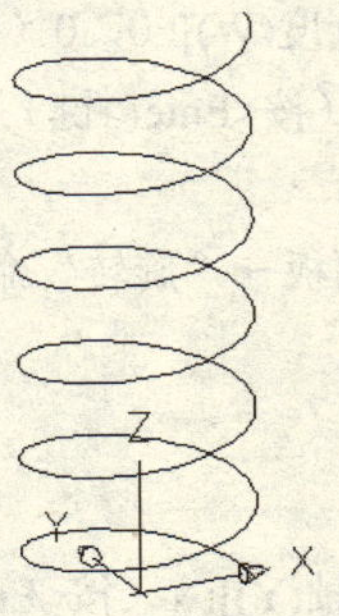

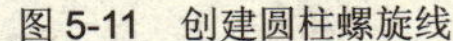
图 5-11　创建圆柱螺旋线

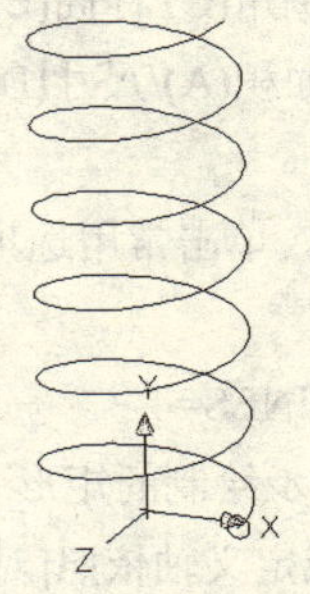

图 5-12　创建扫掠所用的截面圆

（5）通过扫掠创建三维弹簧实体。单击常用选项卡中的“建模”面板→“扫掠”命令，命令行提示：

命令: _sweep

当前线框密度: ISOLINES=4

选择要扫掠的对象: 选择上一步绘制的圆

选择要扫掠的对象: 找到 1 个

选择扫掠路径或[对齐(A)/基点(B)/比例(S)/扭曲(T)]: 选择前面所创建的圆柱螺旋线

扫掠结果如图 5-13 所示。

（6）单击视图选项卡中的“三维选项板”面板→“视觉样式”命令，通过概念视觉样式观察所创建的三维弹簧实体，结果如图 5-14 所示。

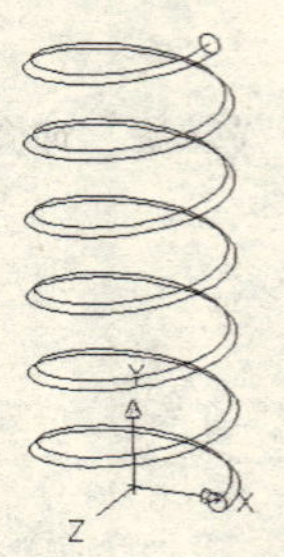

图 5-13　扫掠后得到螺旋弹簧

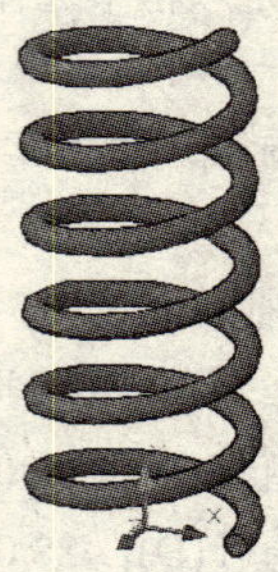

图 5-14　通过概念视觉样式查看螺旋弹簧实体

5.2　连接轴套建模

连接轴套作为一种常用的连接元件，它可以将两根轴连接起来，使得两者能在动力源的作用下同时运动。本节主要介绍利用三维旋转和布尔运算来创建连接轴套三维实体模型的方法。

5.2.1　创建连接轴实体轮廓

（1）新建文件。启动 AutoCAD 2010，单击快速访问工具栏的“新建”命令，创建一新的图形文件。

（2）绘制矩形。单击常用选项卡中的“绘图”面板→“矩形”命令，命令行提示：

命令: _rectang

指定第一个角点或[倒角(C)/标高(E)/圆角(F)/厚度(T)/宽度(W)]: 0，0（按<Enter>键）

指定另一个角点或[面积(A)/尺寸(D)/旋转(R)]: 80，20（按<Enter>键）

结果如图 5-15 所示。

（3）创建圆柱实体。单击常用选项卡中的“建模”面板→“旋转”命令，命令行提示：

命令: _revolve

当前线框密度: ISOLINES=4

选择对象: 选择上一步绘制的矩形（按<Enter>键）

指定旋转轴的起点或定义轴依照[对象(O)/X 轴(X)/Y 轴(Y)]: x（按<Enter>键）

指定旋转角度 <360>: 360（按<Enter>键）

旋转后得到的圆柱实体如图 5-16 所示。

图 5-15　绘制矩形

图 5-16　旋转得到圆柱实体

（4）绘制矩形。单击常用选项卡中的“绘图”面板→“矩形”命令，命令行提示：

命令: _rectang

指定第一个角点或[倒角(C)/标高(E)/圆角(F)/厚度(T)/宽度(W)]: 0，0（按<Enter>键）

指定另一个角点或[面积(A)/尺寸(D)/旋转(R)]: 80，16（按<Enter>键）

（5）创建另一个同轴圆柱实体。单击常用选项卡中的“建模”面板→“旋转”命令，或单击“建模”工具栏中的（旋转）按钮，命令行提示：

命令: _revolve

当前线框密度:　ISOLINES=4

选择对象: 选择上一步绘制的矩形（按<Enter>键）

指定旋转轴的起点或定义轴依照[对象(O)/X 轴(X)/Y 轴(Y)]: x（按<Enter>键）

指定旋转角度 <360>: 360（按<Enter>键）

旋转后得到的另一个同轴圆柱实体如图 5-17 所示。

（6）进行布尔运算，得到圆筒实体模型。单击常用选项卡中的“实体编辑”面板→“差集”命令，或单击“建模”工具栏中的（差集）按钮，命令行提示：

命令：_subtract　选择要从中减去的实体或面域

选择对象：选择绘制的第一个圆柱体（按<Enter>键）

选择要减去的实体或面域：选择绘制的第二个圆柱体（按<Enter>键）

得到壁厚为 4 的空心圆柱实体。

（7）单击常用选项卡中的“视图”面板→“概念”命令，通过概念视觉样式观察所创建的圆筒实体模型，结果如图 5-18 所示。

图 5-17　创建另一个圆柱实体

图 5-18　通过概念视觉样式查看圆筒实体

提示：上面创建圆筒三维实体模型的过程，是通过旋转矩形得到两个同轴圆柱实体，然后进行布尔运算得到空心圆柱实体的。这是一种通过“旋转”命令得到圆柱实体的方法。当然，也可以通过 AutoCAD 2010 中提供的“圆柱体”命令直接得到，有兴趣的读者可自行尝试。

5.2.2　创建连接轴套上的锥销

（1）新建 UCS 坐标系，以便于后面圆锥体的创建。单击视图选项卡中的“坐标”面板→“三点”命令，命令行提示：

命令: _ucs

当前 UCS 名称: *世界*

输入选项[新建(N)/移动(M)/正交(G)/上一个(P)/恢复(R)/保存(S)/删除(D)/应用(A)/世界(W)] <世界>: _3

指定新原点 <0,0,0>: （按<Enter>键）

在正 X 轴范围上指定点 <1.0000,0.0000,0.0000>: 0，0，－1（按<Enter>键）

在 UCS XY 平面的正 Y 轴范围上指定点 <0.0000,1.0000,0.0000>: 1，0，0（按<Enter>键）

（2）创建圆锥体。单击常用选项卡中的“建模”面板→“圆锥体”命令，命令行提示：

命令: _cone

当前线框密度: ISOLINES=4

指定圆锥体底面的中心点或[椭圆(E)] <0,0,0>: 0，20，－25（按<Enter>键）

指定圆锥体底面的半径或[直径(D)]: 4（按<Enter>键）

指定圆锥体高度或[顶点(A)]: 100（按<Enter>键）

结果如图 5-19 所示。

（3）新建 UCS 坐标系，以便于后面第二个圆锥体的创建。单击视图选项卡中的“坐标”面板→“三点”命令，命令行提示：

命令: _ucs

当前 UCS 名称: *世界*

输入选项[新建(N)/移动(M)/正交(G)/上一个(P)/恢复(R)/保存(S)/删除(D)/应用(A)/世界(W)] <世界>: _3

指定新原点 <0,0,0>: （按<Enter>键）

在正 X 轴范围上指定点 <1.0000,0.0000,0.0000>: 0，1，0（按<Enter>键）

在 UCS XY 平面的正 Y 轴范围上指定点 <0.0000,1.0000,0.0000>: 0，0，1（按<Enter>键）

（4）创建第二个圆锥体。单击常用选项卡中的“建模”面板→“圆锥体”命令，命令行提示：

命令: _cone

当前线框密度: ISOLINES=4

指定圆锥体底面的中心点或[椭圆(E)] <0,0,0>: 60，0，－25（按<Enter>键）

指定圆锥体底面的半径或[直径(D)]: 4（按<Enter>键）

指定圆锥体高度或[顶点(A)]: 100（按<Enter>键）

（5）为了看清楚其位置关系，通过消隐处理得到实体效果图。单击常用选项卡中的“视图”面板→“消隐”命令，或在命令行中输入 hide，结果如图 5-20 所示。

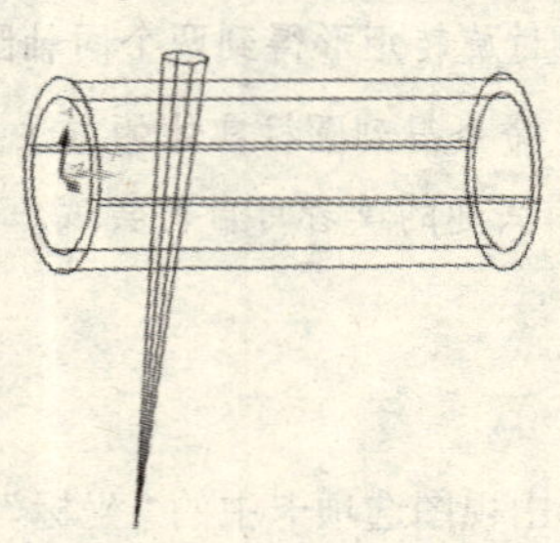

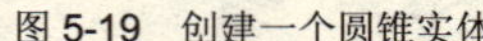

图 5-19　创建一个圆锥实体

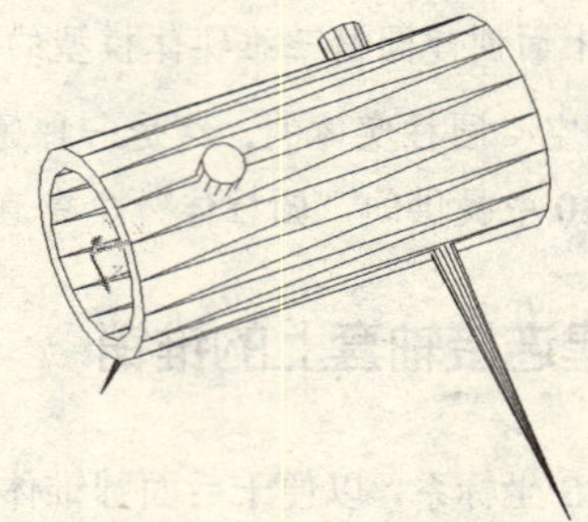

图 5-20　创建第二个圆锥实体并经过消隐处理后的效果图

5.2.3　创建连接轴套上的锥销孔

为了得到连接轴套上的两个锥销孔，下面对轴套和两个圆锥体进行布尔差集运算。

单击常用选项卡中的“实体编辑”面板→“差集”命令，命令行提示：

命令：_ subtract　选择要从中减去的实体或面域

选择对象：选择圆筒实体（按<Enter>键）

选择要减去的实体或面域：分别选择刚创建的两个圆锥实体（按<Enter>键）

这样就得到了带有两个锥度销孔的圆筒实体模型。

单击常用选项卡中的“视图”面板→“概念”命令，通过概念视觉样式观察所创建的圆筒实体模型，结果如图 5-21 所示。

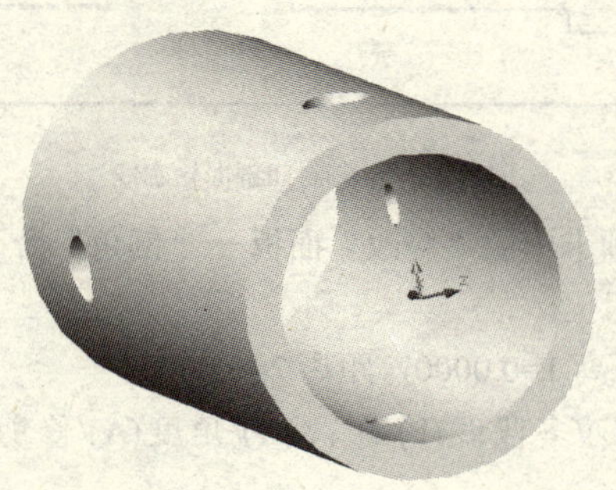

图 5-21　连接轴套的实体效果图

5.3　平键轴建模

平键轴作为机械产品中最常见的一种传动元件，可以在动力源的驱动下带动安装在轴上的其他传动元件同步转动。本例主要介绍利用“旋转”“拉伸”和“布尔运算”等命令来创建带键槽的平键轴三维实体模型的方法。

5.3.1　创建平键轴实体轮廓

（1）新建文件。启动 AutoCAD 2010，单击快速访问工具栏的“新建”命令，创建一新的图形文件。

（2）创建平键轴旋转剖面线。

1）绘制剖面轮廓线。单击常用选项卡中的“绘图”面板→“直线”命令，命令行提示：

命令: _line

指定第一点: 0，0（按<Enter>键）

指定下一点或[放弃(U)]: @ 0，18（按<Enter>键）

指定下一点或[放弃(U)]: @ 60，0（按<Enter>键）

指定下一点或[闭合(C)/放弃(U)]: @ 0，6（按<Enter>键）

指定下一点或[闭合(C)/放弃(U)]: @ 90，0（按<Enter>键）

指定下一点或[闭合(C)/放弃(U)]: @ 0，11（按<Enter>键）

指定下一点或[闭合(C)/放弃(U)]: @ 60，0（按<Enter>键）

指定下一点或[闭合(C)/放弃(U)]: @ 0，−10（按<Enter>键）

指定下一点或[闭合(C)/放弃(U)]: @ 52，0（按<Enter>键）

指定下一点或[闭合(C)/放弃(U)]: @ 0，−7（按<Enter>键）

指定下一点或[闭合(C)/放弃(U)]: @ 26，0（按<Enter>键）

指定下一点或[闭合(C)/放弃(U)]: @ 0，－18（按<Enter>键）

指定下一点或[闭合(C)/放弃(U)]: c（按<Enter>键）

结果如图 5-22 所示。

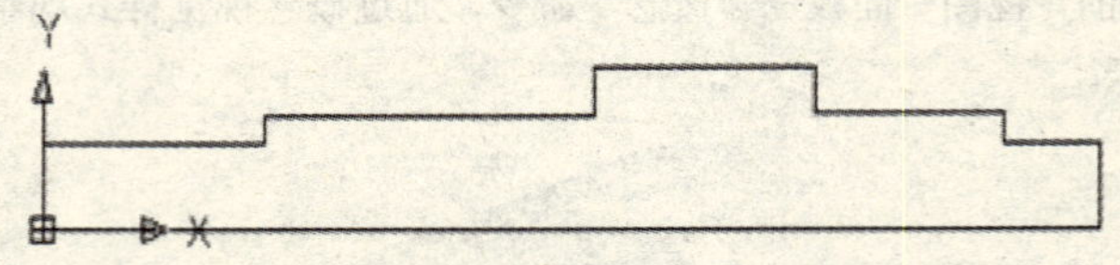

图 5-22　绘制封闭剖面轮廓线

2）绘制倒角。单击常用选项卡中的“修改”面板→“倒角”命令，命令行提示：

命令: _chamfer

(“修剪”模式) 当前倒角距离 1=0.0000，距离 2=0.0000

选择第一条直线或[放弃(U)/多段线(P)/距离(D)/角度(A)/修剪(T)/方式(E)/多个(M)]: D（按<Enter>键）

指定第一个倒角距离 <0.0000>: 2（按<Enter>键）

指定第二个倒角距离 <2.0000>: 2（按<Enter>键）

选择第一条直线或[放弃(U)/多段线(P)/距离(D)/角度(A)/修剪(T)/方式(E)/多个(M)]: 选择刚才所创建封闭轮廓线的任一凸直角边

选择第二个对象，或按住 Shift 键选择要应用角点的对象: 选择另一直角边（按<Enter>键）

重复上述操作，对其他部分进行倒角处理，结果如图 5-23 所示。

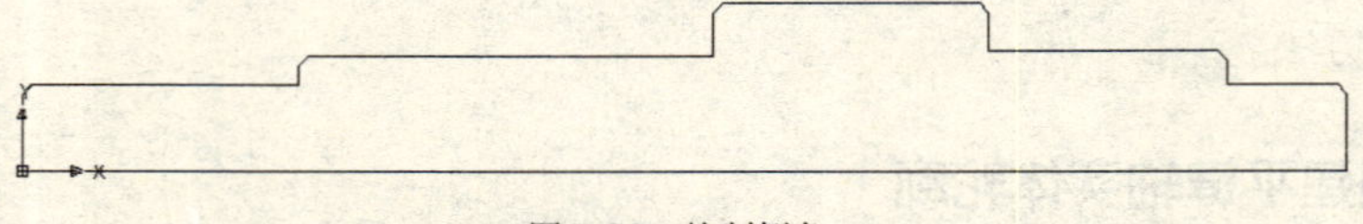

图 5-23　绘制倒角

3）绘制圆角。单击常用选项卡中的“修改”面板→“圆角”命令，命令行提示：

命令: _fillet

当前设置: 模式 = 修剪，半径 = 0.0000

选择第一个对象或[放弃(U)/多段线(P)/半径(R)/修剪(T)/多个(M)]: r（按<Enter>键）

指定圆角半径 <0.0000>: 1.5（按<Enter>键）

选择第一个对象或[放弃(U)/多段线(P)/半径(R)/修剪(T)/多个(M)]: 选择前面所创建封闭轮廓线的所有内凹直角边。

选择第二个对象，或按住 Shift 键选择要应用角点的对象: 选择另一直角边（按<Enter>键）

重复上述操作，对其他部分进行圆角处理，结果如图 5-24 所示。

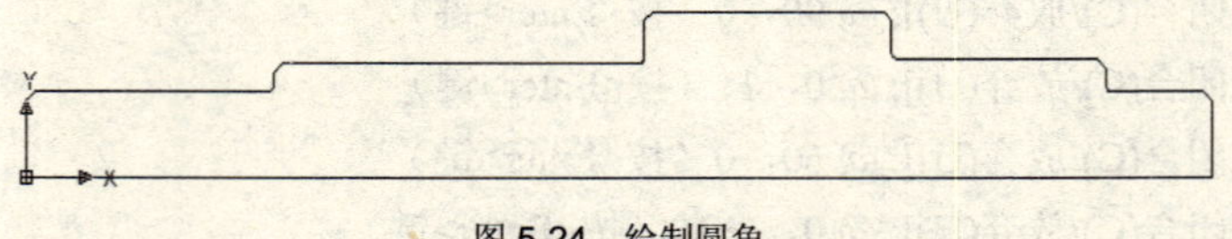

图 5-24　绘制圆角

4）为了使得在后面能够通过旋转操作得到轴的轮廓实体，需要对所创建的这一组直线进行面域处理。单击常用选项卡中的“绘图”面板→“面域”命令，命令行提示：

命令: _region

选择对象: 指定对角点: 选择视图窗口中的所有元素

选择对象: 找到 18 个

选择对象: （按<Enter>键）

已提取 1 个环

已创建 1 个面域

（3）通过旋转剖面线得到平键轴的实体。单击常用选项卡中的“建模”面板→“旋转”命令，命令行提示：

命令: _revolve

当前线框密度: ISOLINES=4

选择对象: 选择封闭轮廓曲线（按<Enter>键）

指定旋转轴的起点或定义轴依照[对象(O)/X 轴(X)/Y 轴(Y)]: x（按<Enter>键）

指定旋转角度 <360>:（按<Enter>键）

得到三维平键轴的实体模型，如图 5-25 所示。

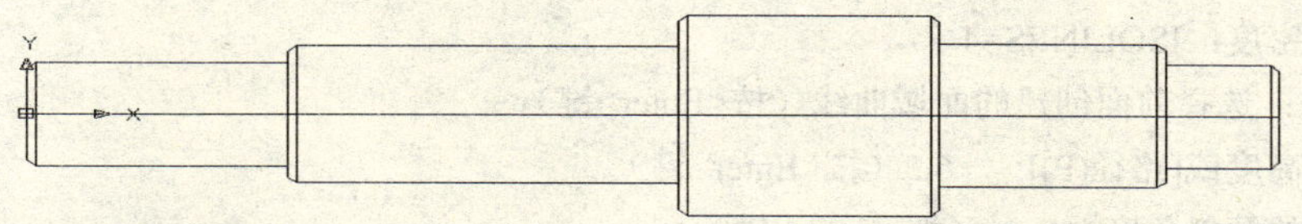

图 5-25　平键轴实体模型

5.3.2　创建平键轴上的键槽实体

为了在平键轴上能安装齿轮、蜗轮等零件并使得能和轴达到同步转动，需要在其配合部分切削出键槽轮廓，下面就利用“拉伸”和“差集”命令在轴上创建两个键槽实体。

（1）创建左边键槽实体。

在平键轴的最左端创建长度为 45mm，宽度为 6mm，深度为 6.5mm 的平键键槽。

1）绘制半圆键键槽轮廓。

①单击常用选项卡中的“绘图”面板→“圆”面板→“圆心、半径”命令，分别以（15，0，18）和（48，0，18）为圆心，绘制半径均为 3mm 的两个圆。

②单击常用选项卡中的“绘图”面板→“直线”命令，然后单击“对象捕捉”工具，分别绘制上述两个圆的外公切线，结果如图 5-26 所示。

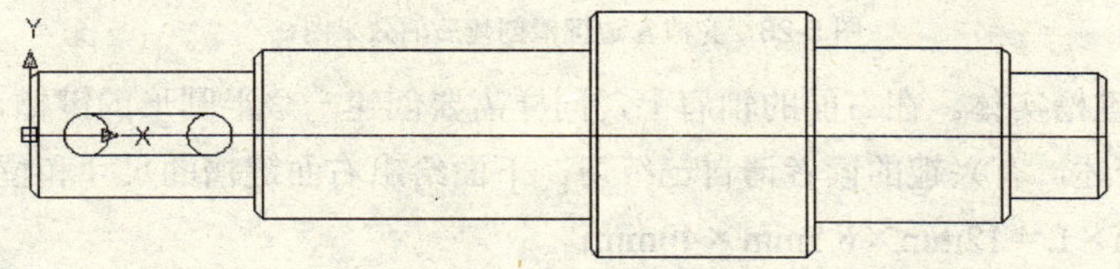

图 5-26　绘制两个圆及其外公切线

2）绘制左边键槽轮廓。单击常用选项卡中的“修改”面板→“剪切”命令，分别选择两条外公切线为剪切边，并选择两个圆为剪切对象，得到左边键槽轮廓，如图 5-27 所示。

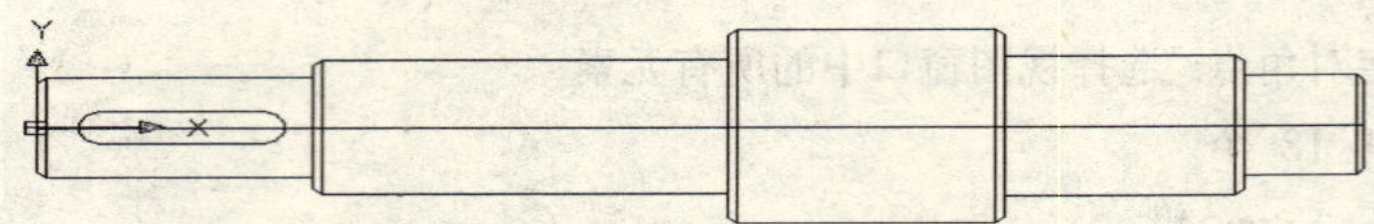

图 5-27 绘制左边键槽轮廓

3）为了能够通过拉伸操作得到一定深度的键槽，首先要对键槽轮廓曲线进行面域处理。单击常用选项卡中的“绘图”面板→“面域”命令，命令行提示：

命令: _region

选择对象: 指定对角点: 选择组成键槽轮廓的 4 条曲线

找到 4 个，选择对象: （按<Enter>键）

已提取 1 个环

已创建 1 个面域

4）实体拉伸。单击常用选项卡中的“建模”面板→“拉伸”命令，命令行提示：

命令:_extrude

当前线框密度：ISOLINES=4

选择对象：选择前面创建的面域曲线（按<Enter>键）

指定拉伸高度或[路径(P)]: －6.5（按<Enter>键）

指定拉伸的倾斜角度 <0>: （按<Enter>键）

5）为了得到轴上的键槽空腔模型，下面对轴和键槽进行差集处理。单击常用选项卡中的“实体编辑”面板→“差集”命令，命令行提示：

命令：_ subtract 选择要从中减去的实体或面域

选择对象：选择平键轴实体（按<Enter>键）

选择要减去的实体或面域：选择键槽实体（按<Enter>键）

这样，在平键轴的最左边就得到了符合尺寸要求的一个键槽实体模型。

6）单击常用选项卡中的“视图”面板→“概念”命令，通过概念视觉样式观察所创建的键槽实体模型，结果如图 5-28 所示。

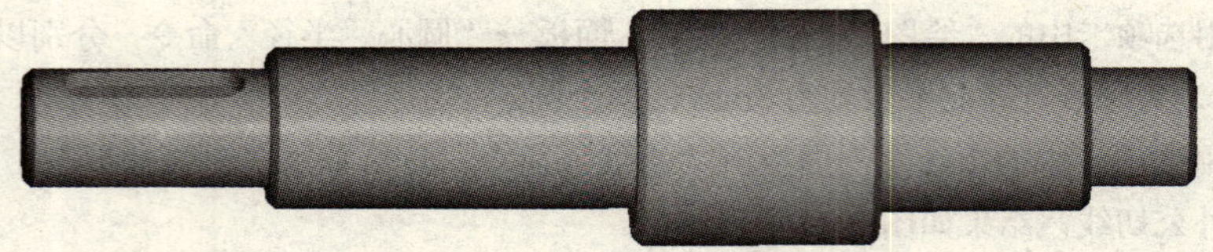

图 5-28 完成左边键槽创建后的效果图

（2）创建右边键槽实体。在右面的轴肩上，同样需要创建一个半圆形的键槽，其方法和上述步骤相同，这里不再赘述，有兴趣的读者请自己练习。下面给出右面键槽的尺寸和位置。

键槽尺寸：b×h×L＝12mm×6.5mm×40mm；

键槽所在位置：左面半圆弧的圆心为（221，0，25），右面半圆弧的圆心为（249，0，25），圆弧半径 6mm。

至此，平键轴实体模型创建工作已经完成，通过概念视觉样式观察所创建的键槽实体模型如图

5-29 所示。

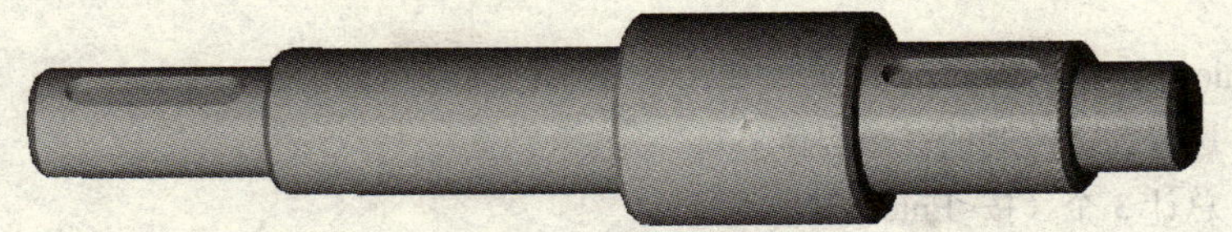

图 5-29　平键轴实体模型效果图

5.4　曲 轴 建 模

曲轴作为机械产品中最常见的一种传动元件，可以将活塞的上下往复运动转化为旋转运动。支撑曲轴旋转的部分叫轴颈，轴颈通过轴瓦安装在曲轴箱上。安装连杆的部分叫曲柄销，曲柄销中心线和主轴颈中心线不重合，二者的距离恰好等于发动机行程的一半。

5.4.1　创建曲轴颈实体轮廓

（1）新建文件。启动 AutoCAD 2010，单击快速访问工具栏的“新建”命令，创建一个新的图形文件。

（2）创建左侧轴颈。单击常用选项卡中的“建模”面板→“圆柱体”命令，命令行提示：

命令：_cylinder

当前线框密度：ISOLINES=4

指定圆柱体底面的中心点或[椭圆(E)] <0,0,0>: 0，15，0（按<Enter>键）

指定圆柱体底面的半径或[直径(D)]: 10（按<Enter>键）

指定圆柱体的高度或[另一个圆心(C)]: 20（按<Enter>键）

（3）创建左侧曲柄座。曲柄座用来连接曲柄和轴颈，其形状由半圆柱体、长方体和楔形体组成，下面分别介绍其创建过程。

1）创建连接轴颈的半圆柱体。单击常用选项卡中的“建模”面板→“圆柱体”命令，命令行提示：

命令：_cylinder

当前线框密度：ISOLINES=4

指定圆柱体底面的中心点或[椭圆(E)] <0,0,0>: 0，15，20（按<Enter>键）

指定圆柱体底面的半径或[直径(D)]: 15（按<Enter>键）

指定圆柱体的高度或[另一个圆心(C)]: 10（按<Enter>键）

结果如图 5-30 所示。

2）创建半圆柱体上的长方体。单击常用选项卡中的“建模”面板→“长方体”命令，命令行提示：

命令: _box

指定长方体的角点或[中心点(CE)] <0,0,0>: （按<Enter>键）

指定角点或[立方体(C)/长度(L)]: 15，15，20（按<Enter>键）

指定角点或[立方体(C)/长度(L)]: －15，40，30（按<Enter>键）

3）创建轴颈和长方体的并集。单击常用选项卡中的“实体编辑”面板→“并集”命令，命令行提示：

命令：_union

选择对象：选择前面绘制的三个实体

选择对象：总计 3 个（按<Enter>键）

结果如图 5-31 所示。

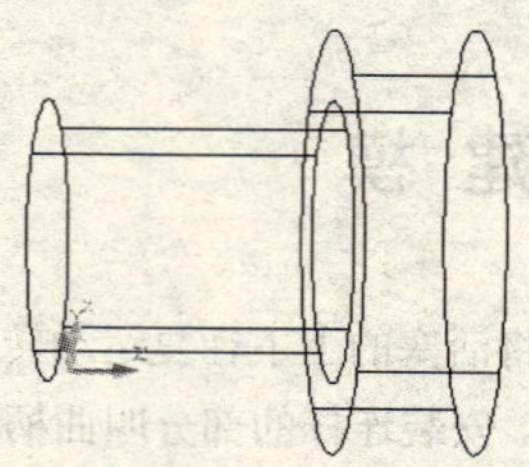

图 5-30　创建左侧轴颈及其连接部分

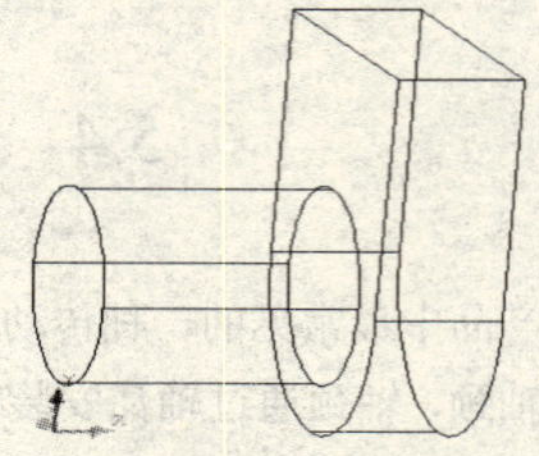

图 5-31　创建轴颈和长方体的并集

4）创建楔形体。

提示：在 AutoCAD 2010 中有专用创建楔体的工具，可以通过依次单击常用选项卡中的“建模”面板→“楔体”命令进行楔形实体的创建，但是这样创建出来的一般是尖顶楔体，而在曲轴中通常是平顶楔体，所以这里不采用此命令，而是通过曲面拉伸来获得平顶楔体。

①新建 UCS 坐标系，以便于后面圆锥体的创建。单击视图选项卡中的“坐标”面板→“新建 UCS”面板→“三点”命令，命令行提示：

命令: _ucs

当前 UCS 名称: *世界*

输入选项[新建(N)/移动(M)/正交(G)/上一个(P)/恢复(R)/保存(S)/删除(D)/应用(A)/世界(W)] <世界>: _3

指定新原点 <0,0,0>: -15，40，20（按<Enter>键）

在正 X 轴范围上指定点 <1.0000,0.0000,0.0000>: －15，40，30（按<Enter>键）

在 UCS XY 平面的正 Y 轴范围上指定点 <0.0000,1.0000,0.0000>: －15，50，20”（按<Enter>键）

②绘制平面封闭直线。单击常用选项卡中的“绘图”面板→“直线”命令，命令行提示：

命令: _line

指定第一点: 0，0，0（按<Enter>键）

指定下一点或[放弃(U)]: 10，0，0（按<Enter>键）

指定下一点或[放弃(U)]: 10，20，0（按<Enter>键）

指定下一点或[闭合(C)/放弃(U)]: 6，20，0（按<Enter>键）

指定下一点或[闭合(C)/放弃(U)]: c（按<Enter>键）

③创建面域。为了能使得通过拉伸操作得到一定厚度的楔体，首先要对其轮廓曲线进行面域处理。单击常用选项卡中的“绘图”面板→“面域”命令，命令行提示：

命令: _region

选择对象: 指定对角点: 选择组成轮廓的 4 条曲线。

找到 4 个，选择对象:（按<Enter>键）

已提取 1 个环
已创建 1 个面域
结果如图 5-32 所示。

④拉伸得到楔体。单击常用选项卡中的“建模”面板→“拉伸”命令，命令行提示：

命令: _extrude
当前线框密度：ISOLINES=4
选择对象：选择上一步创建的面域曲线（按<Enter>键）
指定拉伸高度或[路径(P)]: －30（按<Enter>键）
指定拉伸的倾斜角度 <0>: （按<Enter>键）
结果如图 5-33 所示。

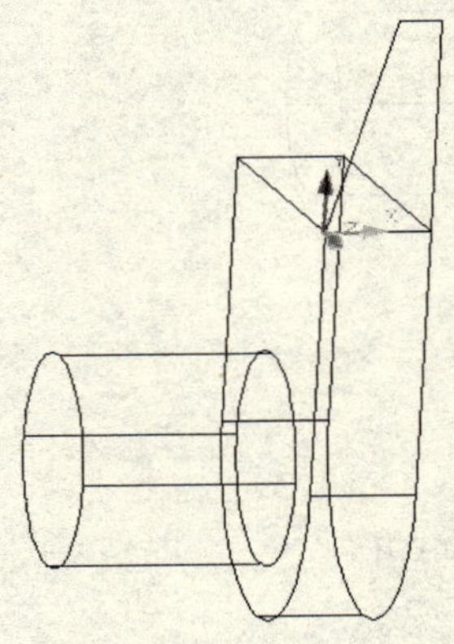

图 5-32　创建拉伸曲线轮廓面域

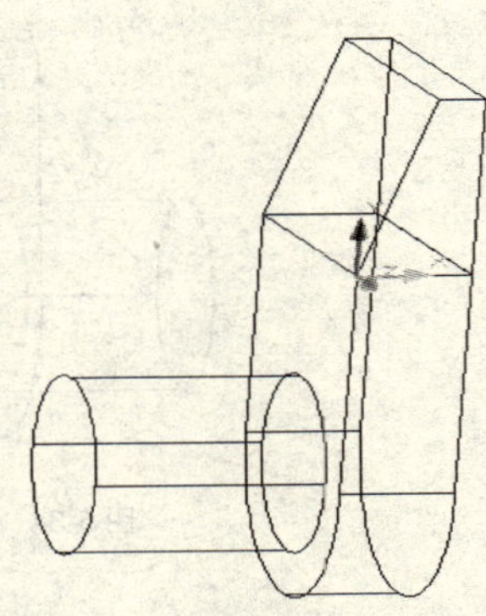

图 5-33　拉伸得到楔形体

5.4.2　创建曲柄销实体

（1）新建 UCS 坐标系，以便于后面圆锥体的创建。单击常用选项卡中的“工具”面板→“新建 UCS”→“三点”命令，或单击“UCS”工具栏中的（三点）按钮，命令行提示：

命令: _ucs
当前 UCS 名称: *世界*
输入选项[新建(N)/移动(M)/正交(G)/上一个(P)/恢复(R)/保存(S)/删除(D)/应用(A)/世界(W)] <世界>: _3
指定新原点 <0,0,0>: 10，0，－15（按<Enter>键）
在正 X 轴范围上指定点 <1.0000,0.0000,0.0000>: 10，0，－16（按<Enter>键）
在 UCS XY 平面的正 Y 轴范围上指定点 <0.0000,1.0000,0.0000>: 10，1，－15（按<Enter>键）

（2）创建曲柄销挡环。单击常用选项卡中的“建模”面板→“圆柱体”命令，命令行提示：

命令：_cylinder
当前线框密度：ISOLINES=4
指定圆柱体底面的中心点或[椭圆(E)] <0,0,0>: 0，0，0（按<Enter>键）
指定圆柱体底面的半径或[直径(D)]: 15（按<Enter>键）
指定圆柱体的高度或[另一个圆心(C)]: 5（按<Enter>键）

结果如图 5-34 所示。

（3）创建曲柄销。单击常用选项卡中的“建模”面板→“圆柱体”命令，命令行提示：

命令：_cylinder

当前线框密度：ISOLINES=4

指定圆柱体底面的中心点或[椭圆(E)] <0,0,0>: 0，0，5（按<Enter>键）

指定圆柱体底面的半径或[直径(D)]: 10（按<Enter>键）

指定圆柱体的高度或[另一个圆心(C)]: 30（按<Enter>键）

结果如图 5-34 所示。

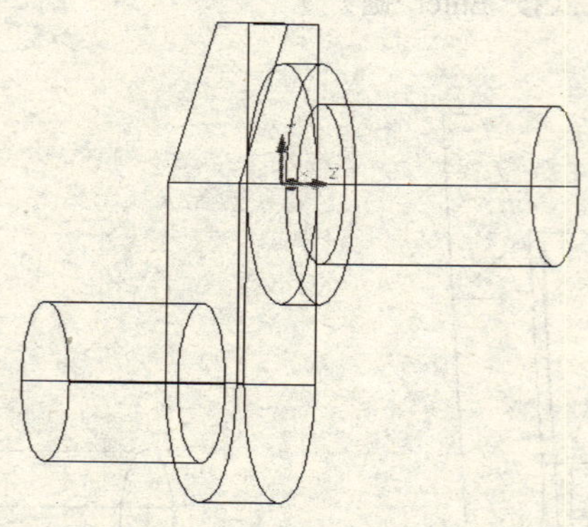

图 5-34　创建曲柄销及曲柄销挡环

5.4.3　创建曲柄销右侧连接部件

为了在曲柄右侧得到相对应的曲柄销挡环及曲柄销连接座，这里使用“镜像”命令来完成。

（1）新建 UCS 坐标系，以便于后面圆锥体的创建。单击视图选项卡中的“坐标”面板→“新建 UCS”→“三点”命令，命令行提示：

命令: _ucs

当前 UCS 名称: *世界*

输入选项[新建(N)/移动(M)/正交(G)/上一个(P)/恢复(R)/保存(S)/删除(D)/应用(A)/世界(W)] <世界>: _3

指定新原点 <0,0,0>: （按<Enter>键）

在正 X 轴范围上指定点 <1.0000,0.0000,0.0000>: 0，0，1（按<Enter>键）

在 UCS XY 平面的正 Y 轴范围上指定点 <0.0000,1.0000,0.0000>: （按<Enter>键）

（2）镜像得到曲柄销连接部件。单击常用选项卡中的“修改”面板→“镜像”命令，命令行提示：

命令: _mirror

选择对象：选择曲柄右边的所有实体（按<Enter>键）

选择对象: 找到 1 个

选择对象: 总计 3 个

指定镜像线的第一点: 20，5，10（按<Enter>键）

指定镜像线的第二点: 20，0，－10（按<Enter>键）

要删除源对象吗？[是(Y)/否(N)] <N>: （按<Enter>键）

结果如图 5-35 所示。

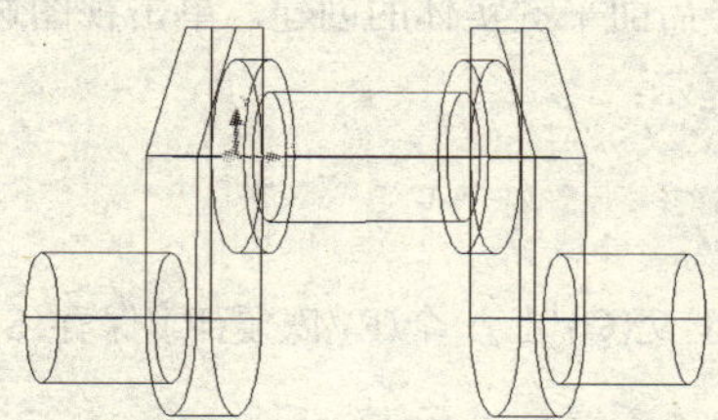

图 5-35　创建曲柄销右侧连接部件

5.4.4　创建曲轴其余部件

在曲轴的右侧，还设计有带键槽的阶梯轴，下面介绍其创建方法。

（1）返回上一次所定义的 UCS 坐标系统。单击“UCS”工具栏中的（上一个 UCS）按钮，系统将自动返回上一次所定义的 UCS 坐标系统。

（2）创建阶梯轴。

1）建立右边的第一段阶梯轴。单击常用选项卡中的“建模”面板→“圆柱体”命令，命令行提示：

命令：_cylinder

当前线框密度：ISOLINES=4

指定圆柱体底面的中心点或[椭圆(E)] <0,0,0>: 0，－25，70（按<Enter>键）

指定圆柱体底面的半径或[直径(D)]: 8（按<Enter>键）

指定圆柱体的高度或[另一个圆心(C)]: 25（按<Enter>键）

2）建立最右边的阶梯轴。单击常用选项卡中的“建模”面板→“圆柱体”命令，命令行提示：

命令：_cylinder

当前线框密度：ISOLINES=4

指定圆柱体底面的中心点或[椭圆(E)] <0,0,0>: 0，－25，95（按<Enter>键）

指定圆柱体底面的半径或[直径(D)]: 5.5（按<Enter>键）

指定圆柱体的高度或[另一个圆心(C)]: 15（按<Enter>键）

阶梯轴创建结果如图 5-36 所示。

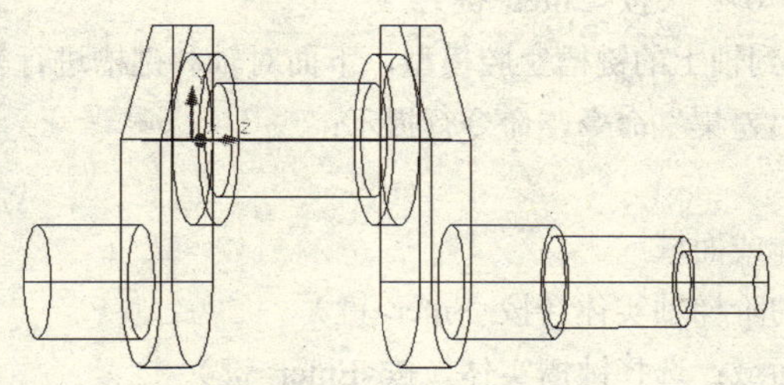

图 5-36　创建曲轴右侧阶梯轴

（3）创建键槽。

这里将创建公称长度为 19mm、宽度为 5mm、深度为 5mm 的平键键槽。首先按照实体拉伸的方法得到平键，然后进行差集处理得到相应的键槽。

1）新建 UCS 坐标系，以便于后面平键实体的创建。单击视图选项卡中的“坐标”面板→“新建 UCS”→“三点”命令，命令行提示：

命令: _ucs

当前 UCS 名称: *世界*

输入选项[新建(N)/移动(M)/正交(G)/上一个(P)/恢复(R)/保存(S)/删除(D)/应用(A)/世界(W)] <世界>: _3

指定新原点 <0,0,0>: （按<Enter>键）

在正 X 轴范围上指定点 <1.0000,0.0000,0.0000>: （按<Enter>键）

在 UCS XY 平面的正 Y 轴范围上指定点 <0.0000,1.0000,0.0000>: 0，0，1（按<Enter>键）

2）绘制半圆键键槽轮廓。

①单击常用选项卡中的“绘图”面板→“圆”→“圆心、半径”命令，分别以（0，75.5，17），（0，89.5，17）为圆心，绘制两个半径为 5 的圆。

②单击常用选项卡中的“绘图”面板→“直线”命令，然后单击“对象捕捉”工具，分别绘制上述两个圆的外公切线。

3）修剪处理。单击常用选项卡中的“修改”面板→“修剪”命令，分别选择两条外公切线为剪切边，选择两个圆为剪切对象进行修剪处理。

4）创建面域。为了能够通过拉伸操作得到一定厚度的三维平键实体模型，这里需要对键槽的轮廓曲线进行面域处理。单击常用选项卡中的“绘图”面板→“面域”命令，命令行提示：

命令: _region

选择对象: 指定对角点: 选择组成键槽轮廓的 4 条曲线

找到 4 个，选择对象: 按<Enter>键）

已提取 1 个环

已创建 1 个面域

5）实体拉伸。单击常用选项卡中的“建模”面板→“拉伸”命令，命令行提示：

命令:_extrude

当前线框密度：ISOLINES=4

选择对象：选择上一步创建的面域曲线（按<Enter>键）

指定拉伸高度或[路径(P)]: 3（按<Enter>键）

指定拉伸的倾斜角度 <0>: （按<Enter>键）

6）差集处理。为了得到轴上的键槽空腔模型，下面对轴和键槽进行差集处理。单击常用选项卡中的“实体编辑”面板→“差集”命令，命令行提示：

命令：_ subtract

选择要从中减去的实体或面域

选择对象：选择中间的阶梯轴实体（按<Enter>键）

选择要减去的实体或面域：选择键槽实体（按<Enter>键）

这样，在平键轴的最左边就得到符合尺寸要求的一个键槽实体模型。单击常用选项卡中的“视图”

面板→“概念”命令，经过概念视觉样式处理，得到的实体模型效果如图 5-37 所示。

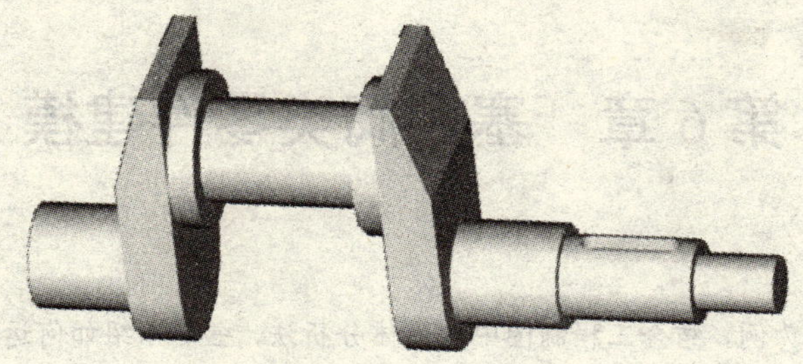

图 5-37　曲轴实体效果图

思 考 题

1．AutoCAD 中旋转体及轴类零件建模的基本过程是什么？
2．按照书中的讲述，动手完成各个零件的建模。
3．旋转体及轴类零件建模常用的特征有哪些？

第6章　塞、阀类零件建模

【内容】

本章以球阀和阀盖为例，结合工程制图中的形体分析法，主要介绍如何运用 AutoCAD 2010 提供的三维实体造型功能及编辑技术，构造三维实体模型。

【实例】

实例 1：球塞的建模。

实例 2：阀盖的建模。

【目的】

掌握创建面域、拉伸、旋转、并集、差集、交集、布尔运算等常见三维建模工具的使用方法，从而熟练运用 AutoCAD 2010 创建三维实体。

6.1　三维实体造型的基本方法

AutoCAD 2010 具有强大的三维实体造型功能。学习三维实体造型，首先要熟悉创建基本体的三维实体方法，并能结合形体分析法及三维编辑技术来构造简单和复杂的三维实体。三维实体造型的基本方法大致可以分为以下几种：

- 基本体的三维实体。直接利用“三维实体”的相应命令来创建。
- 简单体的三维实体。首先绘制出封闭的二维图形或将其转化为面域，再通过拉伸、旋转等操作创建三维实体。
- 组合体的三维实体。先根据形体分析法将其分解，并创建出各基本体的三维实体，然后根据它们的相对位置关系，对这些实体进行并集、差集、交集、布尔运算或其他三维编辑技术，生成复杂的三维实体。

6.2　球 塞 建 模

6.2.1　零件分析

同绘制组合体的三视图一样，创建三维实体之前，首先需要分析该实体是由哪些基本形体构成的，再看它们是如何组合的。在此基础上，理清思路，确定采用哪种方法来创建。

具体操作时，要注意正确地选择作图平面，灵活使用用户坐标系。一般选择与三视图的坐标一致，这样操作起来较为方便。

如图 6-1 所示为球塞零件图，该零件是由球体、圆柱体和长方体经过布尔运算后创建的。

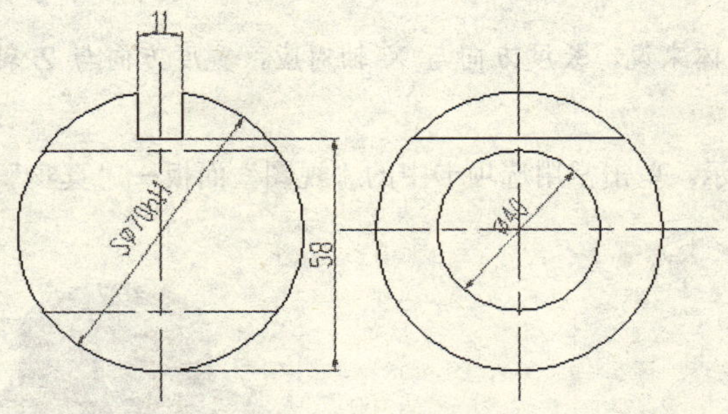

图 6-1　球塞零件图

6.2.2　创建球塞

创建球塞的操作步骤如下：

（1）创建三个基本体的三维实体。

1）新建文件。启动 AutoCAD 2010，单击快速访问工具栏的“新建”命令，在弹出“选择样板”对话框中选择 acad3D 样板，单击“保存”按钮，并在“文件名”文本框中输入“球塞”进行保存。

2）设置造型环境。单击常用选项卡中的“视图”面板→“西南等轴测”命令，设置当前视点为西南等轴测视点。

3）创建一个球体。单击常用选项卡中“建模”面板→（球体）按钮，命令行提示：

命令: _sphere

指定中心点或 [三点(3P)/两点(2P)/相切、相切、半径(T)]: 0，0，0（按<Enter>键）

指定半径或 [直径(D)]: d（按<Enter>键）

指定直径: 70（按<Enter>键）

4）创建一个圆柱体。单击常用选项卡中“建模”面板→（圆柱体）按钮，命令行提示：

命令: _cylinder

指定底面的中心点或 [三点(3P)/两点(2P)/相切、相切、半径(T)/椭圆(E)]: 0，0，−45（按<Enter>键）

指定底面半径或 [直径(D)] <20.0000>: 20（按<Enter>键）

指定高度或 [两点(2P)/轴端点(A)] <90.0000>: 90（按<Enter>键）

提示：在输入下底面中心点坐标时，Z 坐标的绝对值必须大于球体半径，圆柱体高度必须大于球体直径。

5）创建一个长方体。单击常用选项卡中“建模”面板→（长方体）按钮，命令行提示：

命令: _box

指定第一个角点或 [中心(C)]: c（按<Enter>键）

指定中心: 0，0，0（按<Enter>键）

指定角点或 [立方体(C)/长度(L)]: l（按<Enter>键）

指定长度 <11.0000>: 11（按<Enter>键）

指定宽度 <80.0000>: 80（按<Enter>键）

指定高度或 [两点(2P)] <16.0000>: 16（按<Enter>键）

提示：对该长方体来说，长度方向与 X 轴对应，宽度方向与 Z 轴对应，高度方向与 Y 轴对应。

结果如图 6-2（a）所示。单击常用选项卡中的“视图”面板→“真实”命令，显示如图 6-2（b）所示的效果图。

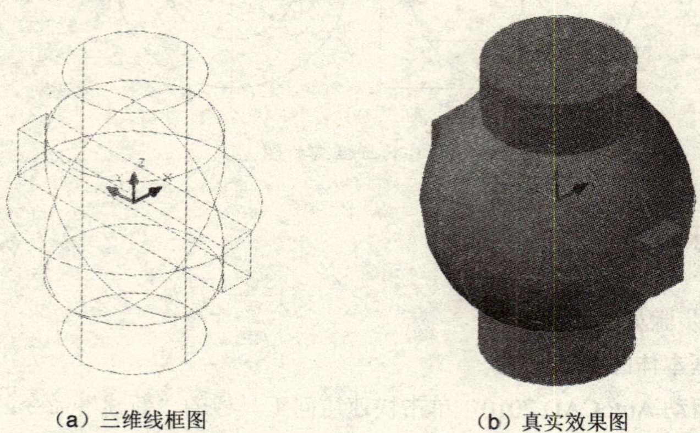

（a）三维线框图　　（b）真实效果图

图 6-2　创建 3 个基本体的三维实体

（2）编辑各实体到指定的位置。

1）编辑圆柱体到指定位置。单击常用选项卡中的“修改”面板→“三维操作”→“三维旋转”命令，命令行提示：

命令: _3drotate

UCS 当前的正角方向:　ANGDIR=逆时针　ANGBASE=0

选择对象: 选择圆柱体（按<Enter>键）

指定基点: 0，0，0（按<Enter>键）

拾取旋转轴:选择 Y 轴（按<Enter>键）

指定角的起点: 0，0，0（按<Enter>键）

指定角的端点: 90（按<Enter>键）

旋转圆柱体后的效果如图 6-3 所示。

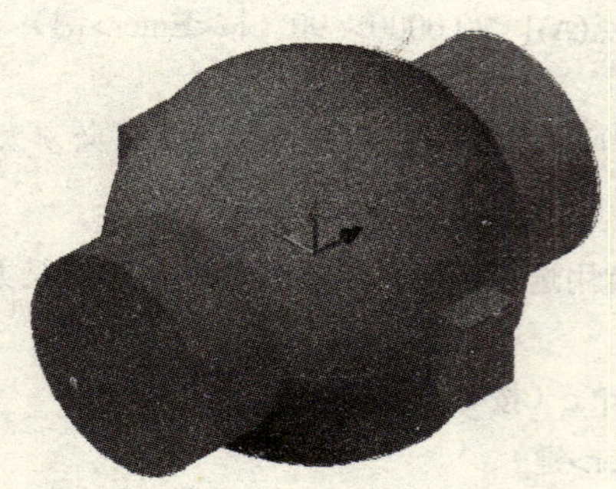

图 6-3　旋转圆柱体

2）编辑长方体到指定位置。单击常用选项卡中的“修改”面板→（移动）按钮，命令行提示：

命令: _move

选择对象：选择长方体（按<Enter>键）

指定基点或 [位移(D)] <位移>：选择任一点作为基点

指定第二个点或 <使用第一个点作为位移>：@0，0，31（按<Enter>键）

移动长方体后的效果如图 6-4 所示。

提示：第二个点的 Z 坐标是经过计算得出来的。

（3）进行布尔（差）运算。单击常用选项卡中“实体编辑”面板→（差集）按钮，命令行提示：

命令: _subtract

选择要从中减去的实体或面域...

选择对象：选择球体（按<Enter>键）

选择要减去的实体或面域...

选择对象：选择长方体

选择对象：选择圆柱体（按<Enter>键）

进行布尔（差集）运算的结果如图 6-5 所示。

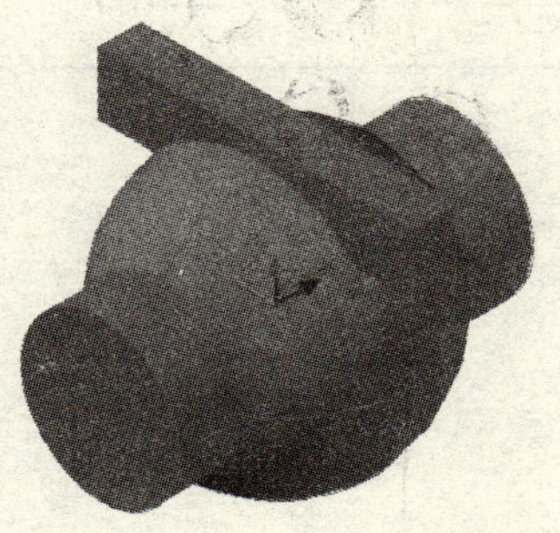

图 6-4　移动长方体

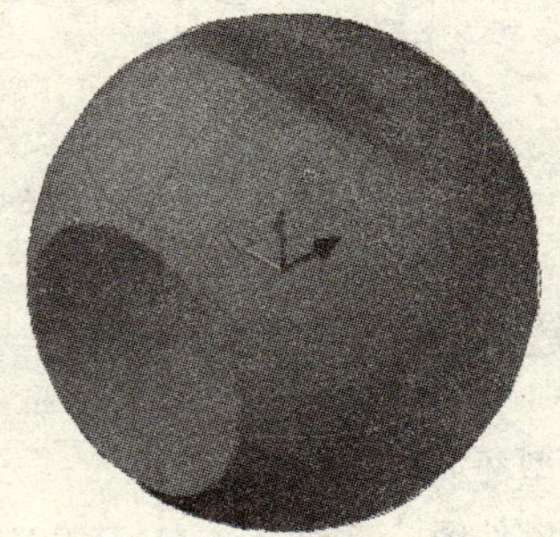

图 6-5　布尔（差集）运算的结果

提示：要保证造型准确，一定要从输入尺寸入手。输入数值时一定要认清坐标系图标，辨明方向。

6.3　阀盖建模

6.3.1　零件分析

该零件属于典型的盘盖类零件，若从三视图的角度分析，结构比较复杂，但从三维实体的角度分析就比较简单了。

如图 6-6 所示为阀盖三维图，主要由 3 个柱体组成。柱体 1 通过拉伸底面创建，柱体 2 和柱体 3 通过旋转截面创建，其他部分可通过创建基本实体及布尔运算、倒圆角等操作来完成。如图 6-7 所示为阀盖零件图。

图 6-6 阀盖三维图

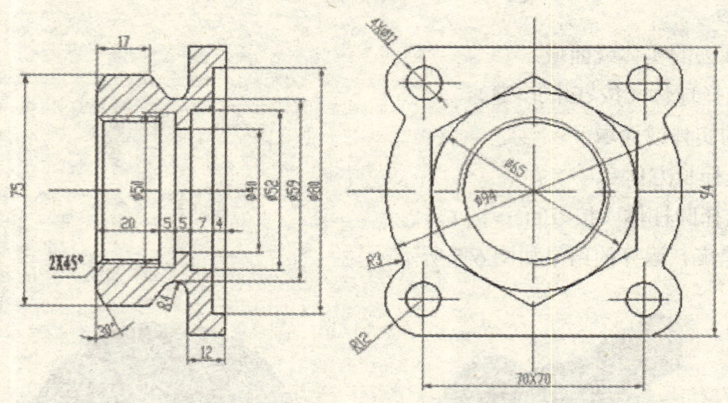

图 6-7 阀盖零件图

6.3.2 创建阀盖

（1）设置造型环境。

1）调出阀盖零件图。启动 AutoCAD 2010，单击常用选项卡中的“文件”→“打开”命令，在相应目录选择“阀盖”文件，单击“确定”按钮。

2）将左视图的中心点移动到原点，以便于观察。单击常用选项卡中的“修改”面板→（移动）按钮，命令行提示：

命令: _move

选择对象: 选择全部对象（按<Enter>键）

指定基点或 [位移(D)] <位移>:捕捉左视图的圆心

指定第二个点或 <使用第一个点作为位移>: 0，0（按<Enter>键）

在命令行输入 z，按<Enter>键，命令行提示：

ZOOM

指定窗口的角点，输入比例因子 (nX 或 nXP)，或者

[全部(A)/中心(C)/动态(D)/范围(E)/上一个(P)/比例(S)/窗口(W)/对象(O)] <实时>: e（按<Enter>键）

3）删去多余的图线，结果如图 6-10 所示。

4）单击常用选项卡中的“视图”面板→“西南等轴测”命令，设置当前视点为西南等轴测视点。

（2）创建柱体 1。

1）将柱体 1 的外轮廓线转换成面域。单击常用选项卡中的“绘图”面板→（面域）按钮，选

择如图 6-8 所示的左视图中柱 1 的外轮廓，提取 1 个环，创建 1 个面域，命令行提示：

命令: _region

选择对象:选择柱 1 外轮廓（按<Enter>键）

已提取 1 个环

已创建 1 个面域

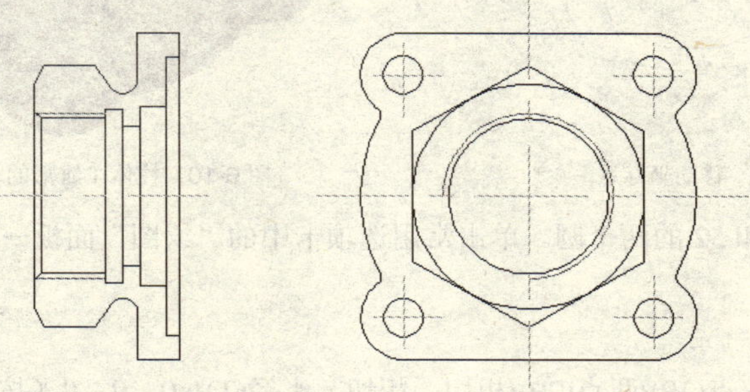

图 6-8 设置造型环境

2）拉伸面域创建柱体。单击常用选项卡中的“建模”面板中的（拉伸）按钮，命令行提示：

命令: _extrude

当前线框密度: ISOLINES=4

选择要拉伸的对象: 选择刚生成的面域以及 4 个小圆（按<Enter>键）

指定拉伸的高度或 [方向(D)/路径(P)/倾斜角(T)]: 12（按<Enter>键）

3）移动坐标系。将当前 ucs 坐标原点移到如图 6-11 所示的底面中心。在命令行输入 ucs，命令行提示：

命令: ucs

当前 UCS 名称: *没有名称*

指定 UCS 的原点或 [面(F)/命名(NA)/对象(OB)/上一个(P)/视图(V)/世界(W)/X/Y/Z/Z 轴(ZA)] <世界>: m（按<Enter>键）

指定新原点或 [Z 向深度(Z)] <0,0,0>: int（按<Enter>键）

捕捉如图 6-9 所示的中心线交点

坐标移动结果如图 6-9 所示。

4）布尔（差）运算创建柱体 1 的雏形。单击常用选项卡中的“实体编辑”面板→（差集）按钮，命令行提示：

命令: _subtract

选择要从中减去的实体或面域...

选择对象: 选择步骤 2）中创建的柱体（按<Enter>键）

选择要减去的实体或面域...

选择对象: 选择要减去的实体小柱体 1，找到 1 个

选择对象: 选择要减去的实体小柱体 2，找到 1 个，总计 2 个

选择对象: 选择要减去的实体小柱体 3，找到 1 个，总计 3 个

选择对象: 选择要减去的实体小柱体 4，找到 1 个，总计 4 个

选择对象:（按<Enter>键）

创建完成的柱体 1 雏形如图 6-10 所示。

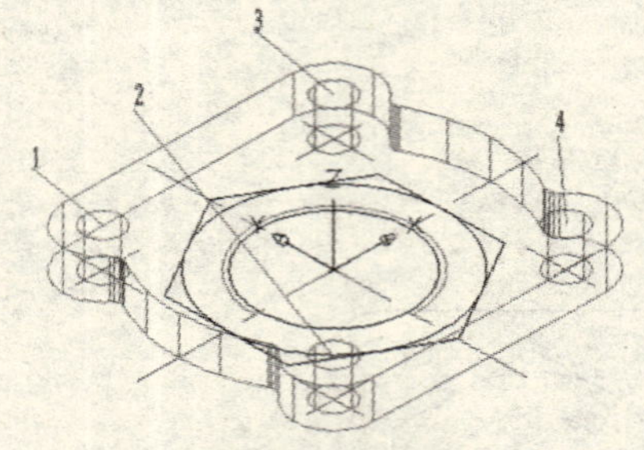

图 6-9　移动坐标系

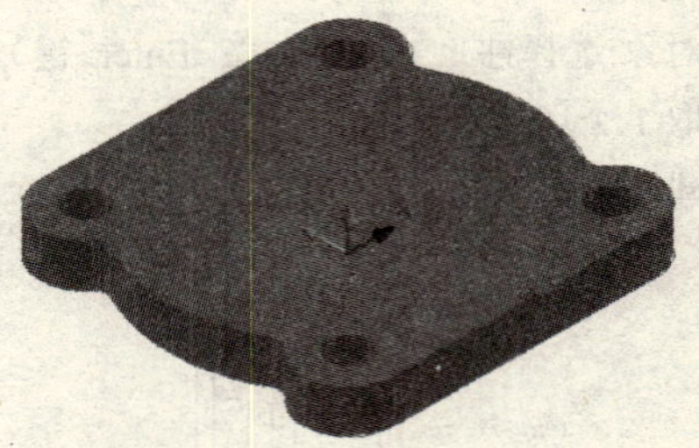

图 6-10　柱体 1 雏形的真实效果图

5）绘制直径为 80 和 52 的两个圆。单击常用选项卡中的“绘图”面板→（圆）按钮，命令行提示：

命令: _circle

指定圆的圆心或 [三点(3P)/两点(2P)/相切、相切、半径(T)]: 0，0，0（按<Enter>键）

指定圆的半径或 [直径(D)]: 40（按<Enter>键）

完成如图 6-11 所示的圆 a 的绘制。

同理绘制以“0，0，0”为圆心，以 52 为直径的圆 b，如图 6-11 所示。

6）拉伸圆 a 和圆 b，创建圆柱 a 和圆柱 b。单击常用选项卡中的“建模”面板→（拉伸）按钮，命令行提示：

命令: _extrude

当前线框密度:　ISOLINES=4

选择要拉伸的对象: 选择圆 a（按<Enter>键）

指定拉伸的高度或 [方向(D)/路径(P)/倾斜角(T)] <12.0000>: 4（按<Enter>键）

命令: _extrude

当前线框密度:　ISOLINES=4

选择要拉伸的对象: 选择圆 b（按<Enter>键）

指定拉伸的高度或 [方向(D)/路径(P)/倾斜角(T)] <4.0000>: 11（按<Enter>键）

完成如图 6-12 所示的圆柱 a 和圆柱 b 的创建。

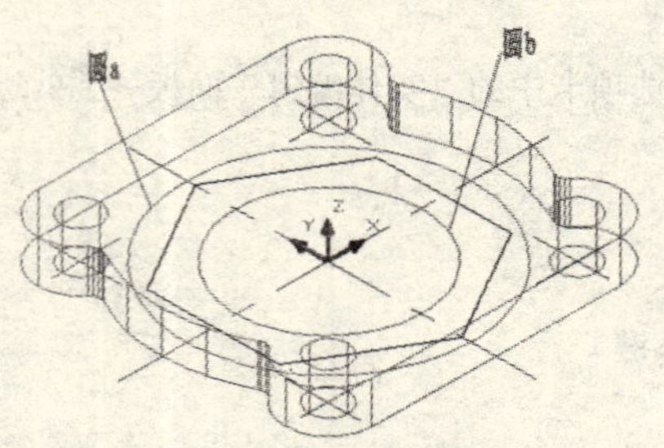

图 6-11　绘制圆 a 和圆 b

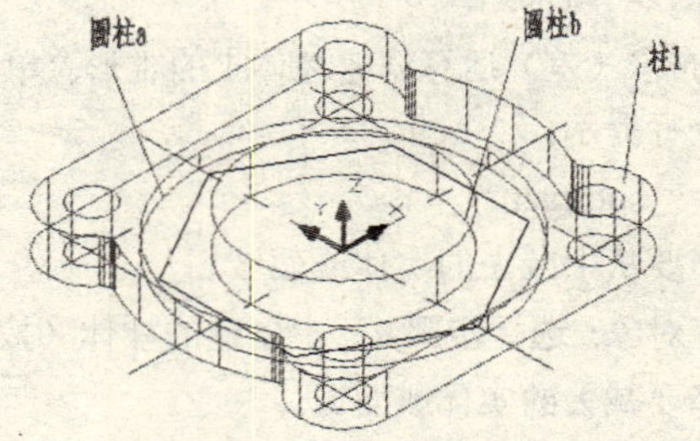

图 6-12　创建圆柱 a 和圆柱 b

7）进行布尔（差）运算，创建柱体 1。单击常用选项卡中的“实体编辑”面板→（差集）按钮，命令行提示：

命令: _subtract

选择要从中减去的实体或面域...

选择对象: 选择步骤 4）中创建的柱体 1 雏形（按<Enter>键）

选择要减去的实体或面域...

选择对象: 选择要减去的圆柱 a　找到 1 个

选择对象: 选择要减去的圆柱 b　找到 1 个，总计 2 个

选择对象: （按<Enter>键）

完成柱体 1 的创建，将柱体 1 上下旋转 180° 的前后效果如图 6-13 所示。

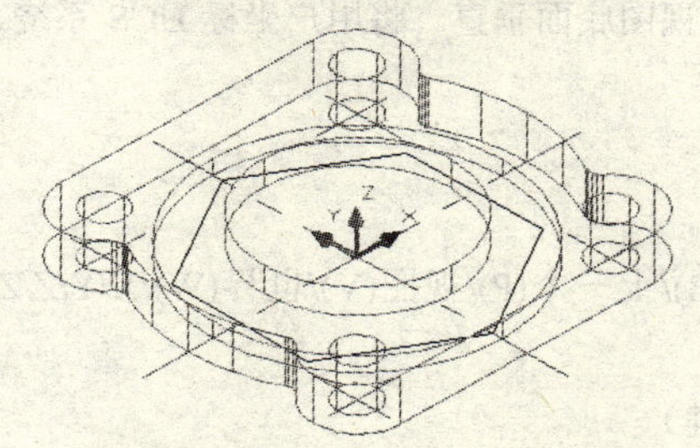

（a）原位置

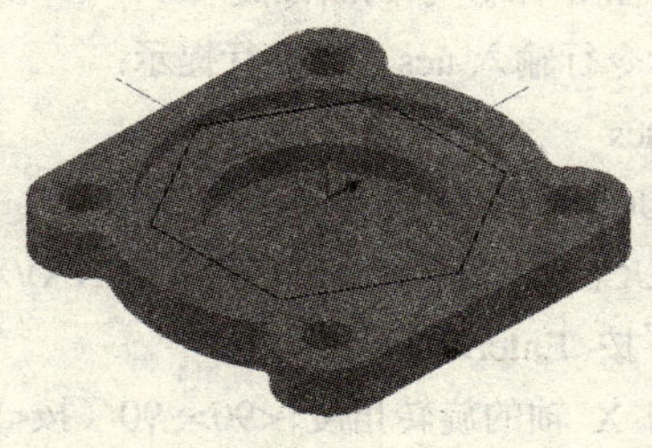

（b）上下旋转 180° 后的真实效果图

图 6-13　旋转柱体 1

（3）创建柱体 2 和柱体 3。创建柱体 2 和柱体 3 采用断面绕轴线旋转的方法。使用"修剪"命令，将如图 6-14 所示的阀盖主视图伸出最右边的轮廓线部分删去。分别通过"修剪"和"删除"命令，将如图 6-8 所示的阀盖主视图中多余的图线及尺寸删除，结果如图 6-15 所示。

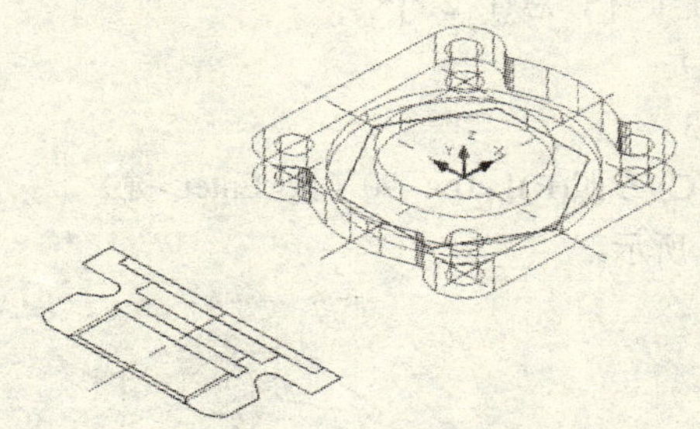

图 6-14　删除主视图最右边轮廓线

1）连接点 1 和点 2。单击常用选项卡中的"绘图"面板→（直线）按钮，命令行提示:

命令: _line

指定第一点: 捕捉如图 6-15 所示的点 1

指定下一点或 [放弃(U)]: 捕捉点 2

指定下一点或 [放弃(U)]: （按<Enter>键）

连接点 1 和点 2 的结果如图 6-16 所示。

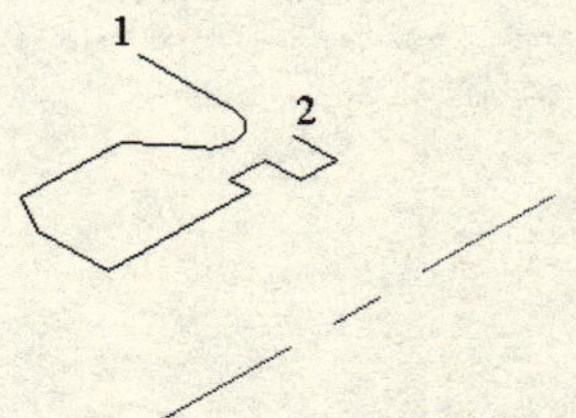

图 6-15　捕捉点 1 和点 2

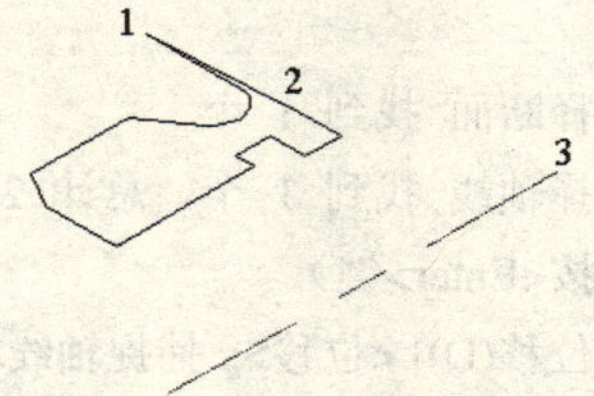

图 6-16　连接点 1 和点 2

2）创建面域并移动到实际位置。

①单击常用选项卡中的“绘图”面板→（面域）按钮，命令行提示：

命令: _region

选择对象:选择如图 6-16 所示的图形（按<Enter>键）

已提取 1 个环

已创建 1 个面域

②将如图 6-16 所示的断面旋转 90°，使之与左视图底面垂直。将用户坐标 UCS 系统 X 轴旋转 90°。在命令行输入 ucs，命令行提示：

命令: ucs

当前 UCS 名称: *没有名称*

指定 UCS 的原点或 [面(F)/命名(NA)/对象(OB)/上一个(P)/视图(V)/世界(W)/X/Y/Z/Z 轴(ZA)] <世界>: x（按<Enter>键）

指定绕 X 轴的旋转角度 <90>: 90（按<Enter>键）

③将如图 6-16 所示的断面绕轴线旋转 90°。单击常用选项卡中的“修改”面板→（按钮），命令行提示：

命令: _rotate

UCS 当前的正角方向: ANGDIR=逆时针 ANGBASE=0

选择对象: 选择断面 找到 1 个

选择对象: 选择轴线 找到 1 个，总计 2 个

选择对象: （按<Enter>键）

指定基点: 捕捉轴线端点 3

指定旋转角度，或 [复制(C)/参照(R)] <0>: -90（按<Enter>键）

旋转断面的结果如图 6-17 所示。

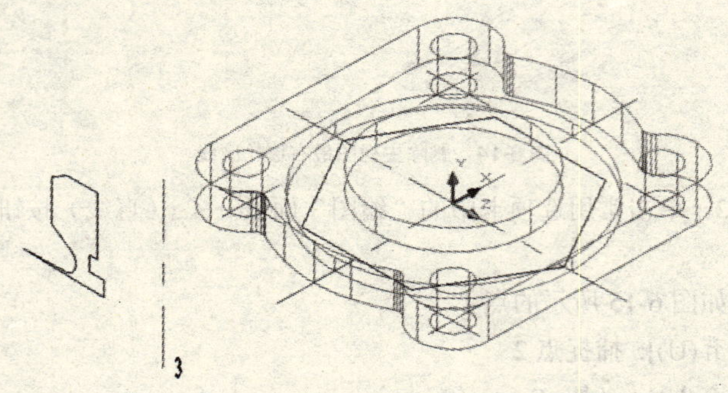

图 6-17 旋转断面

④移动断面和轴线。单击常用选项卡中的“修改”面板→（移动）按钮，命令行提示：

命令: _move

选择对象: 选择断面 找到 1 个

选择对象: 选择轴线 找到 1 个，总计 2 个

选择对象: （按<Enter>键）

指定基点或 [位移(D)] <位移>: 捕捉轴线端点 3

指定第二个点或 <使用第一个点作为位移>:捕捉两条中心线的交点

移动断面和轴线的结果如图 6-18 所示。

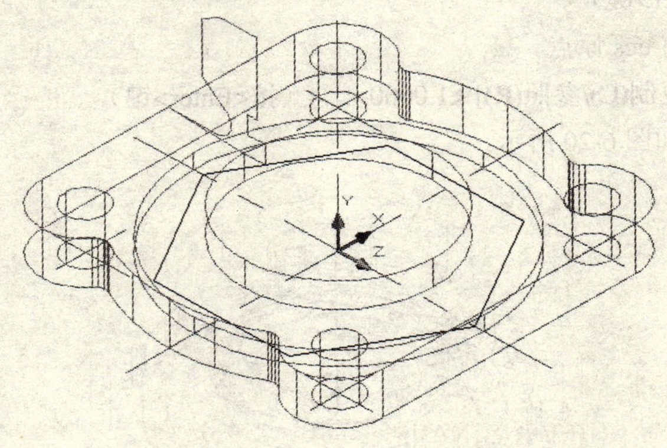

图 6-18　移动断面和轴线

3）创建旋转体。单击常用选项卡中的“建模”面板→（旋转）按钮，命令行提示：

命令: _revolve

当前线框密度:　ISOLINES=4

选择要旋转的对象: 选择断面　找到 1 个

选择要旋转的对象: （按<Enter>键）

指定轴起点或根据以下选项之一定义轴 [对象(O)/X/Y/Z] <对象>: o（按<Enter>键）

选择对象: 选择垂直轴线

指定旋转角度或 [起点角度(ST)] <360>:（按<Enter>键）

创建的旋转体如图 6-19 所示。

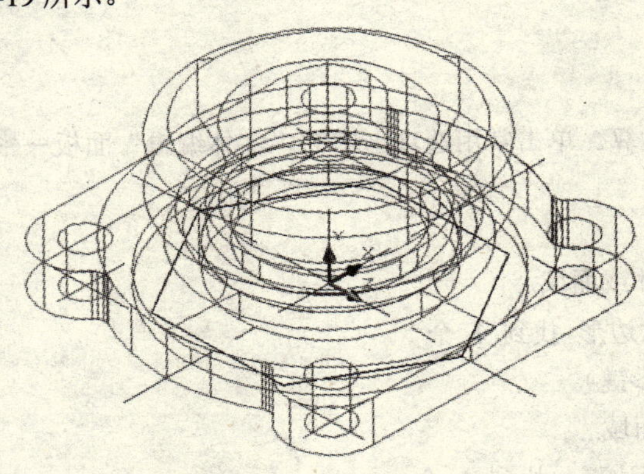

图 6-19　创建旋转体

4）复制正六边形。单击常用选项卡中的“修改”面板→（复制）按钮，命令行提示：

命令: _copy

选择对象: 选择如图 6-19 所示的正六边形　找到 1 个

选择对象: （按<Enter>键）

指定基点或 [位移(D)] <位移>:　捕捉当前 ucs 原点　指定第二个点或 <使用第一个点作为位移>:再次捕捉当前 ucs 原点

5）放大正六边形。单击常用选项卡中的“修改”面板→（缩放）按钮，命令行提示：

命令: _scale

选择对象: 选择正六边形　找到 1 个

选择对象:（按<Enter>键）

指定基点: 捕捉当前 ucs 原点

指定比例因子或 [复制(C)/参照(R)] <1.0000>:1.4（按<Enter>键）

放大正六边形结果如图 6-20 所示。

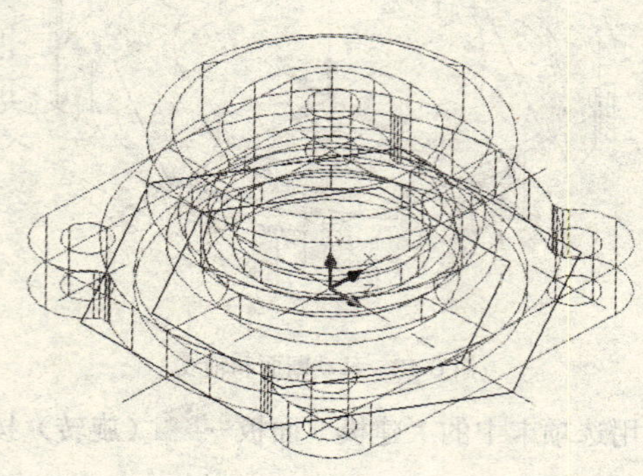

图 6-20　放大正六边形

6）将大小两个正六边形生成面域。单击常用选项卡中的“绘图”面板→（面域）按钮，命令行提示:

命令: _region

选择对象: 选择大正六边形 找到 1 个

选择对象: 选择小正六边形 找到 1 个，总计 2 个

选择对象:（按<Enter>键）

已提取 2 个环

已创建 2 个面域

7）进行布尔（差）运算。单击常用选项卡中的“实体编辑”面板→（差集）按钮，命令行提示:

命令: _subtract

选择要从中减去的实体或面域...

选择对象: 选择大正六边形 找到 1 个

选择对象:（按<Enter>键）

选择要减去的实体或面域...

选择对象: 选择小正六边形　找到 1 个

选择对象:（按<Enter>键）

8）垂直向上移动面域。单击常用选项卡中的“修改”面板→（移动）按钮，命令行提示:

命令: _move

选择对象: 选择步骤 7）中生成的面域 找到 1 个

选择对象:（按<Enter>键）

指定基点或 [位移(D)] <位移>:捕捉任意一点

指定第二个点或 <使用第一个点作为位移>: @0，13，0（按<Enter>键）

垂直向上移动面域的结果如图 6-21 所示。

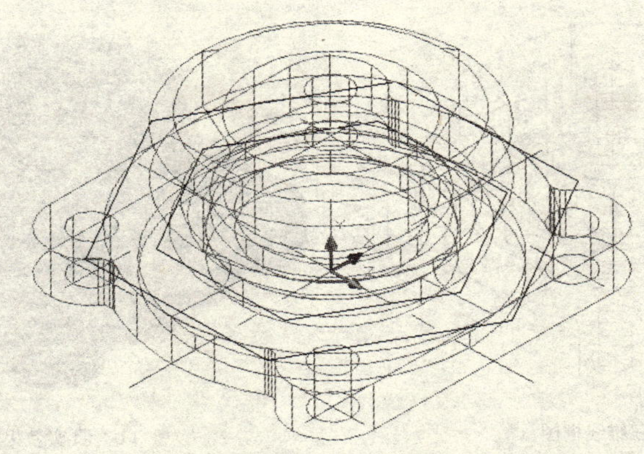

图 6-21　垂直向上移动面域

9）拉伸面域创建柱体。单击常用选项卡中的“建模”面板→（拉伸）按钮，命令行提示：

命令: _extrude

当前线框密度:　ISOLINES=4

选择要拉伸的对象: 选择步骤 8）中移动后的面域 找到 1 个

选择要拉伸的对象:（按<Enter>键）

指定拉伸的高度或 [方向(D)/路径(P)/倾斜角(T)] <11.0000>: 40（按<Enter>键）

拉伸结果如图 6-22（a）所示，真实效果如图 6-22（b）所示。

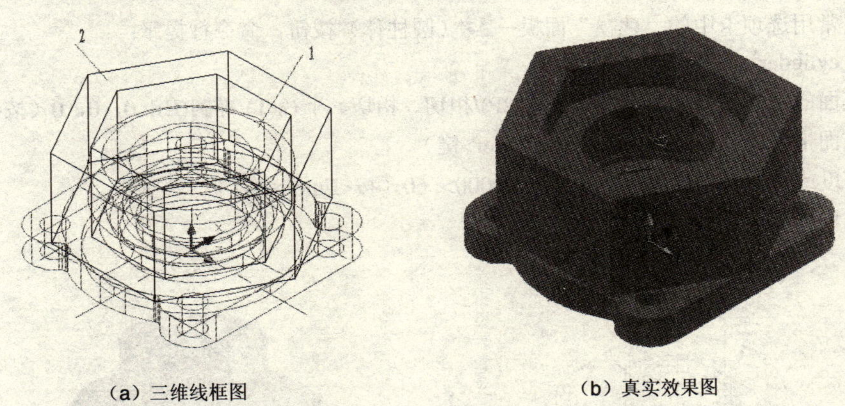

（a）三维线框图　　（b）真实效果图

图 6-22　拉伸面域创建柱体

10）进行布尔（差）运算。单击常用选项卡中的“实体编辑”面板→（差集）按钮，命令行提示：

命令: _subtract

选择要从中减去的实体或面域...

选择对象: 选择如图 6-22（a）所示的圆柱体 1 找到 1 个

选择对象:（按<Enter>键）

选择要减去的实体或面域...

选择对象: 选择如图 6-22（a）所示的柱体 2 找到 1 个

选择对象:（按<Enter>键）

布尔（差）运算结果如图 6-23（a）所示，真实效果如图 6-23（b）所示。

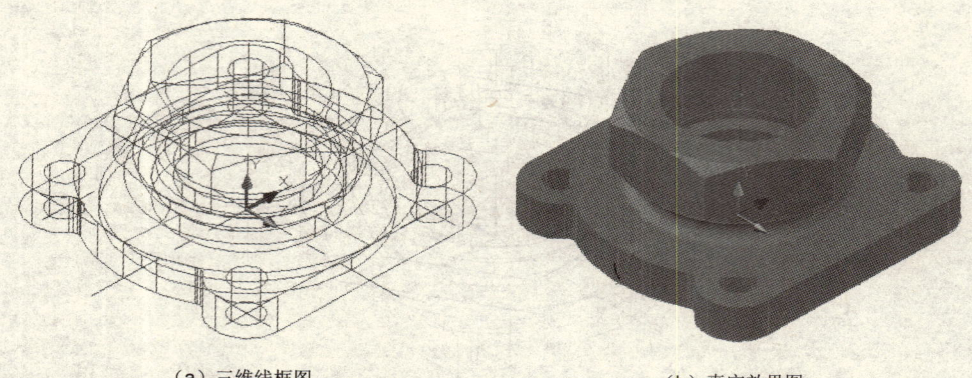

（a）三维线框图　　（b）真实效果图

图 6-23　进行布尔（差）运算

11）创建圆柱体。

①将用户坐标系绕 X 轴旋转 90°。在命令行输入 ucs，命令行提示：

命令: ucs

当前 UCS 名称: *没有名称*

指定 UCS 的原点或 [面(F)/命名(NA)/对象(OB)/上一个(P)/视图(V)/世界(W)/X/Y/Z/Z 轴(ZA)] <世界>: x（按<Enter>键）

指定绕 X 轴的旋转角度 <90>: -90（按<Enter>键）

②单击常用选项卡中的“建模”面板→（圆柱体）按钮，命令行提示：

命令: _cylinder

指定底面的中心点或 [三点(3P)/两点(2P)/相切、相切、半径(T)/椭圆(E)]: 0，0，0（按<Enter>键）

指定底面半径或 [直径(D)]: 20（按<Enter>键）

指定高度或 [两点(2P)/轴端点(A)] <40.0000>: 60（按<Enter>键）

创建圆柱体的结果如图 6-24 所示。

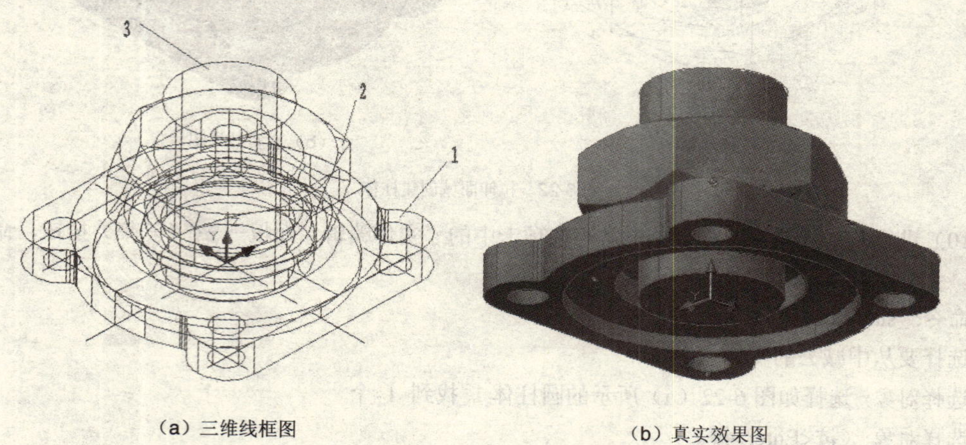

（a）三维线框图　　（b）真实效果图

图 6-24　创建圆柱体

12）进行布尔（差）运算。单击常用选项卡中的“实体编辑”面板→（差集）按钮，命令行提示：

命令: _subtract

选择要从中减去的实体或面域...

选择对象：选择如图 6-24（a）所示的柱体 1 找到 1 个

选择对象：选择如图 6-24（a）所示的柱体 2 找到 1 个，总计 2 个

选择对象：（按<Enter>键）

选择要减去的实体或面域...

选择对象：选择步骤 11）中创建的圆柱体　找到 1 个

选择对象：（按<Enter>键）

布尔（差）运算结果如图 6-25 所示。

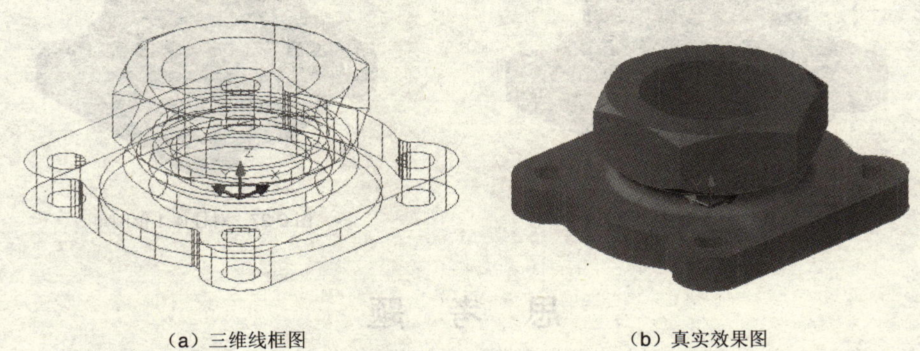

（a）三维线框图　　（b）真实效果图

图 6-25　进行布尔（差）运算

（4）对柱体 3 进行倒角。依次单击常用选项卡中的“修改”面板→（倒角）按钮，命令行提示：

命令：_chamfer

（“修剪”模式）当前倒角距离 1 = 0.0000，距离 2 = 0.0000

选择第一条直线或 [放弃(U)/多段线(P)/距离(D)/角度(A)/修剪(T)/方式(E)/多个(M)]：d（按<Enter>键）

指定第一个倒角距离 <0.0000>：2（按<Enter>键）

指定第二个倒角距离 <2.0000>：2（按<Enter>键）

选择第一条直线或 [放弃(U)/多段线(P)/距离(D)/角度(A)/修剪(T)/方式(E)/多个(M)]：

基面选择...

输入曲面选择选项 [下一个(N)/当前(OK)] <当前(OK)>：

指定基面的倒角距离 <2.0000>：（按<Enter>键）

指定其他曲面的倒角距离 <2.0000>：（按<Enter>键）

选择边或 [环(L)]：选择柱体 3 上表面内环（按<Enter>键）

对柱体 3 倒角效果如图 6-26 所示。

（5）对柱体 1 进行倒圆角。单击常用选项卡中的“修改”面板→（圆角）按钮，或者从键盘输入命令 filiet，指定半径为 3，用链选的方式选择边，选定 12 个边，命令行提示：

命令：_fillet

当前设置：模式 = 修剪，半径 = 3.0000

选择第一个对象或 [放弃(U)/多段线(P)/半径(R)/修剪(T)/多个(M)]：r（按<Enter>键）

指定圆角半径 <3.0000>：3（按<Enter>键）

选择第一个对象或 [放弃(U)/多段线(P)/半径(R)/修剪(T)/多个(M)]: m

选择边或 [链(C)/半径(R)]:选择柱体 1 中的 12 条边

已选定 12 个边用于圆角。

选择边或 [链(C)/半径(R)]: （按<Enter>键）

对柱体 1 倒圆角效果如图 6-27 所示。单击常用选项卡中的“视图”面板→“动态观察”→“自由动态观察”命令，可以动态观察阀盖的其余各面。

图 6-26　对柱体 3 倒角

图 6-27　对柱体 1 倒圆角

思　考　题

1．AutoCAD 中塞、阀类零件建模的基本过程是什么？
2．按照书中的讲述，动手完成各个零件的建模。
3．塞、阀类零件建模常用的特征有哪些？

第 7 章　标准件建模

【内容】

在各种机器和设备中，除一般零件外，还会经常用到螺栓、螺钉、螺母、垫圈、轴承等标准件，而且这些标准件用途广，用量大，互换性能好。本章将详细介绍在 AutoCAD 2010 中创建常用标准件实体模型的过程和方法。

【实例】

实例 1：弹性垫圈建模。

实例 2：六角头螺栓建模。

实例 3：六角螺母建模。

实例 4：内六角圆柱头螺钉建模。

实例 5：吊环螺钉建模。

实例 6：滚动轴承建模。

【目的】

掌握在 AutoCAD 2010 中进行常用机械标准件建模的方法和过程，了解简单 Visual LISP 程序的编制及加载过程，掌握利用 LISP 程序创建螺旋型三维实体的一般方法。

7.1　弹性垫圈建模

弹性垫圈作为常见的标准件，常用于机械装配中可拆卸的连接部位，靠弹性力和斜口的摩擦防止紧固件的松动。在 AutoCAD 中可以通过对垫圈截面矩形进行拉伸或者扫掠的方法来创建弹性垫圈。

在 AutoCAD 2010 中已经有专门用于绘制三维螺旋线的命令，使用起来十分方便和简单。这里介绍两种创建弹性垫圈的方法：其一是通过平面图形沿着预定义的路径拉伸得到弹性垫圈实体，这也是在 AutoCAD 2006 及其以前版本中较为常用的方法；其二是先在 AutoCAD 2010 中绘制圆柱形的螺旋线，然后通过实体扫掠的方法得到弹性垫圈实体模型。下面分别就这两种创建方法进行介绍。

7.1.1　利用 Visual LISP 程序来建立弹性垫圈的三维实体模型

（1）编制绘制螺旋线的 Visual LISP 程序。

1）新建文件。启动 AutoCAD 2010，单击快速访问工具栏中的“新建”命令，弹出“选择样板”对话框，在“文件名”选项框中选择“acadiso.dwt”，在“文件类型”选项框中选择“图形样板.dwt”，单击“打开”按钮。

2）依次单击管理选项卡中的“应用程序”面板→“Visual LISP 编辑器”命令，打开如图 7-1 所示的“Visual LISP 为 AutoCAD”窗口。

3）在该窗口中单击“文件”→“新建文件”命令，弹出 LISP 程序编辑窗口，在该窗口中输入如下程序：

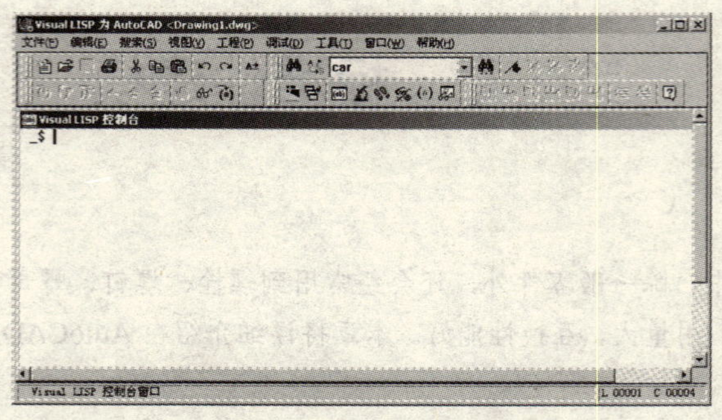

图 7-1 “Visual LISP 为 AutoCAD”窗口

```
(defun C:lxx ( / )
 (setq bp (getpoint "输入螺旋线的基点 bp："))       // 函数 setq 用于给变量赋值
 (setq r (getreal "输入螺旋线的半径  r："))
 (setq dt (getreal "输入螺旋线的节距 dt："))
 (setq n (getint "输入螺旋线的细化段数 n："))
 (setq   ta ( / (   *    2.0    pi)    n))
 (setq    j    ( / dt    n))
 (setq ag 0)
 (setq k    0)
 (command "ucs" "o" b1)
 (command "3dpoly" (list r 0 0))
       (repeat n
           (setq k (    +    k    1 ))
           (setq ag (    +    ta ag))
           (setq pt2 (list (    * r (cos ag))(    *    r (sin ag)) (    +    0 (    *    j    k))))
                (command pt2)
 )
 (command " " )
 )
```

4）在窗口中单击“文件”→“保存”命令，将该文件保存在合适的目录下，并且命名为“myluoxuan.lisp”。

5）在窗口中单击“文件”→“退出”命令，关闭 Visual LISP 编辑器窗口。

6）加载 myluoxuanx.lisp 程序。依次单击常用选项卡中的“工具”→“Auto LISP”→“加载应用程序”命令，弹出“加载/卸载应用程序”对话框，如图 7-2 所示。按其保存路径选择螺旋线程序“myluoxuan.lisp”。首先单击该对话框中的“加载”按钮，完成程序的加载，然后单击“关闭”按钮，关闭该对话框。

（2）绘制三维螺旋线的中心线。在命令行中输入 lxx，命令行提示：

命令: lxx

输入螺旋线的基点 bp: 输入“0，0，0”，按<Enter>键

输入螺旋线的半径 r: 输入“28”，按<Enter>键

输入螺旋线的节距 dt: 输入“2”，按<Enter>键

输入螺旋线的细化段数 n: 输入“50”，按<Enter>键

得到三维螺旋线的中心线如图 7-3 所示。

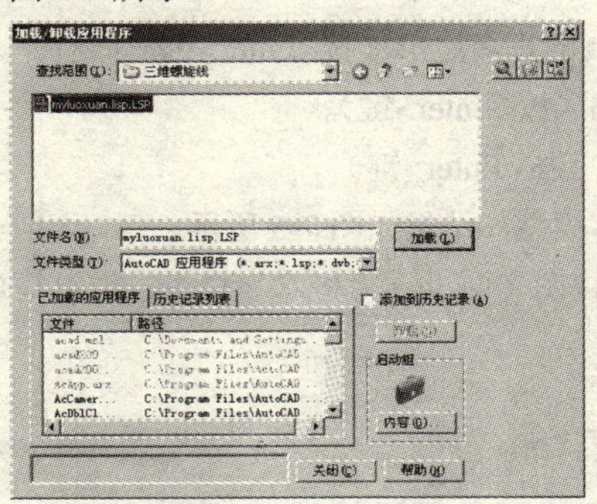

图 7-2　“加载/卸载应用程序”对话框

（3）创建三维弹性垫圈实体。

1）新建 UCS 坐标系。

①依次单击视图选项卡中的“坐标”面板→“新建 UCS”→“三点”命令，命令行提示：

命令: _ucs

输入选项[新建(N)/移动(M)/正交(G)/上一个(P)/恢复(R)/保存(S)/删除(D)/应用(A)/?/世界(W)]<世界>: _3

指定新原点 <0,0,0>: 利用对象捕捉选取螺旋线开始的端点（按<Enter>键）

在正 X 轴范围上指定点 <28.0000,0.0000,0.0000>: （按<Enter>键）

在 UCS XY 平面的正 Y 轴范围上指定点 <28.0000,1.0000,0.0000>: （按<Enter>键）

②依次单击视图选项卡中的“坐标”面板→“新建 UCS”→“X”命令，命令行提示：

命令: _ucs

输入选项[新建(N)/移动(M)/正交(G)/上一个(P)/恢复(R)/保存(S)/删除(D)/应用(A)/世界(W)] <世界>: _x

指定绕 X 轴的旋转角度 <90>: （按<Enter>键）

2）绘制矩形截面。单击常用选项卡中的“绘图”面板→“正多边形”命令，命令行提示：

命令: _polygon

输入边的数目 <4>: （按<Enter>键）

指定正多边形的中心点或[边(E)]: 0，0，0（按<Enter>键）

输入选项[内接于圆(I)/外切于圆(C)] <I>: （按<Enter>键）

指定圆的半径: 2（按<Enter>键）

结果如图 7-4 所示。

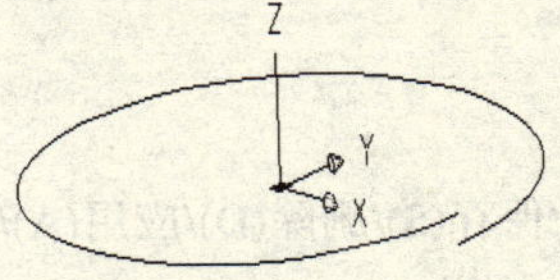

图 7-3　绘制螺旋线的中心线

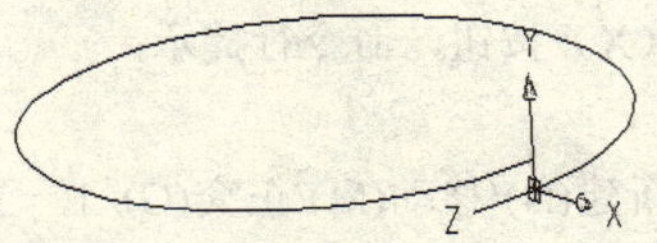

图 7-4　绘制螺旋线的矩形截面

3）通过拉伸得到三维垫圈实体。单击常用选项卡中的“建模”面板→“拉伸”命令，命令行提示：

命令:_extrude

当前线框密度：ISOLINES=4

选择对象：选择上一步绘制的正多边形（按<Enter>键）

指定拉伸高度或[路径(P)]: p（按<Enter>键）

选择拉伸路径或[倾斜角]: 0（按<Enter>键）

这样就得到弹簧垫圈的实体模型，结果如图 7-5 所示。

4）单击常用选项卡中的“视图”面板→“概念”命令，通过概念视觉样式观察所创建的三维弹簧实体模型的效果如图 7-6 所示。

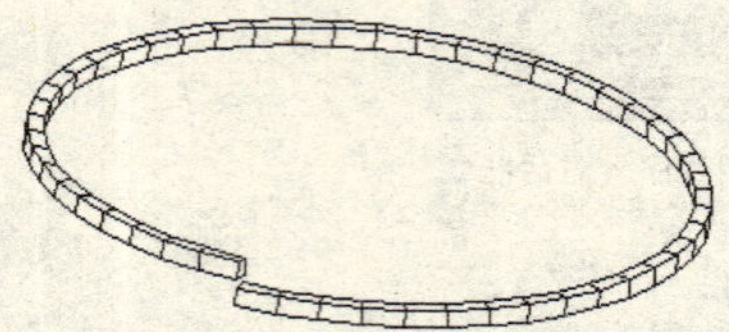

图 7-5　弹簧垫圈三维实体模型

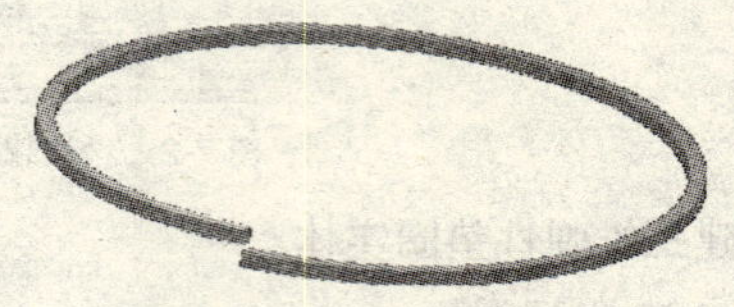

图 7-6　通过体着色操作得到弹簧实体模型

7.1.2　通过实体扫掠创建三维弹性垫圈

（1）新建文件。启动 AutoCAD 2010，单击快速访问工具栏中的“文件”→“新建”命令，弹出“选择样板”对话框，在“文件名”选项框中选择“acadiso.dwt”，在“文件类型”选项框中选择“图形样板.dwt”，单击“打开”按钮。

（2）绘制圆柱螺旋线。单击常用选项卡中的“绘图”面板→“螺旋”命令，或单击“建模”面板中的（螺旋）按钮，命令行提示：

命令: _helix

圈数=12.0000　　扭曲=CCW

指定底面的中心点: 0，0，0（按<Enter>键）

指定底面半径或[直径(D)] <0.0000>: 28（按<Enter>键）

指定顶面半径或[直径(D)] <28.0000>:（按<Enter>键）

指定螺旋高度或[轴端点(A)/圈数(T)/圈高(H)/扭曲(W)] <240.0000>: t（按<Enter>键）

输入圈数 <12.0000>: 1（按<Enter>键）

指定螺旋高度或[轴端点(A)/圈数(T)/圈高(H)/扭曲(W)] <240.0000>: h（按<Enter>键）

指定圈间距 <20.0000>: 4（按<Enter>键）

圆柱螺旋线绘制结果如图 7-7 所示。

（3）新建 UCS 坐标系。单击常用选项卡中的“工具”→“新建 UCS”→“X”命令，或单击“UCS”工具栏中的（X）按钮，命令行提示：

命令: _ucs

输入选项[新建(N)/移动(M)/正交(G)/上一个(P)/恢复(R)/保存(S)/删除(D)/应用(A)/世界(W)] <世界>: _x

指定绕 X 轴的旋转角度 <90>:（按<Enter>键）

（4）绘制垫圈的四边形截面。单击常用选项卡中的“绘图”面板→“正多边形”命令，或单击“绘图”工具栏中的（正多边形）按钮，命令行提示:

命令: _polygon

输入边的数目 <4>: （按<Enter>键）

指定正多边形的中心点或[边(E)]: 单击“对象捕捉”按钮，捕捉螺旋线的起始点

输入选项[内接于圆(I)/外切于圆(C)] <I>: （按<Enter>键）

指定圆的半径: 2（按<Enter>键）

结果如图 7-8 所示。

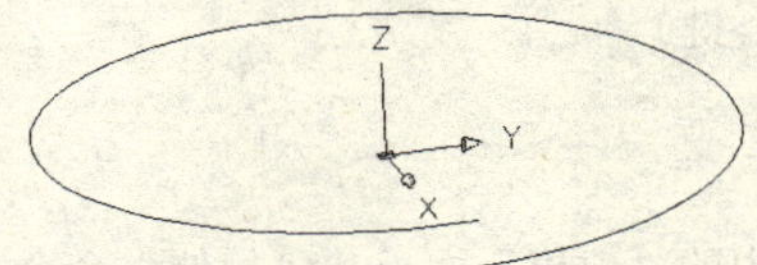

图 7-7　创建螺旋线路径

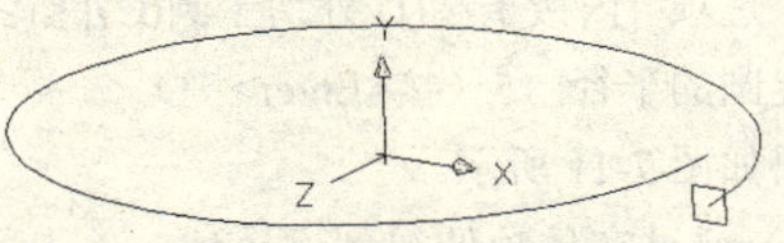

图 7-8　创建扫掠所用的四边形截面

（5）通过扫掠创建三维弹簧垫圈实体。单击常用选项卡中的“绘图”面板→“建模”→“扫掠”命令，或单击“建模”工具栏中的（扫掠）按钮，命令行提示:

命令: _sweep

当前线框密度: ISOLINES=4

选择要扫掠的对象: 选择上一步绘制的四边形

选择要扫掠的对象: 找到 1 个

选择扫掠路径或[对齐(A)/基点(B)/比例(S)/扭曲(T)]: 选择前面所创建的圆柱螺旋线

扫掠结果如图 7-9 所示。

（6）单击常用选项卡中的“视图”面板→“视觉样式”→“概念”命令，通过概念视觉样式观察所创建的三维弹簧垫圈实体效果如图 7-10 所示。

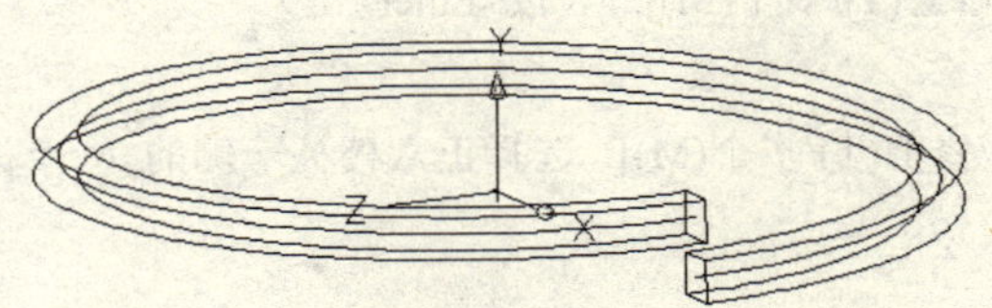

图 7-9　扫掠得到弹簧垫圈

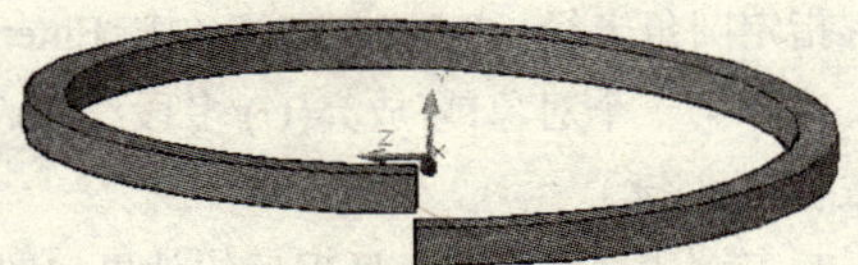
图 7-10　通过概念视觉样式查看弹簧垫圈实体

7.2　六角头螺栓建模

螺纹是在圆柱或圆锥表面上沿着螺旋线形成的具有相同断面的连续凸起和沟槽。螺纹分外螺纹和内螺纹两种，常常成对使用。加工在圆柱或圆锥外表面上的螺纹称为外螺纹，加工在圆柱或圆锥内表面上的螺纹称为内螺纹。

常见螺纹连接件有螺栓、螺母、螺钉、双头螺柱等。下面以 M20×80 六角头螺栓为例，介绍标准螺纹连接件三维实体模型的创建过程。

7.2.1　创建螺栓的六边形头部实体

（1）新建文件。启动 AutoCAD 2010，单击快速访问工具栏中的“文件”→“新建”命令，弹出“选择样板”对话框，在“文件名”选项框中选择“acadiso.dwt”，在“文件类型”选项框中选择“图形样板.dwt”，单击“打开”按钮。

（2）绘制正六边形。单击常用选项卡中的“绘图”面板→“正多边形”命令，命令行提示：

命令: _polygon

输入边的数目 <6>:（按<Enter>键）

指定正多边形的中心点或[边(E)]: 0，0，0（按<Enter>键）

输入选项 [内接于圆(I)/外切于圆(C)] <I>:（按<Enter>键）

指定圆的半径: 15（按<Enter>键）

结果如图 7-11 所示。

（3）通过实体拉伸得到六棱体。单击常用选项卡中的“建模”面板→“拉伸”命令，命令行提示：

命令: _extrude

当前线框密度: ISOLINES=4

选择对象: 选择上一步绘制的六边形（按<Enter>键）

指定拉伸高度或 [路径(P)]: 12.5（按<Enter>键）

指定拉伸的倾斜角度 <0>:（按<Enter>键）

结果如图 7-12 所示。

（4）对螺栓头部进行圆角处理。单击常用选项卡中的“修改”面板→“圆角”命令，命令行提示：

命令: _fillet

当前设置: 模式 = 修剪，半径 = 0.0000

选择第一个对象或[放弃(U)/多段线(P)/半径(R)/修剪(T)/多个(M)]: r（按<Enter>键）

指定圆角半径 <0.0000>: 1.5（按<Enter>键）

选择第一个对象或[放弃(U)/多段线(P)/半径(R)/修剪(T)/多个(M)]: 选择正六棱柱一侧的 6 个边（按<Enter>键）

对正六棱柱进行圆角处理后的效果如图 7-13 所示。

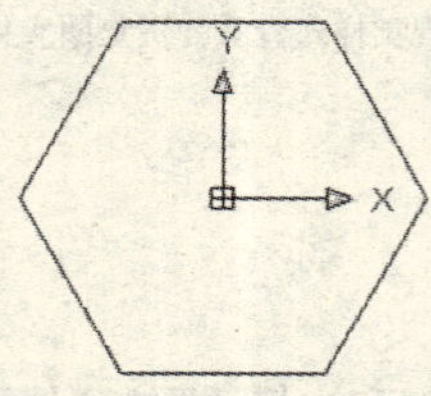

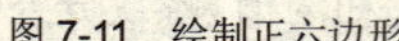
图 7-11　绘制正六边形

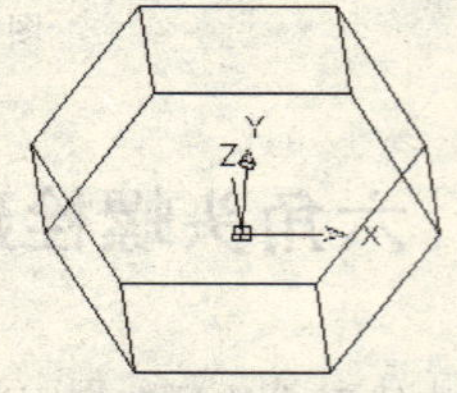

图 7-12　通过拉伸得到螺栓头部实体模型

图 7-13　对六棱柱进行圆角处理

7.2.2　创建螺栓的光杆部分实体

（1）新建 UCS 坐标系。单击视图选项卡中的“坐标”面板→“新建 UCS”→“原点”命令，

命令行提示:

命令: _ucs

输入选项[新建(N)/移动(M)/正交(G)/上一个(P)/恢复(R)/保存(S)/删除(D)/应用(A)/世界(W)] <世界>:指定新原点 <0,0,0>: 0，0，12.5（按<Enter>键）

（2）绘制螺栓光杆。单击常用选项卡中的“建模”面板→“圆柱体”命令，命令行提示:

命令：_cylinder

当前线框密度：ISOLINES=4

指定圆柱体底面的中心点或[椭圆(E)] <0,0,0>: （按<Enter>键）

指定圆柱体底面的半径或[直径(D)]: 10（按<Enter>键）

指定圆柱体的高度或[另一个圆心(C)]: 34（按<Enter>键）

结果如图 7-14 所示。

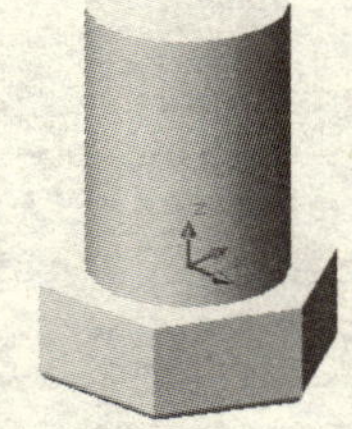

图 7-14　螺栓光杆实体模型

7.2.3　创建螺栓的螺杆部分实体

（1）新建 UCS 坐标系。

1）单击视图选项卡中的“坐标”面板→“新建 UCS”→“原点”命令，命令行提示:

命令: _ucs

输入选项[新建(N)/移动(M)/正交(G)/上一个(P)/恢复(R)/保存(S)/删除(D)/应用(A)/世界(W)] <世界>:指定新原点 <0,0,0>: 0，0，34（按<Enter>键）

2）单击视图选项卡中的“坐标”面板→“新建 UCS”→“X”命令，命令行提示:

命令: _ucs

输入选项[新建(N)/移动(M)/正交(G)/上一个(P)/恢复(R)/保存(S)/删除(D)/应用(A)/世界(W)] <世界>: _x

指定绕 X 轴的旋转角度 <90>: （按<Enter>键）

（2）新建图层。单击常用选项卡中的“图层”面板→（图层特性管理器）按钮，弹出“图层特性管理器”对话框，新建图层并命名为“luogan”，将此图层置为当前图层，并将上一个图层冻结。

（3）绘制螺杆的中心线。单击常用选项卡中的“绘图”面板→“直线”命令，以（0，0，0）为起点，（0，35，0）为终点绘制一条直线作为螺杆中心轴线；以（0，0，0）为起点、（10，0，0）为终点绘制第二条直线；以（0，35，0）为起点、（10，35，0）为终点绘制第三条直线。

（4）绘制多线段作为部分螺旋线的剖面线。单击常用选项卡中的“绘图”面板→“多线段”命令，命令行提示:

命令：_pline

指定起点：10，0（按<Enter>键）

指定下一个点或[圆弧(A)/半宽(H)/长度(L)/放弃(U)/宽度(W)]：@-1.5，0.67（按<Enter>键）

指定下一个点或[圆弧(A)/闭合(C)/半宽(H)/长度(L)/放弃(U)/宽度(W)]：@0，0.5（按<Enter>键）

指定下一个点或[圆弧(A)/闭合(C)/半宽(H)/长度(L)/放弃(U)/宽度(W)]：@1.5，0.67（按<Enter>键）

指定下一个点或[圆弧(A)/闭合(C)/半宽(H)/长度(L)/放弃(U)/宽度(W)]：@0，0.5（按<Enter>键）

（5）通过阵列操作得到其他螺旋线的剖面线。单击常用选项卡中的“修改”面板→“阵列”命令，弹出如图 7-15 所示的“阵列”对话框，设置行为 15，列为 1，行偏移为 2.34，列偏移为 0，阵列角度为 0，然后选择上一步绘制的多线段作为阵列对象，最后单击“确定”按钮，得到如图 7-16 所示的螺旋剖面线。

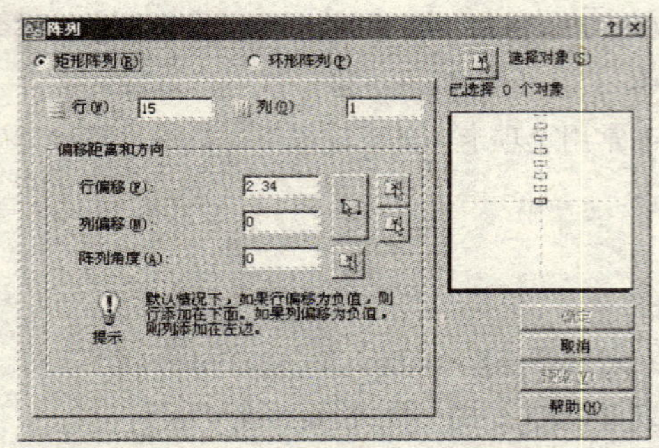

图 7-15　“阵列”对话框

（6）以端点为（0，35，0）和（10，35，0）的直线为修剪边，修剪螺旋线最上面的多余部分。

（7）对上述对象进行面域处理。单击常用选项卡中的“绘图”面板→“面域”命令，命令行提示：

命令: _region
选择对象: 指定对角点: 选择视图窗口中的所有元素
找到 19 个，选择对象: （按<Enter>键）
已提取 1 个环
已创建 1 个面域

（8）通过旋转剖面线得到螺杆实体。单击常用选项卡中的“建模”面板→“旋转”命令，命令行提示：

命令: _revolve
当前线框密度: ISOLINES=4
选择对象: 选择封闭轮廓曲线（按<Enter>键）
指定旋转轴的起点或定义轴依照[对象(O)/X 轴(X)/Y 轴(Y)]: y（按<Enter>键）
指定旋转角度 <360>: （按<Enter>键）
结果如图 7-17 所示。

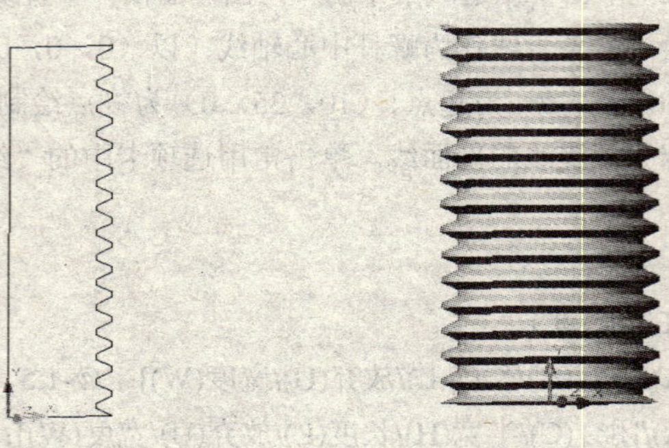

图 7-16　绘制螺旋剖面线　　　　图 7-17　螺杆实体模型

（9）查看六角头螺栓模型效果。单击“图层”面板中的（图层特性管理器）按钮，弹出“图层特性管理器”对话框，将上面冻结的图层解冻。单击常用选项卡中的“视图”面板→“概念”命令，通过概念视觉样式观察所创建的六角头螺栓实体模型效果如图 7-18 所示。

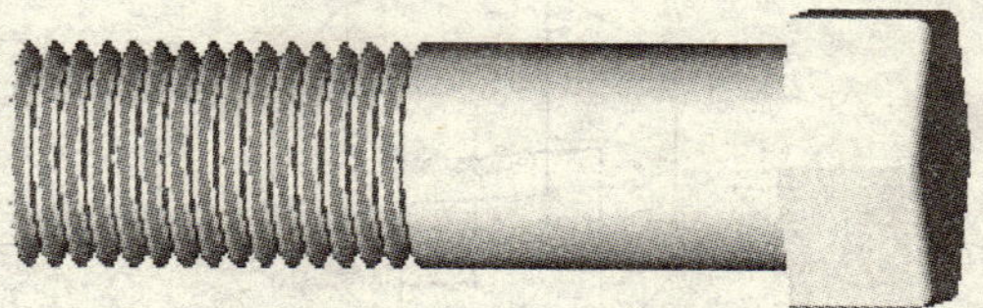

图 7-18 六角头螺杆实体模型

7.3 六角螺母建模

常用的螺母有六角螺母、方螺母和圆螺母等，其中六角螺母应用最为广泛。这里以 M20 螺母为例介绍六角螺母三维实体的创建过程。

7.3.1 创建六角螺母的头部实体

（1）新建文件。启动 AutoCAD 2010，单击快速访问工具栏中的“文件”→“新建”命令，弹出“选择样板”对话框，在“文件名”选项框中选择“acadiso.dwt”，在“文件类型”选项框中选择“图形样板.dwt”，单击“打开”按钮。

（2）绘制正六边形。单击常用选项卡中的“绘图”面板→“正多边形”命令，命令行提示：

命令: _polygon

输入边的数目 <6>:（按<Enter>键）

指定正多边形的中心点或[边(E)]: 0，0，0（按<Enter>键）

输入选项[内接于圆(I)/外切于圆(C)] <I>:（按<Enter>键）

指定圆的半径: 16（按<Enter>键）

结果如图 7-19 所示。

（3）通过实体拉伸得到六棱体。单击常用选项卡中的“绘图”面板→“建模”→“拉伸”命令，命令行提示：

命令: _extrude

当前线框密度: ISOLINES=4

选择对象: 选择上一步绘制的六边形（按<Enter>键）

指定拉伸高度或[路径(P)]: 18（按<Enter>键）

指定拉伸的倾斜角度 <0>:（按<Enter>键）

得到六棱体的实体模型，如图 7-20 所示。

（4）创建圆柱体模型。单击常用选项卡中的“建模”面板→“圆柱体”命令，命令行提示：

命令：_cylinder

当前线框密度：ISOLINES=4

指定圆柱体底面的中心点或[椭圆(E)] <0,0,0>:（按<Enter>键）

指定圆柱体底面的半径或[直径(D)]: 16（按<Enter>键）

指定圆柱体的高度或[另一个圆心(C)]: 18（按<Enter>键）

这样就得到一个半径为 16、高度为 18 的圆柱形模型，结果如图 7-21 所示。

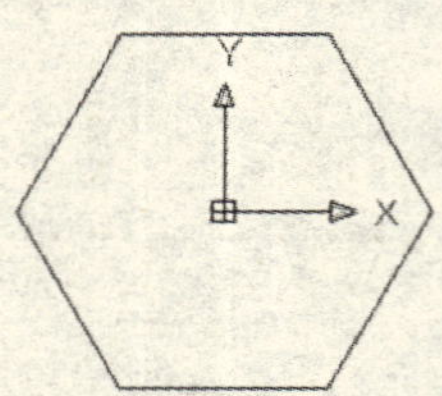

图 7-19　绘制正六边形

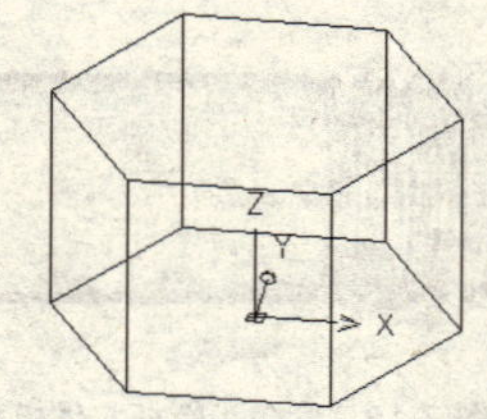

图 7-20　通过拉伸得到六棱体

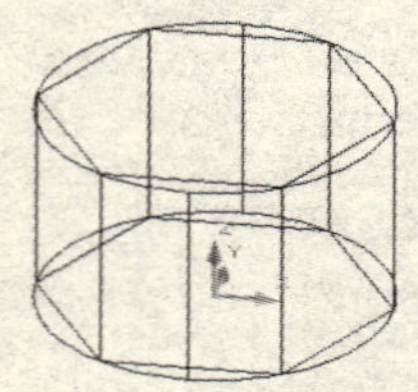
图 7-21　绘制圆柱体

7.3.2　对螺母外形实体进行圆角处理

（1）对圆柱体的上表面圆进行圆角处理。单击常用选项卡中的“修改”面板→“圆角”命令，命令行提示：

命令: _fillet

当前设置: 模式 = 修剪，半径 = 0.0000

选择第一个对象或[放弃(U)/多段线(P)/半径(R)/修剪(T)/多个(M)]: r（按<Enter>键）

指定圆角半径 <0.0000>: 2（按<Enter>键）

选择第一个对象或[放弃(U)/多段线(P)/半径(R)/修剪(T)/多个(M)]: 选择前面创建的圆柱实体的上表面圆

输入圆角半径 <2.0000>: （按<Enter>键）

选择边或[链(C)/半径(R)]: 选择圆柱实体的上表面圆

已选定 1 个边用于圆角

（2）对圆柱实体的下表面圆进行圆角化处理。单击常用选项卡中的“修改”面板→“圆角”命令，命令行提示：

命令: _fillet

当前设置: 模式 = 修剪，半径 = 0.0000

选择第一个对象或[放弃(U)/多段线(P)/半径(R)/修剪(T)/多个(M)]: r（按<Enter>键）

指定圆角半径 <0.0000>: 2（按<Enter>键）

选择第一个对象或[放弃(U)/多段线(P)/半径(R)/修剪(T)/多个(M)]: 选择前面创建的圆柱实体的下表面圆

输入圆角半径 <2.0000>: （按<Enter>键）

选择边或[链(C)/半径(R)]: 选择圆柱实体的下表面圆

已选定 1 个边用于圆角。

结果如图 7-22 所示。

（3）交集处理得到实体模型。单击常用选项卡中的“实体编辑”面板→“交集”命令，命令行提示：

命令： _ union

选择对象：选择前面绘制的六棱柱体和圆柱体

选择对象:总计 2 个（按<Enter>键）

这样就将上述的两个实体模型合并为一个实体模型，如图 7-23 所示。

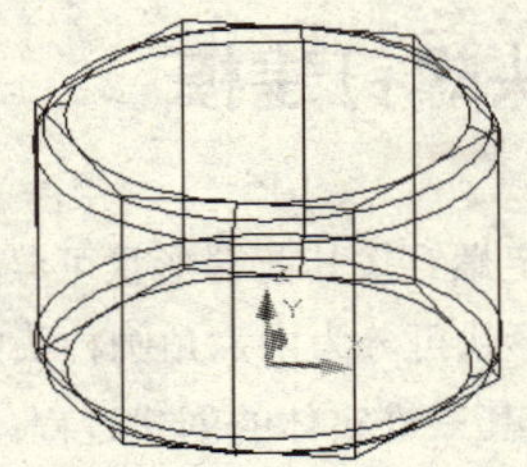

图 7-22　对圆柱体上下表面圆进行圆角处理

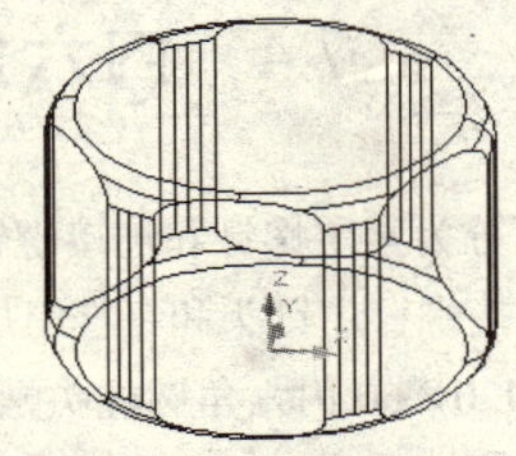

图 7-23　交集处理得到实体模型

7.3.3　创建螺母内部螺纹

为了使六角螺母的内部能够产生内螺纹孔，这里使用外部实体模型和螺杆进行差集操作创建内螺纹实体模型。

（1）调用螺杆实体模型。在 AutoCAD 2010 绘图环境中打开 7.2 节所创建的六角头螺栓实体，单击常用选项卡中的“实体编辑”面板→“带基点复制”命令，以六角头螺栓螺杆部分下表面的中心为基点，复制螺杆对象。

（2）插入所复制的螺杆实体模型。

1）单击视图选项卡中的“坐标”面板→“新建 UCS”→“X”命令，命令行提示：

命令: _ucs

输入选项[新建(N)/移动(M)/正交(G)/上一个(P)/恢复(R)/保存(S)/删除(D)/应用(A)/世界(W)] <世界>: _x

指定绕 X 轴的旋转角度<90>:（按<Enter>键）

2）回到当前绘图环境中，单击常用选项卡中的“实体编辑”面板→“粘贴”命令，以六角螺母下表面的中心为基点，粘贴螺杆对象，如图 7-24 所示。

（3）通过差集操作得到内螺纹孔。单击常用选项卡中的“实体编辑”面板→“差集”命令，命令行提示：

命令：_ subtract

选择要从中减去的实体或面域

选择对象：选择外部的六角实体（按<Enter>键）

选择要减去的实体或面域：选择刚才插入的螺杆实体（按<Enter>键）

这样就得到带内螺纹孔的六角螺母实体模型，如图 7-25 所示。

（4）单击常用选项卡中的“视图”面板→“概念”命令，通过概念视觉样式观察所创建的 M20 六角螺母实体模型的效果如图 7-26 所示。

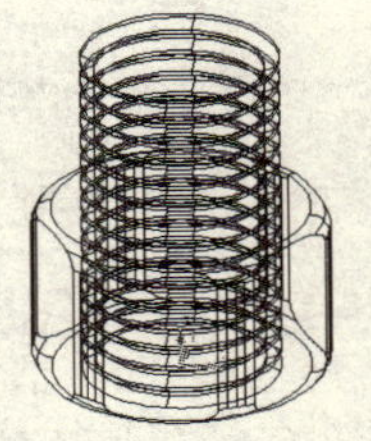

图 7-24　插入螺杆实体模型

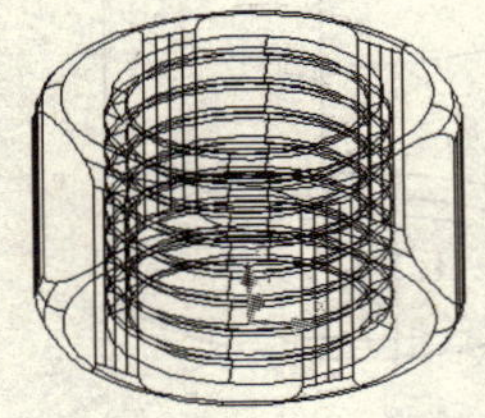

图 7-25　通过差集处理得到的内螺纹孔

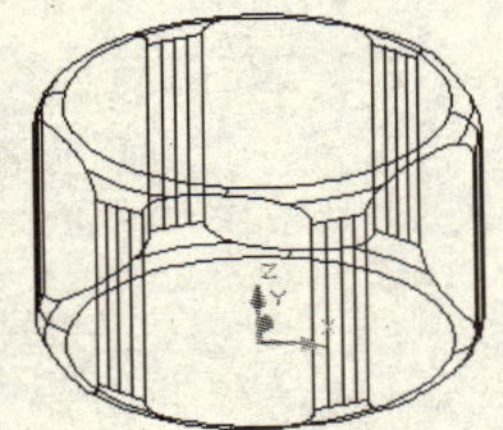

图 7-26　通过体着色得到的实体效果图

7.4 内六角圆柱头螺钉建模

螺钉按其作用可分为紧定螺钉和连接螺钉两种。紧定螺钉按其前端形状可分为锥端、平端、长圆柱端紧定螺钉等，连接螺钉由钉头和钉杆组成。按钉头形状可分为内六角圆柱头螺钉、开槽盘头、开槽沉头等。这里以 M20×60 内六角圆柱头螺钉为例介绍其三维实体的创建过程。

7.4.1 创建螺钉的圆柱形头部实体

（1）新建文件。启动 AutoCAD 2010，单击快速访问工具栏中的“文件”→“新建”命令，弹出“选择样板”对话框，在“文件名”选项框中选择“acadiso.dwt”，在“文件类型”选项框中选择“图形样板.dwt”，单击“打开”按钮。

（2）创建圆柱体头部模型。单击常用选项卡中的“建模”面板→“圆柱体”命令，命令行提示：

命令：_cylinder

当前线框密度：ISOLINES=4

指定圆柱体底面的中心点或[椭圆(E)] <0,0,0>:（按<Enter>键）

指定圆柱体底面的半径或[直径(D)]: 15（按<Enter>键）

指定圆柱体的高度或[另一个圆心(C)]: 20（按<Enter>键）

这样就得到一个半径为 15、高度为 20 的圆柱形实体。

（3）对圆柱体底面圆进行圆角处理。单击常用选项卡中的“修改”面板→“圆角”命令，命令行提示：

命令: _fillet

当前设置: 模式 = 修剪，半径 = 0.0000

选择第一个对象或 [放弃(U)/多段线(P)/半径(R)/修剪(T)/多个(M)]: r（按<Enter>键）

指定圆角半径 <0.0000>: 2（按<Enter>键）

选择第一个对象或 [放弃(U)/多段线(P)/半径(R)/修剪(T)/多个(M)]: 选择前面创建的圆柱实体的下表面圆

输入圆角半径 <2.0000>: （按<Enter>键）

选择边或[链(C)/半径(R)]:

已选定 1 个边用于圆角

结果如图 7-27 所示。

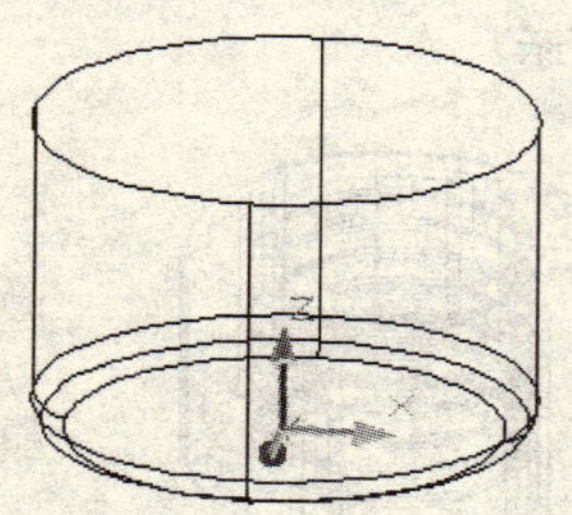

图 7-27 对头部底面圆进行圆角处理

7.4.2　创建带内六方孔的螺钉圆柱形头部实体

（1）新建图层。单击常用选项卡中的“图层”面板→（图层特性管理器）按钮，弹出“图层特性管理器”对话框，新建图层并命名为“liufangkong”，将此图层置为当前图层，并将上一个图层冻结。

（2）绘制正六边形。单击常用选项卡中的“绘图”面板→“正多边形”命令，命令行提示：

命令: _polygon

输入边的数目 <6>: （按<Enter>键）

指定正多边形的中心点或[边(E)]: 0，0，0（按<Enter>键）

输入选项[内接于圆(I)/外切于圆(C)] <I>: （按<Enter>键）

指定圆的半径: 8.5（按<Enter>键）

（3）通过实体拉伸得到六棱体。单击常用选项卡中的“建模”面板→“拉伸”命令，命令行提示：

命令: _extrude

当前线框密度: ISOLINES=4

选择对象: 选择上一步绘制的六边形（按<Enter>键）

指定拉伸高度或[路径(P)]: 10（按<Enter>键）

指定拉伸的倾斜角度 <0>: （按<Enter>键）

得到的六棱体的实体模型，如图 7-28 所示。

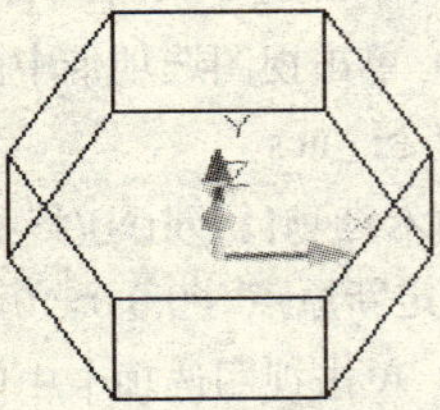

图 7-28　通过拉伸得到六棱柱

（4）创建圆锥实体模型。单击常用选项卡中的“建模”面板→“圆锥体”命令，命令行提示：

命令：_ cone

当前线框密度：ISOLINES=4

指定圆锥体底面的中心点或[椭圆(E)] <0,0,0>: 0，0，10（按<Enter>键）

指定圆锥体底面的半径或[直径(D)]: 8（按<Enter>键）

指定圆锥体的高度或[另一个圆心(C)]: 4（按<Enter>键）

这样就得到一个半径为 8，高度为 4 的圆锥体。

（5）对上面两个实体进行并集操作。单击常用选项卡中的“实体编辑”面板→“并集”命令，命令行提示：

命令：_ union

选择对象：选择前面绘制的圆锥体和圆柱体

选择对象: 总计 2 个（按<Enter>键）

结果如图 7-29 所示。

（6）解冻图层。单击常用选项卡中的“图层”面板→（图层特性管理器）按钮，将上面冻结的图层解冻。

（7）通过差集操作得到内六方孔。单击常用选项卡中的“实体编辑”面板→“差集”命令，命令行提示：

命令：_ subtract

选择要从中减去的实体或面域

选择对象：选择外部的圆柱实体（按<Enter>键）

选择要减去的实体或面域：选择前面绘制的实体（按<Enter>键）

这样就得到了带内六方孔的螺钉圆柱体头部实体模型，如图 7-30 所示。

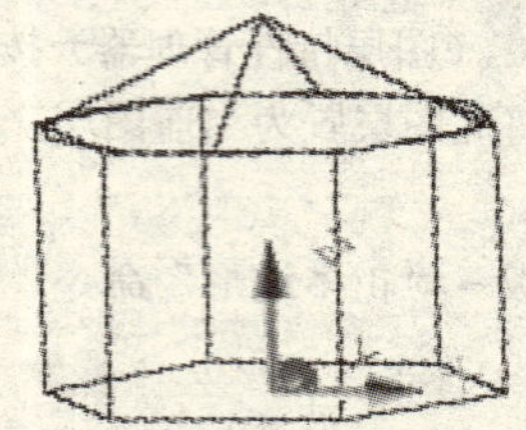

图 7-29　对六棱柱和圆锥体进行并集处理

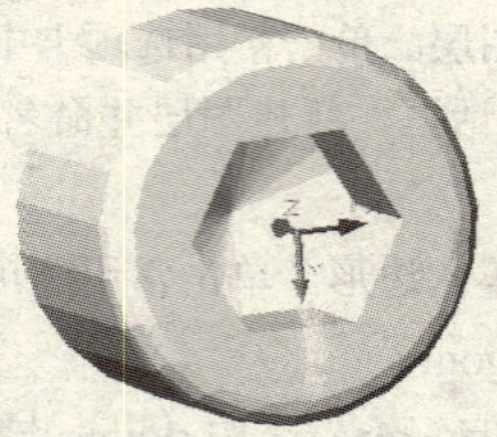

图 7-30　差集处理后得到的螺钉头部的效果图

7.4.3　创建螺钉的螺纹部分实体

（1）新建 UCS 坐标系。

1）单击视图选项卡中的“坐标”面板→“新建 UCS”→“原点”命令，命令行提示：

命令: _ucs

输入选项[新建(N)/移动(M)/正交(G)/上一个(P)/恢复(R)/保存(S)/删除(D)/应用(A)/世界(W)] <世界>:指定新原点 <0,0,0>: 0，0，20（按<Enter>键）

2）单击视图选项卡中的“坐标”面板→“新建 UCS”→“X”命令，命令行提示：

命令: _ucs

输入选项[新建(N)/移动(M)/正交(G)/上一个(P)/恢复(R)/保存(S)/删除(D)/应用(A)/世界(W)] <世界>: _x

指定绕 X 轴的旋转角度 <90>: （按<Enter>键）

（2）绘制螺杆的中心线。单击常用选项卡中的“绘图”面板→“直线”命令，以（0，0，0）为起点、（0，60，0）为终点绘制一条直线作为螺杆中心轴线。重复上述的操作，以（0，0，0）为起点、（10，0，0）为终点绘制第二条直线；以（0，60，0）为起点、（10，60，0）为终点绘制第三条直线；以（10，0，0）为起点、（10，10，0）为终点绘制第四条直线。

（3）绘制多线段作为部分螺旋线的剖面线。单击常用选项卡中的“绘图”面板→“多线段”命令，命令行提示：

命令：_pline

指定起点：10，10（按<Enter>键）

指定下一个点或[圆弧(A)/半宽(H)/长度(L)/放弃(U)/宽度(W)]：@-1.5，0.67（按<Enter>键）

指定下一个点或[圆弧(A)/闭合(C)/半宽(H)/长度(L)/放弃(U)/宽度(W)]：@0，0.5（按<Enter>键）

指定下一个点或[圆弧(A)/闭合(C)/半宽(H)/长度(L)/放弃(U)/宽度(W)]： @1.5，0.67（按<Enter>键）

指定下一个点或[圆弧(A)/闭合(C)/半宽(H)/长度(L)/放弃(U)/宽度(W)]：@0，0.5（按<Enter>键）

（4）通过阵列操作得到其他螺旋线的剖面线。单击常用选项卡中的“修改”面板→“阵列”命令，弹出“阵列”对话框，设置行为 22，列为 1，行偏移为 2.34，列偏移为 0，阵列角度为 0，然后选择上一步绘制的多线段作为阵列对象，最后单击“确定”按钮，得到如图 7-31 所示的螺旋剖面线。

（5）以端点为（0，60，0）和（10，60，0）的直线为修剪边，修剪螺旋线最上面的多余部分。

（6）对上述对象进行面域操作。单击常用选项卡中的“绘图”面板→“面域”命令，命令行提示：

命令: _region

选择对象: 指定对角点: 选择视图窗口中的所有元素

找到 26 个，选择对象:（按<Enter>键）

已提取 1 个环

已创建 1 个面域

（7）通过旋转剖面线得到螺杆实体。单击常用选项卡中的“建模”面板→“旋转”命令，命令行提示：

命令: _revolve

当前线框密度: ISOLINES=4

选择对象: 选择封闭轮廓曲线（按<Enter>键）

指定旋转轴的起点或定义轴依照[对象(O)/X 轴(X)/Y 轴(Y)]: y（按<Enter>键）

指定旋转角度 <360>:（按<Enter>键）

得到的三维螺杆的实体模型如图 7-32 所示。

图 7-31　绘制螺旋剖面线　　图 7-32　三维螺杆的实体模

（8）查看内六角圆柱头螺钉实体模型的效果。单击常用选项卡中的“图层”面板→（图层特性管理器）按钮，弹出“图层特性管理器”对话框，将上面冻结的图层解冻。单击常用选项卡中的“视图”→“概念”命令，通过概念视觉样式观察所创建的内六角圆柱头螺钉实体的效果如图 7-33 所示。

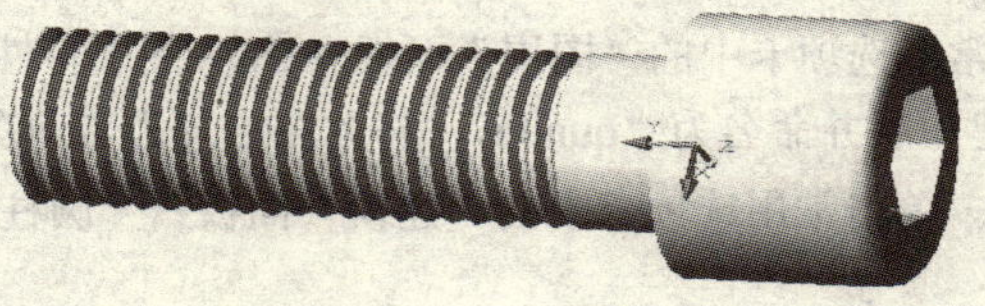

图 7-33　体着色后的内六角圆柱头螺钉效果图

7.5　吊环螺钉建模

在机械装配和检修过程中，常常需要使用辅助起吊装置来拆卸和搬运零部件。辅助起吊装置包括吊环螺钉、吊耳和吊钩等。吊环螺钉常用于起吊箱盖类零部件，它属于标准件，下面就以 M20 吊环螺钉为例介绍其三维实体的创建过程。

7.5.1 创建吊环螺钉的圆环头部实体

（1）新建文件。启动 AutoCAD 2010，单击快速访问工具栏中的“文件”→“新建”命令，弹出“选择样板”对话框，在“文件名”选项框中选择“acadiso.dwt”，在“文件类型”选项框中选择“图形样板.dwt”，单击“打开”按钮。

（2）创建圆环体作为吊环螺钉头部。单击常用选项卡中的“建模”面板→“圆环体”命令，命令行提示：

命令:_torus

当前线框密度: ISOLINES = 4

指定圆环体中心<0 ,0 ,0 > :（按<Enter>键）

指定圆环体半径或[直径(D)]: 28（按<Enter>键）

指定圆管半径或[直径(D)]: 8.7（按<Enter>键）

这样就在螺钉的顶部创建了一个管半径为 8.7，体半径为 28 的圆环体作为吊环螺钉头部，如图 7-34 所示。

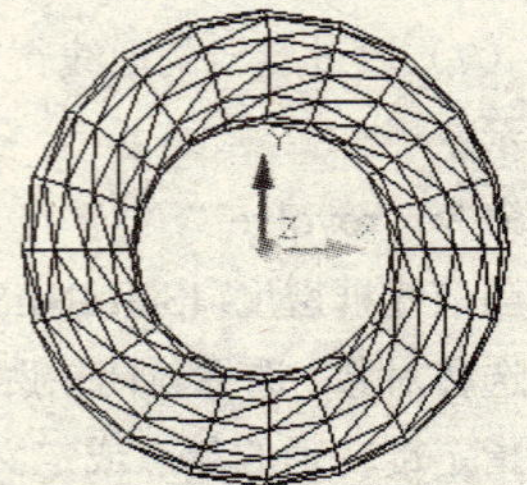

图 7-34 创建圆环

7.5.2 创建吊环螺钉的圆柱裙部实体

（1）新建 UCS 坐标系。

1）单击视图选项卡中的“坐标”面板→“新建 UCS”→“原点”命令，命令行提示：

命令: _ucs

输入选项[新建(N)/移动(M)/正交(G)/上一个(P)/恢复(R)/保存(S)/删除(D)/应用(A)/世界(W)] <世界>:指定新原点 <0,0,0>: 0，－36，0（按<Enter>键）

2）单击视图选项卡中的“坐标”面板→“新建 UCS”→“X”命令，命令行提示：

命令: _ucs

输入选项[新建(N)/移动(M)/正交(G)/上一个(P)/恢复(R)/保存(S)/删除(D)/应用(A)/世界(W)] <世界>: _x

指定绕 X 轴的旋转角度 <90>:（按<Enter>键）

（2）新建图层。单击常用选项卡中的“图层”面板→（图层特性管理器）按钮，弹出“图层特性管理器”对话框，新建图层并命名为“qunbu”，将此图层置为当前图层，并将上一个图层冻结。

（3）创建圆柱体模型。单击常用选项卡中的“建模”面板→“圆柱体”命令，命令行提示：

命令：_cylinder

当前线框密度：ISOLINES=4

指定圆柱体底面的中心点或[椭圆(E)] <0,0,0>: 0，0，6（按<Enter>键）

指定圆柱体底面的半径或[直径(D)]: 15（按<Enter>键）

指定圆柱体的高度或[另一个圆心(C)]: －12（按<Enter>键）

这样就得到了一个半径为 15，高度为 12 的圆柱形实体。

（4）创建圆锥体模型。单击常用选项卡中的“建模”面板→“圆锥体”命令，命令行提示：

命令：_ cone

当前线框密度：ISOLINES=4

指定圆锥体底面的中心点或[椭圆(E)] <0,0,0>: 0，0，－6（按<Enter>键）

指定圆锥体底面的半径或[直径(D)]: 12（按<Enter>键）

指定圆锥体的高度或[另一个圆心(C)]: －6（按<Enter>键）

这样就得到了一个半径为 12，高度为 4 的圆锥体。

（5）创建螺钉裙部实体模型。单击常用选项卡中的“实体编辑”面板→“并集”命令，命令行提示：

命令：_ union

选择对象：选择刚才绘制的圆锥体和圆柱体

选择对象:总计 2 个（按<Enter>键）

结果如图 7-35 所示。

（6）创建长方体实体模型。单击常用选项卡中的“建模”面板→“长方体”命令，命令行提示：

命令：_box

指定角点或[立方体(C)/长度(L)]: －12，－6，8（按<Enter>键）

指定角点或 [立方体(C)/长度(L)]: 12，12，－8（按<Enter>键）

（7）单击常用选项卡中的“修改”面板→“实体编辑”→“并集”命令，命令行提示：

命令：_ union

选择对象：选择所有实体

选择对象: 总计 2 个（按<Enter>键）

结果如图 7-36 所示。

（8）解冻上面的图层。单击“图层”面板中的（图层特性管理器）按钮，弹出“图层特性管理器”对话框，将上面冻结的图层解冻。

（9）对上面实体进行并集操作。单击常用选项卡中的“实体编辑”面板→“并集”命令，命令行提示：

命令：_ union

选择对象：选择绘图环境中的所有实体

选择对象: 总计 2 个（按<Enter>键）

结果如图 7-37 所示。

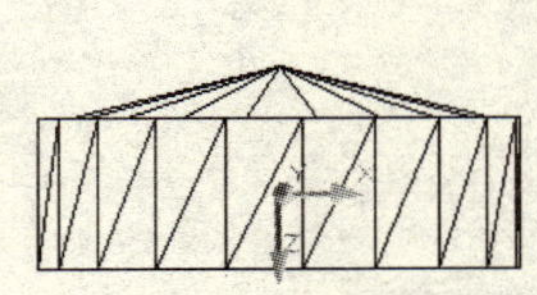

图 7-35　创建螺钉裙部实体模型

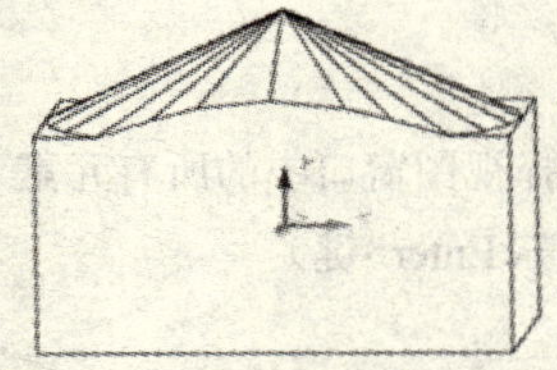

图 7-36　创建吊环螺钉裙部

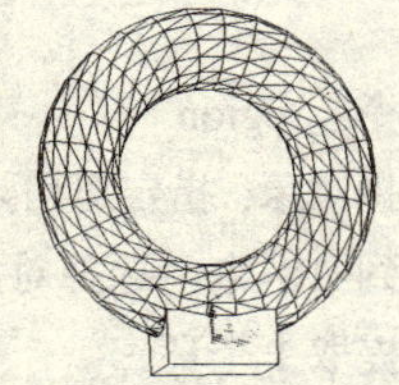

图 7-37　并集后的效果图

7.5.3　创建吊环螺钉的螺纹部分实体

（1）新建 UCS 坐标系。

1）单击视图选项卡中的“坐标”面板→“新建 UCS”→“原点”命令，命令行提示：

命令: _ucs

输入选项[新建(N)/移动(M)/正交(G)/上一个(P)/恢复(R)/保存(S)/删除(D)/应用(A)/世界(W)] <世界>:指定新原点 <0,0,0>: 0，0，6（按<Enter>键）

2）单击视图选项卡中的“坐标”面板→“新建 UCS”→“X”命令，命令行提示：

命令: _ucs

输入选项[新建(N)/移动(M)/正交(G)/上一个(P)/恢复(R)/保存(S)/删除(D)/应用(A)/世界(W)] <世界>: _X

指定绕 Z 轴的旋转角度 <90>: 90（按<Enter>键）

（2）新建图层。单击常用选项卡中的“图层”面板→（图层特性管理器）按钮，弹出“图层特性管理器”对话框，新建图层并命名为“luogan”，将此图层置为当前图层，并将上面的两个图层冻结。

（3）绘制螺杆的中心线。单击常用选项卡中的“绘图”面板中的“直线”命令，以（0，0，0）为起点，（0，35，0）为终点绘制一条直线作为螺杆中心轴线。重复上述操作，以（0，0，0）为起点，（10，0，0）为终点绘制第二条直线；以（0，35，0）为起点，（10，35，0）为终点绘制第三条直线；以（10，0，0）为起点，（10，4，0）为终点绘制第四条直线。

（4）绘制多线段作为部分螺旋线的剖面线。单击常用选项卡中的“绘图”面板→“多线段”命令，命令行提示：

命令：_pline

指定起点：10,4（按<Enter>键）

指定下一个点或[圆弧(A)/半宽(H)/长度(L)/放弃(U)/宽度(W)]：@－1.5，0.67（按<Enter>键）

指定下一个点或[圆弧(A)/闭合(C)/半宽(H)/长度(L)/放弃(U)/宽度(W)]：@0，0.5（按<Enter>键）

指定下一个点或[圆弧(A)/闭合(C)/半宽(H)/长度(L)/放弃(U)/宽度(W)]：@1.5，0.67（按<Enter>键）

指定下一个点或[圆弧(A)/闭合(C)/半宽(H)/长度(L)/放弃(U)/宽度(W)]：@0，0.5（按<Enter>键）

（5）通过阵列操作得到其他螺旋线的剖面线。单击常用选项卡中的“修改”面板→“阵列”命令，弹出“阵列”对话框，设置行为 14、列为 1、行偏移为 2.34、列偏移为 0、阵列角度为 0，然后选择上一步绘制的多线段作为阵列对象，最后单击“确定”按钮。

（6）修剪上面绘制的螺旋线上最下面的多余部分，得到如图 7-38 所示的螺旋剖面线。

（7）对上述对象进行面域操作。单击常用选项卡中的“绘图”面板→“面域”命令，命令行提示：

命令: _region

选择对象: 指定对角点: 选择视图窗口中的所有元素

找到 18 个，选择对象:（按<Enter>键）

已提取 1 个环

已创建 1 个面域

（8）通过旋转剖面线得到螺杆实体。单击常用选项卡中的“建模”面板→“旋转”命令，命令行提示：

命令: _revolve

当前线框密度: ISOLINES=4

选择对象: 选择封闭轮廓曲线（按<Enter>键）

指定旋转轴的起点或定义轴依照[对象(O)/X 轴(X)/Y 轴(Y)]: Y（按<Enter>键）

指定旋转角度 <360>:（按<Enter>键）

得到的三维螺杆的实体模型如图 7-39 所示。

（9）查看内六角圆柱头螺钉实体模型的效果。单击常用选项卡中的“图层”面板→（图层特性管理器）按钮，弹出“图层特性管理器”对话框，将上面冻结的图层解冻。单击常用选项卡中的“视图”面板→“概念”命令，通过概念视觉样式观察所创建的吊环螺钉实体的效果如图 7-40 所示。

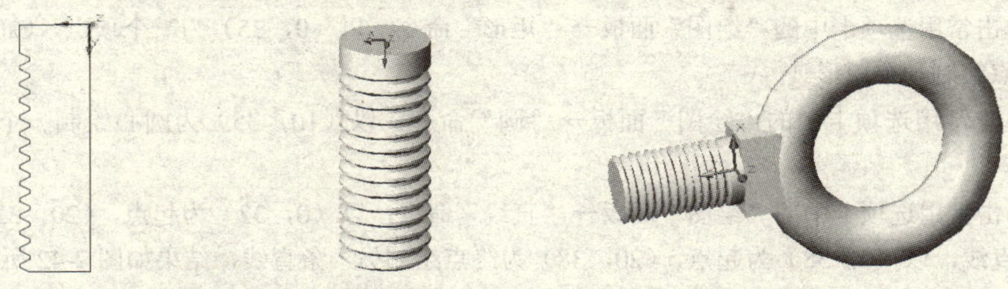

图 7-38　绘制螺旋剖面线　　图 7-39　螺纹部分的实体模型　　图 7-40　吊环螺钉的实体效果图

7.6　滚动轴承建模

滚动轴承是支承旋转轴的一种标准组件，具有结构紧凑、摩擦力小等优点，在生产中使用比较广泛。滚动轴承的规格、型号很多，但都已标准化，由专门的工厂生产，使用时可根据要求，查阅有关标准选购。

滚动轴承一般由内圈、外圈、滚动体、保持架（或隔离圈）等组成。本节以 6210 型深沟球轴承为例，简要介绍滚动轴承的结构及其三维模型的创建方法。

7.6.1　创建滚动轴承的内、外圈实体

（1）新建文件。启动 AutoCAD 2010，单击快速访问工具栏中的“文件”→“新建”命令，弹出“选择样板”对话框，在“文件名”选项框中选择“acadiso.dwt”，在“文件类型”选项框中选择“图形样板.dwt”，单击“打开”按钮。

（2）新建图层。单击常用选项卡中的“图层”面板→（图层特性管理器）按钮，弹出如图 7-41 所示的“图层特性管理器”对话框，新建图层 1 命名为“中心线”，并置此图层为当前图层；新建图层 2 并命名为“内外圈”；新建图层 3 并命名为“保持架”。最后，单击“确定”按钮，关闭“图层特性管理器”对话框。

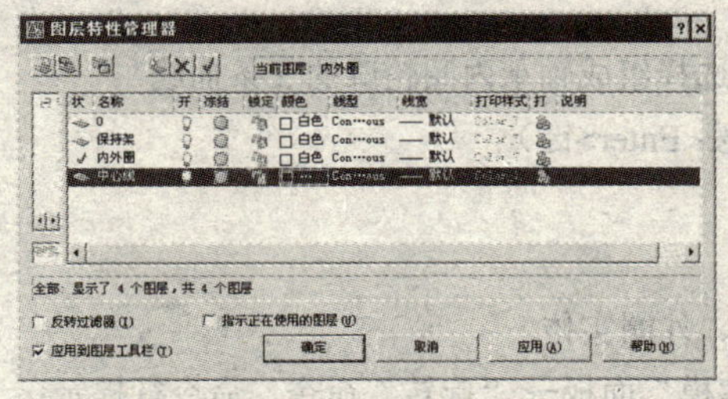

图 7-41　“图层特性管理器”对话框

（3）绘制中心线。单击常用选项卡中的“绘图”面板→“直线”命令，以（0，0）为起点，（0，

20）为终点绘制一条直线作为轴承截面的中心轴线；重复上述的操作，以（0，35）为起点，（20，35）为终点绘制第二条中心线；以（10，25）为起点，（10，45）为终点绘制第三条中心线。

（4）绘制轴承的内、外圈截面图形。

1）单击常用选项卡中的“图层”面板→（图层特性管理器）按钮，弹出“图层特性管理器”对话框，将“内外圈”图层置为当前图层，单击“确定”按钮，关闭“图层特性管理器”对话框。

2）单击常用选项卡中的“绘图”面板→“矩形”命令，以（0，25）为一个顶点，（20，45）为另一个顶点绘制一个矩形。

3）单击常用选项卡中的“绘图”面板→“圆”命令，以（10，35）为圆心绘制一个半径为 5 的圆。

4）单击常用选项卡中的“绘图”面板→“直线”命令，以（0，32）为起点，（20，32）为终点绘制一条直线，以（0，38）为起点，（20，38）为终点绘制另一条直线，结果如图 7-42 所示。

5）将上面绘制的图形进行部分修剪，得到轴承的内、外圈截面轮廓，结果如图 7-43 所示。

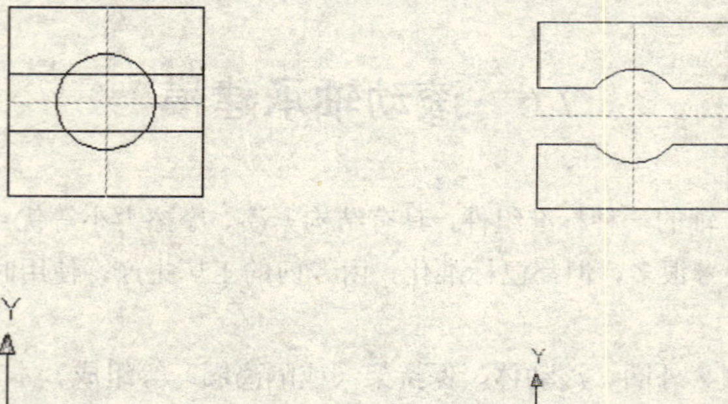

图 7-42　绘制轴承轮廓剖面线　　　图 7-43　修剪轴承轮廓剖面线

（5）生成面域。

1）生成外圈轮廓的面域。单击常用选项卡中的“绘图”面板→“面域”命令，命令行提示：

命令: _region

选择对象: 指定对角点: 选择组成轴承外圈轮廓的 5 条曲线

找到 5 个，选择对象: （按<Enter>键）

已提取 1 个环

已创建 1 个面域

2）生成内圈轮廓的面域。单击常用选项卡中的“绘图”面板→“面域”命令，命令行提示：

命令: _region

选择对象: 指定对角点: 选择组成轴承内圈轮廓的 5 条曲线

找到 5 个，选择对象:（按<Enter>键）

已提取 1 个环

已创建 1 个面域

（6）旋转生成轴承的内、外圈实体。

单击常用选项卡中的“建模”面板→“旋转”命令，命令行提示：

命令: _revolve

当前线框密度: ISOLINES=4

选择对象：选择上一步创建的两个面域（按<Enter>键）

指定旋转轴的起点或定义轴依照[对象(O)/X 轴(X)/Y 轴(Y)]: x（按<Enter>键）

指定旋转角度 <360>:（按<Enter>键）

得到的三维螺杆的实体模型如图 7-44 所示。

（7）圆柱体底面圆的圆角处理。

单击常用选项卡中的“修改”面板→“圆角”命令，命令行提示：

命令: _fillet

当前设置: 模式 = 修剪，半径 = 0.0000

选择第一个对象或[放弃(U)/多段线(P)/半径(R)/修剪(T)/多个(M)]: r（按<Enter>键）

指定圆角半径 <0.0000>: 1.5（按<Enter>键）

选择第一个对象或[放弃(U)/多段线(P)/半径(R)/修剪(T)/多个(M)]: 分别选择内圈靠近中心的两条边和外圈远离中心的两条边

输入圆角半径 <1.5000>:按<Enter>键。

选择边或[链(C)/半径(R)]:

已选定 2 个边用于圆角

结果如图 7-45 所示。

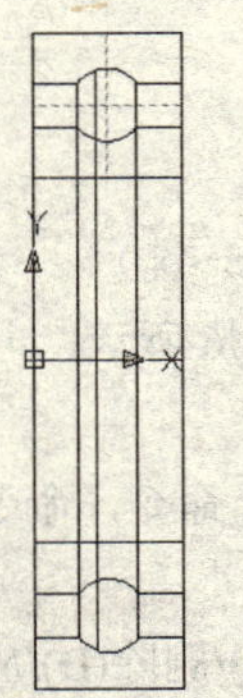

图 7-44　回转生成内外圈实体

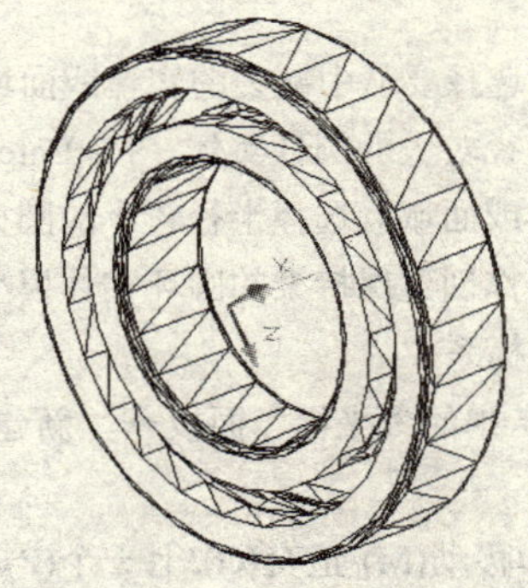

图 7-45　对内外圈实体进行圆角处理

7.6.2　创建滚动轴承的保持架

（1）更换当前图层。单击常用选项卡中的“图层”面板→（图层特性管理器）按钮，弹出“图层特性管理器”对话框，将“保持架”图层置为当前图层，并将“内外圈”图层冻结，单击“确定”按钮，关闭“图层特性管理器”对话框。

（2）新建 UCS 坐标系。单击视图选项卡中的“坐标”面板→“新建 UCS”→“Y”命令，命令行提示：

命令: _ucs

输入选项[新建(N)/移动(M)/正交(G)/上一个(P)/恢复(R)/保存(S)/删除(D)/应用(A)/世界(W)] <世界>: _Y

指定绕 Y 轴的旋转角度 <90>:（按<Enter>键）

（3）创建圆柱体模型。

1）创建一个半径为 33.5、高度为 14 的圆柱体。单击常用选项卡中的“建模”面板→“圆柱体”命令，或单击“建模”面板中的（圆柱体）按钮，命令行提示：

命令：_cylinder

当前线框密度：ISOLINES=4

指定圆柱体底面的中心点或[椭圆(E)] <0,0,0>: 0，0，3（按<Enter>键）

指定圆柱体底面的半径或[直径(D)]: 33.5（按<Enter>键）

指定圆柱体的高度或[另一个圆心(C)]: 14（按<Enter>键）

2）创建一个半径为 36.5、高度为 14 的圆柱体。单击常用选项卡中的“建模”面板→“圆柱体”命令，命令行提示：

重复上面的操作，绘制另外一个圆柱体。

命令：_cylinder

当前线框密度：ISOLINES=4

指定圆柱体底面的中心点或[椭圆(E)] <0,0,0>: 0，0，3（按<Enter>键）

指定圆柱体底面的半径或[直径(D)]: 36.5（按<Enter>键）

指定圆柱体的高度或[另一个圆心(C)]: 14（按<Enter>键）

（4）通过创建两个圆柱体的差集得到圆环。单击常用选项卡中的“实体编辑”面板→“差集”命令，命令行提示：

命令：_ subtract　选择要从中减去的实体或面域

选择对象：选择半径较大的圆柱实体（按<Enter>键）

选择要减去的实体或面域：选择半径较小的圆柱实体（按<Enter>键）

这样就得到可以用作创建保持架的圆环实体模型，结果如图 7-46 所示。

（5）新建 UCS 坐标系。

1）单击视图选项卡中的“坐标”面板→“新建 UCS”→“X”命令，命令行提示：

命令: _ucs

输入选项[新建(N)/移动(M)/正交(G)/上一个(P)/恢复(R)/保存(S)/删除(D)/应用(A)/世界(W)] <世界>: _X

指定绕 X 轴的旋转角度 <90>: （按<Enter>键）

2）单击视图选项卡中的“坐标”面板→“新建 UCS”→“原点”命令，命令行提示：

命令: _ucs

输入选项[新建(N)/移动(M)/正交(G)/上一个(P)/恢复(R)/保存(S)/删除(D)/应用(A)/世界(W)] <世界>:指定新原点 <0,0,0>: 0，10，0（按<Enter>键）

（6）创建圆柱体模型。单击常用选项卡中的“建模”面板→“圆柱体”命令，命令行提示：

命令：_cylinder

当前线框密度：ISOLINES=4

指定圆柱体底面的中心点或[椭圆(E)] <0,0,0>: （按<Enter>键）

指定圆柱体底面的半径或[直径(D)]: 5（按<Enter>键）

指定圆柱体的高度或[另一个圆心(C)]: 60（按<Enter>键）

这样就得到一个半径为 5，高度为 60 的圆柱形实体。

绘制结果如图 7-47 所示。

（7）复制圆柱体。单击常用选项卡中的“修改”面板→“复制”命令，命令行提示：

命令: _copy

选择对象: 找到 1 个

选择对象: 选择上一步绘制的圆柱实体。

指定基点或[位移(D)] <位移>: 0，0，0（按<Enter>键）

指定第二个点或 <使用第一个点作为位移>: @0，7，0（按<Enter>键）

定第二个点或[退出(E)/放弃(U)] <退出>: @0，－7，0（按<Enter>键）

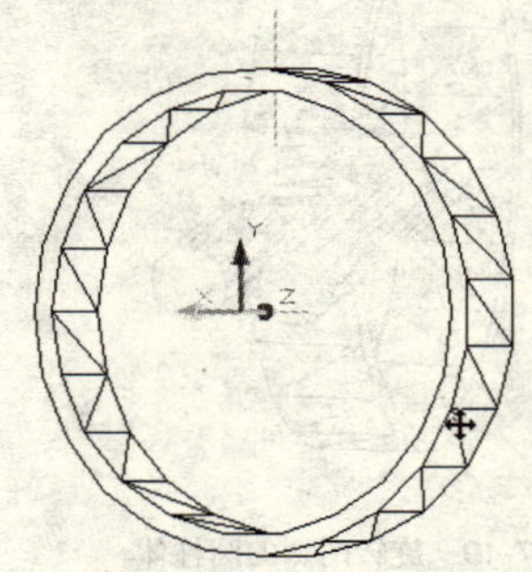

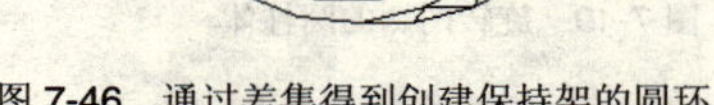

图 7-46　通过差集得到创建保持架的圆环

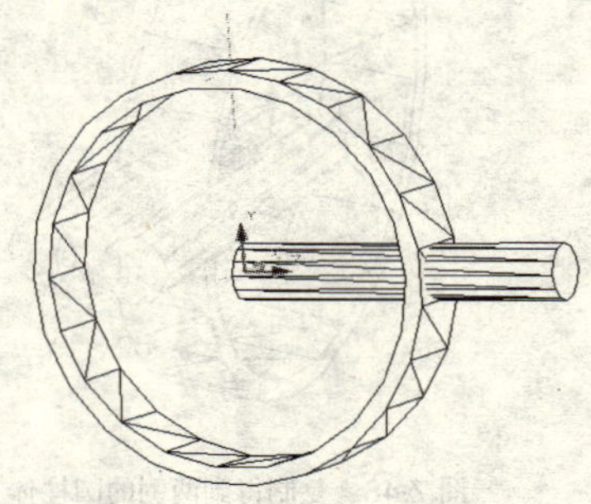

图 7-47　在圆环上创建一圆柱体

指定第二个点或[退出(E)/放弃(U)] <退出>: （按<Enter>键）

进行圆柱体复制后的结果如图 7-48 所示。

（8）新建 UCS 坐标系。单击视图选项卡中的“坐标”面板→“新建 UCS”→“X”命令，命令行提示：

命令: _ucs

输入选项[新建(N)/移动(M)/正交(G)/上一个(P)/恢复(R)/保存(S)/删除(D)/应用(A)/世界(W)] <世界>: _X

指定绕 X 轴的旋转角度 <90>: （按<Enter>键）

（9）旋转上面所形成的两个圆柱体。单击常用选项卡中的“修改”面板→“旋转”命令，命令行提示：

命令: _rotate

UCS 当前的正角方向:

ANGDIR=逆时针　ANGBASE=0

选择对象: 选择两侧的两个圆柱体

选择对象: 总计 2 个

指定基点: 0，0，0（按<Enter>键）

指定旋转角度，或[复制(C)/参照(R)] <0>: 15（按<Enter>键）

旋转操作后的结果如图 7-49 所示。

（10）对上面绘制的三个圆柱体进行阵列操作。单击常用选项卡中的“修改”面板→“阵列”命令，弹出“阵列”对话框，其参数设置如图 7-50 所示，然后选择刚才绘制的三个圆柱体，单击“确定”按钮，阵列结果如图 7-51 所示。

（11）进行实体差集操作。单击常用选项卡中的“实体编辑”面板→“差集”命令，命令行提示：

命令：_ subtract

选择要从中减去的实体或面域

选择对象：选择圆环实体（按<Enter>键）

选择要减去的实体或面域：选择所有的圆柱实体（按<Enter>键）

得到的滚动体保持架如图 7-52 所示。

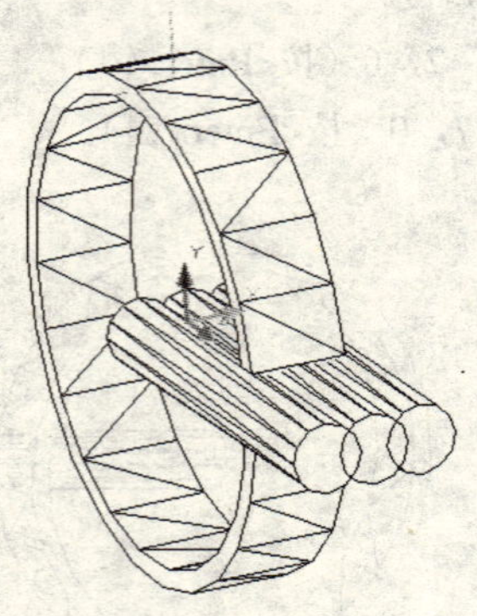

图 7-48　复制得到两侧的圆柱体

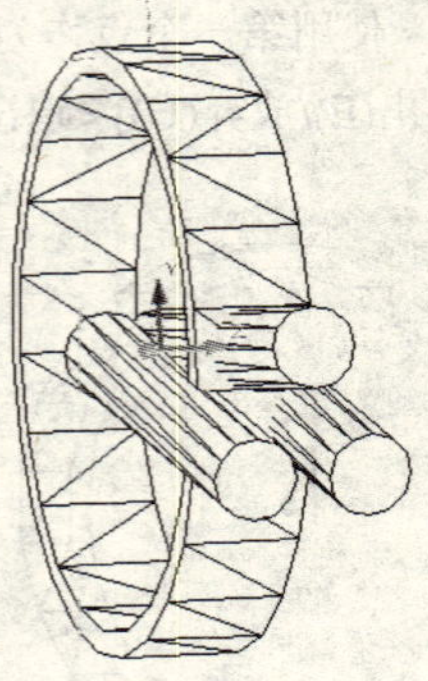

图 7-49　旋转两侧的圆柱体

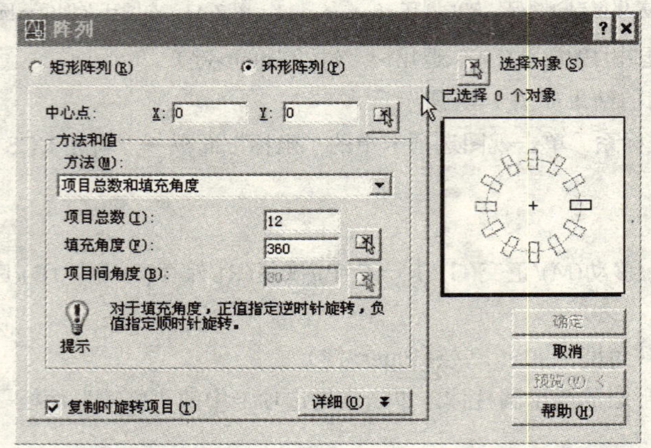

图 7-50　“阵列”对话框

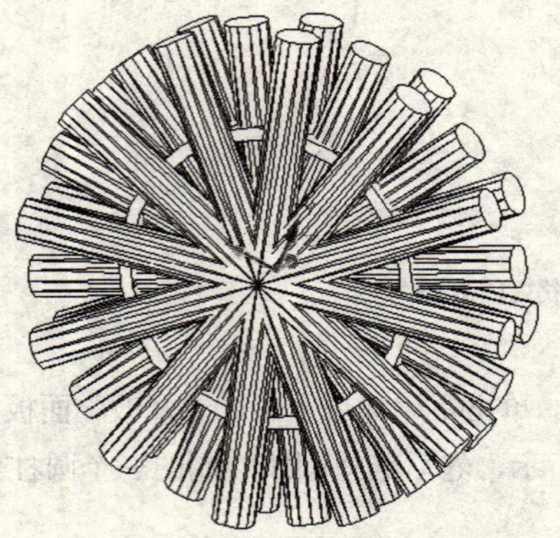

图 7-51　圆柱体阵列结果

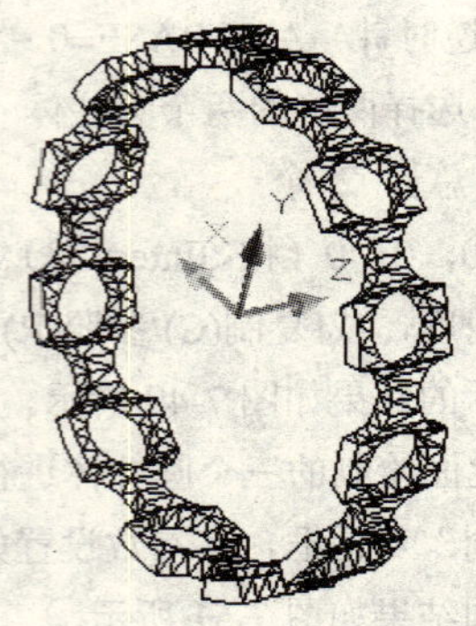

图 7-52　差集处理得到保持架实体

7.6.3　创建球形滚动体

（1）创建球体。单击常用选项卡中的“建模”面板→“球体”命令，命令行提示：

命令: _sphere

当前线框密度: ISOLINES=4

指定球体球心 <0,0,0>: 0，35，0（按<Enter>键）

指定球体半径或[直径(D)]: 5（按<Enter>键）

（2）对上面绘制的球体进行阵列操作。单击常用选项卡中的“修改”面板→“阵列”命令，弹出“阵列”对话框，对刚才绘制球体进行阵列操作，其参数设置如图 7-50 所示。通过“体着色”操作处理，结果如图 7-53 所示。

（3）查看深沟球轴承实体模型的效果。单击常用选项卡中的“图层”视图→（图层特性管理器）按钮，弹出“图层特性管理器”对话框，将上面冻结的图层解冻，单击“确定”按钮，关闭“图层特性管理器”对话框。

（4）单击常用选项卡中的“视图”面板→“概念”命令，并通过概念视觉样式查看最终得到的三维深沟球轴承实体模型，如图 7-54 所示。

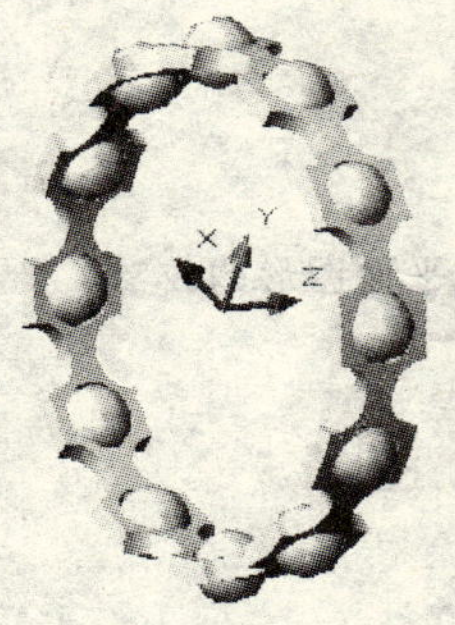

图 7-53　对球进行阵列得到所有滚动体

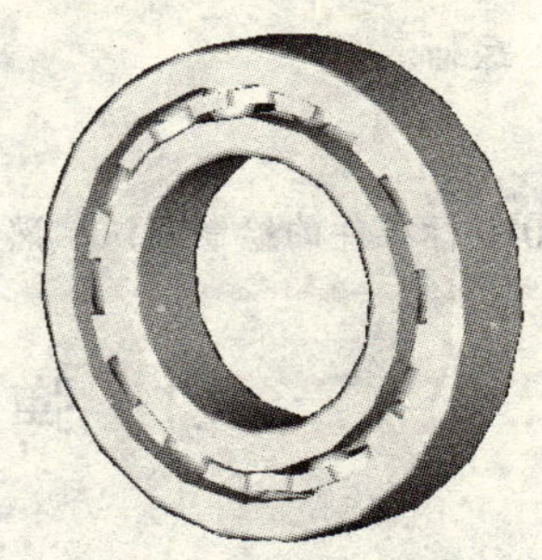

图 7-54　三维深沟球轴承的实体效果

思　考　题

1．AutoCAD 中标准件类零件建模的基本过程是什么？
2．按照书中的讲述，动手完成各个零件的建模。
3．标准件类零件建模常用的特征有哪些？

第 8 章　标准件平面图绘制

【内容】

本章介绍了绘制标准件平面图的方法，包括绘制弹性垫圈、蝶形螺母、螺钉、螺栓、内六角螺钉、起吊环、轴承挡环和单列向心球轴承，介绍了图层设置以及修剪、镜像等制图技巧。

【实例】

实例 1：弹性垫圈。

实例 2：蝶形螺母。

实例 3：螺钉。

实例 4：螺栓。

实例 5：内六角螺钉。

实例 6：起吊环。

实例 7：轴承挡环。

实例 8：单列向心球轴承。

【目的】

掌握 AutoCAD 2010 标准件的绘制方法，熟练掌握绘制平面图形的技巧。

8.1　弹 性 垫 圈

绘制如图 8-1 所示的弹性垫圈的操作步骤如下：

（1）设置图层。

1）依次单击常用选项卡中的“图层”面板→（图层特性管理器）按钮，弹出如图 8-2 所示的“图层特性管理器”对话框。

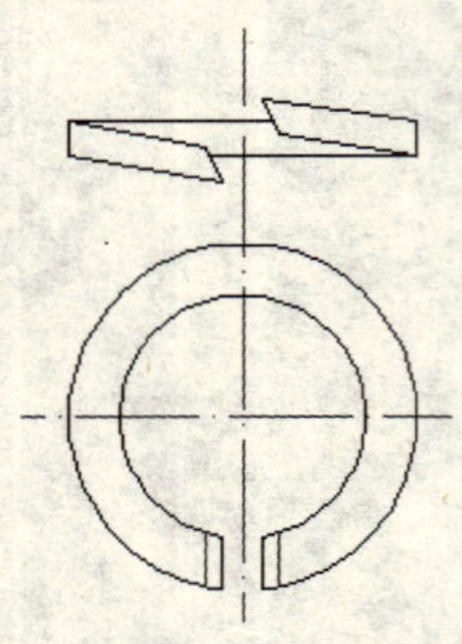

图 8-1　弹性垫圈

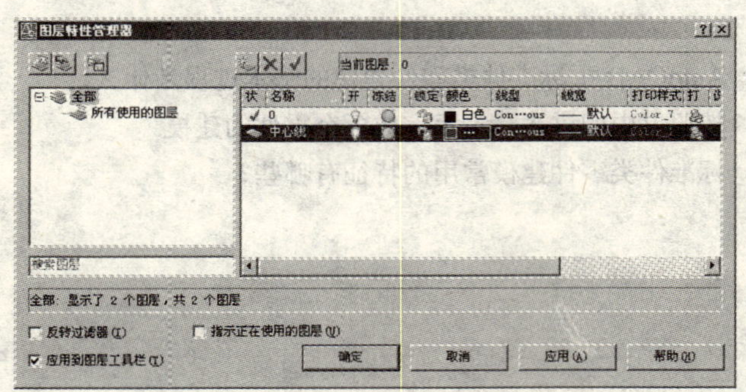

图 8-2　“图层特性管理器”对话框

2）新建“中心线”图层。在“图层特性管理器”对话框中右击，在弹出的快捷菜单中单击“新建图层”命令，设置名称为“中心线”；单击“颜色”列，弹出如图 8-3 所示的“选择颜色”对话框，设置颜色为红色；单击“线型”列，弹出如图 8-4 所示的“选择线型”对话框，单击“加载”按钮，弹出如图 8-5 所示的“加载或重载线型”对话框，在列表框中选择“ACAD-ISO04W100”，单击“确定”按钮，将 ACAD-ISO04W100 加载到“选择线型”对话框的“已加载的线型”列表框中，如图 8-6 所示。

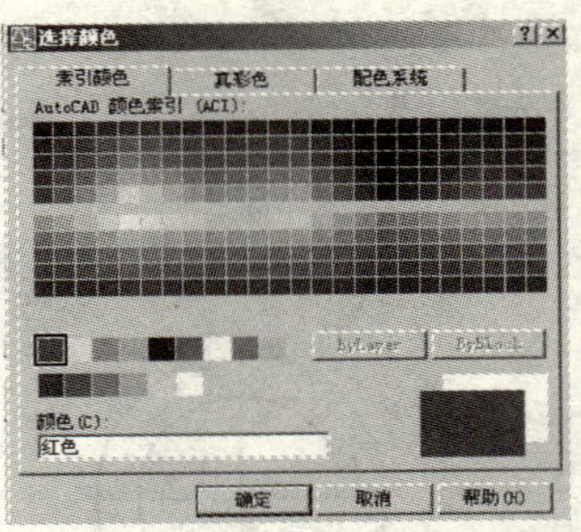

图 8-3　“选择颜色”对话框

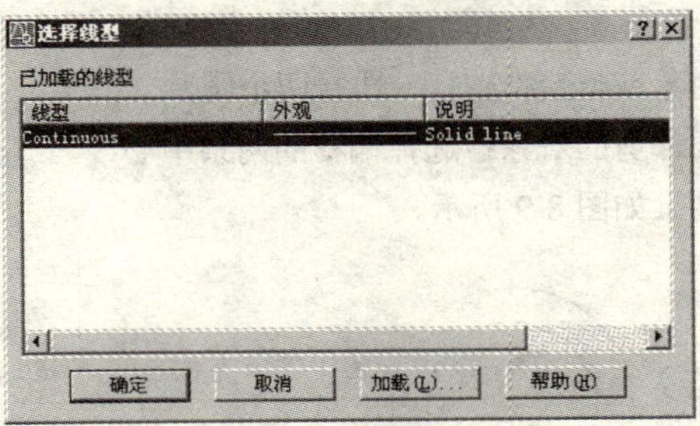

图 8-4　“选择线型”对话框

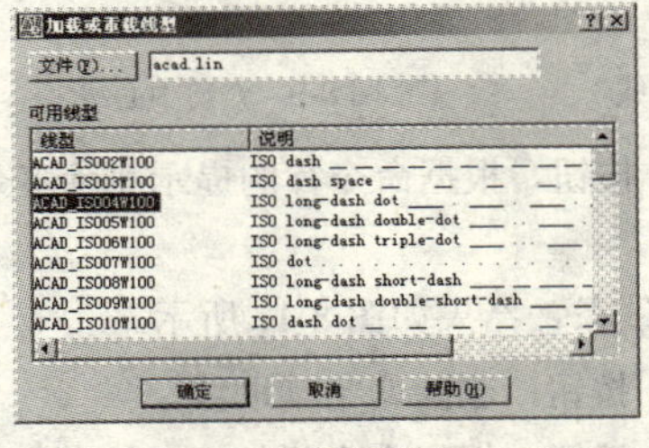

图 8-5　“加载或重载线型”对话框

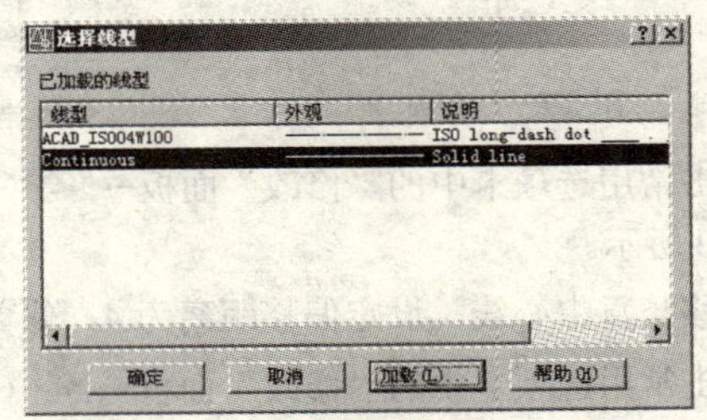

图 8-6　加载线型

3）重复上述操作，建立“剖面线”图层，设置颜色为黄色；建立“虚线”图层，设置颜色为蓝色。

（2）绘制图形。

1）绘制中心线。切换到“中心线”图层。单击常用选项卡中的“绘图”面板→（直线）按钮，命令行提示：

命令: _line

指定第一点: 100，100（按<Enter>键）

指定下一点或[放弃(U)]: @100，0（按<Enter>键）

同理，绘制出第一点为“150，50”，第二点为“@0，100”的直线。

2）绘制圆。切换到“0”图层。单击常用选项卡中的“绘图”面板→（圆）按钮，命令行提示：

命令: _circle

指定圆的圆心或[三点(3P)/两点(2P)/相切、相切、半径(T)]: 150，100（按<Enter>键）

指定圆的半径或[直径(D)]: 24（按<Enter>键）

同理，绘制圆心为“150，100”，半径为 34 的圆。如图 8-7 所示。

3）偏移中心线。单击常用选项卡中的“修改”面板→（偏移）按钮，命令行提示：

命令: offset

指定偏移距离或[通过（T）/删除（E）/图层（L）]: 7（按<Enter>键）

选择要偏移的对象，或[退出(E)/放弃(U)] <退出>: 选择竖直中心线

指定要偏移的那一侧上的点：在竖直中心线左侧单击（按<Enter>键）

选择要偏移的对象，或[退出(E)/放弃(U)] <退出>: 选择竖直中心线

指定要偏移的那一侧上的点：在竖直中心线右侧单击（按<Enter>键）

偏移结果如图 8-8 所示。

4）修剪中心线。单击常用选项卡中的“修改”面板→（修剪）按钮，命令行提示：

命令：trim

选择对象或<全部选择>: 选择两个圆

选择要修剪的对象：选择偏移的两条中心线。

修剪结果如图 8-9 所示。

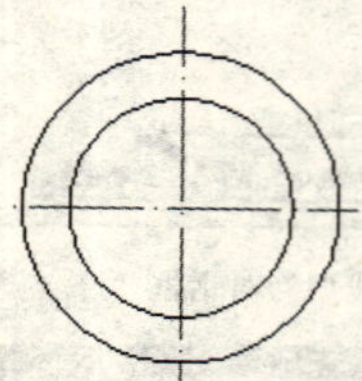

图 8-7　绘制圆

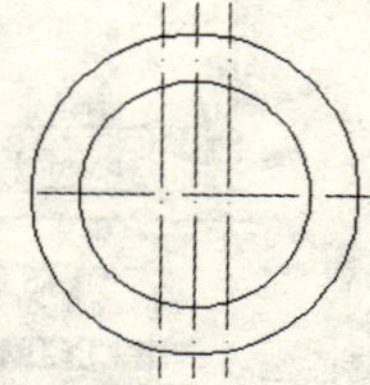

图 8-8　偏移中心线

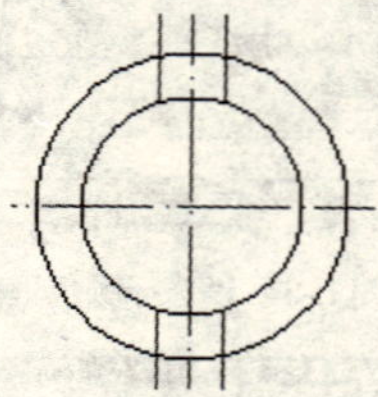

图 8-9　修剪中心线

5）单击常用选项卡中的“修改”面板→（删除）按钮，根据命令行的提示删除多余线条，结果如图 8-10 所示。

6）偏移竖直中心线，设定偏移距离为 4，修剪多余线条，结果如图 8-11 所示。

7）单击常用选项卡中的“修改”面板→（删除）按钮，删除两条辅助线。

8）单击常用选项卡中的“绘图”面板→（直线）按钮，根据命令行的提示绘制如图 8-12 所示的两条直线。

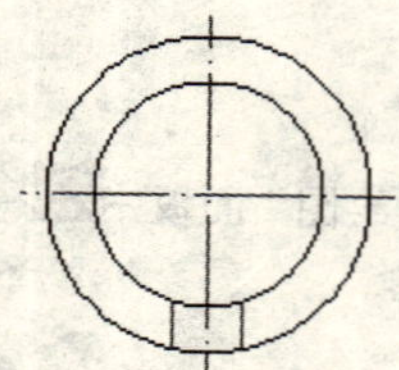

图 8-10　删除多余线条

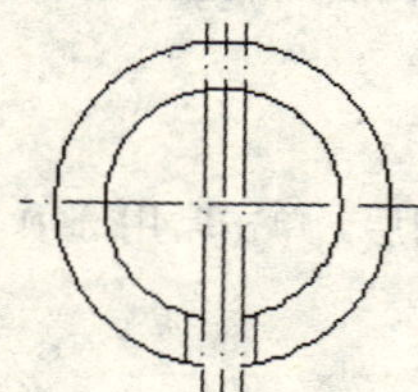

图 8-11　偏移竖直中心线

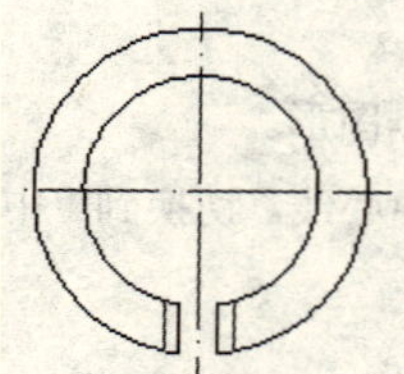

图 8-12　绘制直线

9）单击常用选项卡中的“绘图”面板→（直线）按钮，命令行提示：

命令: _line

指定第一点: 116，151.5（按<Enter>键）

指定下一点或[放弃(U)]: @68，0（按<Enter>键）

指定下一点或[放弃(U)]: @0，6.7（按<Enter>键）

指定下一点或[放弃(U)]: @-68，0（按<Enter>键）

指定下一点或[放弃(U)]: @0，-6.7（按<Enter>键）

指定下一点或[放弃(U)]: （按<Enter>键）

绘制结果如图 8-13 所示。

10）单击常用选项卡中的“绘图”面板→（直线）按钮，命令行提示：

命令: _line

指定第一点: 选择交点 1

指定下一点或[放弃(U)]: 146，146（按<Enter>键）

指定下一点或[放弃(U)]: 143，153（按<Enter>键）

指定下一点或[放弃(U)]: 选择交点 2

指定下一点或[放弃(U)]: （按<Enter>键）

单击常用选项卡中的“绘图”面板→（直线）按钮，命令行提示：

命令: _line

指定第一点: 选择交点 3

指定下一点或[放弃(U)]: 154，162.8（按<Enter>键）

指定下一点或[放弃(U)]: 157，155.8（按<Enter>键）

指定下一点或[放弃(U)]: 选择交点 4

指定下一点或[放弃(U)]: （按<Enter>键）

绘制结果如图 8-14 所示。

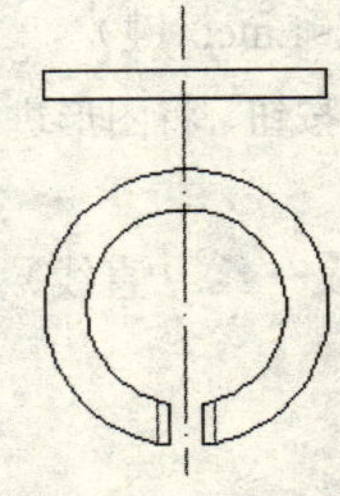

图 8-13　绘制直线

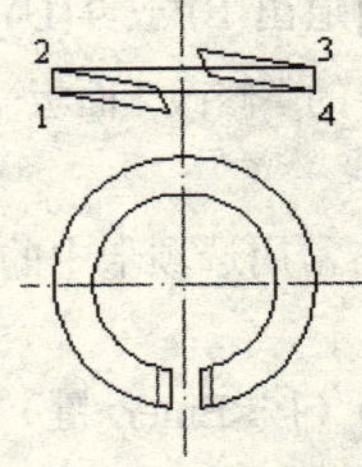

图 8-14　绘制直线

11）单击常用选项卡中的“修改”面板→（修剪）按钮，将图形进行修剪处理，完成如图 8-1 所示的弹性垫圈的绘制。

8.2　蝶 形 螺 母

绘制如图 8-15 所示的蝶形螺母的操作步骤如下：

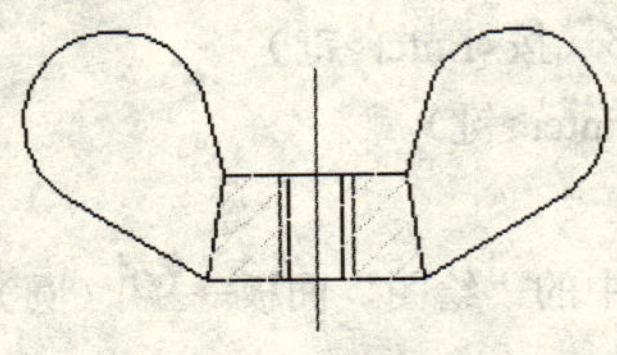

图 8-15　蝶形螺母

（1）绘制中心线。切换到“中心线”图层。单击常用选项卡中的“绘图”面板（直线）按钮，命令行提示：

命令: _line

指定第一点: 100，95（按<Enter>键）

指定下一点或[放弃(U)]: @0，20（按<Enter>键）

指定下一点或[放弃(U)]: （按<Enter>键）

（2）绘制直线。切换到“0”图层。单击常用选项卡中的“绘图”面板（直线）按钮，命令行提示：

命令: _line

指定第一点: 100，100（按<Enter>键）

指定下一点或[放弃(U)]: @6，0（按<Enter>键）

指定下一点或[放弃(U)]: @－1，6（按<Enter>键）

指定下一点或[放弃(U)]: @－5，0（按<Enter>键）

指定下一点或[放弃(U)]: （按<Enter>键）

绘制结果如图 8-16 所示。

（3）单击常用选项卡中的“修改”面板→（偏移）按钮，命令行提示：

命令: offset

指定偏移距离或[通过（T）/删除（E）/图层（L）]: 1.5（按<Enter>键）

选择要偏移的对象：选择中心线

指定要偏移的那一侧上的点: 单击中心线右侧

选择要偏移的对象，或[退出(E)/放弃(U)]<退出>:（按<Enter>键）

（4）单击常用选项卡中的“修改”面板→（修剪）按钮，将图形进行修剪处理，结果如图 8-17 所示。

（5）绘制辅助线。单击常用选项卡中的“绘图”面板→（直线）按钮，命令行提示：

命令: _line

指定第一点: 101.5，100（按<Enter>键）

指定下一点或[放弃(U)]: @0，6（按<Enter>键）

指定下一点或[放弃(U)]: （按<Enter>键）

命令: _line

指定第一点: 100，114（按<Enter>键）

指定下一点或[放弃(U)]: @15，0（按<Enter>键）

指定下一点或[放弃(U)]: （按<Enter>键）

命令: _line

指定第一点: 116，100（按<Enter>键）

指定下一点或[放弃(U)]: @0，15（按<Enter>键）

指定下一点或[放弃(U)]: （按<Enter>键）

结果如图 8-18 所示。

（6）绘制圆。单击常用选项卡中的“绘图”面板→（圆）按钮，命令行提示：

命令: _circle

指定圆的圆心或[三点(3P)/两点(2P)/相切、相切、半径(T)]: t（按<Enter>键）

指定对象与圆的第一个切点: 捕捉与水平线的切点

指定对象与圆的第二个切点: 捕捉与竖直线的切点

指定圆的半径：5（按<Enter>键）

绘制结果如图 8-18 所示。

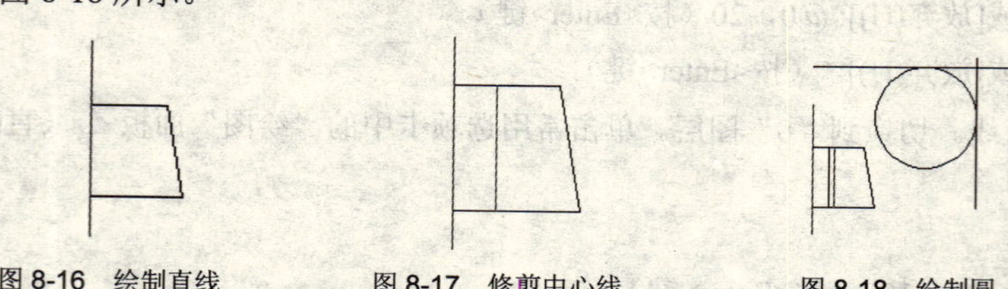

图 8-16　绘制直线　　图 8-17　修剪中心线　　图 8-18　绘制圆

（7）单击常用选项卡中的“绘图”面板→（直线）按钮，根据命令行的提示捕捉步骤（2）中绘制的直线端点与圆的切点，绘制如图 8-19 所示的两条直线。

（8）单击常用选项卡中的“修改”面板→（删除）按钮，删除辅助线。单击常用选项卡中的“修改”面板中的（修剪）命令按钮，将图形进行修剪处理，修剪结果如图 8-20 所示。

（9）单击常用选项卡中的“修改”面板→（镜像）按钮，命令行提示：

命令：mirror

选择对象：all（按<Enter>键）

选择对象：（按<Enter>键）

指定镜像线的第一点：选择步骤（1）中绘制的中心线的上方端点

指定镜像线的第二点：选择步骤（1）中绘制的中心线的下方端点

是否删除源对象？[是（Y）/否(N)]<N>:（按<Enter>键）

镜像结果如图 8-21 所示。

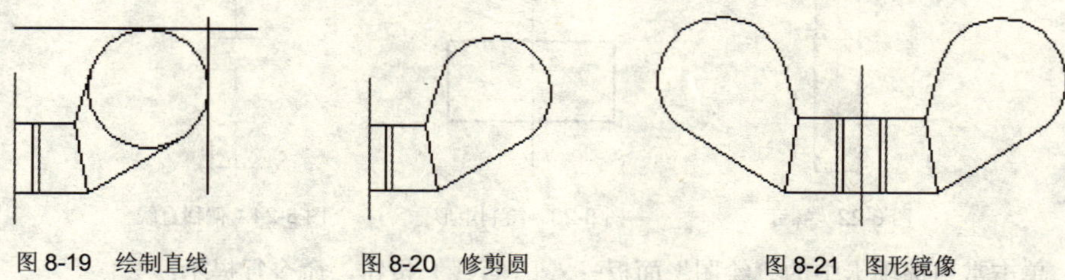

图 8-19　绘制直线　　图 8-20　修剪圆　　图 8-21　图形镜像

（10）切换到“剖面线”图层。单击常用选项卡中的“绘图”面板→（图案填充）按钮，弹出“图案填充和渐变色”对话框，单击“图案”选项框后面的按钮，选择合适的图案，单击“确定”按钮。单击“添加：拾取点”按钮，在绘图区中选取所需填充的部分后按<Enter>键，最后单击“确定”按钮。结果如图 8-15 所示。

8.3　螺　　钉

绘制如图 8-22 所示的螺钉的操作步骤如下：

（1）绘制中心线。切换到“中心线”图层。单击常用选项卡中的“绘图”面板→（直线）按钮，命令行提示：

命令: _line

指定第一点: 107.5，112（按<Enter>键）

指定下一点或[放弃(U)]: @0，－70（按<Enter>键）

指定下一点或[放弃(U)]:（按<Enter>键）

（2）绘制矩形。切换到“0”图层，单击常用选项卡中的“绘图”面板→（矩形）按钮，命令行提示：

命令：rectang

指定第一个角点或[倒角(C)/标高(E)/圆角(F)/厚度(T)/宽度(W)]: 100，100（按<Enter>键）

指定另一个角点或[面积(A)/尺寸(D)/旋转(R)]: @15，6（按<Enter>键）

绘制结果如图 8-23 所示。

（3）单击常用选项卡中的“修改”面板→（分解）按钮，命令行提示：

命令：explode

选择对象：选择绘制的矩形

选择对象：（按<Enter>键）

（4）单击常用选项卡中的“修改”面板→（偏移）按钮，命令行提示：

命令: offset

指定偏移距离或[通过（T）/删除（E）/图层（L）]: 16（按<Enter>键）

选择要偏移的对象：选择矩形的上边线

指定要偏移的那一侧上的点: 单击矩形下方

选择要偏移的对象，或 [退出(E)/放弃(U)] <退出>:（按<Enter>键）

同理，偏移矩形上边线到矩形下方位置，设置偏移距离为 46，结果如图 8-24 所示。

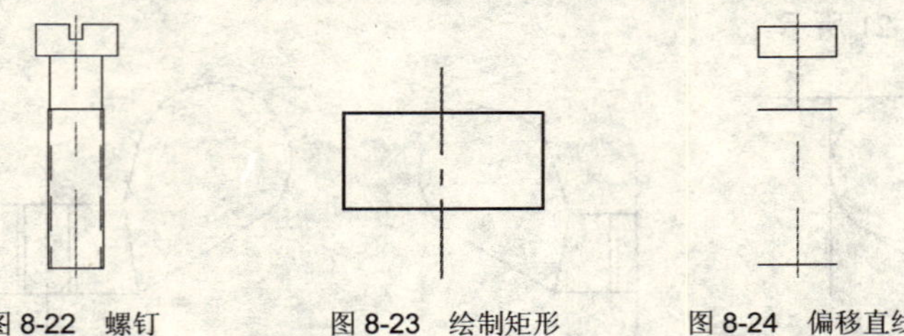

图 8-22　螺钉　　图 8-23　绘制矩形　　图 8-24　偏移直线

（5）单击常用选项卡中的“绘图”面板→（直线）按钮，命令行提示：

命令: _line

指定第一点: 102.75，100（按<Enter>键）

指定下一点或[放弃(U)]: @0，-40（按<Enter>键）

指定下一点或[放弃(U)]: （按<Enter>键）

命令: _line

指定第一点: 112.25，100（按<Enter>键）

指定下一点或[放弃(U)]: @0，-40（按<Enter>键）

指定下一点或[放弃(U)]:（按<Enter>键）

绘制结果如图 8-25 所示。

（6）单击常用选项卡中的“修改”面板→（修剪）按钮，将图形进行修剪处理，修剪结果如图 8-26 所示。

（7）单击常用选项卡中的“修改”面板→（偏移）按钮，根据命令行的提示将步骤（5）绘制的两条直线分别向其左右偏移，设定偏移距离为 0.25，结果如图 8-27 所示。

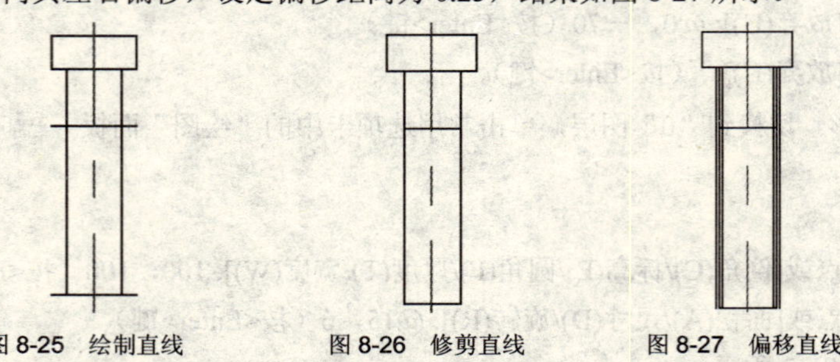

图 8-25　绘制直线　　图 8-26　修剪直线　　图 8-27　偏移直线

（8）单击常用选项卡中的“修改”面板→（延伸）按钮，根据命令行的提示将步骤（4）偏移的两条直线延伸至如图 8-28 所示的位置。

（9）单击常用选项卡中的“修改”面板→（修剪）按钮，对图形进行修剪处理，修剪结果如图 8-29 所示。

（10）单击常用选项卡中的“修改”面板→（圆角）按钮，根据命令行的提示进行倒圆角操作，设定圆角半径为 0.5，结果如图 8-30 所示。

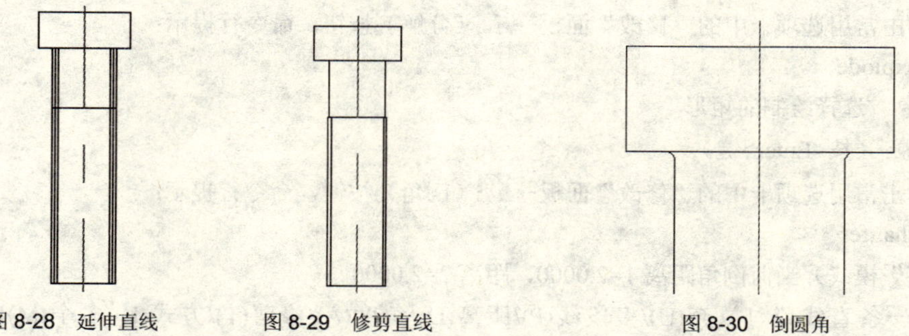

图 8-28　延伸直线　　图 8-29　修剪直线　　图 8-30　倒圆角

（11）单击常用选项卡中的“修改”面板→（偏移）按钮，根据命令行的提示将选择步骤（2）绘制的矩形的左边线和右边线向中间偏移，设定偏移距离为 6.25。同理，将矩形上边线向下偏移，设定偏移距离为 3，结果如图 8-31 所示。

（12）单击常用选项卡中的“修改”面板→（修剪）按钮，对图形进行修剪处理，修剪结果如图 8-32 所示。

（13）选择如图 8-33 所示的两条直线，切换到“虚线”图层，完成如图 8-22 所示的螺钉的绘制。

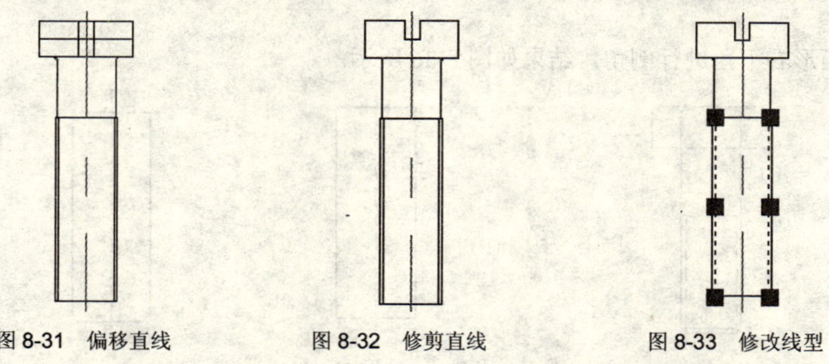

图 8-31　偏移直线　　图 8-32　修剪直线　　图 8-33　修改线型

8.4　螺　　栓

绘制如图 8-34 所示的螺栓的操作步骤如下：

（1）绘制中心线。切换到“中心线”图层。单击常用选项卡中的“绘图”面板→（直线）按钮，命令行提示：

命令: _line

指定第一点: 130，85（按<Enter>键）

指定下一点或[放弃(U)]: @0，250（按<Enter>键）

指定下一点或[放弃(U)]: （按<Enter>键）

（2）绘制矩形。切换到“0”图层，单击常用选项卡中的“绘图”面板→（矩形）按钮，命令行提示：

命令：rectang

指定第一个角点或 [倒角(C)/标高(E)/圆角(F)/厚度(T)/宽度(W)]: 100，100（按<Enter>键）

指定另一个角点或 [面积(A)/尺寸(D)/旋转(R)]: @60，120（按<Enter>键）

绘制结果如图 8-35 所示。

（3）单击常用选项卡中的“修改”面板→（分解）按钮，命令行提示：

命令：explode

选择对象：选择绘制的矩形

选择对象：（按<Enter>键）

（4）单击常用选项卡中的“修改”面板→（倒角）按钮，命令行提示：

命令：chanfer

（“修剪”模式）当前倒角距离 1=2.0000，距离 2=2.0000。

选择第一条直线或 [放弃(U)/多段线(P)/距离(D)/角度(A)/修剪(T)/方式(E)/多个(M)]: a（按<Enter>键）

指定第一条直线的倒角长度 : 4.5（按<Enter>键）

指定第一条直线的倒角角度 : 45（按<Enter>键）

选择第一条直线或 [放弃(U)/多段线(P)/距离(D)/角度(A)/修剪(T)/方式(E)/多个(M)]: 选择矩形左边线

选择第二条直线或 [放弃(U)/多段线(P)/距离(D)/角度(A)/修剪(T)/方式(E)/多个(M)]: 选择矩形下边线

同理，对矩形右下角进行倒角，结果如图 8-36 所示。

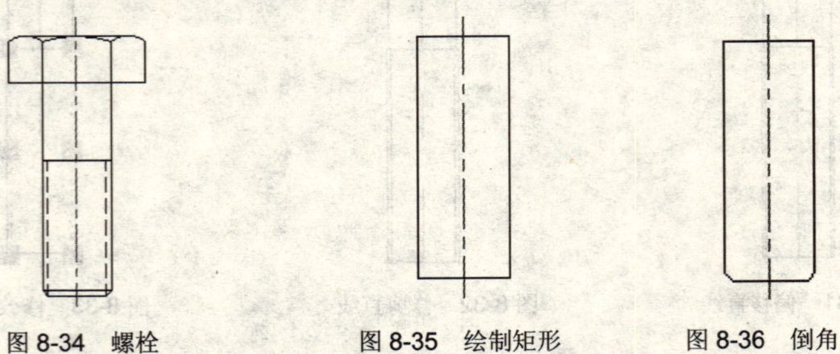

图 8-34　螺栓　　图 8-35　绘制矩形　　图 8-36　倒角

（5）单击常用选项卡中的“修改”面板→（偏移）按钮，命令行提示：

命令: offset

指定偏移距离或[通过（T）/删除（E）/图层（L）]: 112（按<Enter>键）

选择要偏移的对象：选择矩形上边线

指定要偏移的那一侧上的点: 单击矩形上方

选择要偏移的对象，或 [退出(E)/放弃(U)] <退出>:（按<Enter>键）

同理，再将矩形上边线向上偏移，设定偏移距离为 70，结果如图 8-37 所示。

（6）单击常用选项卡中的“修改”面板→（延伸）按钮，根据命令行的提示将矩形左右两条边线延伸，结果如图 8-38 所示。

（7）单击常用选项卡中的“绘图”面板→（直线）按钮，根据命令行的提示在如图 8-39 所示的图形下方绘制一条直线。

再次单击常用选项卡中的“绘图”面板→（直线）按钮，命令行提示：

命令: _line

指定第一点: 100，290（按<Enter>键）

指定下一点或[放弃(U)]: @−30，0（按<Enter>键）

指定下一点或[放弃(U)]: @0，42（按<Enter>键）

指定下一点或[放弃(U)]: @30，0（按<Enter>键）

指定下一点或[放弃(U)]: （按<Enter>键）

命令: _line

指定第一点: 160，290（按<Enter>键）

指定下一点或[放弃(U)]: @30，0（按<Enter>键）

指定下一点或[放弃(U)]: @0，42（按<Enter>键）

指定下一点或[放弃(U)]: @−30，0（按<Enter>键）

指定下一点或[放弃(U)]: （按<Enter>键）

绘制结果如图 8-39 所示。

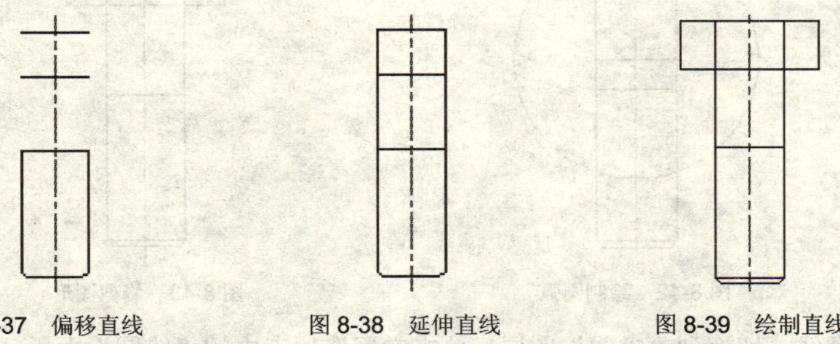

图 8-37　偏移直线　　图 8-38　延伸直线　　图 8-39　绘制直线

（8）绘制辅助线。单击常用选项卡中的“修改”面板→（偏移）按钮，命令行提示：

命令: offset

指定偏移距离或[通过（T）/删除（E）/图层（L）]: 90（按<Enter>键）

选择要偏移的对象：选择矩形上边线

指定要偏移的那一侧上的点: 单击上边线下方

选择要偏移的对象，或 [退出(E)/放弃(U)] <退出>:（按<Enter>键）

同理，将步骤（7）绘制的左右两边线向中心偏移，设定偏移距离为 15。

（9）绘制圆。单击常用选项卡中的“绘图”面板→（圆）按钮，命令行提示：

命令: _circle

指定圆的圆心或[三点(3P)/两点(2P)/相切、相切、半径(T)]: 选择步骤（8）中偏移后的上边线与中心线的交点

指定圆的半径: 90（按<Enter>键）

绘制结果如图 8-40 所示。

（10）绘制辅助线。单击常用选项卡中的“绘图”面板→（直线）按钮，命令行提示：

命令: _line

指定第一点: 选择步骤（6）中矩形左边线延伸后的直线与圆的交点

指定下一点或[放弃(U)]: @−40，0（按<Enter>键）

指定下一点或[放弃(U)]: （按<Enter>键）

同理，绘制另一条直线，绘制结果如图 8-41 所示。

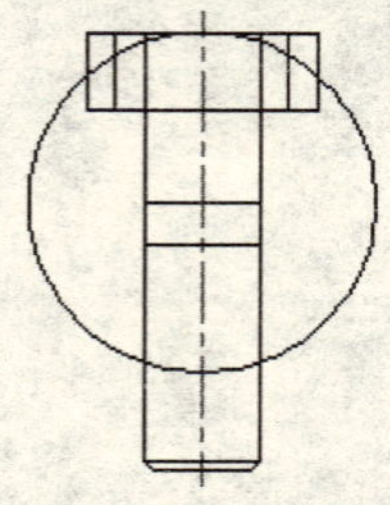
图 8-40 绘制圆

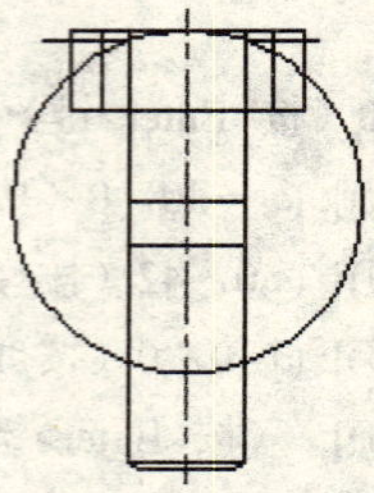

图 8-41 绘制辅助线

（11）单击常用选项卡中的“绘图”面板→（圆弧）按钮，根据命令行的提示绘制如图 8-42 所示的两条圆弧。

（12）单击常用选项卡中的“修改”面板→（修剪）按钮，对图形进行修剪处理，修剪结果如图 8-43 所示。

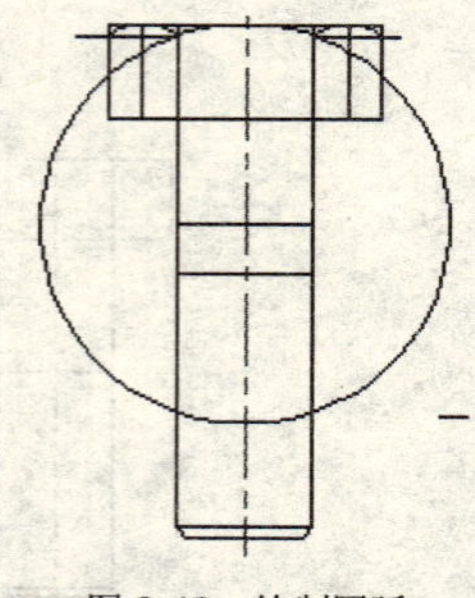
图 8-42 绘制圆弧

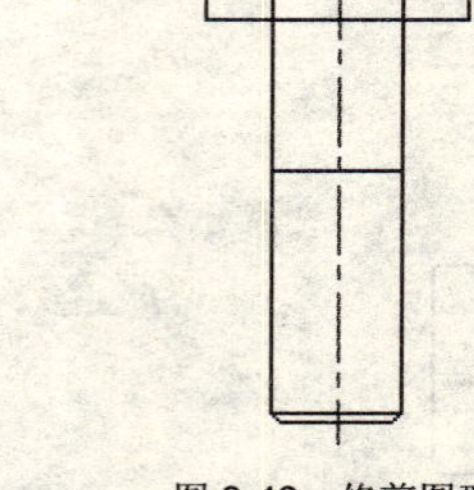
图 8-43 修剪图形

（13）绘制虚线。切换到“虚线”图层，单击常用选项卡中的“绘图”面板→（直线）按钮，根据命令行的提示绘制两条虚线，完成如图 8-34 所示的螺栓平面图的绘制。

8.5 内六角螺钉

绘制如图 8-44 所示的内六角螺钉的操作步骤如下：

（1）绘制中心线。切换到“中心线”图层，单击常用选项卡中的“绘图”面板→（直线）按钮，命令行提示：

命令: _line

指定第一点: 115，85（按<Enter>键）

指定下一点或[放弃(U)]: @0，－135（按<Enter>键）

指定下一点或[放弃(U)]: （按<Enter>键）

（2）绘制矩形。切换到“0”图层，单击常用选项卡中的“绘图”面板→（矩形）按钮，命令行提示：

命令：rectang

指定第一个角点或 [倒角(C)/标高(E)/圆角(F)/厚度(T)/宽度(W)]: 100，100（按<Enter>键）

指定另一个角点或 [面积(A)/尺寸(D)/旋转(R)]: @29，80（按<Enter>键）

绘制结果如图 8-45 所示。

（3）单击常用选项卡中的“修改”面板→（分解）按钮，命令行提示：

命令：explode

选择对象：选择绘制的矩形（按<Enter>键）

（4）单击常用选项卡中的“绘图”面板→（直线）按钮，命令行提示：

命令: _line

指定第一点: 选择矩形左上角

指定下一点或[放弃(U)]: @－6，0（按<Enter>键）

指定下一点或[放弃(U)]: @0，30（按<Enter>键）

指定下一点或[放弃(U)]: @42，0（按<Enter>键）

指定下一点或[放弃(U)]: @0，－30（按<Enter>键）

指定下一点或[放弃(U)]: @－6，0（按<Enter>键）

指定下一点或[放弃(U)]: （按<Enter>键）

绘制结果如图 8-46 所示。

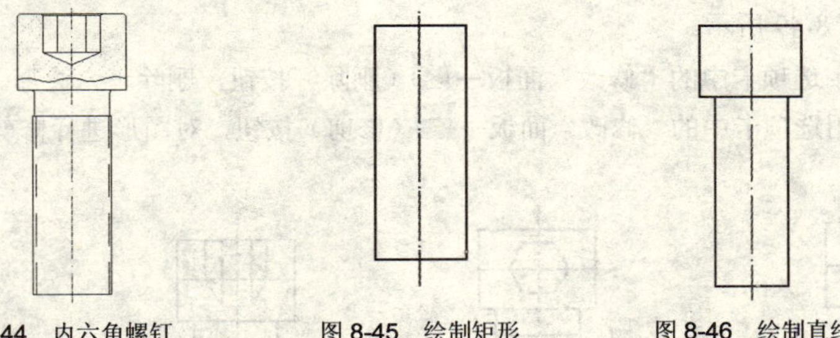

图 8-44　内六角螺钉　　图 8-45　绘制矩形　　图 8-46　绘制直线

（5）单击常用选项卡中的“修改”面板→（偏移）按钮，命令行提示：

命令: offset

指定偏移距离或[通过（T）/删除（E）/图层（L）]: 70（按<Enter>键）

选择要偏移的对象：选择步骤（2）绘制的矩形的下边线

指定要偏移的那一侧上的点: 单击下边线的上方

选择要偏移的对象，或 [退出(E)/放弃(U)] <退出>:（按<Enter>键）

同理，将步骤（4）绘制的上方直线向下偏移，设定偏移距离为 15，结果如图 8-47 所示。

（6）绘制正六边形。单击常用选项卡中的“绘图”面板→（正多边形）按钮，命令行提示：

命令: _polygon

输入边的数目 <4>: 6（按<Enter>键）

指定正多边形的中心点或 [边(E)]: 选择步骤（5）中偏移后的直线与中心线的交点（按Enter>键）

输入选项 [内接于圆(I)/外切于圆(C)]: i（按<Enter>键）

指定圆的半径: 11（按<Enter>键）

绘制结果如图 8-48 所示。

（7）单击常用选项卡中的“绘图”面板→（直线）按钮，命令行提示：

命令: _line

指定第一点: 选择正六边形的左角点

指定下一点或[放弃(U)]: 104，210（按<Enter>键）

指定下一点或[放弃(U)]: （按<Enter>键）

命令: _line

指定第一点: 选择正六边形的左下角点（按<Enter>键）

指定下一点或[放弃(U)]: 109.5，210（按<Enter>键）

指定下一点或[放弃(U)]: （按<Enter>键）

命令: _line

指定第一点: 选择正六边形的右下角点（按<Enter>键）

指定下一点或[放弃(U)]: 120.5，210（按<Enter>键）

指定下一点或[放弃(U)]: （按<Enter>键）

命令: _line

指定第一点: 选择正六边形的右角点（按<Enter>键）

指定下一点或[放弃(U)]: 126，210（按<Enter>键）

指定下一点或[放弃(U)]: （按<Enter>键）

绘制结果如图 8-49 所示。

（8）单击常用选项卡中的“修改”面板→（删除）按钮，删除正六边形。

（9）单击常用选项卡中的“修改”面板→（修剪）按钮，对图形进行修剪处理，修剪结果如图 8-50 所示。

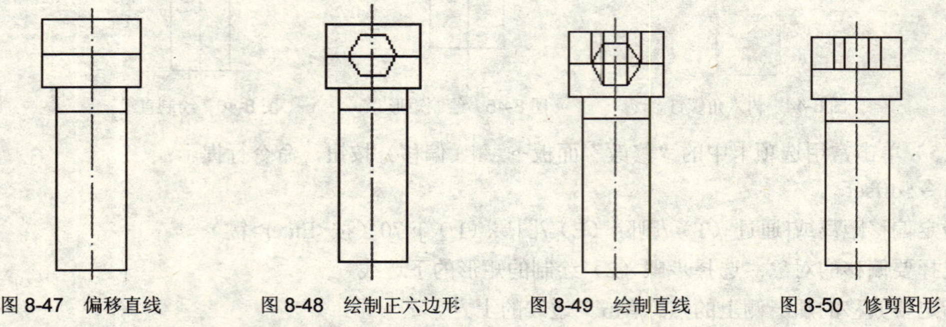

图 8-47　偏移直线　　图 8-48　绘制正六边形　　图 8-49　绘制直线　　图 8-50　修剪图形

（10）单击常用选项卡中的“修改”面板→（偏移）按钮，命令行提示:

命令: offset

指定偏移距离或[通过（T）/删除（E）/图层（L）]: 5（按<Enter>键）

选择要偏移的对象：选择步骤（5）中偏移后的直线（按<Enter>键）

指定要偏移的那一侧上的点:单击直线下方（按<Enter>键）

选择要偏移的对象，或 [退出(E)/放弃(U)] <退出>:（按<Enter>键）

同理，将步骤（4）绘制的上方直线向下偏移，设定偏移距离为 0.5，结果如图 8-51 所示。

（11）单击常用选项卡中的“绘图”面板→（直线）按钮，命令行提示:

命令: _line

指定第一点: 选择左侧第二条竖直线与步骤（10）中偏移后的上方直线的交点（按 <Enter>键）

指定下一点或[放弃(U)]: 103，210（按<Enter>键）

指定下一点或[放弃(U)]: （按<Enter>键）

命令: _line

指定第一点: 选择右侧第二条竖直线与步骤（10）中偏移后的上方直线的交点（按 <Enter>键）

指定下一点或[放弃(U)]: 127，210（按<Enter>键）

指定下一点或[放弃(U)]: （按<Enter>键）

（12）单击常用选项卡中的“修改”面板→（修剪）按钮，对图形进行修剪处理，修剪结果如图 8-52 所示。

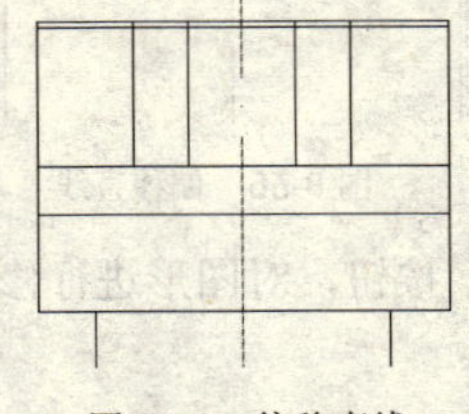

图 8-51 偏移直线

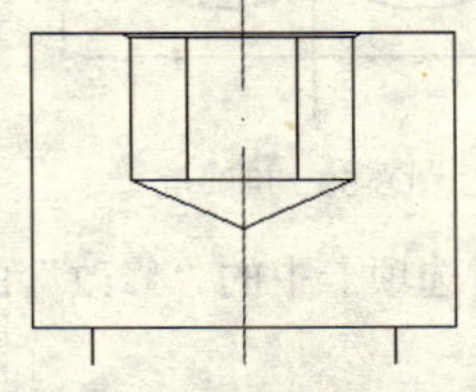

图 8-52 修剪图形

（13）单击常用选项卡中的“绘图”面板→（多段线）按钮，命令行提示：

命令: _pline

指定起点: 94，184（按<Enter>键）

指定下一个点或 [圆弧(A)/半宽(H)/长度(L)/放弃(U)/宽度(W)]: @4，0.4（按<Enter>键）

指定下一个点或 [圆弧(A)/半宽(H)/长度(L)/放弃(U)/宽度(W)]: a（按<Enter>键）

指定圆弧的端点：随意选取 5 个点

绘制结果如图 8-53 所示。

（14）单击常用选项卡中的“修改”面板→（倒角）按钮，命令行提示：

命令：chanfer

（“修剪”模式）当前倒角距离 1=1.50000，距离 2=1.50000

选择第一条直线或 [放弃(U)/多段线(P)/距离(D)/角度(A)/修剪(T)/方式(E)/多个(M)]: a（按<Enter>键）

指定第一条直线的倒角长度 <1.0000>: 1（按<Enter>键）

指定第一条直线的倒角角度 <45>: 45（按<Enter>键）

选择第一条直线，或按住 Shift 键选择要应用角点的直线: 选择左侧竖直线

选择第二条直线: 选择上方直线

同理，完成另一侧倒角的绘制，结果如图 8-54 所示。

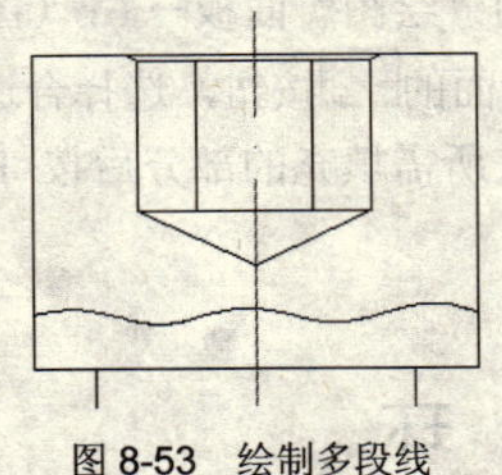

图 8-53 绘制多段线

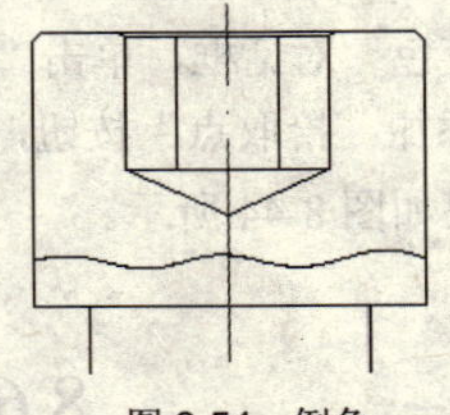

图 8-54 倒角

（15）单击常用选项卡中的“修改”面板→（圆角）按钮，根据命令行的提示倒圆角，设定圆角半径为 1，结果如图 8-55 所示。

（16）单击常用选项卡中的“修改”面板→（偏移）按钮，根据命令行的提示将两边线向各自左右偏移，设定偏移距离为 0.5，结果如图 8-56 所示。

（17）单击常用选项卡中的“修改”面板→（延伸）按钮，根据命令行的提示将直线向左右两侧延伸，结果如图 8-57 所示。

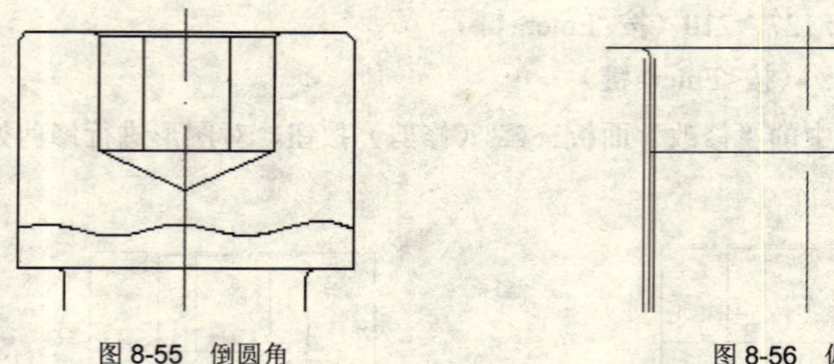

图 8-55　倒圆角　　图 8-56　偏移直线

（18）单击常用选项卡中的“修改”面板→（修剪）按钮，对图形进行修剪处理，修剪结果如图 8-58 所示。

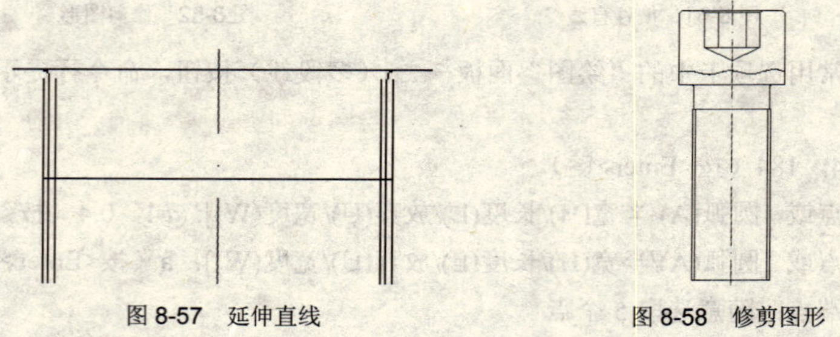

图 8-57　延伸直线　　图 8-58　修剪图形

（19）选择如图 8-59 所示的两条竖直线，切换到“虚线”图层，结果如图 8-60 所示。

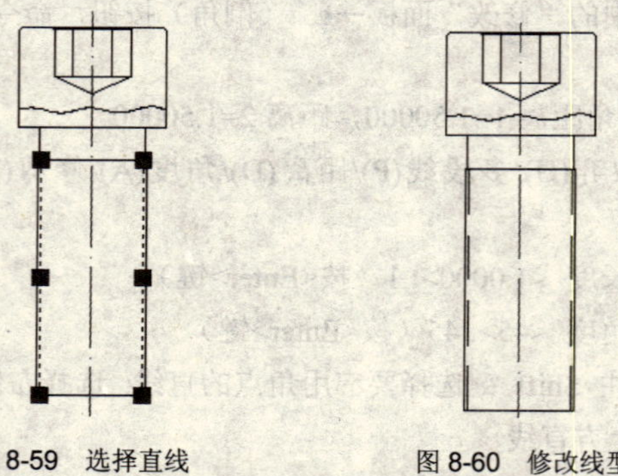

图 8-59　选择直线　　图 8-60　修改线型

（20）切换到“剖面线”图层。单击常用选项卡中的“绘图”面板→（图案填充）按钮，弹出“图案填充和渐变色”对话框，单击“图案”选项框后面的按钮，选择合适的图案，单击“确定”按钮。单击“添加：拾取点”按钮，在绘图区中选取所需填充的部分后按<Enter>键，最后单击“确定”按钮。结果如图 8-44 所示。

8.6　起　吊　环

绘制如图 8-61 所示的起吊环，其操作步骤如下：

（1）绘制中心线。切换到“中心线”图层。单击常用选项卡中的“绘图”面板→（直线）按钮，命令行提示：

命令: _line

指定第一点: 100，100（按<Enter>键）

指定下一点或[放弃(U)]: @100，0（按<Enter>键）

指定下一点或[放弃(U)]: （按<Enter>键）

命令: _line

指定第一点: 150，50（按<Enter>键）

指定下一点或[放弃(U)]: @0，100（按<Enter>键）

指定下一点或[放弃(U)]: （按<Enter>键）

（2）单击常用选项卡中的“绘图”面板→（圆）按钮，命令行提示:

命令: _circle

指定圆的圆心或[三点(3P)/两点(2P)/相切、相切、半径(T)]: 150，100（按<Enter>键）

指定圆的半径或[直径(D)]: 32.5（按<Enter>键）

绘制结果如图 8-62 所示。

（3）切换到“0”图层。单击常用选项卡中的“绘图”面板→（圆）按钮，命令行提示:

命令: _circle

指定圆的圆心或[三点(3P)/两点(2P)/相切、相切、半径(T)]: 150，100（按<Enter>键）

指定圆的半径或[直径(D)]: 30（按<Enter>键）

绘制结果如图 8-63 所示。

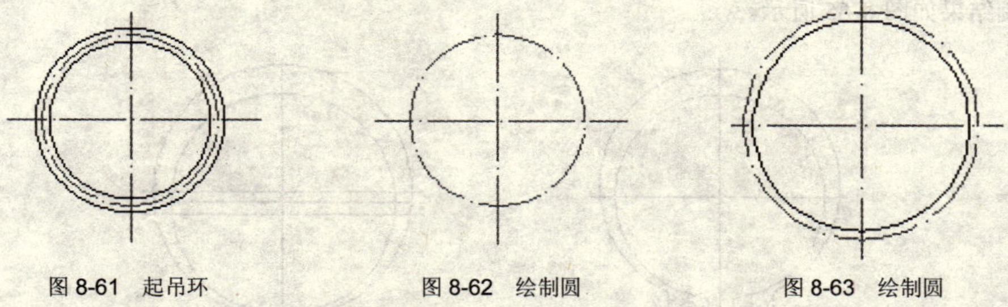

图 8-61　起吊环　　图 8-62　绘制圆　　图 8-63　绘制圆

同理，绘制半径为 35 的圆，结果如图 8-61 所示。

8.7　轴 承 挡 环

绘制如图 8-64 所示的轴承挡环的操作步骤如下:

（1）绘制中心线。切换到“中心线”图层。单击常用选项卡中的“绘图”面板→（直线）按钮，命令行提示:

命令: _line

指定第一点: 100，100（按<Enter>键）

指定下一点或[放弃(U)]: @20，0（按<Enter>键）

指定下一点或[放弃(U)]: （按<Enter>键）

命令: _line

指定第一点: 109，90（按<Enter>键）

指定下一点或[放弃(U)]: @0，20（按<Enter>键）

指定下一点或[放弃(U)]: （按<Enter>键）

（2）绘制圆。切换到“0”图层。单击常用选项卡中的“绘图”面板→（圆）按钮，命令行提示：

命令: _circle

指定圆的圆心或[三点(3P)/两点(2P)/相切、相切、半径(T)]: 选择中心线交点

指定圆的半径或[直径(D)]: 5（按<Enter>键）

（3）单击常用选项卡中的“修改”面板→（偏移）按钮，命令行提示：

命令: offset

指定偏移距离或[通过（T）/删除（E）/图层（L）]: 0.5（按<Enter>键）

选择要偏移的对象，或[退出(E)/放弃(U)] <退出>: 选择水平中心线

指定要偏移的那一侧上的点: 单击中心线上方

选择要偏移的对象，或[退出(E)/放弃(U)] <退出>: 选择水平中心线

指定要偏移的另一侧上的点: 单击中心线下方

（4）单击常用选项卡中的“绘图”面板→（圆）按钮，命令行提示：

命令: _circle

指定圆的圆心或[三点(3P)/两点(2P)/相切、相切、半径(T)]: 108.9，100.5（按<Enter>键）

指定圆的半径或[直径(D)]: 5.75（按<Enter>键）

绘制结果如图 8-65 所示。

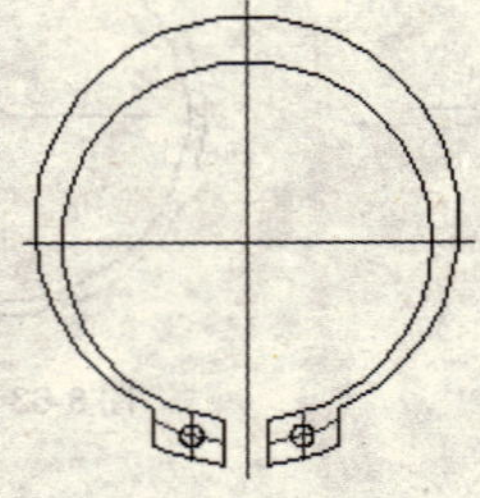

图 8-64 轴承挡环

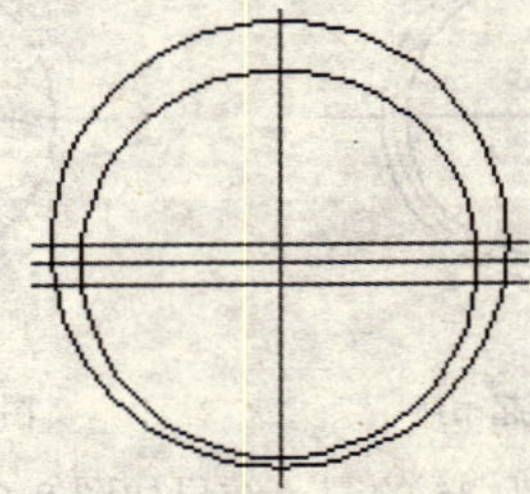

图 8-65 绘制圆

（5）单击常用选项卡中的“修改”面板→（偏移）按钮，命令行提示：

命令: offset

指定偏移距离或[通过（T）/删除（E）/图层（L）]: 0.6（按<Enter>键）

选择要偏移的对象，或[退出(E)/放弃(U)] <退出>: 选择竖直中心线

指定要偏移的那一侧上的点: 单击中心线左侧

选择要偏移的对象，或[退出(E)/放弃(U)] <退出>: 选择竖直中心线

指定要偏移的那一侧上的点: 单击中心线右侧

同理，将竖直中心线再次向两侧偏移，设定偏移距离为 2.5。

偏移结果如图 8-66 所示。

（6）单击常用选项卡中的“绘图”面板→（圆）按钮，命令行提示：

命令: _circle

指定圆的圆心或[三点(3P)/两点(2P)/相切、相切、半径(T)]: 108.9，99.5（按<Enter>键）

指定圆的半径或[直径(D)]: 5.75（按<Enter>键）

绘制结果如图 8-67 所示。

（7）单击常用选项卡中的“修改”面板→（修剪）按钮，对图形进行修剪处理，修剪结果如图 8-68 所示。

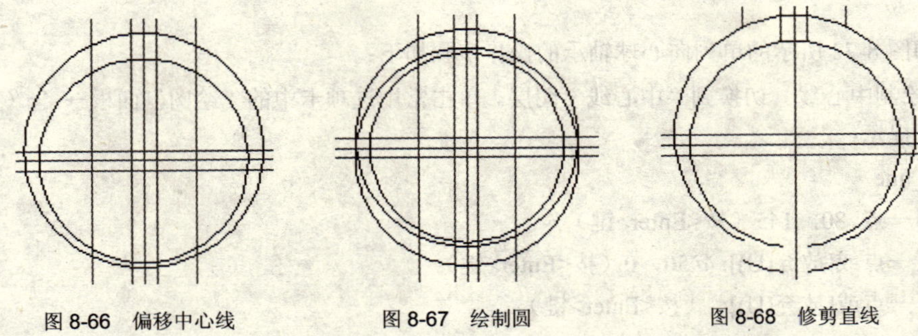

图 8-66　偏移中心线　　图 8-67　绘制圆　　图 8-68　修剪直线

（8）单击常用选项卡中的“修改”面板→（删除）按钮，删除辅助线。

（9）单击常用选项卡中的“绘图”面板→（直线）按钮，根据命令行的提示绘制如图 8-69 所示的 4 条直线。

（10）切换到“中心线”图层。单击常用选项卡中的“绘图”面板→（圆）按钮，命令行提示：

命令: _circle

指定圆的圆心或[三点(3P)/两点(2P)/相切、相切、半径(T)]: 108.9，99.5（按<Enter>键）

指定圆的半径或[直径(D)]: 5.13（按<Enter>键）

（11）单击常用选项卡中的“修改”面板→（偏移）按钮，命令行提示：

命令: offset

指定偏移距离或[通过（T）/删除（E）/图层（L）]: 1.5（按<Enter>键）

选择要偏移的对象，或[退出(E)/放弃(U)] <退出>: 选择竖直中心线

指定要偏移的那一侧上的点: 单击中心线左侧

选择要偏移的对象，或[退出(E)/放弃(U)] <退出>: 选择竖直中心线

指定要偏移的另一侧上的点: 单击中心线右侧

（12）单击常用选项卡中的“修改”面板→（修剪）按钮，对图形进行修剪处理，修剪结果如图 8-70 所示。

（13）切换到“0”图层。单击常用选项卡中的“绘图”面板→（圆）按钮，根据命令行的提示绘制如图 8-71 所示的两个小圆，选定小圆圆心为两条线的交点，小圆半径为 0.3。

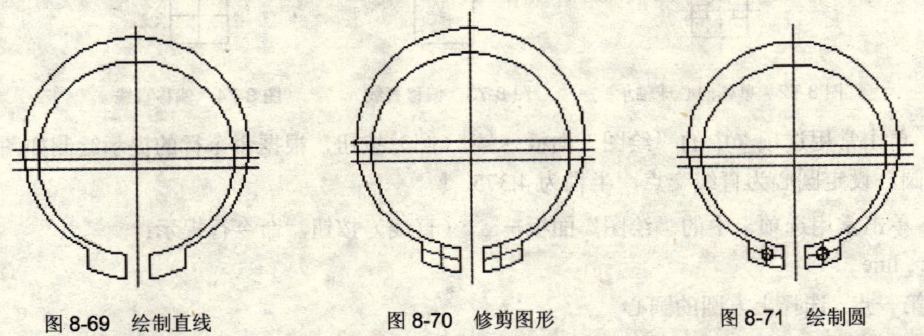

图 8-69　绘制直线　　图 8-70　修剪图形　　图 8-71　绘制圆

（14）单击常用选项卡中的“修改”面板→（删除）按钮，删除辅助线，结果如图 8-64 所示。

8.8 单列向心球轴承

绘制如图 8-72 所示的单列向心球轴承的操作步骤如下：

（1）绘制中心线。切换到“中心线”图层。单击常用选项卡中的“绘图”面板→（直线）按钮，命令行提示：

命令: _line

指定第一点: 80，145（按<Enter>键）

指定下一点或[放弃(U)]: @50，0（按<Enter>键）

指定下一点或[放弃(U)]: （按<Enter>键）

（2）切换到“0”图层。单击常用选项卡中的“绘图”面板→（矩形）按钮，命令行提示：

命令：rectang

指定第一个角点或 [倒角(C)/标高(E)/圆角(F)/厚度(T)/宽度(W)]: 100，100（按<Enter>键）

指定另一个角点或 [面积(A)/尺寸(D)/旋转(R)]: @18，90（按<Enter>键）

（3）单击常用选项卡中的“修改”面板→（分解）按钮，命令行提示：

命令：explode

选择对象：选择矩形（按<Enter>键）

选择对象：（按<Enter>键）

（4）单击常用选项卡中的“修改”面板→（偏移）按钮，根据命令行的提示将矩形上下边线向中心偏移，设定偏移距离为 17.5，结果如图 8-73 所示。

（5）单击常用选项卡中的“修改”面板→（偏移）按钮，根据命令行的提示将矩形左边线向中心偏移，设定偏移距离为 9。将矩形上下边线向中心偏移，设定偏移距离为 8.75，结果如图 8-74 所示。

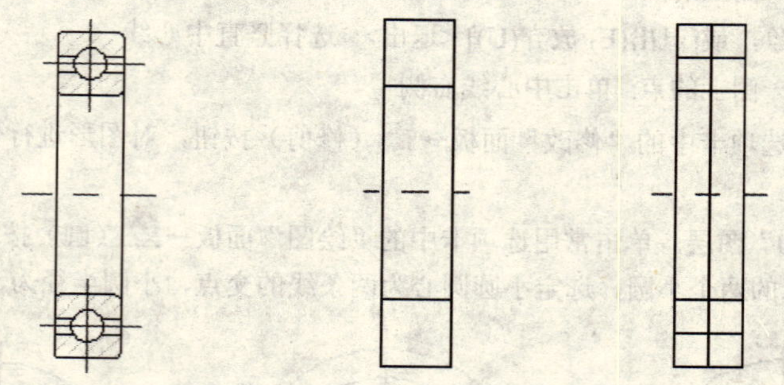

图 8-72 单列向心球轴承　　图 8-73 偏移直线　　图 8-74 偏移直线

（6）单击常用选项卡中的“绘图”面板→（圆）按钮，根据命令行的提示绘制如图 8-75 所示的两个圆，设定圆心为直线交点，半径为 4.375。

（7）单击常用选项卡中的“绘图”面板→（直线）按钮，命令行提示：

命令: _line

指定第一点: 选择上方圆的圆心

指定下一点或[放弃(U)]: @10<-30（按<Enter>键）

指定下一点或[放弃(U)]: （按<Enter>键）

绘制结果如图 8-76 所示。

（8）单击常用选项卡中的“绘图”面板→（直线）按钮，命令行提示：

命令: _line

指定第一点: 选择上一步绘制的直线与圆的交点（按<Enter>键）

指定下一点或[放弃(U)]: @5.2，0（按<Enter>键）

指定下一点或[放弃(U)]: （按<Enter>键）

绘制结果如图 8-77 所示。

图 8-75　绘制圆

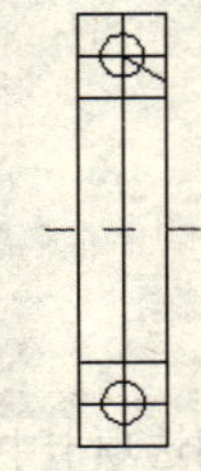

图 8-76　绘制直线

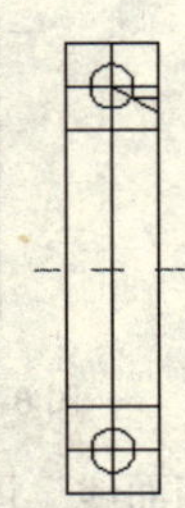

图 8-77　绘制直线

（9）单击常用选项卡中的“修改”面板→（延伸）按钮，根据命令行的提示将步骤（8）绘制的直线向左延伸，结果如图 8-78 所示。

（10）单击常用选项卡中的“修改”面板→（偏移）按钮，根据命令行的提示将如图 8-79 所示的直线向上偏移，设定偏移距离为 2.19。

（11）单击常用选项卡中的“修改”面板→（修剪）按钮，将图形进行修剪处理，修剪结果如图 8-80 所示。

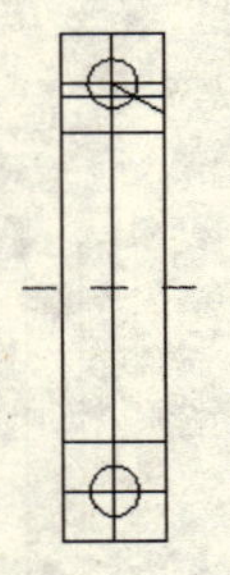

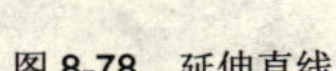

图 8-78　延伸直线

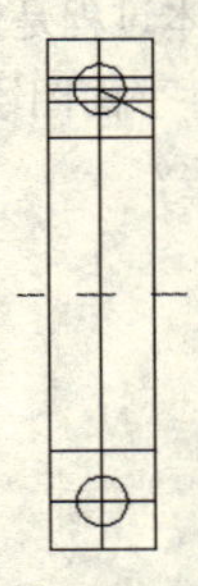

图 8-79　偏移直线

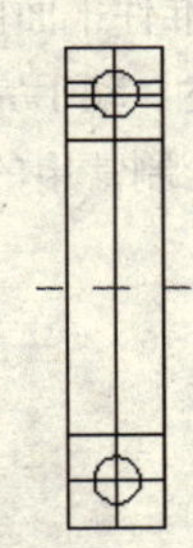

图 8-80　修剪直线

（12）选择如图 8-81 所示的直线，切换到“中心线”图层，结果如图 8-82 所示。

（13）重复步骤（7）至步骤（11）的操作，绘制结果如图 8-83 所示。

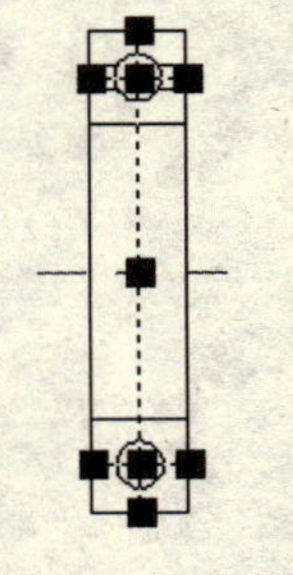

图 8-81　选择直线

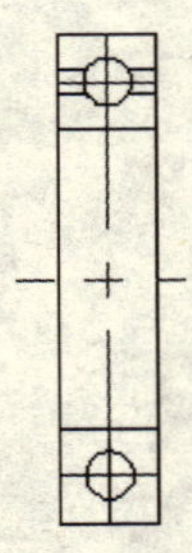

图 8-82　修改线型

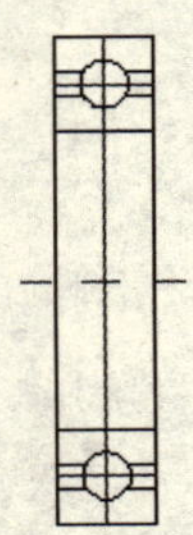

图 8-83　绘制下方图形

（14）单击常用选项卡中的“修改”面板→（圆角）按钮，根据命令行的提示倒圆角，设定圆角半径为 2，结果如图 8-84 所示。

（15）对中心线进行修饰，如图 8-85 所示。

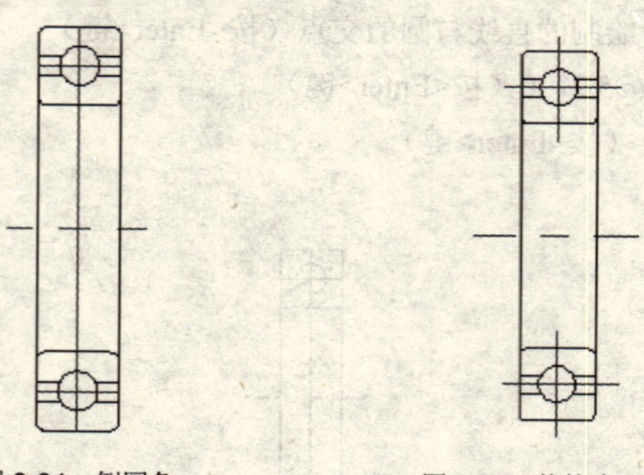

图 8-84　倒圆角　　　图 8-85　修饰中心线

（16）切换到“剖面线”图层。单击常用选项卡中的“绘图”面板→（图案填充）按钮，弹出“图案填充和渐变色”对话框，单击“图案”选项框后面的按钮，选择合适的图案，单击“确定”按钮。单击“添加：拾取点”按钮，在绘图区中选取所需填充的部分后按<Enter>键，最后单击“确定”按钮，结果如图 8-72 所示。

思　考　题

1．AutoCAD 中标准件平面图绘制的基本过程是什么？
2．按照书中的讲述，动手完成各个零件平面图绘制。
3．标准件平面图绘制常用的特征有哪些？

第 9 章　齿轮类零件建模

【内容】

齿轮是一种广泛用于各种机械传动的常用零件，用来传递动力、改变转速和旋转方向。齿轮的种类很多，常见的齿轮形式有圆柱直齿轮、圆柱斜齿轮、圆锥齿轮等。本章将详细介绍在 AutoCAD 2010 中创建常用齿轮类零件实体模型的过程和方法。

【实例】

实例 1：圆柱直齿轮建模。

实例 2：圆柱斜齿轮建模。

实例 3：圆锥齿轮建模。

【目的】

掌握在 AutoCAD 2010 中进行常用齿轮类零件实体建模的方法，学会利用“拉伸”“旋转”等三维修改命令来创建旋转型三维实体模型的方法。

9.1　圆柱直齿轮建模

圆柱直齿轮一般用于两平行轴之间的传动，可以完成增速、减速等功能。本节主要介绍利用“拉伸”“旋转”等命令来创建圆柱齿轮的三维实体模型的方法。

9.1.1　创建直齿轮轮齿实体模型

（1）新建文件。启动 AutoCAD 2010，单击快速访问工具栏中的“新建”命令，弹出“选择样板”对话框，在“文件名”选项框中选择“acadiso.dwt”，在“文件类型”选项框中选择“图形样板.dwt”，单击“打开”按钮。

（2）绘制圆。依次单击常用选项卡中的“绘图”面板→“圆”→“圆心、半径”命令，以（0，0，0）为圆心，分别绘制半径为 110、115 和 120 的 3 个圆，结果如图 9-1 所示。

（3）绘制多段线。单击常用选项卡中的“绘图”面板→“多段线”命令，命令行提示：

命令：_pline

指定起点：0，0（按<Enter>键）

指定下一个点或[圆弧(A)/半宽(H)/长度(L) /放弃(U) /宽度(W)]：@0，120（按<Enter>键）

指定下一个点或[圆弧(A)/半宽(H)/长度(L)/放弃(U)/宽度(W)]：@2.5，0（按<Enter>键）

指定下一个点或[圆弧(A)/闭合(C)/半宽(H)/长度(L)/放弃(U)/宽度(W)]：@1.7，−5（按<Enter>键）

指定下一个点或[圆弧(A)/闭合(C)/半宽(H)/长度(L)/放弃(U)/宽度(W)]：@0.8，−5（按<Enter>键）

指定圆弧的端点或[角度(A) /圆心(CE) /闭合(CL) /方向(D) /半宽(H) /直线(L) /半径(R) /第二个点(S) /放弃(U) /宽度(W)]：（按<Enter>键）

右侧的多段线和三个圆弧的交点记为点 1、点 2、点 3，如图 9-2 所示。

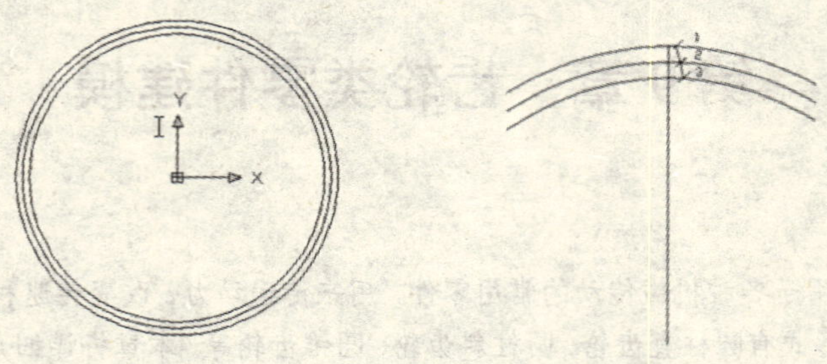

图 9-1　绘制 3 个圆　　图 9-2　绘制多段线

（4）绘制圆弧。单击常用选项卡中的“绘图”面板→“圆弧”→“三点”命令，命令行提示：

命令: _arc

指定圆弧的起点或[圆心(C)]: 选择点 1

指定圆弧的第二个点或[圆心(C)/端点(E)]: 选择点 2

指定圆弧的端点: 选择点 3（按<Enter>键）

（5）对所绘圆弧进行镜像处理。单击常用选项卡中的“修改”面板→“镜像”命令，以最长的多段线为镜像轴的两个端点，对上面绘制的圆弧进行镜像处理，结果如图 9-3 所示。

（6）修剪多余部分。单击常用选项卡中的“修改”面板→“修剪”命令，以刚才绘制的两条圆弧为参考边，修剪内外两个圆，结果如图 9-4 所示。

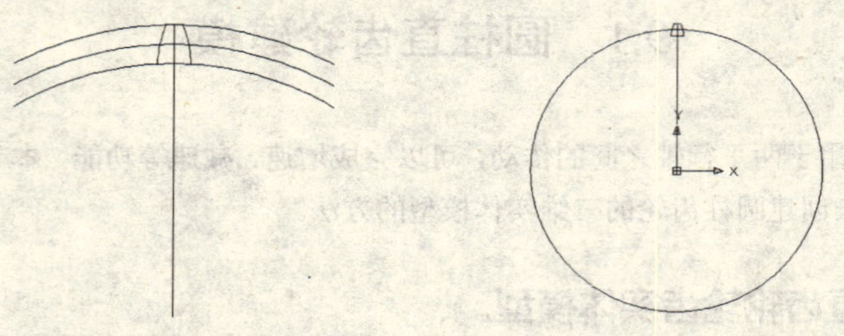

图 9-3　镜像得到另外一侧的圆弧　　图 9-4　修剪圆弧

（7）创建轮廓的面域。单击常用选项卡中的“绘图”面板→“面域”命令，命令行提示：

命令: _region

选择对象: 选择两条圆弧曲线和上下两条圆弧线

找到 4 个，选择对象:（按<Enter>键）

已提取 1 个环

已创建 1 个面域

（8）实体拉伸。单击常用选项卡中的“建模”面板→“拉伸”命令，命令行提示：

命令: _extrude

当前线框密度: ISOLINES=4

选择对象: 选择上面创建的面域（按<Enter>键）

指定拉伸高度或 [路径(P)]: 60（按<Enter>键）

指定拉伸的倾斜角度 <0>:（按<Enter>键）

得到的实体模型如图 9-5 所示。

（9）实体阵列。单击常用选项卡中的“修改”面板→“阵列”命令，弹出“阵列”对话框，点选“环形阵列”单选钮，选择坐标原点作为中心点，设置项目总数为 44，填充角度为 360°，然后选择上一步绘制的实体作为阵列对象，单击“确定”按钮，阵列结果如图 9-6 所示。

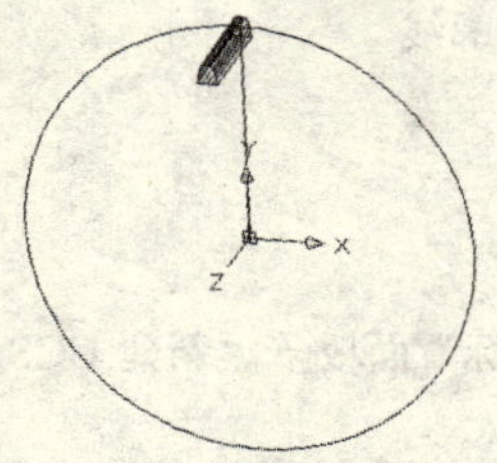

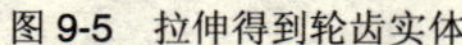

图 9-5 拉伸得到轮齿实体

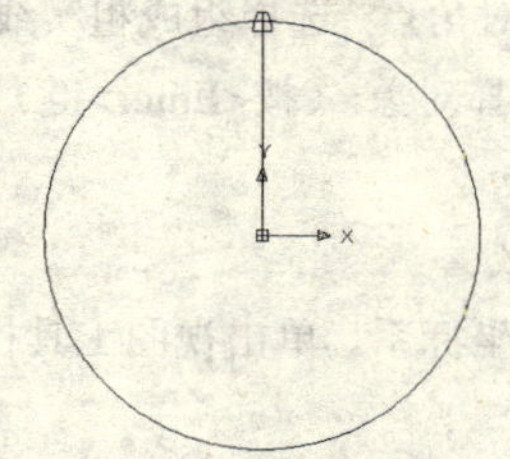

图 9-6 阵列得到其他轮齿实体

9.1.2 创建轮坯实体模型

（1）新建图层。单击常用选项卡中的“图层”面板→（图层特性管理器）按钮，弹出“图层特性管理器”对话框，新建图层 1 命名为“lunpi”，并设置此图层为当前图层，将上面用到的图层冻结，单击“确定”按钮，关闭“图层特性管理器”对话框。

（2）新建 UCS 坐标系。单击视图工具栏中的“坐标”面板→“新建 UCS”→“Y”命令，命令行提示：

命令: _ucs

输入选项[新建(N)/移动(M)/正交(G)/上一个(P)/恢复(R)/保存(S)/删除(D)/应用(A)/世界(W)] <世界>: _Y

指定绕 Y 轴的旋转角度 <90>: -90（按<Enter>键）

（3）绘制矩形。单击常用选项卡中的“绘图”面板→“矩形”命令，命令行提示：

命令: _rectang

指定第一个角点或[倒角(C)/标高(E)/圆角(F)/厚度(T)/宽度(W)]: 0，0（按<Enter>键）

指定另一个角点或[面积(A)/尺寸(D)/旋转(R)]: 60，110（按<Enter>键）

重复上述操作，以（0，45）和（20，105）为矩形的两个对角顶点，绘制第二个矩形；以（40，45）和（60，105）为矩形的两个对角顶点，绘制第 3 个矩形；以（0，0）和（60，29）为矩形的两个对角顶点，绘制第 4 个矩形，绘制结果如图 9-7 所示。

（4）绘制“工”字型截面轮廓。单击常用选项卡中的“绘图”面板→“直线”命令，绘制如图 9-8 所示的“工”字型粗实线的轮廓。

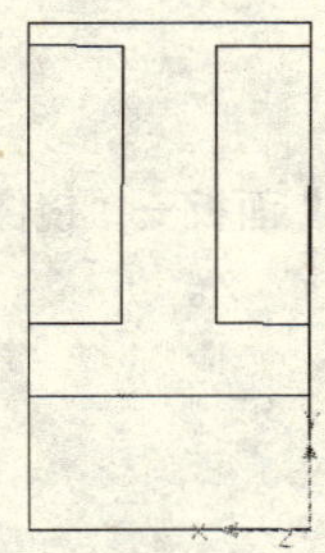

图 9-7 绘制矩形得到半齿轮剖面轮廓

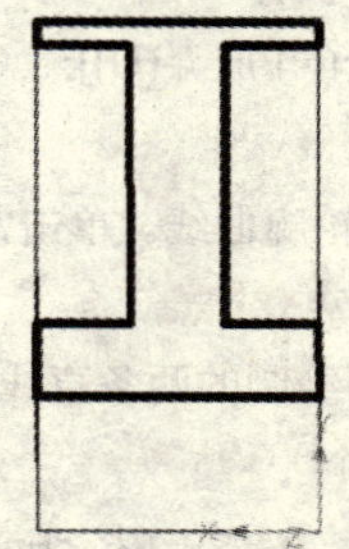

图 9-8 绘制“工”字型截面轮廓

（5）创建轮廓的面域。单击常用选项卡中的“绘图”面板→“面域”命令，命令行提示：

命令: _region

选择对象: 指定对角点: 选择组成粗实线的 12 条轮廓线

找到 12 个，选择对象:（按<Enter>键）

已提取 1 个环

已创建 1 个面域

（6）新建 UCS 坐标系。单击视图工具栏中的“坐标”面板→“新建 UCS”→“Y”命令，命令行提示：

命令: _ucs

输入选项[新建(N)/移动(M)/正交(G)/上一个(P)/恢复(R)/保存(S)/删除(D)/应用(A)/世界(W)] <世界>: _Y

指定绕 Y 轴的旋转角度 <90>: 90（按<Enter>键）

（7）旋转得到齿轮轮坯实体。单击常用选项卡中的“建模”面板→“旋转”命令，命令行提示：

命令: _revolve

当前线框密度: ISOLINES=4

选择对象: 选择上述创建的面域（按<Enter>键）

指定旋转轴的起点或定义轴依照[对象(O)/X 轴(X)/Y 轴(Y)]: X（按<Enter>键）

指定旋转角度 <360>:（按<Enter>键）

得到三维齿轮轮坯的实体模型，如图 9-9 所示。

图 9-9　旋转得到轮坯实体模型

9.1.3　创建键槽实体模型

（1）单击常用选项卡中的“视图”面板→“俯视图”命令，进入俯视图。

（2）绘制圆。单击常用选项卡中的“绘图”面板→“圆”→“圆心、半径”命令，以（0，0，0）为圆心绘制一个半径为 29 的圆。

（3）绘制直线段。单击常用选项卡中的“绘图”面板→“直线”命令，命令行提示：

命令: _line

指定第一点: 0，35（按<Enter>键）

指定下一点或 [放弃(U)]: @8，0（按<Enter>键）

指定下一点或 [放弃(U)]: @0，-20（按<Enter>键）

指定下一点或 [闭合(C)/放弃(U)]: （按<Enter>键）

结果如图 9-10 所示。

（4）镜像得到键槽轮廓曲线。单击常用选项卡中的“修改”面板→“镜像”命令，命令行提示：

命令: _mirror

选择对象: 选择上面绘制的两条直线段

选择对象: 总计 2 个

指定镜像线的第一点: 0，29（按<Enter>键）

指定镜像线的第二点: 0，35（按<Enter>键）

要删除源对象吗？[是(Y)/否(N)] <N>: （按<Enter>键）

结果如图 9-11 所示。

（5）修剪多余部分。单击常用选项卡中的“修改”面板→“修剪”命令，分别以侧边的两条直线段和半径为 29 的圆为修剪参考边，修剪上面线段的多余部分和半径为 29 的圆，使其组成一个封闭轮廓，结果如图 9-12 所示。

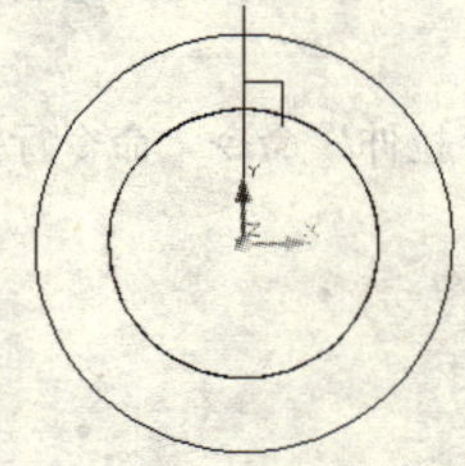

图 9-10 绘制一侧的键槽轮廓直线

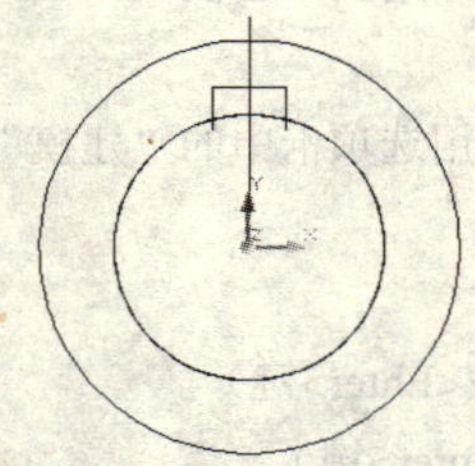

图 9-11 镜像得到键槽轮廓曲线

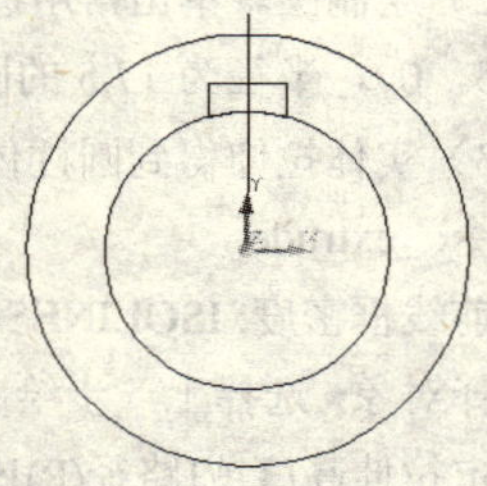

图 9-12 修剪曲线的多余部分

（6）创建键槽轮廓面域。单击常用选项卡中的“绘图”面板→“面域”命令，命令行提示：

命令: _region

选择对象: 指定对角点: 选择组成键槽轮廓的 5 条曲线

找到 5 个，选择对象:（按<Enter>键）

已提取 1 个环

已创建 1 个面域

（7）实体拉伸。单击常用选项卡中的“建模”面板→“拉伸”命令，命令行提示：

命令: _extrude

当前线框密度: ISOLINES=4

选择对象: 选择上一步创建的面域（按<Enter>键）

指定拉伸高度或 [路径(P)]: 80（按<Enter>键）

指定拉伸的倾斜角度 <0>:（按<Enter>键）

得到的实体模型如图 9-13 所示。

（8）创建键槽孔。单击常用选项卡中的“实体编辑”面板→“差集”命令，命令行提示：

命令：_ subtract

选择要从中减去的实体或面域

选择对象：选择轮坯实体（按<Enter>键）

选择要减去的实体或面域：选择拉伸得到的键实体（按<Enter>键）

差集操作后得到的带有键槽孔的轮坯如图 9-14 所示。

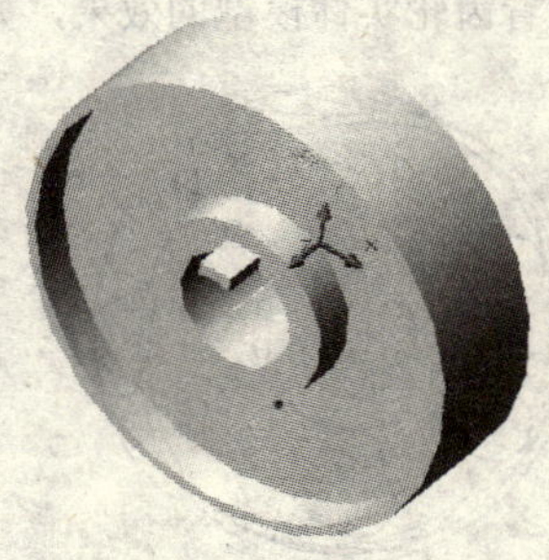

图 9-13 拉伸得到键槽实体

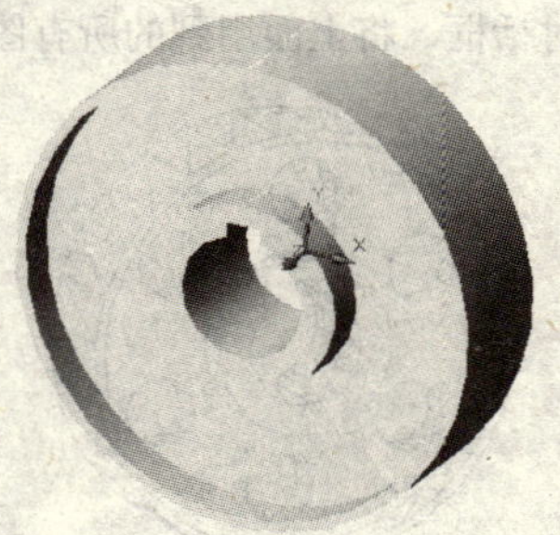

图 9-14 差集得到键槽孔

9.1.4 创建轮坯上的孔

（1）单击常用选项卡中的“视图”面板→“俯视图”命令，进入俯视图。

（2）绘制圆。单击常用选项卡中的“绘图”面板→“圆”→“圆心、半径”命令，绘制圆心为（0，75，0），半径为 17.5 的圆。

（3）实体拉伸得到圆柱体。单击常用选项卡中的“建模”面板→“拉伸”命令，命令行提示：

命令: _extrude

当前线框密度: ISOLINES=4

选择对象: 选择上一步绘制的圆（按<Enter>键）

指定拉伸高度或[路径(P)]: 80（按<Enter>键）

指定拉伸的倾斜角度 <0>:（按<Enter>键）

拉伸得到的圆柱体如图 9-15 所示。

（4）实体阵列。单击常用选项卡中的“修改”面板→“阵列”命令，弹出“阵列”对话框，点选“环形阵列”单选钮，选择坐标原点作为中心点，设置项目总数为 6、填充角度为 360°，然后选择上一步绘制的圆柱体作为阵列对象，单击“确定”按钮，阵列结果如图 9-16 所示。

图 9-15 拉伸得到圆柱体

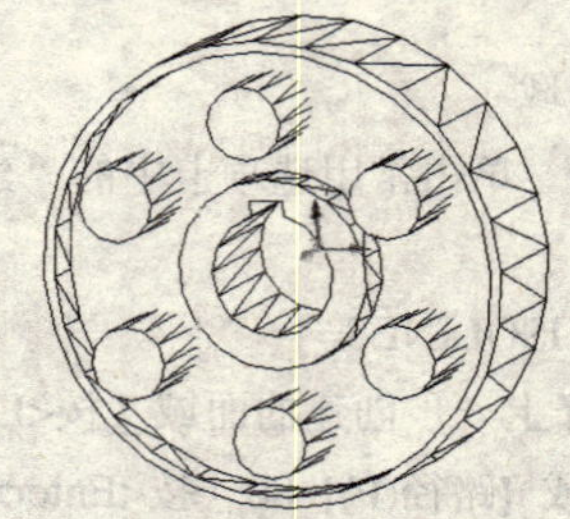

图 9-16 阵列得到其他圆柱体

（5）创建六个过孔。单击常用选项卡中的“实体编辑”面板→“差集”命令，命令行提示：

命令：_ subtract

选择要从中减去的实体或面域

选择对象：选择轮坯实体（按<Enter>键）

选择要减去的实体或面域：选择 6 个圆柱体（按<Enter>键）

差集操作后得到的带有孔的轮坯如图 9-17 所示。

（6）解冻所有图层。单击常用选项卡中的“图层”面板→（图层特性管理器）按钮，弹出“图层特性管理器”对话框，将上面用到的所有图层冻结，查看齿轮实体模型的效果，如图 9-18 所示。

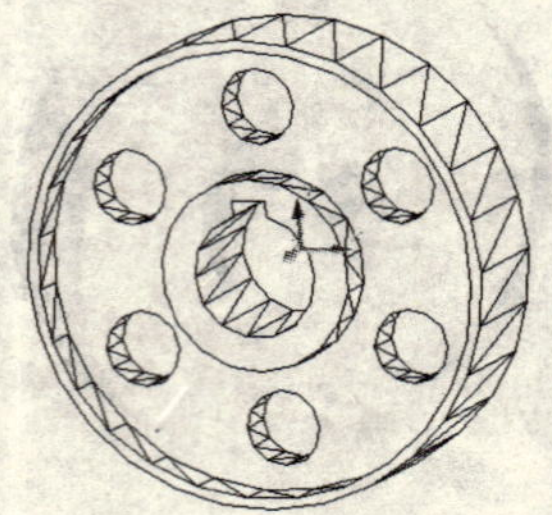

图 9-17 差集后得到带有孔的轮坯

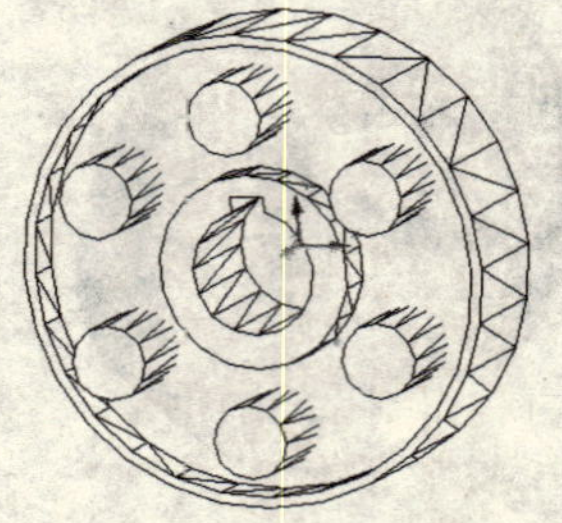

图 9-18 解冻所有图层后的齿轮实体模型

（7）实体并集处理。单击常用选项卡中的“修改”面板→“实体编辑”→“并集”命令，命令行提示：

命令：_ union

选择对象：选择绘图区域内的所有实体

选择对象: 总计 51 个（按<Enter>键）

并集处理后的结果如图如图 9-19 所示。

（8）对实体边缘进行倒角处理。单击常用选项卡中的“修改”面板→“倒角”命令，设置当前倒角距离为 2.5，分别对齿轮的轮毂、键槽、过孔的边缘进行倒角处理。

（9）通过体着色操作查看最终实体效果。单击常用选项卡中的“视图”面板→“概念”命令，通过概念视觉样式查看三维直齿轮实体模型，最终得到的实体效果如图 9-20 所示。

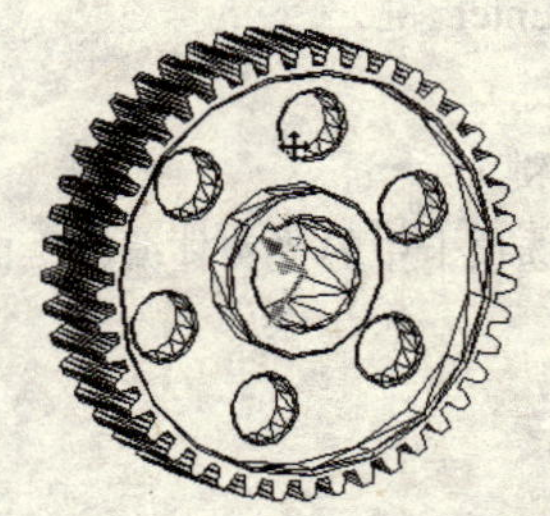

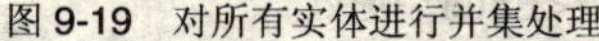

图 9-19　对所有实体进行并集处理

图 9-20　体着色后圆柱直齿轮的实体效果

9.2　圆柱斜齿轮建模

圆柱斜齿轮和直齿轮相比，其优点是：啮合性能好，传动平稳，噪声小，重合度大，承载能力好，使用寿命长，结构紧凑。本节主要介绍在 AutoCAD 2010 中利用“拉伸”“布尔运算”等命令来建立圆柱斜齿轮三维实体模型的方法。

9.2.1　创建斜齿轮轮坯实体模型

（1）新建文件。启动 AutoCAD 2010，单击常用选项卡中的“文件”→“新建”命令，弹出“选择样板”对话框，在“文件名”选项框中选择“acadiso.dwt”，在“文件类型”选项框中选择“图形样板.dwt”，单击“打开”按钮。

（2）绘制轮坯圆柱体。单击常用选项卡中的“建模”面板→“圆柱体”命令，命令行提示：

命令：_cylinder

当前线框密度：ISOLINES=4

指定圆柱体底面的中心点或[椭圆(E)] <0,0,0>:（按<Enter>键）

指定圆柱体底面的半径或[直径(D)]: 27（按<Enter>键）

指定圆柱体的高度或[另一个圆心(C)]: 15（按<Enter>键）

（3）通过创建圆柱体得到齿轮的轮毂凸台。单击常用选项卡中的“绘图”面板→“建模”→“圆柱体”命令，命令行提示：

命令：_cylinder

当前线框密度：ISOLINES=4

指定圆柱体底面的中心点或[椭圆(E)] <0,0,15>:（按<Enter>键）

指定圆柱体底面的半径或[直径(D)]: 21（按<Enter>键）

指定圆柱体的高度或[另一个圆心(C)]: 10（按<Enter>键）

结果如图 9-21 所示。

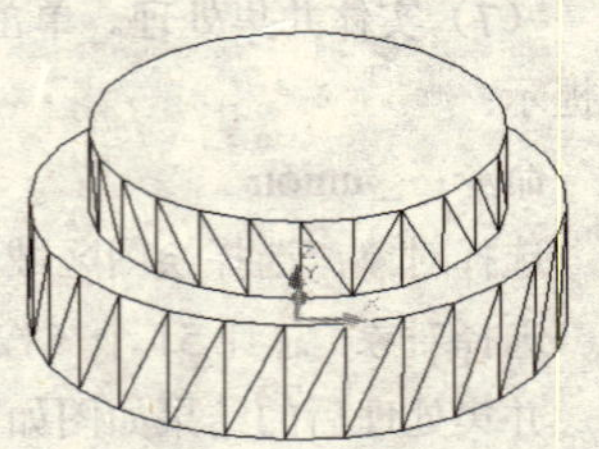

图 9-21　通过差集得键槽

（4）创建中心圆柱轴孔。

1）创建轮坯圆柱体。单击常用选项卡中的“建模”面板→“圆柱体”命令，命令行提示：

命令：_cylinder

当前线框密度：ISOLINES=4

指定圆柱体底面的中心点或[椭圆(E)] <0,0,0>:（按<Enter>键）

指定圆柱体底面的半径或[直径(D)]: 12.5（按<Enter>键）

指定圆柱体的高度或[另一个圆心(C)]: 25（按<Enter>键）

2）通过差集布尔运算得到中心圆柱轴孔。单击常用选项卡中的“实体编辑”面板→“差集”命令，命令行提示：

命令：_ subtract

选择要从中减去的实体或面域

选择对象：选择半径为 27 和 21 的两个圆柱实体（按<Enter>键）

选择要减去的实体或面域：选择半径为 12.5 的圆柱体（按<Enter>键）

差集操作后得到的带有孔的轮坯如图 9-22 所示。

（5）在两圆柱体的交线处进行圆角处理。单击常用选项卡中的“修改”面板→“圆角”命令，命令行提示：

命令:_fillet

当前设置: 模式 = 修剪，半径 = 0.0000

选择第一个对象或[放弃(U)/多段线(P)/半径(R)/修剪(T)/多个(M)]: r（按<Enter>键）

指定圆角半径 <0.0000>: 2（按<Enter>键）

选择边或 [链(C)/半径(R)]: 选择两同轴圆柱的相贯线（按<Enter>键）

结果如图 9-23 所示。

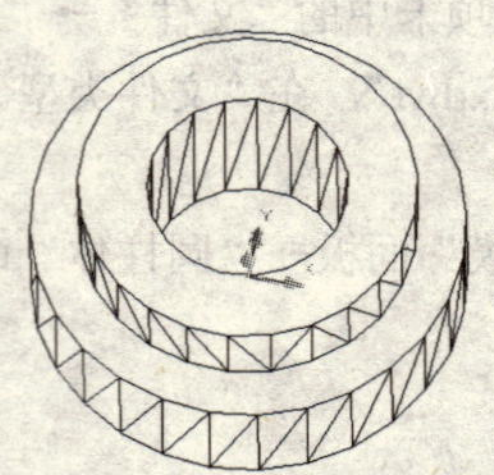

图 9-22　通过差集得到圆柱中心孔

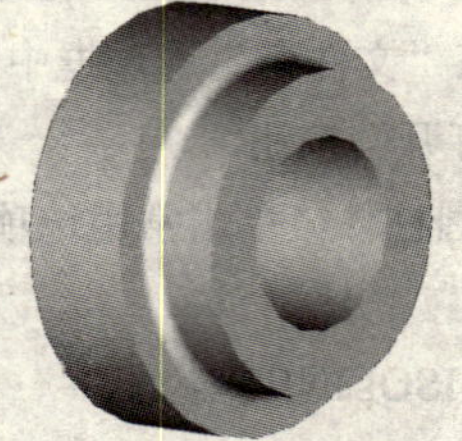

图 9-23　对实体进行圆角处理

9.2.2　创建键槽实体

（1）绘制长方体。单击常用选项卡中的“建模”面板→“长方体”命令，命令行提示：

命令: _box

指定长方体的角点或[中心点(CE)] <0,0,0>: -4，11，0（按<Enter>键）

指定角点或[立方体(C)/长度(L)]: L（按<Enter>键）

指定长度: 8（按<Enter>键）

指定宽度: 5（按<Enter>键）

指定高度: 25（按<Enter>键）

（2）进行差集布尔运算得到键槽。单击常用选项卡中的“实体编辑”面板→“差集”命令，命令行提示:

命令: _ subtract

选择要从中减去的实体或面域

选择对象: 选择半径为 27 和 21 的两个圆柱实体（按<Enter>键）

选择要减去的实体或面域: 选择上一步创建的长方体（按<Enter>键）

差集操作后得到的带有键槽的轮坯如图 9-24 所示。

图 9-24　通过差集得键槽

9.2.3　创建斜齿轮轮齿实体模型

这里创建圆柱斜齿轮的轮齿的方法和 9.1 节中创建圆柱齿轮轮齿实体的方法类似。值得注意的是，在进行拉伸生成倾斜轮齿前，要对创建的面域进行“三维旋转”操作处理。

（1）新建图层。单击“图层”面板→（图层特性管理器）按钮，弹出“图层特性管理器”对话框，新建图层 1 命名为“xiechi”，并置此图层为当前图层，将上面用到的图层冻结，单击“确定”按钮。

（2）绘制圆。单击常用选项卡中的“绘图”面板→“圆”→“圆心、半径”命令，以（0，0，0）为圆心，分别绘制半径为 27，29，31 的 3 个圆。

（3）绘制多段线。单击常用选项卡中的“绘图”面板→“多段线”命令，命令行提示:

命令: _pline

指定起点: 0，0（按<Enter>键）

指定下一个点或[圆弧(A)/半宽(H)/长度(L)/放弃(U)/宽度(W)]: @0，31（按<Enter>键）

指定下一个点或[圆弧(A)/半宽(H)/长度(L)/放弃(U)/宽度(W)]: @1.2，0（按<Enter>键）

指定下一个点或[圆弧(A)/闭合(C)/半宽(H)/长度(L)/放弃(U)/宽度(W)] : @1，－2.1（按<Enter>键）

指定圆弧的端点或[角度(A)/圆心(CE)/闭合(CL)/方向(D)/半宽(H)/直线(L)/半径(R)/第二个点(S) / 放弃(U) /宽度(W)]: @0.5，-2.1（按<Enter>键）

右侧的多段线和 3 个圆弧的交点记为点 1、点 2、点 3，如图 9-25 所示。

（4）绘制圆弧。单击常用选项卡中的“绘图”面板→“圆弧”→“三点”命令，命令行提示:

命令: _arc

指定圆弧的起点或[圆心(C)]: 选择点 1

指定圆弧的第二个点或[圆心(C)/端点(E)]: 选择点 2

指定圆弧的端点: 选择点 3（按<Enter>键）

（5）镜像圆弧。单击常用选项卡中的“修改”面板→“镜像”命令，以最长的多段线为镜像轴的两个端点，对上面绘制的圆弧进行镜像处理，结果如图 9-26 所示。

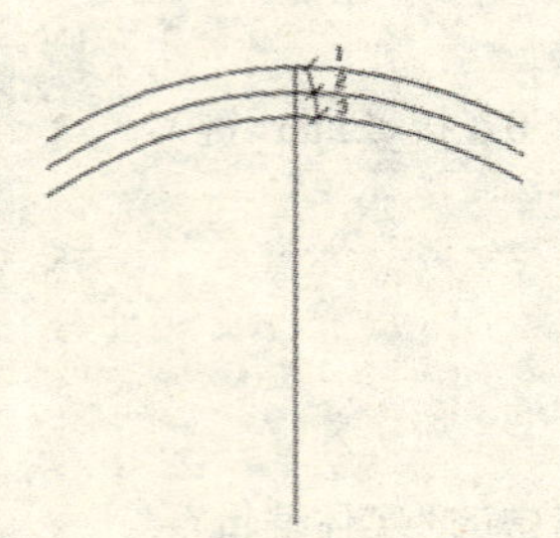

图 9-25　多段线和 3 个圆相交

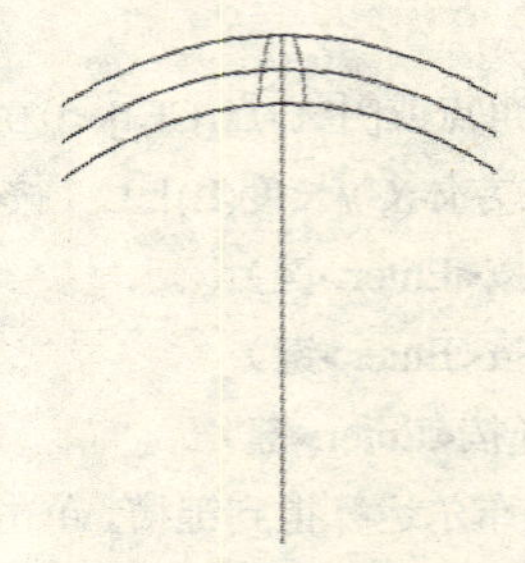

图 9-26　镜像得到另外一侧的圆弧

（6）修剪多余部分。单击常用选项卡中的“修改”面板→“修剪”命令，以刚才绘制的两条圆弧为参考边，修剪内外两个圆。

（7）创建轮廓的面域。单击常用选项卡中的“绘图”面板→“面域”命令，命令行提示：

命令: _region

选择对象: 指定对角点: 选择两条圆弧曲线和上下两条圆弧线

找到 4 个，选择对象:（按<Enter>键）

已提取 1 个环

已创建 1 个面域

（8）三维旋转。单击常用选项卡中的“修改”面板→“三维操作”→“三维旋转”命令，命令行提示：

命令: _rotate3d

当前正向角度: ANGDIR=逆时针　ANGBASE=0

选择对象: 选择上一步创建的面域

指定对角点: 选择对称轴上的任一点

指定轴上的第一个点或定义轴依据[对象(O)/最近的(L)/视图(V)/X 轴(X)/Y 轴(Y)/Z 轴(Z)/两点(2)]: 选择镜像对称轴上的任一点

指定轴上的第二点: 选择镜像对称轴上的另外一点

指定旋转角度或[参照(R)]: -10（按<Enter>键）

（9）实体拉伸。单击常用选项卡中的“建模”面板→“拉伸”命令，命令行提示：

命令: _extrude

当前线框密度: ISOLINES=4

选择对象: 选择前面创建的面域（按<Enter>键）

指定拉伸高度或[路径(P)]: 16（按<Enter>键）

指定拉伸的倾斜角度 <0> : 0（按<Enter>键）

（10）通过布尔运算修剪多余部分。

1）单击“图层”面板→（图层特性管理器）按钮，弹出“图层特性管理器”对话框，将“xiechi”图层置为当前图层，将其他图层冻结，单击“确定”按钮。

2）绘制第一个圆柱体。单击常用选项卡中的“建模”→“圆柱体”命令，命令行提示：

命令：_cylinder

当前线框密度：ISOLINES=4

指定圆柱体底面的中心点或[椭圆(E)] <0,0,-3>:（按<Enter>键）

指定圆柱体底面的半径或[直径(D)]: 35（按<Enter>键）

指定圆柱体的高度或[另一个圆心(C)]: 3（按<Enter>键）

3）绘制第二个圆柱体。单击常用选项卡中的“建模”面板→“圆柱体”命令，命令行提示：

命令：_cylinder

当前线框密度：ISOLINES=4

指定圆柱体底面的中心点或[椭圆(E)] <0,0,-3>:（按<Enter>键）

指定圆柱体底面的半径或[直径(D)]: 26（按<Enter>键）

指定圆柱体的高度或[另一个圆心(C)]: 3（按<Enter>键）

4）进行差集布尔运算得到圆环。单击常用选项卡中的 “实体编辑”面板→“差集”命令，命令行提示：

命令：_ subtract

选择要从中减去的实体或面域

选择对象：选择半径为 35 的圆柱实体（按<Enter>键）

选择要减去的实体或面域：选择半径为 28 的圆柱实体（按<Enter>键）

差集操作后得到的带有轮齿的圆环如图 9-27 所示。

（11）三维镜像圆环。单击常用选项卡中的“修改”面板→“三维操作”→“三维镜像”命令，命令行提示：

命令: _mirror3d

选择对象: 选择上一步创建的圆环体（按<Enter>键）

指定镜像平面(三点) 的第一个点或[对象(O)/最近的(L)/Z 轴(Z)/视图(V)/XY 平面(XY)/YZ 平面(YZ)/ZX 平面(ZX)/三点(3)] <三点>: 0，0，7.6（按<Enter>键）

在镜像平面上指定第二点: 10，0，7.6（按<Enter>键）

在镜像平面上指定第三点: 0，10，7.6（按<Enter>键）

是否删除源对象？[是(Y)/否(N)] <否>:（按<Enter>键）

三维镜像的结果如图 9-28 所示。

（12）进行差集布尔运算。单击常用选项卡中的“实体编辑”面板→“差集”命令，命令行提示：

命令：_ subtract

选择要从中减去的实体或面域

选择对象：选择轮齿实体（按<Enter>键）

选择要减去的实体或面域：选择上一步创建的两个圆环（按<Enter>键）

差集操作后得到的轮齿实体如图 9-29 所示。

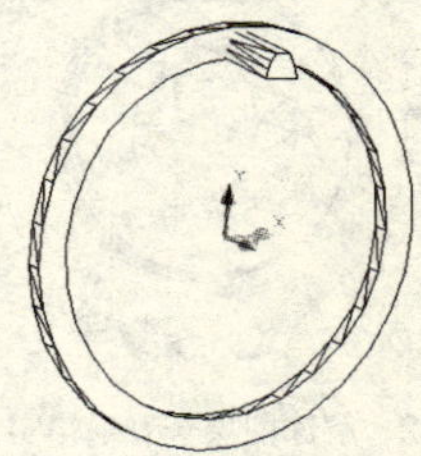

图 9-27　创建圆环

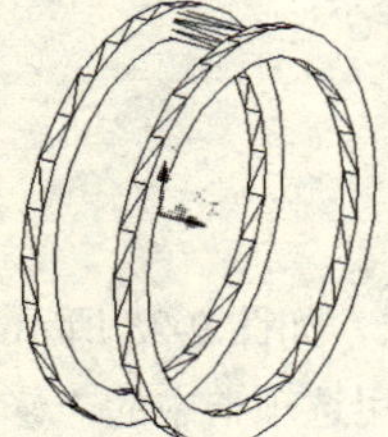

图 9-28　镜像得到另外一个圆环

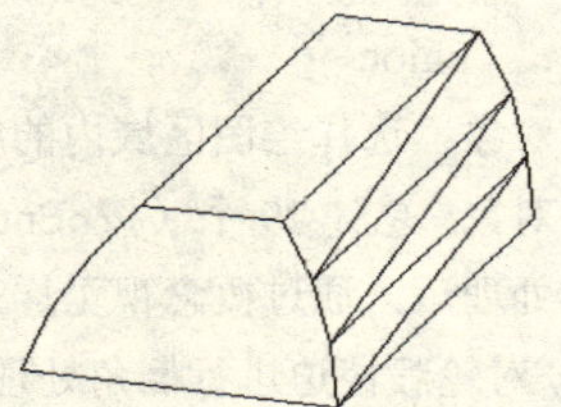

图 9-29　差集修剪轮齿多余部分

（13）对轮齿进行倒角处理。单击常用选项卡中的“修改”面板→“倒角”命令，命令行提示：

命令: _chamfer

(“修剪”模式) 当前倒角距离 1 = 0.0000，距离 2 = 0.0000

选择第一条直线或 [放弃(U)/多段线(P)/距离(D)/角度(A)/修剪(T)/方式(E)/多个(M)]: d（按<Enter>键）

指定第一个倒角距离 <0.0000>: 1（按<Enter>键）

指定第二个倒角距离 <1.0000>: （按<Enter>键）

选择第一条直线或[放弃(U)/多段线(P)/距离(D)/角度(A)/修剪(T)/方式(E)/多个(M)]: 选择轮齿顶面前后两条棱边线

输入曲面选择选项[下一个(N)/当前(OK)] <当前>:

指定基面的倒角距离 <1.0000>:

指定其他曲面的倒角距离 <1.0000>: 选择边或[环(L)]: 选择边或[环(L)]: 选择边或 [环(L)]: 选择轮齿顶面前后两条棱边线

倒角操作后得到的轮齿实体如图 9-30 所示。

（14）实体阵列。单击常用选项卡中的“修改”面板→“阵列”命令，弹出“阵列”对话框，点选“环形阵列”单选钮，选择坐标原点作为中心点，设置项目总数为 28，填充角度为 360°，然后选择上一步创建的轮齿实体作为阵列对象，单击“确定”按钮，阵列结果如图 9-31 所示。

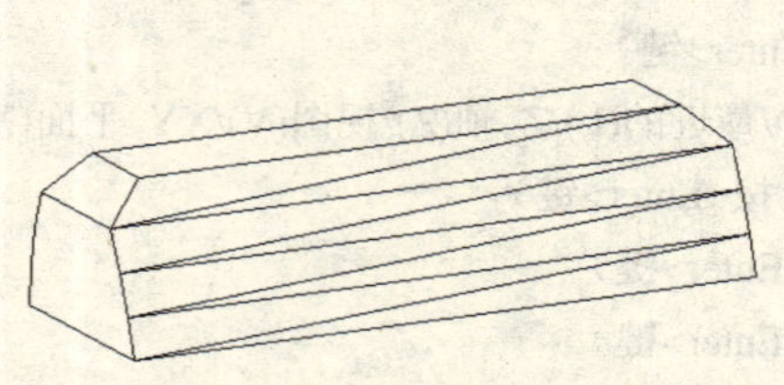

图 9-30　对轮齿进行倒角处理

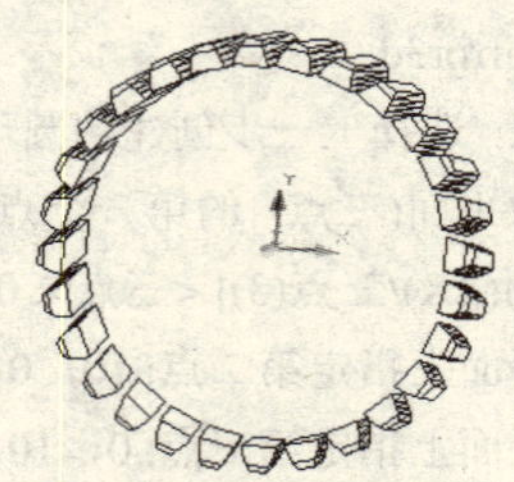

图 9-31　阵列操作得到其他轮齿

9.2.4　查看并修改斜齿轮实体模型

（1）解冻所有图层。单击“图层”面板→（图层特性管理器）按钮，弹出“图层特性管理器”对话框，将上面用到的所有图层解冻，通过概念视觉样式查看斜齿轮实体的模型，如图 9-32 所示。

（2）从图 9-32 中可以看出，蜗轮的轮齿和轮坯之间有相干涉的部分，下面通过并集处理，使其合成为一个整体。单击常用选项卡中的“实体编辑”面板→“并集”命令，命令行提示：

命令：_ union

选择对象：选择绘图区域内的所有实体

选择对象: 总计 29 个（按<Enter>键）

并集处理后，通过概念视觉样式查看结果，如图 9-33 所示。

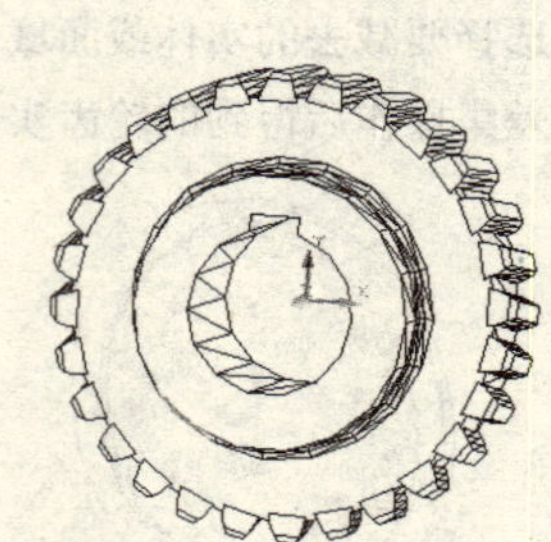

图 9-32　解冻图层查看蜗轮实体模型

（3）对轮毂棱边进行倒角处理。单击常用选项卡中的“修改”面板→“倒角”命令，命令行提示：

命令: _chamfer

当前倒角距离 1 = 0.0000，距离 2 = 0.0000

指定第一个倒角距离 <0.0000>: 1（按<Enter>键）

指定第二个倒角距离 <1.0000>:（按<Enter>键）

选择第一条直线或[放弃(U)/多段线(P)/距离(D)/角度(A)/修剪(T)/方式(E)/多个(M)]: 选择轮毂圆柱的内外圆边（按<Enter>键）

最后，通过选择概念视觉样式查看三维斜齿轮实体模型的效果，如图 9-34 所示。

图 9-33 并集处理后的实体

图 9-34 通过体着色查看三维斜齿轮实体效果

9.3 圆锥齿轮建模

圆锥齿轮和直齿轮相比具有重合度大，承载能力高，传动效率高，传动平稳，噪声小等优点。其可以传递在空间互呈一定角度的两个轴之间的力，改变转速和旋转方向。本节主要介绍在 AutoCAD 2010 中利用“拉伸”“阵列”等命令建立圆锥齿轮三维实体模型的方法和过程。

9.3.1 创建圆锥齿轮的轮坯实体模型

（1）新建文件。启动 AutoCAD 2010，单击快速访问工具栏中的“文件”→“新建”命令，弹出“选择样板”对话框，在“文件名”选项框中选择“acadiso.dwt”，在“文件类型”选项框中选择“图形样板.dwt”，单击“打开”按钮。

（2）绘制轮坯凸台。单击常用选项卡中的“建模”面板→“圆柱体”命令，命令行提示：

命令：_cylinder

当前线框密度：ISOLINES=4

指定圆柱体底面的中心点或[椭圆(E)] <0,0,0>:（按<Enter>键）

指定圆柱体底面的半径或[直径(D)]: 25（按<Enter>键）

指定圆柱体的高度或[另一个圆心(C)]: 24（按<Enter>键）

（3）创建轮坯圆锥体。单击常用选项卡中的“建模”面板→“圆锥体”命令，命令行提示：

命令: _cone

当前线框密度: ISOLINES=4

指定圆锥体底面的中心点或[椭圆(E)] <0,0,0>: 0，0，24（按<Enter>键）

指定圆锥体底面的半径或 [直径(D)]: 50（按<Enter>键）

指定圆锥体高度或 [顶点(A)]: 50（按<Enter>键）

结果如图 9-35 所示。

（4）创建第二个小圆锥体。单击常用选项卡中的“建模”面板→“圆锥体”命令，重复上述操作创建第二个小圆锥体，其中圆锥底面的中心点为（0，0，48），底面半径为 27.6，锥体高度为 26。

（5）通过差集布尔运算得到圆台。单击常用选项卡中的“实体编辑”面板→“差集”命令，进入实体模型的修改。

命令：_ subtract

选择要从中减去的实体或面域

选择对象：选择半径为 50 的圆锥体，按<Enter>键

选择要减去的实体或面域：选择半径为 27.6 的圆锥体，命令行提示：

结果如图 9-36 所示。

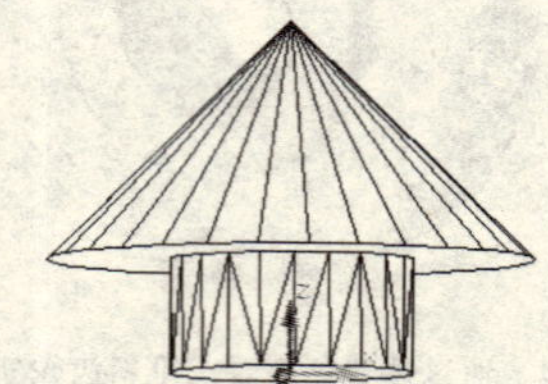

图 9-35　创建带有凸台的圆锥实体

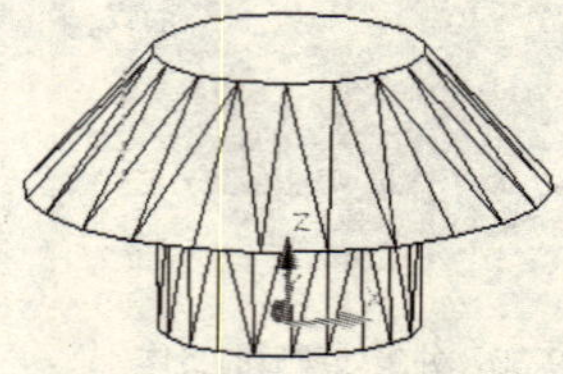

图 9-36　通过差集得到圆台

（6）创建中心圆柱轴孔。

1）创建轮坯圆柱体。单击常用选项卡中的“建模”面板→“圆柱体”命令，命令行提示：

命令：_cylinder

当前线框密度：ISOLINES=4

指定圆柱体底面的中心点或[椭圆(E)] <0,0,0>: （按<Enter>键）

指定圆柱体底面的半径或[直径(D)]: 15（按<Enter>键）

指定圆柱体的高度或[另一个圆心(C)]: 50（按<Enter>键）

2）通过差集布尔运算得到中心圆柱轴孔。单击常用选项卡中的“实体编辑”面板→“差集”命令，命令行提示：

命令：_ subtract

选择要从中减去的实体或面域

选择对象：选择圆锥体和半径为 25 的圆柱实体（按<Enter>键）

选择要减去的实体或面域：选择半径为 15 的圆柱体（按<Enter>键）

（7）对实体进行倒角和圆角处理。

1）对圆台的外边缘进行倒角处理。单击常用选项卡中的“修改”面板→“倒角”命令，命令行提示：

命令: _chamfer

当前倒角距离 1 = 0.0000，距离 2 = 0.0000

指定第一个倒角距离 <0.0000>: 10（按<Enter>键）

指定第二个倒角距离 <1.0000>: （按<Enter>键）

选择第一条直线或[放弃(U)/多段线(P)/距离(D)/角度(A)/修剪(T)/方式(E)/多个(M)]: 选择圆锥体的外边缘（按<Enter>键）

2）对相邻的圆台和圆柱进行圆角处理。单击常用选项卡中的“修改”面板→“圆角”命令，命

令行提示：

命令: _fillet

当前设置: 模式 = 修剪，半径 = 0.0000

选择第一个对象或[放弃(U)/多段线(P)/半径(R)/修剪(T)/多个(M)]: r（按<Enter>键）

指定圆角半径 <0.0000>: 3（按<Enter>键）

选择第一个对象或[放弃(U)/多段线(P)/半径(R)/修剪(T)/多个(M)]: 选择相邻圆台和圆柱的交线

输入圆角半径 <3.0000>: （按<Enter>键）

选择边或[链(C)/半径(R)]: 重复选择两者的交线（按<Enter>键）

已选定 1 个边用于圆角

得到的实体模型如图 9-37 所示。

（8）创建齿轮顶端锪平安装孔。

1）创建轮坯圆柱体。单击常用选项卡中的“建模”面板→“圆柱体”命令，命令行提示：

命令：_cylinder

当前线框密度：ISOLINES=4

指定圆柱体底面的中心点或[椭圆(E)] <0,0,0>: 0，0，48（按<Enter>键）

指定圆柱体底面的半径或[直径(D)]: 22（按<Enter>键）

指定圆柱体的高度或[另一个圆心(C)]: －3（按<Enter>键）

2）通过差集布尔运算得到顶端锪平安装孔。单击常用选项卡中的“实体编辑”面板→“差集”命令，命令行提示：

命令：_ subtract　选择要从中减去的实体或面域

选择对象：选择圆台实体（按<Enter>键）

选择要减去的实体或面域：选择半径为 40 的圆柱体（按<Enter>键）

差集操作后，得到的带有安装孔的锥齿轮轮坯实体如图 9-38 所示。

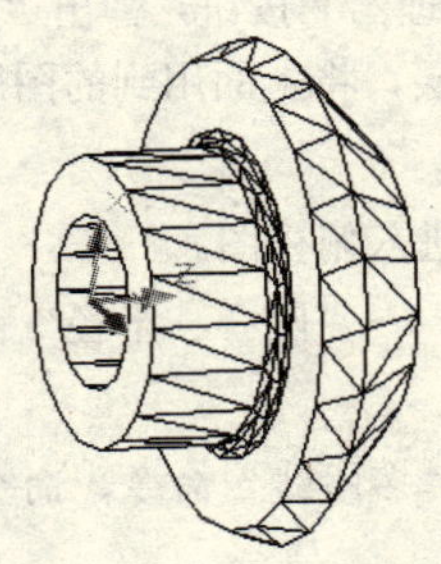

图 9-37　对实体进行倒角和圆角处理

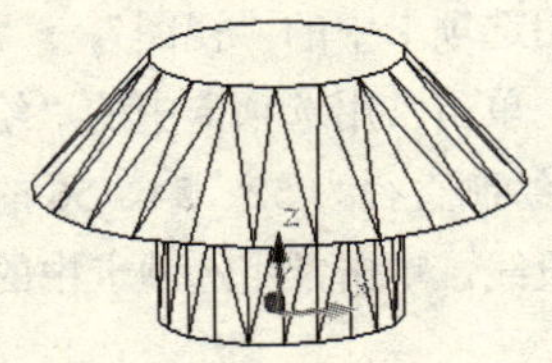

图 9-38　通过差集得到顶端锪平安装孔

9.3.2　创建圆锥齿轮的键槽实体

（1）绘制长方体。单击常用选项卡中的“建模”面板→“长方体”命令，命令行提示：

命令：_box

指定长方体的角点或[中心点(CE)] <0,0,0>: －4，13，0（按<Enter>键）

指定角点或[立方体(C)/长度(L)]: L（按<Enter>键）

指定长度：8（按<Enter>键）

指定宽度：6（按<Enter>键）

指定高度：48（按<Enter>键）

得到长方体的键模型，如图 9-39 所示。

（2）进行差集布尔运算得到键槽。单击常用选项卡中的“实体编辑”→“差集”命令，命令行提示：

命令：_ subtract

选择要从中减去的实体或面域

选择对象：选择除长方体外的所有实体（按<Enter>键）

选择要减去的实体或面域：选择上一步创建的长方体（按<Enter>键）

差集操作后得到的带有键槽的轮坯如图 9-40 所示。

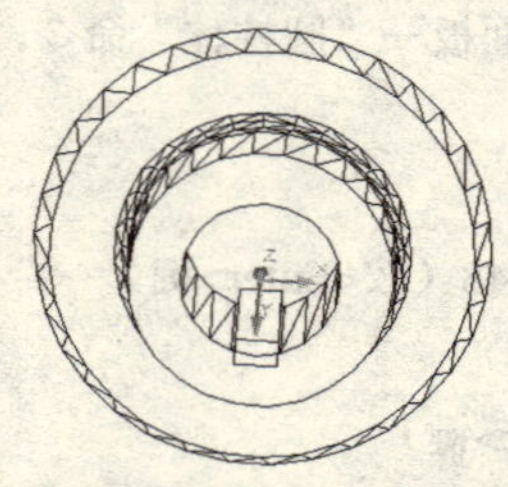

图 9-39　创建长方体的键实体

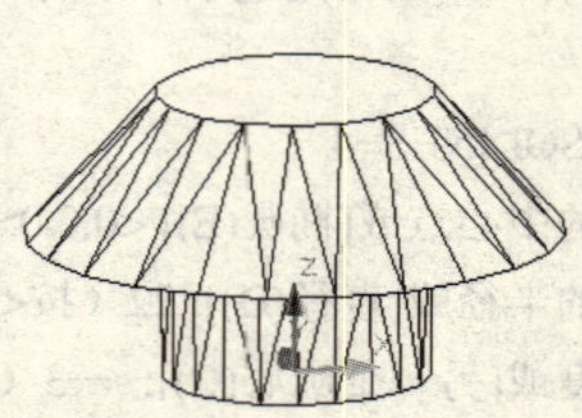

图 9-40　通过差集得到键槽孔

9.3.3　创建斜齿轮轮齿实体模型

这里创建圆柱斜齿轮轮齿的方法和 9.1 节中创建圆柱齿轮轮齿实体的方法类似。值得注意的是，在进行拉伸生成倾斜轮齿前，要对创建的面域进行三维旋转处理。

（1）新建图层。单击“图层”面板中的（图层特性管理器）按钮，弹出“图层特性管理器”对话框，新建图层 1 命名为“zhuichi”，并置此图层为当前图层，将上面用到的图层冻结，单击“确定”按钮。

（2）单击常用选项卡中的“视图”→“俯视图”命令，进入俯视图。

（3）绘制圆。单击常用选项卡中的“绘图”面板→“圆”→“圆心、半径”命令，以（0，0，48）为圆心，分别绘制直径为 52、54、56 的 3 个圆。

（4）绘制多段线。单击常用选项卡中的“绘图”面板→“多段线”命令，命令行提示：

命令：_pline

指定起点：0，0，48（按<Enter>键）

指定下一个点或[圆弧(A)/半宽(H)/长度(L) /放弃(U) /宽度(W)]：@0，56（按<Enter>键）

指定下一个点或[圆弧(A)/半宽(H)/长度(L)/放弃(U)/宽度(W)]：@1.3，0”（按<Enter>键）

指定下一个点或[圆弧(A)/闭合(C)/半宽(H)/长度(L)/放弃(U)/宽度(W)]：@0.8，－2.1（按<Enter>键）

指定圆弧的端点或[角度(A)/圆心(CE)/闭合(CL)/方向(D)/半宽(H)/直线(L)/半径(R)/第二个点(S) /放弃(U) /宽度(W)] ：@0.7，-2.1（按<Enter>键）

右侧的多段线和 3 个圆弧的交点记为点 1、点 2、点 3，如图 9-41 所示。

（5）绘制圆弧。单击常用选项卡中的“绘图”面板→“圆弧”→“三点”命令，命令行提示：

命令: _arc

指定圆弧的起点或[圆心(C)]: 选择点 1

指定圆弧的第二个点或[圆心(C)/端点(E)]: 选择点 2

指定圆弧的端点: 选择点 3（按<Enter>键）

（6）镜像圆弧。单击常用选项卡中的“修改”面板→“镜像”命令，以最长的多段线为镜像轴的两个端点，对上一步绘制的圆弧进行镜像处理，结果如图 9-42 所示。

（7）修剪多余部分。单击常用选项卡中的“修改”面板→“修剪”命令，以前面绘制的两条圆弧为参考边，修剪内外两个圆，结果如图 9-43 所示。

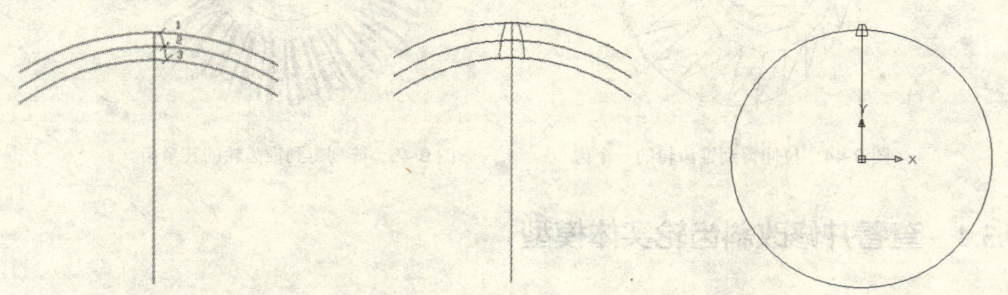

图 9-41　多线段和 3 个圆相交　　图 9-42　镜像得到另外一侧的圆弧　　图 9-43　修剪圆弧

（8）创建轮廓的面域。单击常用选项卡中的“绘图”面板→“面域”命令，命令行提示：

命令: _region

选择对象: 指定对角点: 选择两条圆弧曲线和上下两条圆弧线

找到 4 个，选择对象: （按<Enter>键）

已提取 1 个环

已创建 1 个面域

（9）对上述面域进行三维旋转操作。单击常用选项卡中的“修改”面板→“三维操作”→“三维旋转”命令，命令行提示：

命令: _rotate3d

当前正向角度:　ANGDIR=逆时针　ANGBASE=0

选择对象: 选择上述面域

指定轴上的第一个点或定义轴依据[对象(O)/最近的(L)/视图(V)/X 轴(X)/Y 轴(Y)/Z 轴(Z)/两点(2)]: 选择类似于梯形面域最下面一条直线的两个端点

指定旋转角度或[参照(R)]: 46.689（按<Enter>键）

（10）实体拉伸。单击常用选项卡中的“建模”面板→“拉伸”命令，命令行提示：

命令: _extrude

当前线框密度: ISOLINES=4

选择对象: 选择上面创建的面域（按<Enter>键）

指定拉伸高度或[路径(P)]: －24（按<Enter>键）

指定拉伸的倾斜角度 <0>: －3（按<Enter>键）

（11）解冻所有图层。单击“图层”面板中的（图层特性管理器）按钮，弹出“图层特性管理器”对话框，将上面用到的所有图层冻结，可以看到拉伸得到锥齿轮的一个齿，结果如图 9-44

所示。

（12）阵列实体。单击常用选项卡中的“修改”面板→“阵列”命令，弹出“阵列”对话框，点选“环形阵列”单选钮，选择坐标原点作为中心点，设置项目总数为 28，填充角度为 360°，然后选择上一步创建的拉伸实体作为阵列对象，单击“确定”按钮，阵列结果如图 9-45 所示。

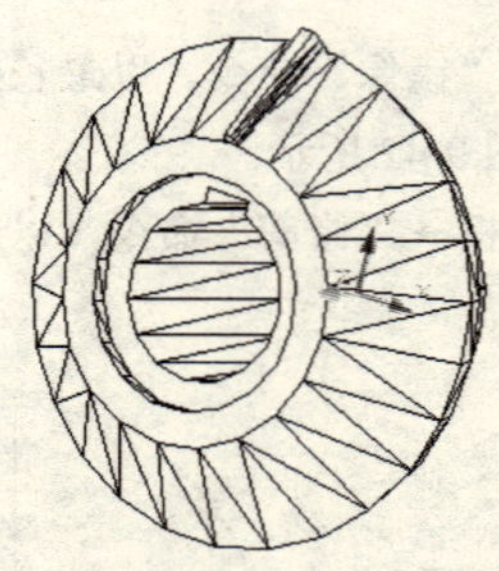

图 9-44　拉伸得到锥齿轮的一个齿

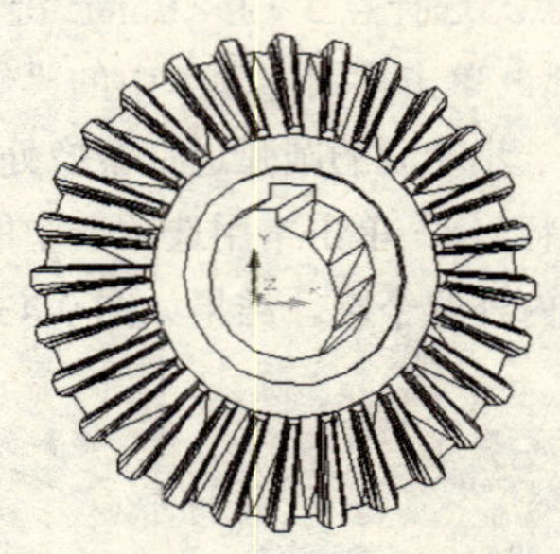

图 9-45　阵列得到锥齿轮的其余齿

9.3.4　查看并修改斜齿轮实体模型

（1）实体并集处理。单击常用选项卡中的“实体编辑”面板→“并集”命令，命令行提示：

命令：_ union

选择对象：选择绘图区域内的所有实体

选择对象：总计 32 个（按<Enter>键）

（2）体着色处理。单击常用选项卡中“视图”面板→“概念”命令，通过概念视觉样式查看三维锥齿轮的实体模型，如图 9-46 所示。

图 9-46　三维圆锥齿轮实体效果图

思　考　题

1．AutoCAD 中齿轮类零件的建模的基本过程是什么？

2．按照书中的讲述，动手完成各个零件的建模。

3．齿轮类零件建模常用的特征有哪些？

第 10 章　齿轮类零件平面图绘制

【内容】

本章主要介绍齿轮平面图的绘制方法，包括圆柱直齿轮、圆柱斜齿轮和锥齿轮，并介绍零件剖面图的绘制方法。

【实例】

实例 1：圆柱直齿轮。

实例 2：圆柱斜齿轮。

实例 3：锥齿轮。

【目的】

掌握 AutoCAD 2010 中齿轮类零件平面图的绘制方法，熟练掌握绘制剖面图形的技巧。

10.1　圆柱直齿轮

绘制如图 10-1 所示的圆柱直齿轮的操作步骤如下：

（1）绘制中心线。切换到“中心线”图层。依次单击常用选项卡中的“绘图”面板→（直线）按钮，命令行提示：

命令: _line

指定第一点: 97，121（按<Enter>键）

指定下一点或[放弃(U)]: @25，0（按<Enter>键）

指定下一点或[放弃(U)]: （按<Enter>键）

（2）切换到“0”图层。单击常用选项卡中的“绘图”面板→（直线）按钮，命令行提示：

命令: _line

指定第一点: 100，100（按<Enter>键）

指定下一点或[放弃(U)]: @16，0（按<Enter>键）

指定下一点或[放弃(U)]: @0，42（按<Enter>键）

指定下一点或[放弃(U)]: @－16，0（按<Enter>键）

指定下一点或[放弃(U)]: @0，－42（按<Enter>键）

指定下一点或[放弃(U)]: （按<Enter>键）

（3）单击常用选项卡中的“修改”面板→（偏移）按钮，根据命令行的提示将中心线向上方和下方偏移，设定偏移距离均为 20，结果如图 10-2 所示。

（4）单击常用选项卡中的“修改”面板→（偏移）按钮，根据命令行的提示将上下边线各向中心偏移，设定偏移距离分别为 2 和 15。然后再将上边线向中心偏移，设定偏移距离为 13.4，结果如图 10-3 所示。

（5）单击常用选项卡中的“修改”面板→（倒角）按钮，根据命令行的提示将图形倒角，设定倒角长度为 1、倒角角度为 45°，结果如图 10-4 所示。

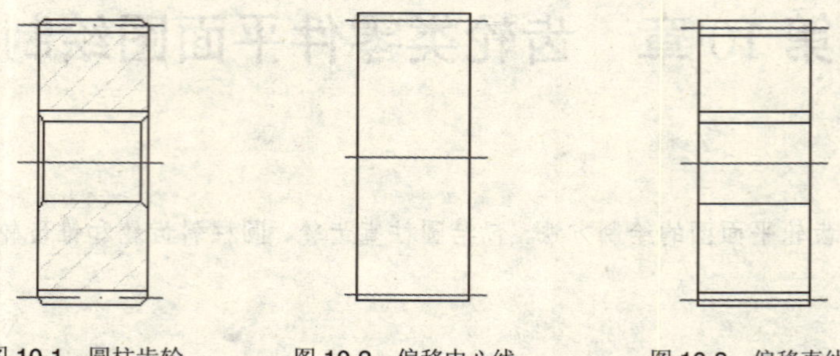

图 10-1　圆柱齿轮　　图 10-2　偏移中心线　　图 10-3　偏移直线

（6）单击常用选项卡中的“绘图”面板→（直线）按钮，根据命令行的提示绘制如图 10-5 所示的两条直线。

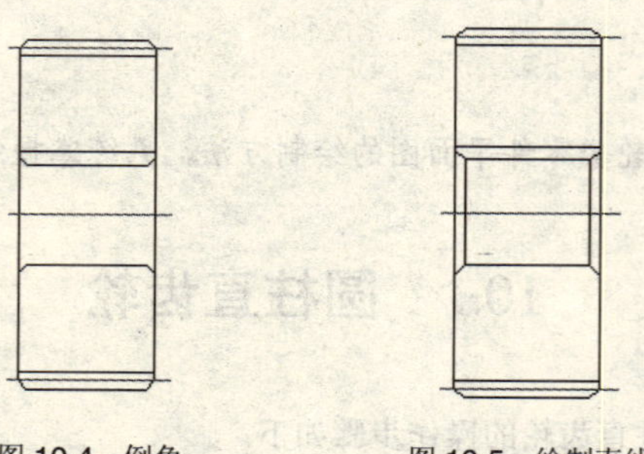

图 10-4　倒角　　图 10-5　绘制直线

（7）切换到“剖面线”图层。单击常用选项卡中的“绘图”面板→（图案填充）按钮，弹出“图案填充和渐变色”对话框，单击常用选项卡中的“图案”选项框后面的按钮，选择合适的图案，单击常用选项卡中的“确定”按钮。单击常用选项卡中的“添加：拾取点”按钮，在绘图区中选取所需填充的部分后按<Enter>键，最后单击常用选项卡中的“确定”按钮，结果如图 10-1 所示。

10.2　圆柱斜齿轮

绘制如图 10-6 所示的圆柱斜齿轮的操作步骤如下：

（1）绘制中心线。切换到“中心线”图层。单击常用选项卡中的“绘图”面板→（直线）按钮，命令行提示：

命令: _line

指定第一点: 90，140（按<Enter>键）

指定下一点或[放弃(U)]: @40，0（按<Enter>键）

指定下一点或[放弃(U)]: （按<Enter>键）

（2）切换到“0”图层。单击常用选项卡中的“绘图”面板→（直线）按钮，命令行提示：

命令: _line

指定第一点: 100，100（按<Enter>键）

指定下一点或[放弃(U)]: @17，0（按<Enter>键）

指定下一点或[放弃(U)]: @0，80（按<Enter>键）

指定下一点或[放弃(U)]: @－17，0（按<Enter>键）

指定下一点或[放弃(U)]: @0，－80（按<Enter>键）

指定下一点或[放弃(U)]: （按<Enter>键）

（3）单击常用选项卡中的“修改”面板→（偏移）按钮，根据命令行的提示将中心线向上方和下方偏移，设定偏移距离为 36.75；将上边线向下偏移，设定偏移距离分别为 6.5，33 和 31.4；将下边线向上偏移，设定偏移距离为 33。结果如图 10-7 所示。

（4）单击常用选项卡中的“绘图”面板→（直线）按钮，命令行提示：

命令: _line

指定第一点: 117，125（按<Enter>键）

指定下一点或[放弃(U)]: @6，0（按<Enter>键）

指定下一点或[放弃(U)]: @0，30（按<Enter>键）

指定下一点或[放弃(U)]: @－6，0（按<Enter>键）

指定下一点或[放弃(U)]: （按<Enter>键）

绘制结果如图 10-8 所示。

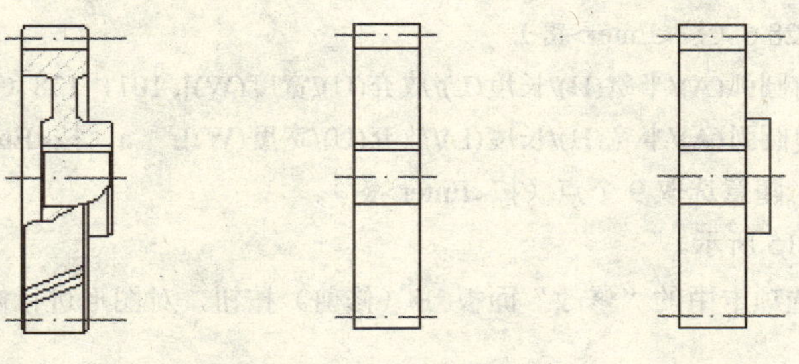

图 10-6 圆柱斜齿轮　　图 10-7 偏移直线　　图 10-8 绘制直线

（5）单击常用选项卡中的“修改”面板（偏移）按钮，根据命令行的提示将上边线向下偏移，设定偏移距离为 13 和 25；将左边线向右偏移，设定偏移距离分别为 5，8 和 14。结果如图 10-9 所示。

（6）单击常用选项卡中的“修改”面板→（延伸）按钮，根据命令行的提示将如图 10-10 所示的 3 条直线向右延伸。

（7）单击常用选项卡中的“修改”面板→（修剪）按钮，对图形进行修剪处理，修剪结果如图 10-11 所示。

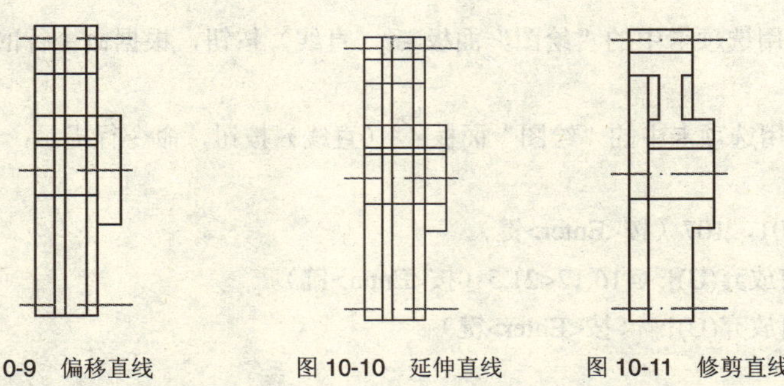

图 10-9 偏移直线　　图 10-10 延伸直线　　图 10-11 修剪直线

（8）单击常用选项卡中的“修改”面板→（倒角）按钮，根据命令行的提示对如图 10-12 所示的 6 个角进行倒角，设定倒角长度为 1，倒角角度为 45°；对图形中的 3 个角进行倒角，设定倒角长度为 0.5，倒角角度为 45° 。

（9）单击常用选项卡中的“修改”面板→（圆角）按钮，根据命令行的提示对如图 10-13 所示的 4 个角进行倒圆角，设定圆角半径为 2。

（10）单击常用选项卡中的“绘图”面板→（直线）按钮，根据命令行的提示绘制如图 10-14 所示的两条直线，其中右侧直线的下方端点为“@0，−14”。

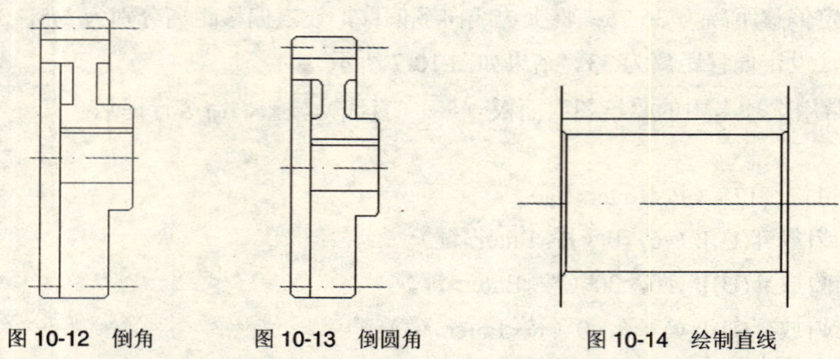

图 10-12　倒角　　图 10-13　倒圆角　　图 10-14　绘制直线

（11）单击常用选项卡中的“绘图”面板（多段线）按钮，命令行提示：

命令: _pline

指定起点: 100，128.6（按<Enter>键）

指定下一个点或 [圆弧(A)/半宽(H)/长度(L)/放弃(U)/宽度(W)]: 101，128（按<Enter>键）

指定下一个点或 [圆弧(A)/半宽(H)/长度(L)/放弃(U)/宽度(W)]:　a（按<Enter>键）

指定圆弧的端点：随意选取 9 个点（按<Enter>键）

绘制结果如图 10-15 所示。

（12）单击常用选项卡中的“修改”面板（修剪）按钮，对图形进行修剪处理，修剪结果如图 10-16 所示。

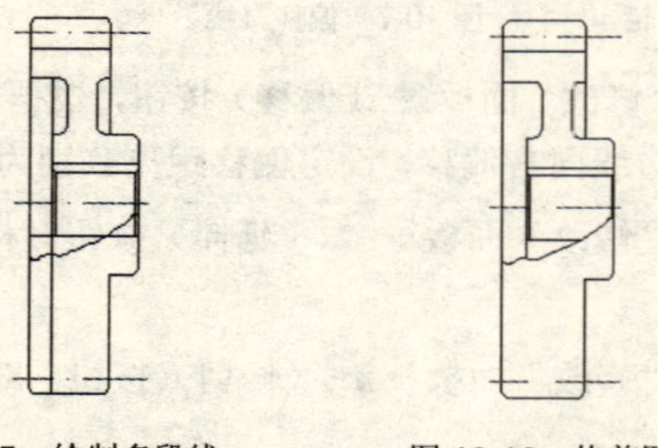

图 10-15　绘制多段线　　图 10-16　修剪图形

（13）单击常用选项卡中的“绘图”面板（直线）按钮，根据命令行的提示绘制如图 10-17 所示的 3 条竖直线。

（14）单击常用选项卡中的“绘图”面板（直线）按钮，命令行提示：

命令: _line

指定第一点: 101，107（按<Enter>键）

指定下一点或[放弃(U)]: @16.12<21.5（按<Enter>键）

指定下一点或[放弃(U)]:（按<Enter>键）

命令: _line

指定第一点: 101，109（按<Enter>键）

指定下一点或[放弃(U)]: @16.12<21.5（按<Enter>键）

指定下一点或[放弃(U)]:（按<Enter>键）

命令: _line

指定第一点: 101，111（按<Enter>键）

指定下一点或[放弃(U)]: @16.12<21.5（按<Enter>键）

指定下一点或[放弃(U)]: （按<Enter>键）

绘制结果如图 10-18 所示。

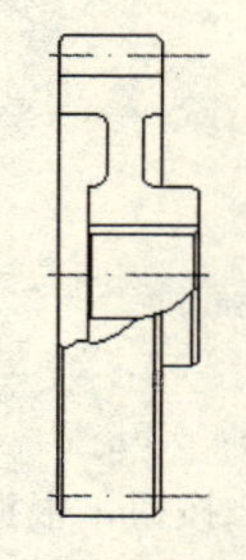

图 10-17　绘制直线

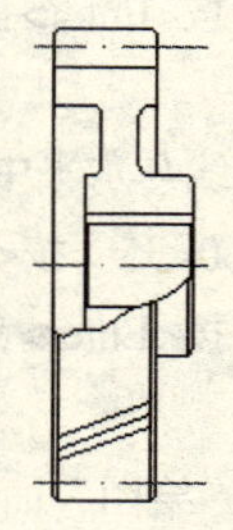

图 10-18　绘制直线

（15）切换到"剖面线"图层。单击常用选项卡中的"绘图"面板→（图案填充）按钮，弹出"图案填充和渐变色"对话框，单击常用选项卡中的"图案"选项框后面的按钮，选择合适的图案，单击常用选项卡中的"确定"按钮。单击常用选项卡中的"添加：拾取点"按钮，在绘图区中选取所需填充的部分后按<Enter>键，最后单击常用选项卡中的"确定"按钮，结果如图 10-6 所示。

10.3　锥　齿　轮

绘制如图 10-19 所示的锥齿轮的操作步骤如下：

（1）绘制中心线。切换到"中心线"图层。单击常用选项卡中的"绘图"面板→（直线）按钮，命令行提示：

命令: _line

指定第一点: 100，100（按<Enter>键）

指定下一点或[放弃(U)]: @70，0（按<Enter>键）

指定下一点或[放弃(U)]: （按<Enter>键）

命令: _line

指定第一点: 121，56（按<Enter>键）

指定下一点或[放弃(U)]: @0，80（按<Enter>键）

指定下一点或[放弃(U)]:（按<Enter>键）

（2）单击常用选项卡中的"修改"面板→（偏移）按钮，命令行提示：

命令: offset

指定偏移距离或[通过（T）/删除（E）/图层（L）]: 30（按<Enter>键）

选择要偏移的对象：选择水平中心线

指定要偏移的那一侧上的点：单击常用选项卡中的水平中心线上方

选择要偏移的对象：选择水平中心线

指定要偏移的那一侧上的点：单击常用选项卡中的水平中心线下方

同理，将水平中心线向上方和下方偏移，设定偏移距离为 31.15。

（3）单击常用选项卡中的“绘图”面板→（直线）按钮，命令行提示：

命令: _line

指定第一点: 100，100（按<Enter>键）

指定下一点或[放弃(U)]: @50<55（按<Enter>键）

指定下一点或[放弃(U)]: （按<Enter>键）

命令: _line

指定第一点: 捕捉竖直中心线与水平中心线的交点

指定下一点或[放弃(U)]: @60<35（按<Enter>键）

指定下一点或[放弃(U)]: （按<Enter>键）

绘制结果如图 10-20 所示。

（4）单击常用选项卡中的“绘图”面板→（直线）按钮，根据命令行的提示绘制如图 10-21 所示的两条直线。

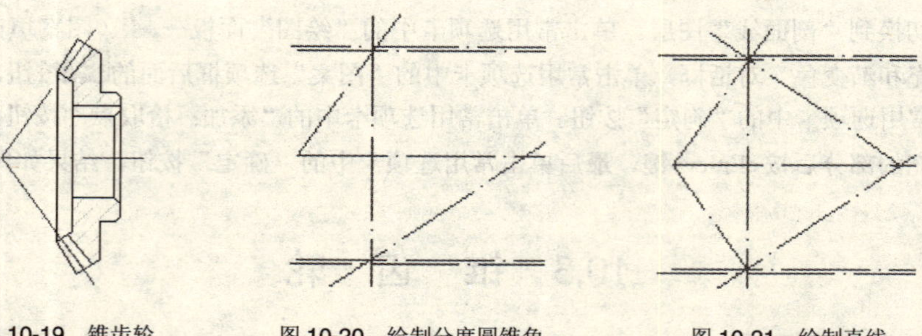

图 10-19　锥齿轮　　图 10-20　绘制分度圆锥角　　图 10-21　绘制直线

（5）单击常用选项卡中的“修改”面板→（偏移）按钮，根据命令行的提示将如图 10-22 所示的直线向左偏移，设定偏移距离为 2。再将直线向右偏移，设定偏移距离为 2.4。结果如图 10-23 所示。

（6）切换到“0”图层。单击常用选项卡中的“绘图”面板→（直线）按钮，根据命令行的提示绘制如图 10-24 所示的直线。

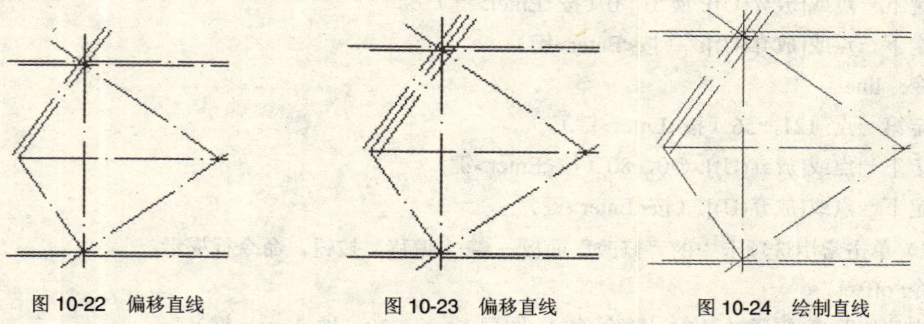

图 10-22　偏移直线　　图 10-23　偏移直线　　图 10-24　绘制直线

（7）单击常用选项卡中的“修改”面板→（删除）按钮，删除辅助线，结果如图 10-25 所示。

（8）单击常用选项卡中的“修改”面板→（偏移）按钮，根据命令行的提示将步骤（7）绘制的直线向下偏移，设定偏移距离为 10，结果如图 10-26 所示。

（9）单击常用选项卡中的“绘图”面板→（直线）按钮，根据命令行的提示绘制如图 10-27 所示的两条直线。

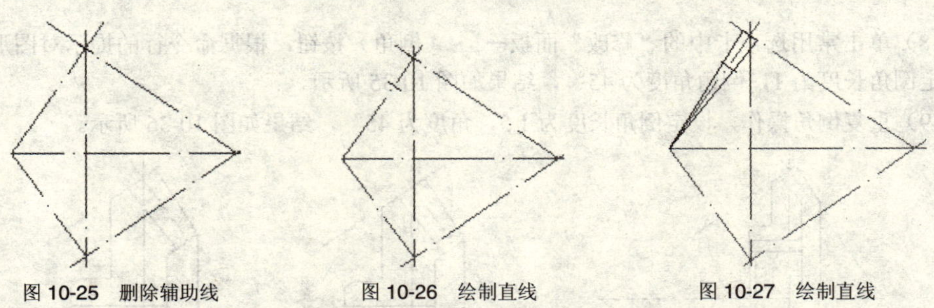

图 10-25　删除辅助线　　图 10-26　绘制直线　　图 10-27　绘制直线

（10）单击常用选项卡中的“修改”面板→（修剪）按钮，对图形进行修剪处理，修剪结果如图 10-28 所示。

（11）单击常用选项卡中的“绘图”面板→（直线）按钮，根据命令行的提示绘制如图 10-29 所示的直线，该直线与水平中心线的夹角为 90°。

（12）单击常用选项卡中的“修改”面板→（偏移）按钮，根据命令行的提示将上一步绘制的直线向右侧偏移，设定偏移距离分别为 4，11，14.5 和 16，结果如图 10-30 所示。

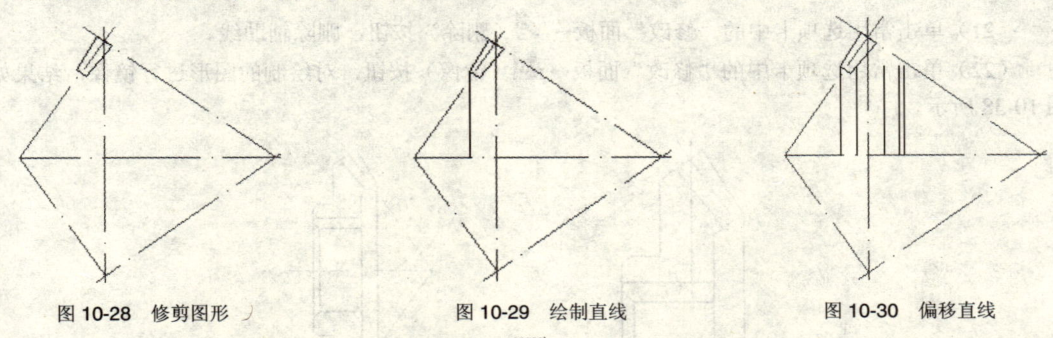

图 10-28　修剪图形　　图 10-29　绘制直线　　图 10-30　偏移直线

（13）单击常用选项卡中的“修改”面板→（偏移）按钮，根据命令行的提示将水平中心线向上偏移，设定偏移距离分别为 11，13.6 和 17，结果如图 10-31 所示。

（14）单击常用选项卡中的“绘图”面板→（直线）按钮，根据命令行的提示绘制如图 10-32 所示的 3 条直线。

（15）单击常用选项卡中的“修改”面板→（修剪）按钮，对图形进行修剪处理，修剪结果如图 10-33 所示。

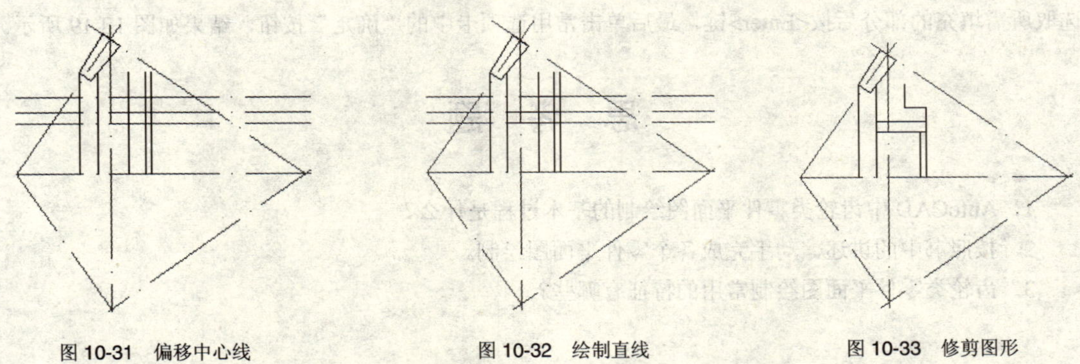

图 10-31　偏移中心线　　图 10-32　绘制直线　　图 10-33　修剪图形

（16）单击常用选项卡中的“修改”面板→（延伸）按钮，根据命令行的提示将如图 10-34 所示的 3 条直线延伸。

（17）单击常用选项卡中的“修改”面板→（修剪）按钮，对图形进行修剪处理。

（18）单击常用选项卡中的“修改”面板→（倒角）按钮，根据命令行的提示对图形进行倒角，设定倒角长度为 1，倒角角度为 45°，结果如图 10-35 所示。

（19）重复倒角操作，设定倒角长度为 1.5，角度为 45°，结果如图 10-36 所示。

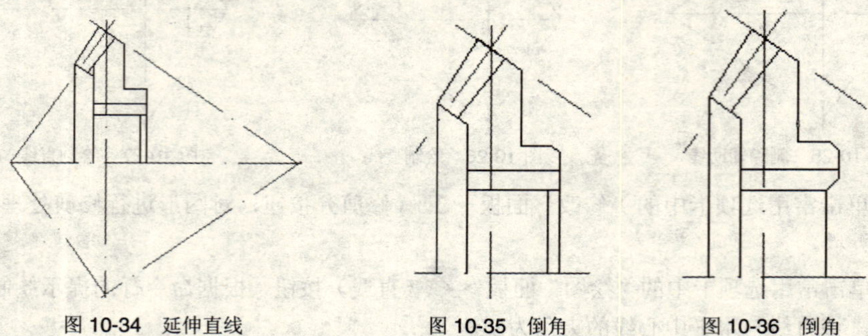

图 10-34　延伸直线　　图 10-35　倒角　　图 10-36　倒角

（20）单击常用选项卡中的“修改”面板→（延伸）按钮，根据命令行的提示将如图 10-37 所示的直线延伸。

（21）单击常用选项卡中的“修改”面板→（删除）按钮，删除辅助线。

（22）单击常用选项卡中的“修改”面板→（镜像）按钮，对绘制的图形进行镜像，结果如图 10-38 所示。

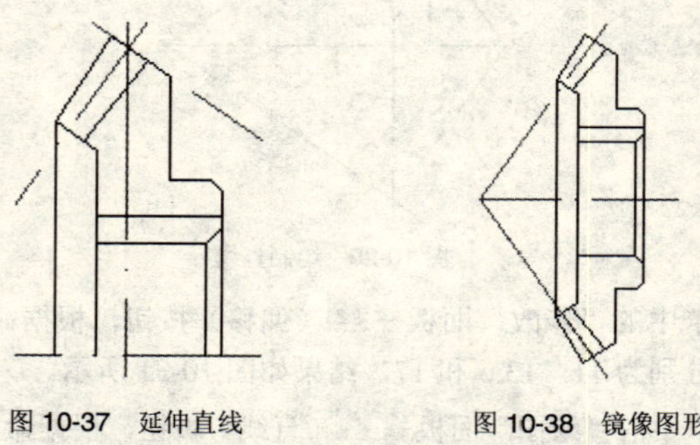

图 10-37　延伸直线　　图 10-38　镜像图形

（23）切换到“剖面线”图层。单击常用选项卡中的“绘图”面板→（图案填充）按钮，弹出“图案填充和渐变色”对话框，单击常用选项卡中的“图案”选项框后面的按钮，选择合适的图案，单击常用选项卡中的“确定”按钮。单击常用选项卡中的“添加：拾取点”按钮，在绘图区中选取所需填充的部分后按<Enter>键，最后单击常用选项卡中的“确定”按钮，结果如图 10-19 所示。

思　考　题

1. AutoCAD 中齿轮类零件平面图绘制的基本过程是什么？
2. 按照书中的讲述，动手完成各个零件平面图绘制。
3. 齿轮类零件平面图绘制常用的特征有哪些？

第 11 章　蜗轮及蜗杆类零件建模

【内容】

本章以蜗轮和蜗杆的三维实体模型为例，详细介绍在 AutoCAD 2010 中进行此类零件实体建模的方法。

【实例】

实例 1：蜗轮建模。

实例 2：蜗杆建模。

【目的】

掌握在 AutoCAD 2010 中进行蜗轮和蜗杆类零件实体建模的方法，特别是学会利用“三维阵列”“三维旋转”“三维镜像”等三维操作命令来创建实体模型的方法。

11.1 蜗 轮 建 模

蜗轮主要由蜗轮实体和蜗轮轮齿构成，本节先创建蜗轮轮坯实体，然后再对单个的蜗轮轮齿进行三维阵列来得到整个蜗轮实体的三维模型。

11.1.1 创建蜗轮轮坯实体模型

（1）新建文件。启动 AutoCAD 2010，单击快速访问工具栏中的“新建”命令，弹出“选择样板”对话框，在“文件名”选项框中选择“acadiso.dwt”，在“文件类型”选项框中选择“图形样板.dwt”，单击“打开”按钮。

（2）绘制蜗轮轮坯圆柱体。依次单击常用选项卡中的“建模”面板→“圆柱体”按钮，命令行提示：

命令：_cylinder

当前线框密度：ISOLINES=4

指定圆柱体底面的中心点或[椭圆(E)] <0,0,0>：（按<Enter>键）

指定圆柱体底面的半径或[直径(D)]: 31（按<Enter>键）

指定圆柱体的高度或[另一个圆心(C)]: 15（按<Enter>键）

（3）创建蜗轮轮毂凸台。单击常用选项卡中的“建模”面板→“圆柱体”按钮，命令行提示：

命令：_cylinder

当前线框密度：ISOLINES=4

指定圆柱体底面的中心点或[椭圆(E)] <0,0,15>：（按<Enter>键）

指定圆柱体底面的半径或[直径(D)]: 20（按<Enter>键）

指定圆柱体的高度或[另一个圆心(C)]: 8（按<Enter>键）

结果如图 11-1 所示。

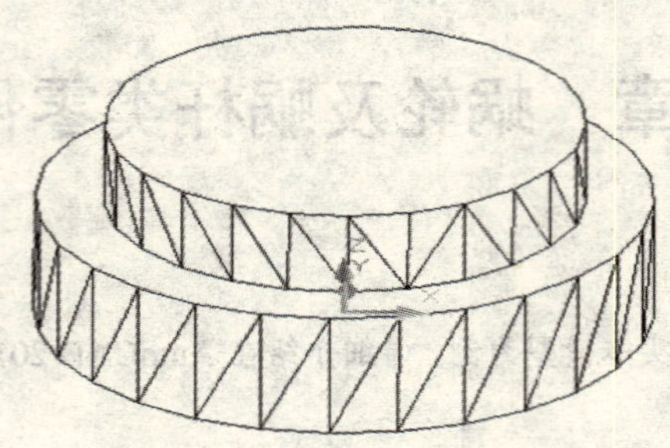

图 11-1 创建蜗轮轮毂实体

（4）创建中心圆柱轴孔。

1）创建轮坯圆柱体。单击常用选项卡中的“建模”面板→“圆柱体”按钮，命令行提示：

命令：_cylinder

当前线框密度：ISOLINES=4

指定圆柱体底面的中心点或[椭圆(E)] <0,0,0>: （按<Enter>键）

指定圆柱体底面的半径或[直径(D)]: 12（按<Enter>键）

指定圆柱体的高度或[另一个圆心(C)]: 25（按<Enter>键）

2）通过差集布尔运算得到中心圆柱轴孔。单击常用选项卡中的“实体编辑”面板→“差集”按钮，命令行提示：

命令：_ subtract 选择要从中减去的实体或面域

选择对象：选择半径为 30 和 20 的两个圆柱实体（按<Enter>键）

选择要减去的实体或面域：选择半径为 12 的圆柱体（按<Enter>键）

差集操作后得到的带有孔的轮坯如图 11-2 所示。

（5）对两圆柱体的交线处进行圆角处理。单击常用选项卡中的“修改”面板→“圆角”按钮，命令行提示：

命令: _fillet

当前设置: 模式 = 修剪，半径 = 0.0000

选择第一个对象或[放弃(U)/多段线(P)/半径(R)/修剪(T)/多个(M)]: r（按<Enter>键）

指定圆角半径 <0.0000>: 2（按<Enter>键）

选择边或[链(C)/半径(R)]: 选择两同轴圆柱的相交线（按<Enter>键）

结果如图 11-3 所示。

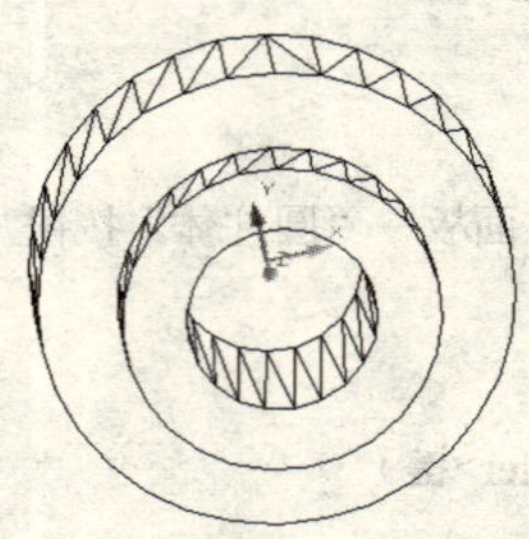

图 11-2 通过差集得到圆柱中心孔

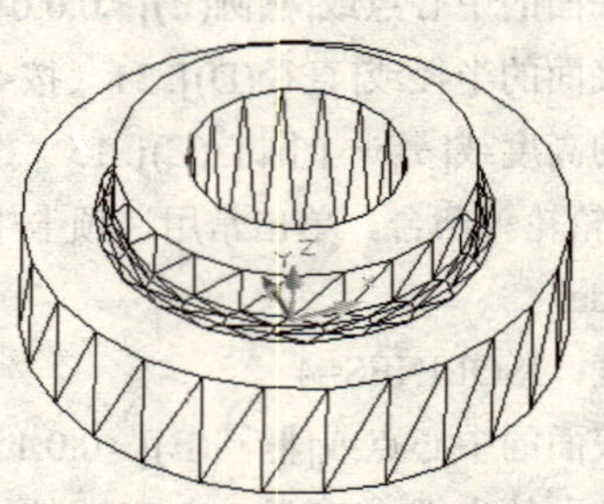

图 11-3 对实体进行圆角处理

11.1.2　创建键槽实体

（1）绘制长方体。单击常用选项卡中的“建模”面板→“长方体”按钮，命令行提示：

命令：_box

指定长方体的角点或[中心点(CE)] <0,0,0>：－3.5，11，0（按<Enter>键）

指定角点或[立方体(C)/长度(L)]: L（按<Enter>键）

指定长度: 7（按<Enter>键）

指定宽度: 3（按<Enter>键）

指定高度：25（按<Enter>键）

（2）通过差集布尔运算得到键槽。单击常用选项卡中的“实体编辑”面板→“差集”命令按钮，命令行提示：

命令：_ subtract

选择要从中减去的实体或面域

选择对象：选择半径为 30 和 20 的两个圆柱实体（按<Enter>键）

选择要减去的实体或面域：选择上一步创建的长方体（按<Enter>键）

差集操作后得到的带有键槽的轮坯如图 11-4 所示。

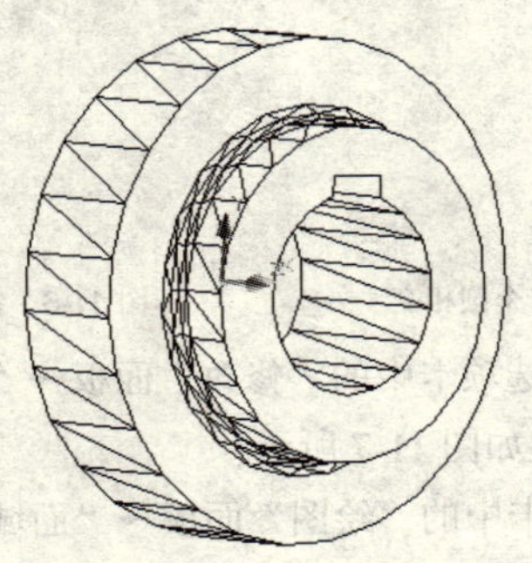

图 11-4　通过差集运算得到键槽孔

11.1.3　创建蜗轮轮齿实体模型

这里创建圆柱蜗轮的轮齿的方法和 8.1 节中创建圆柱直齿轮的轮齿实体方法类似。值得注意的是，在进行拉伸生成倾轮齿前，要对创建的面域进行三维旋转处理。

（1）新建图层。单击常用选项卡中的“图层”面板→“图层特性”按钮，弹出“图层特性管理器”对话框，新建图层 1 命名为“lunchi”，并置此图层为当前图层，将上面用到的图层冻结。

（2）绘制圆。单击常用选项卡中的“绘图”面板→“圆”面板→“圆心、半径”按钮，以（0，0，－2）为圆心，分别绘制半径为 30、32、34 的 3 个圆。

（3）绘制多段线。单击常用选项卡中的“绘图”面板→“多段线”按钮，命令行提示：

命令：_pline

指定起点：0,0,－2（按<Enter>键）

指定下一个点或[圆弧(A)/半宽(H)/长度(L)/放弃(U)/宽度(W)]：@0，34（按<Enter>键）

指定下一个点或[圆弧(A)/半宽(H)/长度(L)/放弃(U)/宽度(W)]：@1.2，0（按<Enter>键）

指定下一个点或[圆弧(A)/闭合(C)/半宽(H)/长度(L)/放弃(U)/宽度(W)]：@1，－2.1（按<Enter>键）

指定圆弧的端点或[角度(A)/圆心(CE)/闭合(CL)/方向(D)/半宽(H)/直线(L)/半径(R)/第二个点(S)/放弃(U)/宽度(W)]：@0.5，－2.1（按<Enter>键）

右侧的多段线和 3 个圆弧的交点记为点 1、点 2、点 3，如图 11-5 所示。

（4）绘制圆弧。单击常用选项卡中的“绘图”面板→“圆弧”面板→“三点”按钮，命令行提示：

命令: _arc

指定圆弧的起点或[圆心(C)]: 选择点 1

指定圆弧的第二个点或[圆心(C)/端点(E)]: 选择点 2

指定圆弧的端点: 选择点 3（按<Enter>键）

（5）镜像圆弧。单击常用选项卡中的“修改”面板→“镜像”按钮，以最长的多段线为镜像轴的两个端点，对上面绘制的圆弧进行镜像处理，结果如图 11-6 所示。

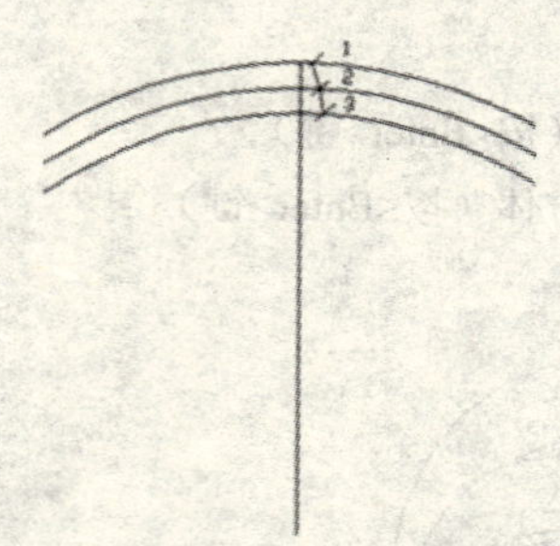

图 11-5　多段线和 3 个圆相交

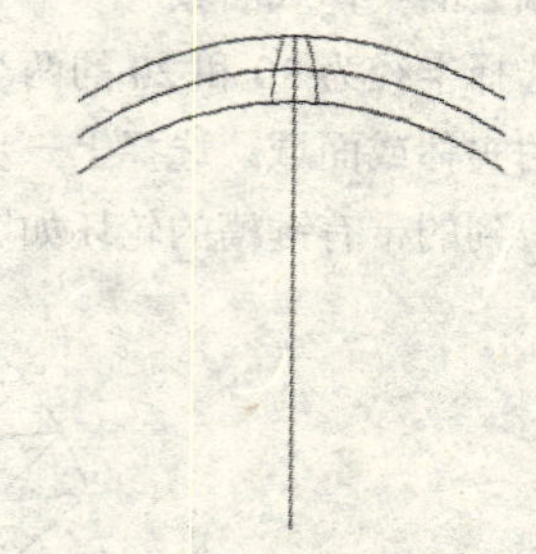

图 11-6　镜像得到另外一侧的圆弧

（6）修剪多余部分。单击常用选项卡中的“修改”面板→“修剪”按钮，以前面绘制的两条圆弧为参考边，修剪内外两个圆，结果如图 11-7 所示。

（7）创建面域。单击常用选项卡中的“绘图”面板→“面域”按钮，命令行提示：

命令: _region

选择对象: 指定对角点: 选择两条圆弧曲线和上下两条圆弧线

找到 4 个，选择对象:（按<Enter>键）

已提取 1 个环

已创建 1 个面域

（8）对上述创建的面域进行三维旋转操作。单击常用选项卡中的“修改”面板→“三维旋转”命令，命令行提示：

命令: _rotate3d

当前正向角度: ANGDIR=逆时针　ANGBASE=0

选择对象: 选择上一步创建的面域

指定对角点: 选择对称轴上的任一点

指定轴上的第一个点或定义轴依据[对象(O)/最近的(L)/视图(V)/X 轴(X)/Y 轴(Y)/Z 轴(Z)/两点(2)]: 选择镜像对称轴上的任一点

指定轴上的第二点: 选择镜像对称轴上的另外一点

指定旋转角度或[参照(R)]: －8（按<Enter>键）

（9）实体拉伸。单击常用选项卡中的“绘图”面板→“建模”面板→“拉伸”按钮，命令行提示：

命令: _extrude

当前线框密度: ISOLINES=4

选择对象: 选择前面创建的面域（按<Enter>键）

指定拉伸高度或[路径(P)]: 18（按<Enter>键）

指定拉伸的倾角度 <0>: 0（按<Enter>键）

（10）解冻所有图层。单击“图层”面板中的图层特性按钮，弹出“图层特性管理器”对话框，将上面用到的所有图层解冻，查看单个轮齿实体模型，如图 11-8 所示。

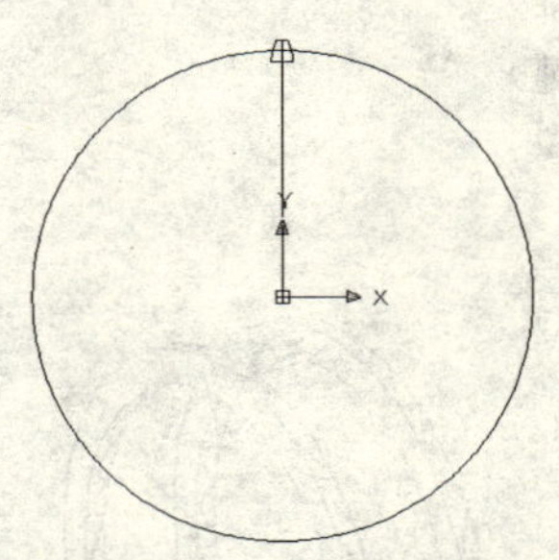

图 11-7　修剪圆弧

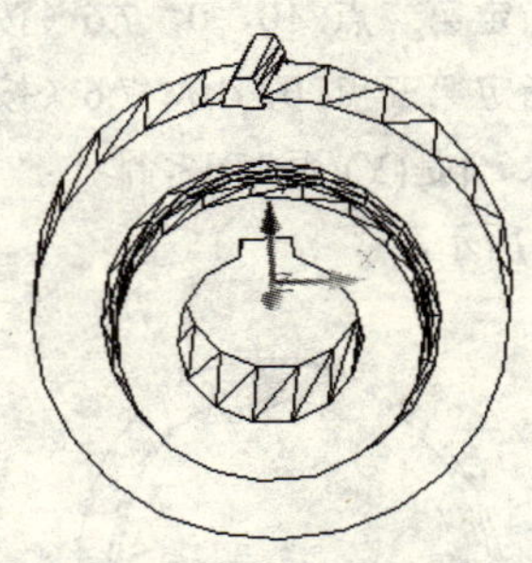

图 11-8　创建单个轮齿实体模型

（11）通过布尔运算修剪多余部分。

1）单击“图层”面板中的“图层特性管理器”按钮，弹出“图层特性管理器”对话框，将“lunchi”图层置为当前图层，将其他图层冻结，单击“确定”按钮。

2）绘制第一个圆柱体。单击常用选项卡中的“绘图”面板→“建模”面板→“圆柱体”按钮，命令行提示：

命令：_cylinder

当前线框密度：ISOLINES=4

指定圆柱体底面的中心点或[椭圆(E)] <0,0,-3>: （按<Enter>键）

指定圆柱体底面的半径或[直径(D)]: 35（按<Enter>键）

指定圆柱体的高度或[另一个圆心(C)]: 3（按<Enter>键）

3）绘制第二个圆柱体。单击常用选项卡中的“绘图”面板→“建模”面板→“圆柱体”按钮，命令行提示：

命令：_cylinder

当前线框密度：ISOLINES=4

指定圆柱体底面的中心点或[椭圆(E)] <0,0,-3>:（按<Enter>键）

指定圆柱体底面的半径或[直径(D)]: 26（按<Enter>键）

指定圆柱体的高度或[另一个圆心(C)]: 3（按<Enter>键）

4）通过差集布尔运算得到圆环。单击常用选项卡中的“修改”面板→“实体编辑”面板→“差集”按钮，命令行提示：

命令：_ subtract

选择要从中减去的实体或面域

选择对象：选择半径为 35 的圆柱实体（按<Enter>键）

选择要减去的实体或面域：选择半径为 28 的圆柱实体（按<Enter>键）

差集操作后得到的带有轮齿的圆环如图 11-9 所示。

（12）对上述圆环进行三维镜像操作。单击常用选项卡中的“修改”面板→“三维镜像”命令，命令行提示：

命令: _mirror3d

选择对象: 选择上一步创建的圆环体（按<Enter>键）

指定镜像平面(三点) 的第一个点或[对象(O)/最近的(L)/Z 轴(Z)/视图(V)/XY 平面(XY)/YZ 平面(YZ)/ZX 平面(ZX)/三点(3)] <三点>: 0，0，7.6（按<Enter>键）

在镜像平面上指定第二点: 10，0，7.6（按<Enter>键）

在镜像平面上指定第三点: 0，10，7.6（按<Enter>键）

是否删除源对象？[是(Y)/否(N)] <否>:

结果如图 11-10 所示。

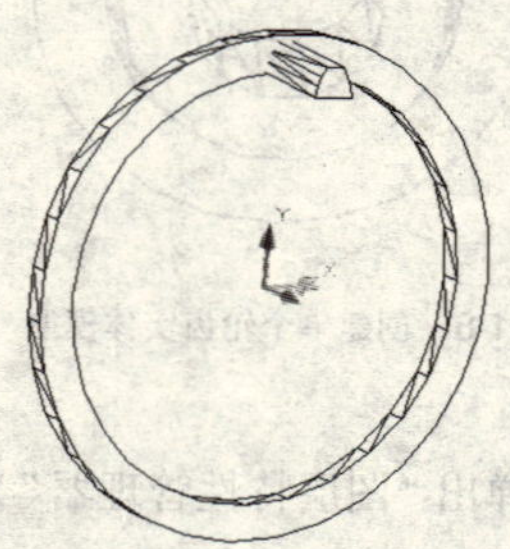

图 11-9　创建圆环

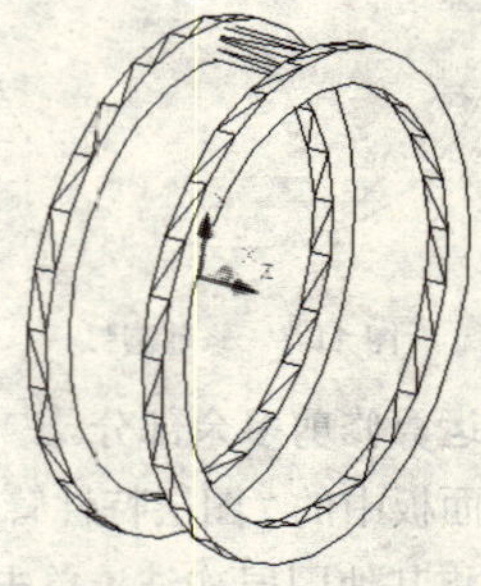

图 11-10　镜像得到另外一个圆环

（13）通过差集布尔运算修剪轮齿多余部分。单击常用选项卡中的“实体编辑”面板→“差集”按钮，命令行提示：

命令：_ subtract

选择要从中减去的实体或面域

选择对象：选择轮齿实体（按<Enter>键）

选择要减去的实体或面域：选择上一步创建的两个圆环（按<Enter>键）

差集操作后得到的轮齿实体如图 11-11 所示。

（14）对轮齿进行倒角处理。单击常用选项卡中的“修改”面板→“倒角”按钮，命令行提示：

命令: _chamfer

(“修剪”模式) 当前倒角距离 1 = 0.0000，距离 2 = 0.0000

选择第一条直线或[放弃(U)/多段线(P)/距离(D)/角度(A)/修剪(T)/方式(E)/多个(M)]: D（按<Enter>键）

指定第一个倒角距离 <0.0000>: 1（按<Enter>键）

指定第二个倒角距离 <1.0000>:（按<Enter>键）

选择第一条直线或[放弃(U)/多段线(P)/距离(D)/角度(A)/修剪(T)/方式(E)/多个(M)]: 选择轮齿顶面前后两条棱边线

输入曲面选择选项[下一个(N)/当前(OK)] <当前>:（按<Enter>键）

指定基面的倒角距离 <1.0000>:（按<Enter>键）

指定其他曲面的倒角距离 <1.0000>:（按<Enter>键）

选择边或[环(L)]: 选择边或[环(L)]: 选择边或[环(L)]: 选择轮齿顶面前后两条棱边线。

倒角操作后得到的轮齿实体如图 11-12 所示。

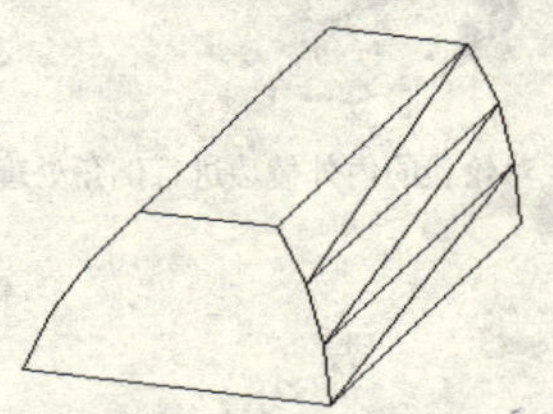

图 11-11　差集修剪轮齿多余部分

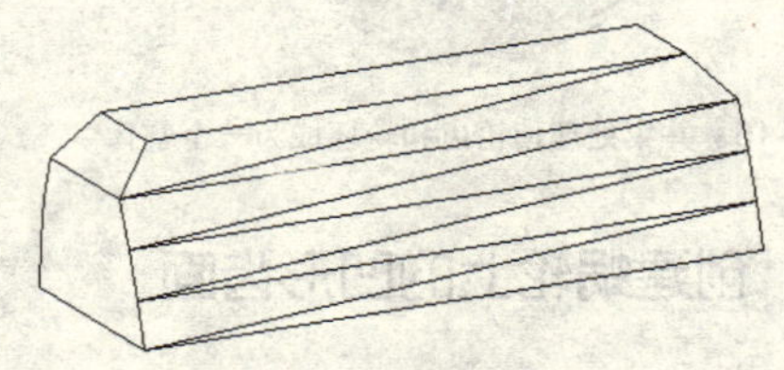

图 11-12　对轮齿进行倒角处理

（15）实体阵列。单击常用选项卡中的“修改”面板→“阵列”按钮，弹出“阵列”对话框，点选“环形阵列”单选钮，选择坐标原点作为中心点，设置项目总数为 28、填充角度为 360°，然后选择上一步绘制的实体作为阵列对象，单击“确定”按钮，阵列结果如图 11-13 所示。

（16）解冻所有图层。单击“图层”面板中的图层特性按钮，弹出“图层特性管理器”对话框，将上面用到的所有图层冻结，查看蜗轮实体模型，如图 11-14 所示。

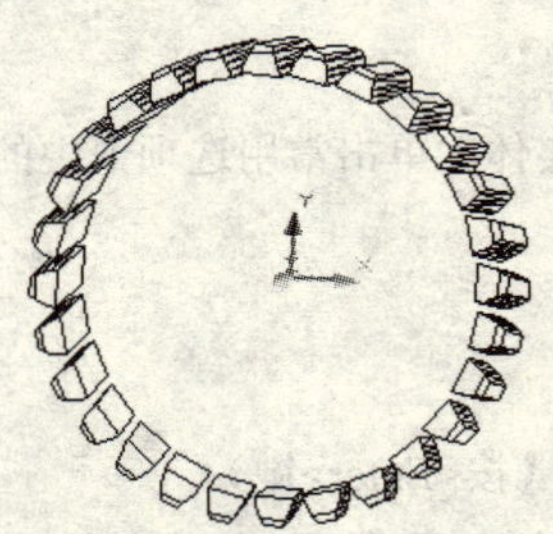

图 11-13　阵列得到其他轮齿

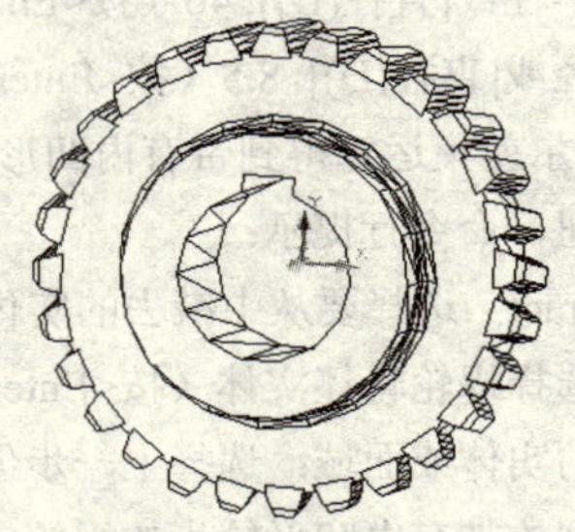

图 11-14　解冻图层查看蜗轮实体模型

（17）从图 11-14 中可以看出，蜗轮的轮齿和轮坯之间有相干涉的部分，下面通过并集操作进行处理，使其合成为一个整体。单击常用选项卡中的“实体编辑”面板→“并集”按钮，命令行提示：

命令：_ union

选择对象：选择绘图区域内的所有实体。

选择对象: 总计 29 个（按<Enter>键）

并集处理后，通过体着色查看蜗轮对象的效果，如图 11-15 所示。

（18）对轮毂棱边进行倒角处理。单击常用选项卡中的“修改”面板→“倒角”按钮，命令行提示：

命令: _chamfer

当前倒角距离 1 = 0.0000，距离 2 = 0.0000

指定第一个倒角距离 <0.0000>: 1（按<Enter>键）

指定第二个倒角距离 <1.0000>: （按<Enter>键）

选择第一条直线或[放弃(U)/多段线(P)/距离(D)/角度(A)/修剪(T)/方式(E)/多个(M)]: 选择轮毂圆柱的内外圆边（按<Enter>键）

结果如图 11-16 所示。

图 11-15　并集处理使轮齿和轮坯成为一个整体

图 11-16　对轮毂的内外棱边进行倒角处理

11.1.4　创建蜗轮上的凹形齿面

创建蜗轮上凹形齿面的方法为：首先创建和部分轮齿相干涉的圆环体，然后通过蜗轮实体和圆环体进行布尔差集运算，得到内凹形状的齿面。

（1）绘制圆环体。单击常用选项卡中的“建模”面板→“圆环体”按钮，命令行提示：

命令: _TORUS

当前线框密度: ISOLINES=4

指定圆环体中心 <0,0,0>: 0，0，8（按<Enter>键）

指定圆环体半径或[直径(D)]: 40（按<Enter>键）

指定圆管半径或[直径(D)]: 8.5（按<Enter>键）

（2）通过布尔差集运算得到带有内凹形轮齿的蜗轮实体。单击常用选项卡中的“实体编辑”面板→“差集”按钮，命令行提示：

命令：_subtract　选择要从中减去的实体或面域

选择对象：选择蜗轮轮坯实体（按<Enter>键）

选择要减去的实体或面域：选择上一步创建的圆环体（按<Enter>键）

差集操作得到的带有内凹形轮齿的蜗轮实体，结果如图 11-17 所示。通过概念视觉样式查看结果，如图 11-18 所示。

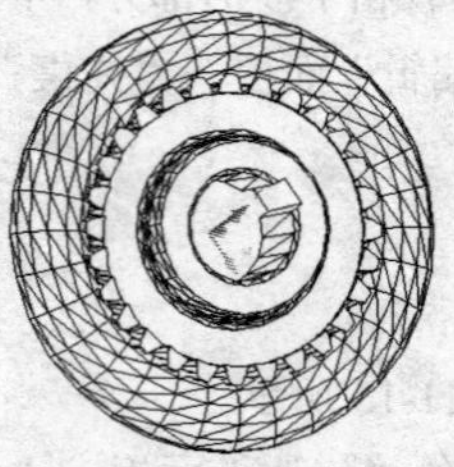

图 11-17　通过差集得到内凹形齿面

图 11-18　蜗轮实体体着色后的效果图

（3）保存蜗轮实体模型。单击常用选项卡中的“文件”面板→“另存为”命令，选择合适的路径保存蜗轮实体模型，文件命名为“蜗轮”。

11.2　蜗 杆 建 模

蜗杆主要由蜗杆实体和蜗杆轮齿构成，基本的绘制思路是：先绘制出蜗杆轴的实体模型，然后再绘制出蜗杆轴上的轮齿实体。

11.2.1　创建蜗杆轴实体轮廓

（1）新建文件。启动 AutoCAD 2010，单击快速访问工具栏中的“新建”命令，弹出“选择样板”对话框，在“文件名”选项框中选择“acad.dwt”，在“文件类型”选项框中选择“图形样板.dwt”，单击“打开”按钮。

（2）创建蜗杆轴旋转剖面线。

1）绘制剖面轮廓线。单击常用选项卡中的“绘图”面板→“直线”按钮，命令行提示：

命令: _line

指定第一点: 0，0（按<Enter>键）

指定下一点或[放弃(U)]: @0，12（按<Enter>键）

指定下一点或[放弃(U)]: @45，0（按<Enter>键）

指定下一点或[闭合(C)/放弃(U)]: @0，6（按<Enter>键）

指定下一点或[闭合(C)/放弃(U)]: @50，0（按<Enter>键）

指定下一点或[闭合(C)/放弃(U)]: @0，－8（按<Enter>键）

指定下一点或[闭合(C)/放弃(U)]: @10，0（按<Enter>键）

指定下一点或[闭合(C)/放弃(U)]: @50，－3（按<Enter>键）

指定下一点或[闭合(C)/放弃(U)]: @0，－7（按<Enter>键）

指定下一点或[闭合(C)/放弃(U)]: 0，0（按<Enter>键）

结果如图 11-19 所示。

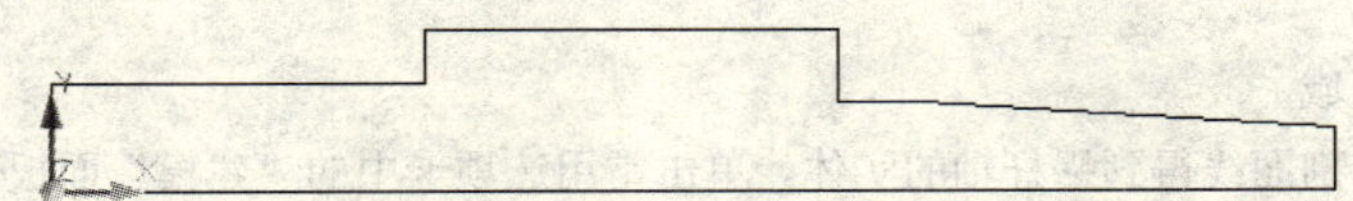

图 11-19　绘制封闭剖面轮廓线

2）绘制倒角。单击常用选项卡中的“修改”面板→“倒角”按钮，命令行提示：

命令: _chamfer

(“修剪”模式) 当前倒角距离 1＝0.0000，距离 2＝0.0000

选择第一条直线或[放弃(U)/多段线(P)/距离(D)/角度(A)/修剪(T)/方式(E)/多个(M)]: D（按<Enter>键）

指定第一个倒角距离 <0.0000>: 1（按<Enter>键）

指定第二个倒角距离 <1.0000>: 1（按<Enter>键）

选择第一条直线或[放弃(U)/多段线(P)/距离(D)/角度(A)/修剪(T)/方式(E)/多个(M)]: 选择前面绘制的封闭轮廓线的任一凸直角边

选择第二个对象，或按住 Shift 键选择要应用角点的对象: 选择另一直角边（按<Enter>键）

重复上述操作，对其他部分进行倒角处理，结果如图 11-20 所示。

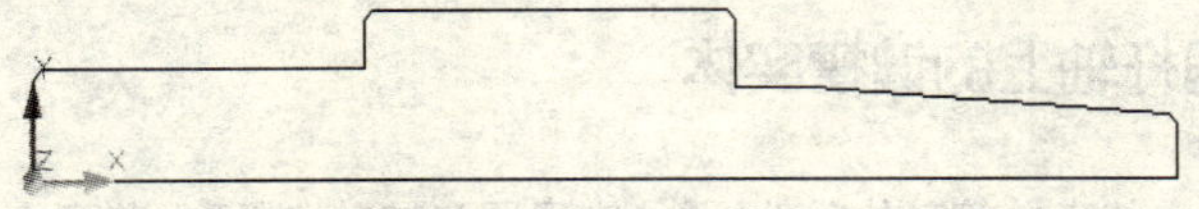

图 11-20　绘制倒角

3）绘制圆角。单击常用选项卡中的“修改”面板→“圆角”按钮，命令行提示：

命令: _fillet

当前设置: 模式 = 修剪，半径 = 0.0000

选择第一个对象或[放弃(U)/多段线(P)/半径(R)/修剪(T)/多个(M)]: r（按<Enter>键）

指定圆角半径 <0.0000>: 1（按<Enter>键）

选择第一个对象或[放弃(U)/多段线(P)/半径(R)/修剪(T)/多个(M)]: 选择前面绘制的封闭轮廓线的所有内凹直角边

选择第二个对象，或按住 Shift 键选择要应用角点的对象: 选择另一直角边（按<Enter>键）

重复上述操作，对其他部分进行圆角处理，结果如图 11-21 所示。

图 11-21　绘制圆角

4）创建面域。为了能够在后面通过旋转操作得到轴的轮廓实体，需要对所创建的这一组直线进行面域处理。单击常用选项卡中的“绘图”面板→“面域”按钮，命令行提示：

命令: _region

选择对象: 指定对角点: 选择视图窗口中的所有元素

选择对象: 找到 15 个

选择对象:（按<Enter>键）

已提取 1 个环

已创建 1 个面域

（3）通过旋转剖面线得到蜗杆轴的实体。单击常用选项卡中的“建模”面板→“旋转”按钮，命令行提示：

命令: _revolve

当前线框密度: ISOLINES=4

选择对象: 选择封闭轮廓曲线（按<Enter>键）

指定旋转轴的起点或定义轴依照[对象(O)/X 轴(X)/Y 轴(Y)]: x（按<Enter>键）

指定旋转角度 <360>: （按<Enter>键）

得到的三维蜗杆轴的实体模型如图 11-22 所示。

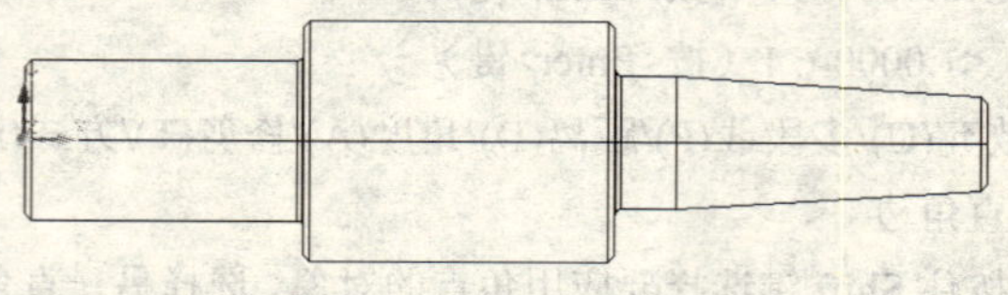

图 11-22　旋转得到的蜗杆轴实体模型

11.2.2　创建蜗杆轴上的键槽实体

为了在蜗杆轴上能安装齿轮等其他零件，并能实现同步转动，需要在其配合部分切削出键槽轮廓，下面就利用“拉伸”和“差集”命令在轴上创建键槽实体。

这里，定义在蜗杆轴的最左端创建长度为 30，宽度为 6，深度为 5 的平键键槽。

（1）绘制半圆键键槽轮廓。

1）绘制圆。单击常用选项卡中的“绘图”面板→“圆”面板→“圆心、半径”按钮，分别以（11，0，12）和（35，0，12）为圆心，绘制两个半径均为 3mm 的圆。

2）绘制直线。单击常用选项卡中的“绘图”面板→“直线”按钮，然后单击“对象捕捉”按钮，分别绘制上述两个圆的外公切线。

结果如图 11-23 所示。

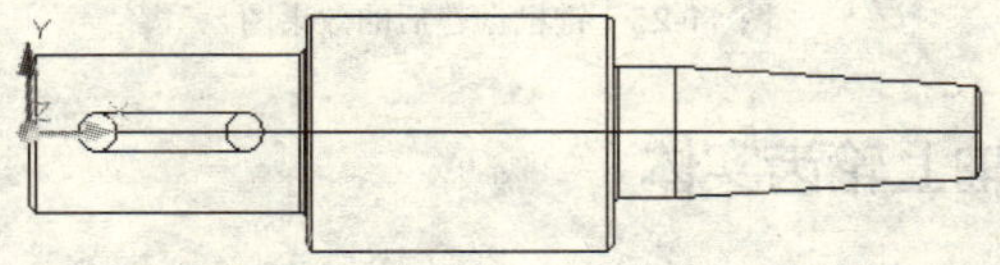

图 11-23　绘制两圆及其外公切线

（2）修剪键槽轮廓。单击常用选项卡中的“修改”面板→“修剪”按钮，分别选择两条外公切线为剪切边，选择两个圆为剪切对象，得到键槽的轮廓，如图 11-24 所示。

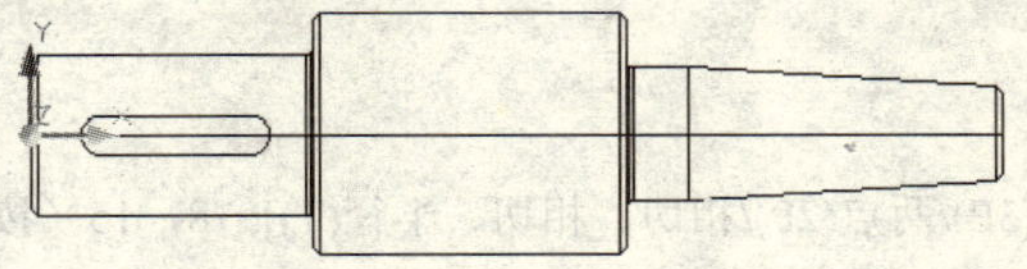

图 11-24　修剪键槽的轮廓

（3）创建面域。为了能使得通过拉伸操作得到一定深度的键槽，首先要对键槽轮廓曲线进行面域处理。单击常用选项卡中的“绘图”面板→“面域”按钮，命令行提示：

命令: _region

选择对象: 指定对角点: 选择组成键槽轮廓的 4 条曲线

找到 4 个，选择对象:（按<Enter>键）

已提取 1 个环

已创建 1 个面域

（4）实体拉伸。单击常用选项卡中的“绘图”面板→“建模”面板→“拉伸”按钮，命令行提示：

命令:_extrude

当前线框密度：ISOLINES=4

选择对象：选择上一步创建的面域曲线（按<Enter>键）

指定拉伸高度或[路径(P)]: －4（按<Enter>键）

指定拉伸的倾斜角度 <0>: （按<Enter>键）

（5）差集处理。为了得到轴上的键槽空腔模型，下面对轴和键槽进行差集布尔运算处理。单击常用选项卡中的“实体编辑”面板→“差集”按钮，命令行提示：

命令：_ subtract

选择要从中减去的实体或面域

选择对象：选择蜗杆轴实体（按<Enter>键）

选择要减去的实体或面域：选择键槽实体（按<Enter>键）

这样，在蜗杆轴的最左边就得到了符合尺寸要求的一个键槽实体模型。通过概念视觉样式查看得到的实体模型效果，如图 11-25 所示。

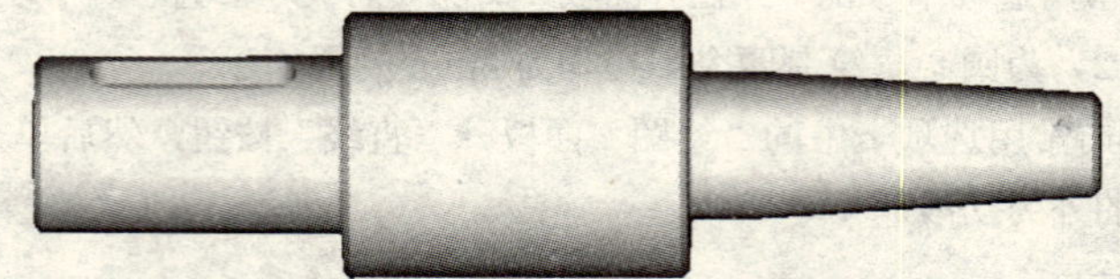

图 11-25　键槽创建后的效果图

11.2.3　创建蜗杆轴上轮齿实体

（1）新建图层。单击“图层”面板中的图层特性按钮，弹出“图层特性管理器”对话框，新建图层 1 命名为“woganchi”，并置此图层为当前图层，单击“确定”按钮。

（2）绘制蜗杆齿型。

1）绘制圆。单击常用选项卡中的“绘图”面板→“圆”面板→“圆心、半径”按钮，命令行提示：

命令: _circle

指定圆的圆心或[三点(3P)/两点(2P)/相切、相切、半径(T)]: 78，15（按<Enter>键）

指定圆的半径或[直径(D)]: 32.140438（按<Enter>键）

2）绘制直线。单击常用选项卡中的“绘图”面板→“直线”按钮，命令行提示：

命令: _pline

指定起点: 38，18（按<Enter>键）

当前线宽为 0.0000

指定下一个点或[圆弧(A)/半宽(H)/长度(L)/放弃(U)/宽度(W)]: @10，0（按<Enter>键）

指定下一个点或[圆弧(A)/闭合(C)/半宽(H)/长度(L)/放弃(U)/宽度(W)]: @0，4.4（按<Enter>键）

指定下一个点或[圆弧(A)/闭合(C)/半宽(H)/长度(L)/放弃(U)/宽度(W)]: @－10，0（按<Enter>键）

结果如图 11-26 所示。

3）修改图元。对所绘图形经过修剪和镜像操作后的结果如图 11-27 所示，至此，完成了齿轮齿形剖面的基本轮廓的绘制。

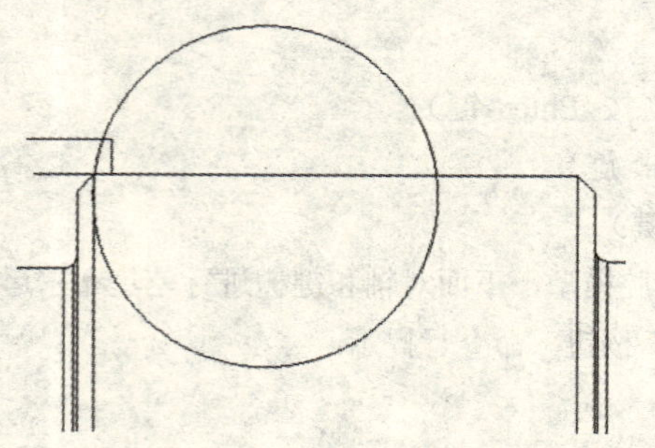

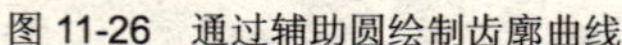

图 11-26　通过辅助圆绘制齿廓曲线

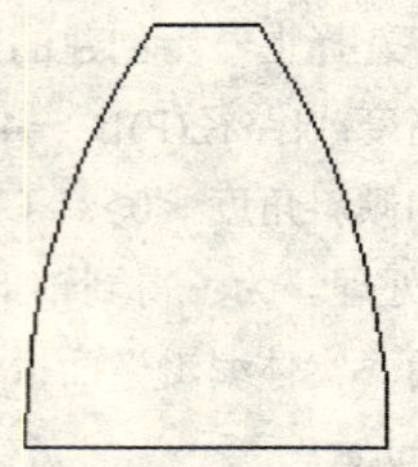

图 11-27　修剪、镜像得到齿廓曲线

（3）创建面域。单击常用选项卡中的“绘图”面板→“面域”按钮，命令行提示：

命令: _region

选择对象: 选择组成齿廓的 4 条曲线

选择对象:（按<Enter>键）

已提取 1 个环

已创建 1 个面域

（4）旋转上述创建的面域。单击常用选项卡中的“修改”面板→“三维旋转”命令，命令行提示：

命令: _rotate3d

当前正向角度: ANGDIR=逆时针　ANGBASE=0

选择对象: 选择上一步创建的面域

指定对角点: 选择对称轴上的任一点

指定轴上的第一个点或定义轴依据[对象(O)/最近的(L)/视图(V)/X 轴(X)/Y 轴(Y)/Z 轴(Z)/两点(2)]: 选择镜像对称轴上的任一点

指定轴上的第二点: 选择镜像对称轴上的另外一点

指定旋转角度或[参照(R)]: -8（按<Enter>键）

（5）旋转轮齿面域生成轮齿实体模型。单击常用选项卡中的“绘图”面板→“建模”面板→“旋转”命令，命令行提示：

命令: _revolve

当前线框密度: ISOLINES= 4

选择对象：选取前面生成的轮齿面域

选择对象：（按<Enter>键）

指定旋转轴的起点或定义轴依照[对象(O)/X 轴(X)/Y 轴(Y)]: x（按<Enter>键）

指定旋转角度 <360>:（按<Enter>键）

旋转生成的轮齿实体如图 11-28 所示。

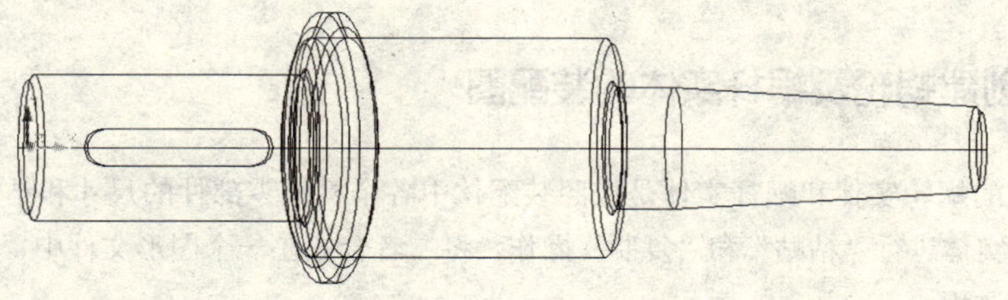

图 11-28　旋转生成三维轮齿实体

（6）通过三维阵列得到蜗杆实体上其余轮齿。单击常用选项卡中的“修改”面板→“三维阵列”命令，命令行提示：

命令: _3darray

选择对象: 选取上一步创建的轮齿三维实体

选择对象:（按<Enter>键）

输入阵列类型[矩形(R)/环形(P)] <矩形>: r（按<Enter>键）

输入行数 (---) <1>:（按<Enter>键）

输入列数 (|||) <1>: 6（按<Enter>键）

输入层数 (...) <1>:（按<Enter>键）

指定层间距: 8.5（按<Enter>键）

结果如图 11-29 所示所示。

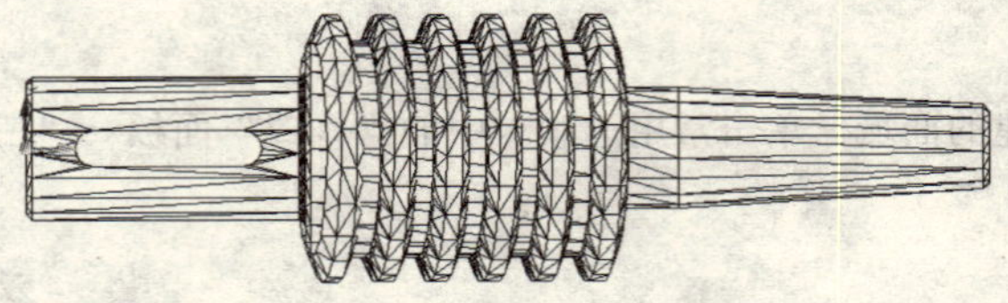

图 11-29　通过三维阵列得到蜗杆实体上其余轮齿

（7）通过并集处理使蜗杆轴和其上的轮齿成为一个整体。单击常用选项卡中的“实体编辑”面板→“并集”按钮，命令行提示：

命令：_union

选择对象：选择绘图区域内的所有实体

选择对象: 总计 13 个（按<Enter>键）

（8）通过体着色操作查看最终实体效果。单击常用选项卡中的“视图”面板→“概念”命令，通过概念视觉样式查看三维蜗杆实体模型，如图 11-30 所示。

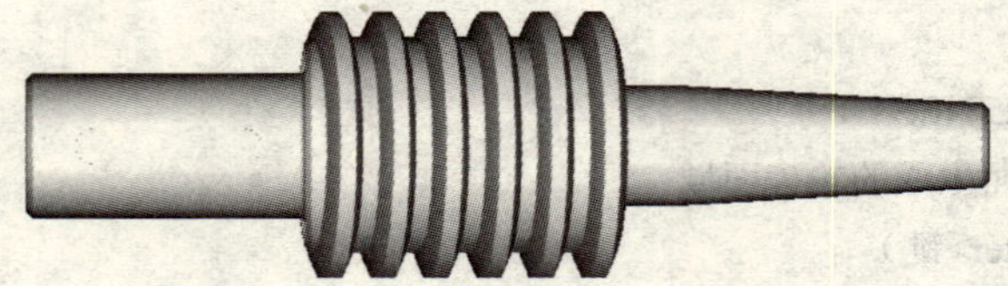

图 11-30　三维蜗杆实体的体着色视图

（9）保存蜗杆实体模型。单击常用选项卡中的“文件”面板→“另存为”命令，选择合适的路径保存蜗杆实体模型，文件命名为“蜗杆”。

11.2.4　创建蜗轮及蜗杆实体的装配图

前面所创建的蜗轮实体和蜗杆实体是按照装配体中各个机械零部件的尺寸和结构分别进行设计的，下面通过对实体进行“粘贴”和“复制”操作，将二者合成在一个图形文件中，使其实现蜗轮及蜗杆结构的装配过程。

这里，装配的实现方法是以蜗轮实体为基准，对蜗杆实体进行粘贴，然后复制到蜗轮实体图形中的合适位置来实现的。

（1）复制蜗杆实体。打开“蜗杆”图形文件，单击常用选项卡中的“编辑”面板→“带基点复制”命令，命令行提示：

命令: _copybase

指定基点: 70，0，0（按<Enter>键）

选择对象: 指定对角点: 找到 1 个

（2）粘贴蜗杆实体。打开“蜗轮”图形文件，单击常用选项卡中的“编辑”面板→“粘贴”命令，命令行提示：

命令: _pasteclip

指定基点: 0，55.5，8（按<Enter>键）

至此，完成了蜗轮及蜗杆的装配过程。通过体着色查看装配实体模型，如图 11-31 所示。

图 11-31　三维蜗轮及蜗杆实体模型的装配图

思　考　题

1．AutoCAD 中蜗轮及蜗杆类零件建模的基本过程是什么？
2．按照书中的讲述，动手完成各个零件的建模。
3．蜗轮及蜗杆类零件建模常用的特征有哪些？

第 12 章　盘盖类零件建模

【内容】

对于圆盘类零件，往往采用二维图形进行旋转的方法建模；对于非圆形的盘盖零件，往往采用拉伸的方法建模；而对于复杂的减速箱上壳的建模是采用拉伸后抽壳的方法；对于空间曲面形状复杂的汽车上壳，本章介绍由控制点生成三维曲面模型的方法。

通过实例介绍盘盖类零件的三维建模方法，掌握“建模”面板和“实体编辑”面板的使用和坐标系的变换。

【实例】

实例 1：圆形盖建模。

实例 2：机盖建模。

实例 3：减速箱上盖建模。

实例 4：汽车外轮廓建模。

【目的】

掌握运用 AutoCAD 2010 建模的基本思路和方法，熟悉创建三维图形的一些技巧。

12.1　圆形盖建模

如图 12-1 所示为圆形盖实体。

12.1.1　绘制二维草图

使用“直线”“偏移”和“修剪”命令，绘制二维草图，如图 12-2 所示。

图 12-1　圆形盖实体

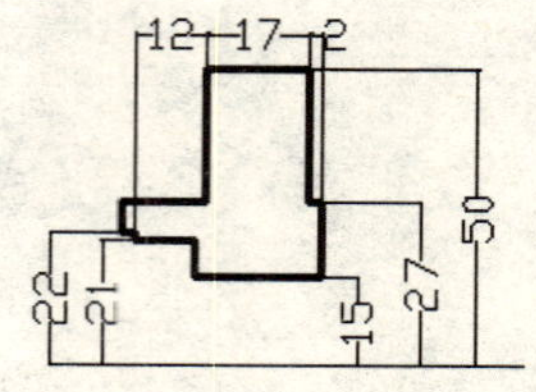

图 12-2　二维草图

12.1.2　创建圆形盖主体

（1）绘制多段线。依次单击常用选项卡中的“绘图”面板→“边界”命令，命令行提示：

命令: _boundary

选择内部点:　正在选择所有对象...

正在选择所有可见对象...

正在分析所选数据...

正在分析内部孤岛...

选择内部点: 单击常用选项卡中的二维草图内部（按<Enter>键）

BOUNDARY 已创建 1 个多段线

（2）创建实体。单击常用选项卡中的“建模”面板→（旋转）按钮，根据命令行的提示选择多段线，以中心线为旋转轴旋转 360°，创建的圆形盖主体如图 12-3 所示。

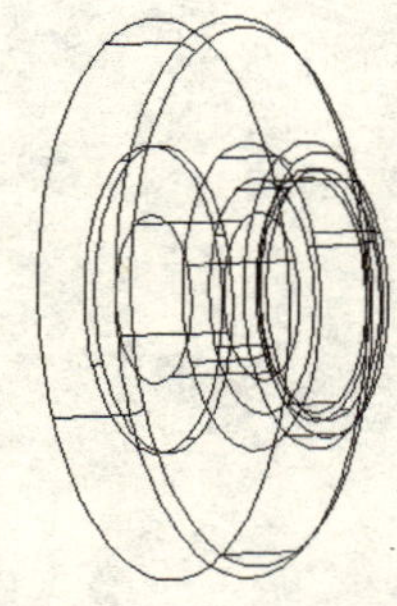

图 12-3　圆形盖主体

12.1.3　创建圆孔

（1）复制边。单击视图选项卡中的“坐标”面板→“新建 ucs”面板→“Y”命令，命令行提示:

命令: _ucs

当前 UCS 名称: *世界*

输入选项[新建(N)/移动(M)/正交(G)/上一个(P)/恢复(R)/保存(S)/删除(D)/应用(A)/?/世界(W)] <世界>: y

指定绕 Y 轴的旋转角度 <90>:（按<Enter>键）

单击常用选项卡中的“实体编辑”面板→（复制边）按钮，命令行提示:

命令: _solidedit

实体编辑自动检查:　SOLIDCHECK=1

输入实体编辑选项 [面(F)/边(E)/体(B)/放弃(U)/退出(X)] <退出>: _edge

输入边编辑选项 [复制(C)/着色(L)/放弃(U)/退出(X)] <退出>: _copy

选择边或 [放弃(U)/删除(R)]: 选择圆盘大圆（按<Enter>键）

指定基点或位移: 选择任意一点

指定位移的第二点: 选择同一点

输入边编辑选项 [复制(C)/着色(L)/放弃(U)/退出(X)] <退出>: x（按<Enter>键）

（2）偏移圆。单击常用选项卡中的“修改”面板→（偏移）按钮，命令行提示:

命令: _offset

指定偏移距离或 [通过(T)] <通过>: 15（按<Enter>键）

选择要偏移的对象或 <退出>: 选择复制的圆盘大圆

指定点以确定偏移所在一侧: 单击常用选项卡中的中心线一侧（按<Enter>键）

偏移结果如图 12-4 所示。

（3）创建圆柱体。单击常用选项卡中的“建模”面板→（圆柱体）按钮，命令行提示:

命令: _cylinder

当前线框密度:　ISOLINES=4

指定圆柱体底面的中心点或 [椭圆(E)] <0,0,0>: 选择圆孔中心点

指定圆柱体底面的半径或 [直径(D)]: 3.5（按<Enter>键）

指定圆柱体高度或 [另一个圆心(C)]: -17（按<Enter>键）

完成如图 12-5 所示的圆柱体的创建。

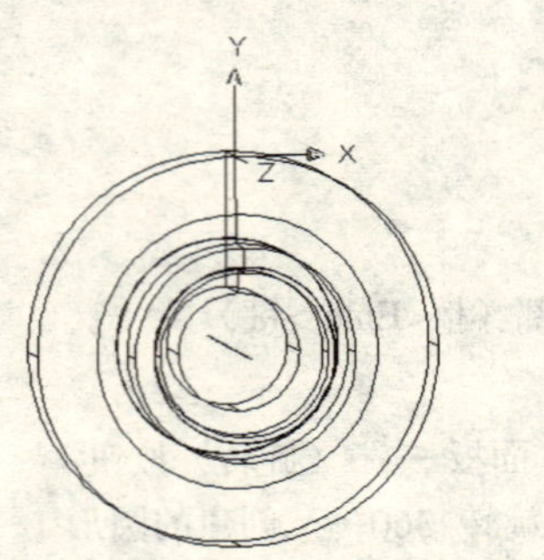

图 12-4　偏移圆

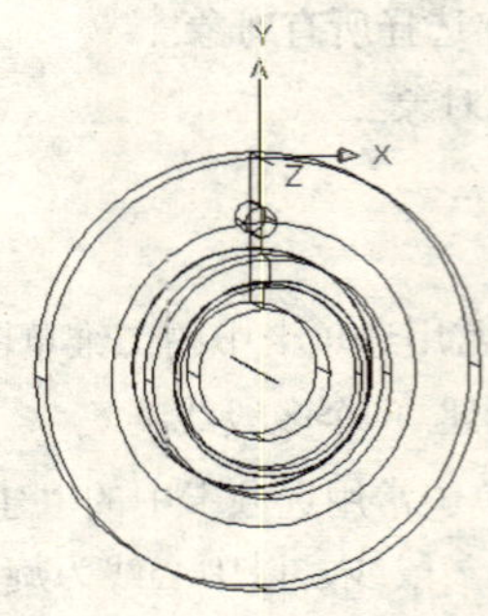

图 12-5　创建圆柱体

（4）阵列圆柱体。单击常用选项卡中的“修改”面板→（阵列）按钮，选择环形阵列，选择圆柱体为阵列对象，设定阵列数目为 4，阵列结果如图 12-6 所示。

（5）创建孔。单击常用选项卡中的“实体编辑”面板→（差集）按钮，命令行提示：

命令: _subtract 选择要从中减去的实体或面域...

选择对象: 选择圆盘（按<Enter>键）

选择要减去的实体或面域...

选择对象: 选择 4 个圆柱体（按<Enter>键）

（6）倒角处理。单击常用选项卡中的“修改”面板→（倒角）按钮，根据命令行的提示将圆盘进行倒角处理，设定基面的倒角距离为 2，结果如图 12-7 所示。

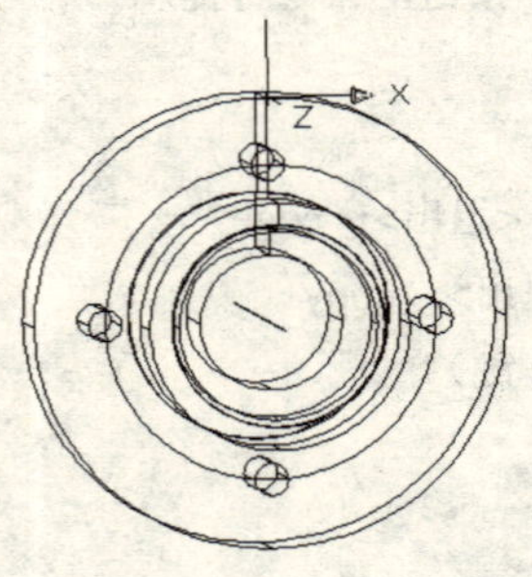

图 12-6　阵列圆柱体

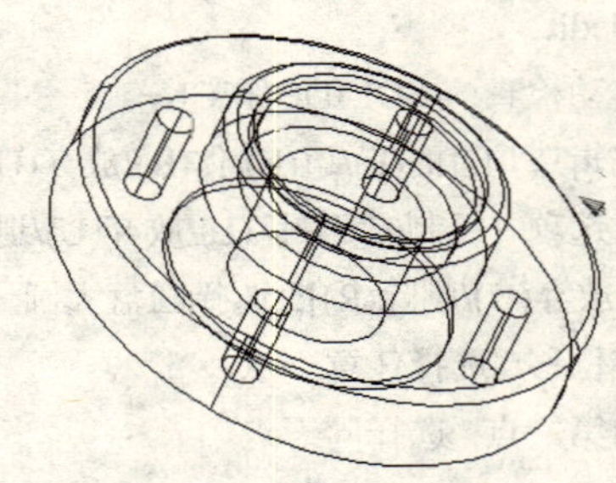

图 12-7　倒角处理

12.1.4　整理图形

单击常用选项卡中的“修改”面板→（删除）按钮，删除所有的辅助线。

使用适当的材质对实体进行渲染，完成如图 12-1 所示的圆形盖实体的创建。

12.2　机 盖 建 模

创建如图 12-8 所示的机盖实体的操作步骤如下：

图 12-8　机盖实体

（1）绘制草图。使用“直线”和“圆”命令，绘制如图 12-9 所示的草图，使用“修剪”命令对草图进行修剪。

（2）单击常用选项卡中的“绘图”面板→（面域）按钮，命令行提示：

命令: _region

选择对象: 选择草图各线条（按<Enter>键）

已提取 1 个环。

已创建 1 个面域。

单击常用选项卡中的“建模”面板→（拉伸）按钮，命令行提示：

命令: _extrude

当前线框密度:　ISOLINES=4

选择对象: 选择面域（按<Enter>键）

指定拉伸的高度或 [方向(D)/路径(P)/倾斜角(T)]: 12（按<Enter>键）

拉伸结果如图 12-10 所示。

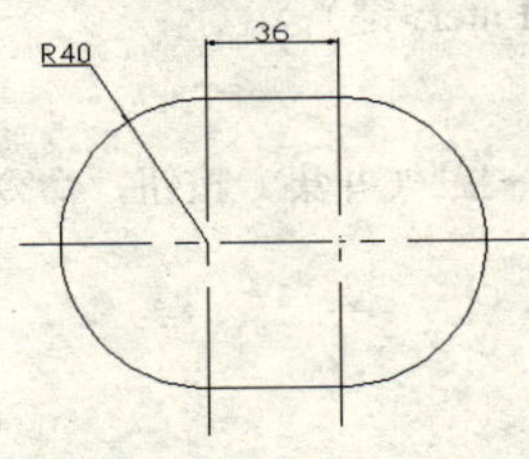

图 12-9　草图

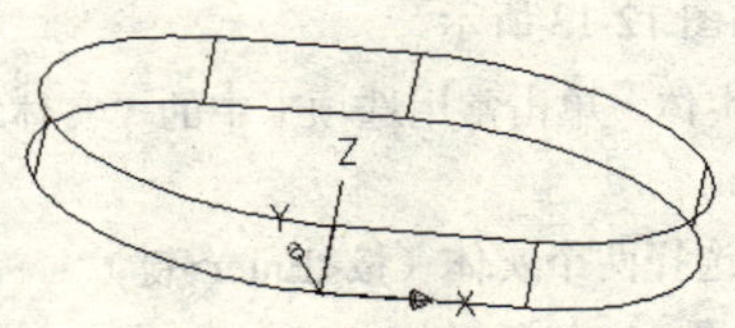

图 12-10　拉伸操作

（3）复制实体底边。单击常用选项卡中的“实体编辑”面板→（复制边）按钮，命令行提示：

命令: _solidedit

实体编辑自动检查:　SOLIDCHECK=1

输入实体编辑选项 [面(F)/边(E)/体(B)/放弃(U)/退出(X)] <退出>: _edge

输入边编辑选项 [复制(C)/着色(L)/放弃(U)/退出(X)] <退出>: _copy

选择边或 [放弃(U)/删除(R)]: 选择如图 12-11 所示的虚线（按<Enter>键）

指定基点或位移: 任选一点

指定位移的第二点: 选择同一点

输入边编辑选项 [复制(C)/着色(L)/放弃(U)/退出(X)] <退出>:（按<Enter>键）

实体编辑自动检查:　SOLIDCHECK=1

输入实体编辑选项 [面(F)/边(E)/体(B)/放弃(U)/退出(X)] <退出>:（按<Enter>键）

（4）偏移复制的边。单击常用选项卡中的“修改”面板→（偏移）按钮，命令行提示：

命令: _offset

指定偏移距离或 [通过(T)] <通过>: 22（按<Enter>键）

选择要偏移的对象或 <退出>: 选择复制的边

选择要偏移的对象或 <退出>: 单击常用选项卡中的图形内侧

偏移结果如图 12-12 所示。

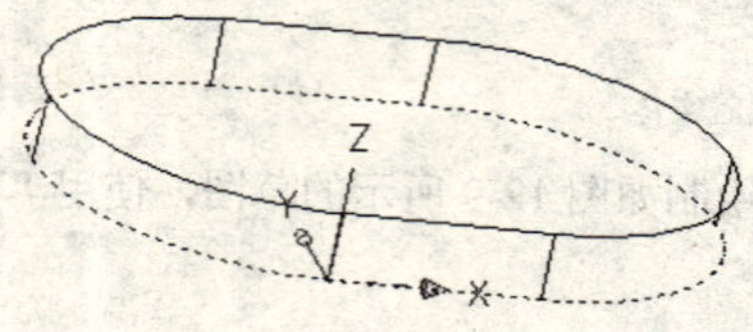

图 12-11　复制底边

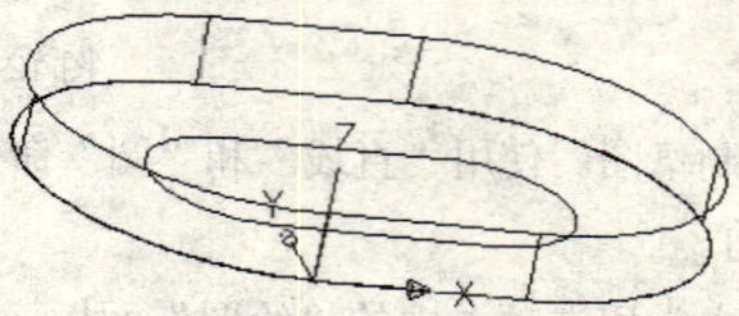

图 12-12　偏移复制的边

（5）单击常用选项卡中的“绘图”面板→（面域）按钮，命令行提示：

命令: _region

选择对象: 选择偏移的线条（按<Enter>键）

已提取 1 个环。

已创建 1 个面域。

（6）拉伸操作。单击常用选项卡中的“建模”面板→（拉伸）按钮，命令行提示：

命令: _extrude

当前线框密度: ISOLINES=4

选择对象: 选择面域（按<Enter>键）

指定拉伸的高度或 [方向(D)/路径(P)/倾斜角(T)]: 24（按<Enter>键）

拉伸结果如图 12-13 所示。

（7）合并实体。单击常用选项卡中的“实体编辑”面板→（并集）按钮，命令行提示：

命令: _union

选择对象: 选择两个实体（按<Enter>键）

合并结果如图 12-14 所示。

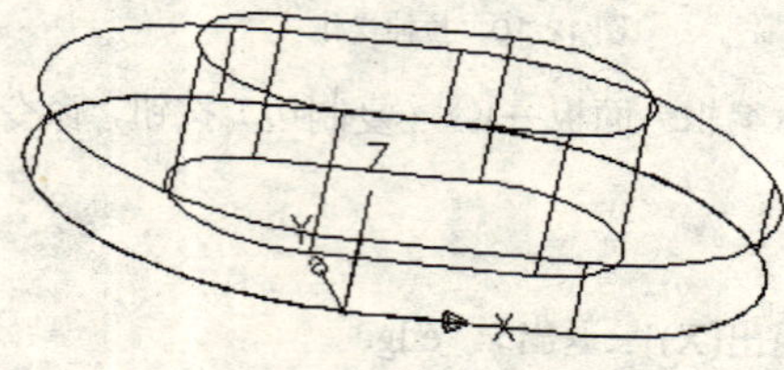

图 12-13　拉伸操作

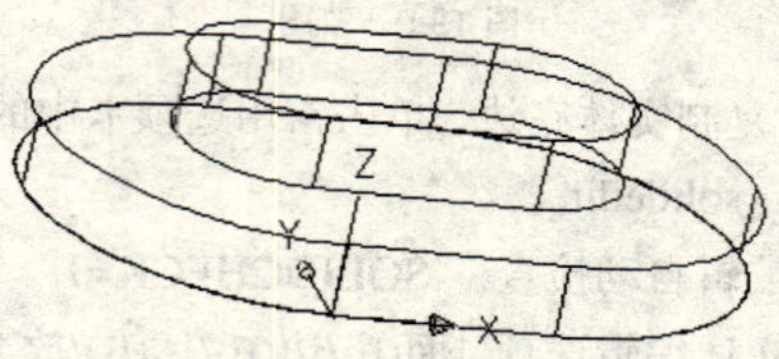

图 12-14　合并实体

（8）绘制圆。单击常用选项卡中的“绘图”面板→（圆）按钮，在底面上绘制如图 12-15 所示的圆，设定半径为 18。

（9）拉伸圆。单击常用选项卡中的“建模”面板→（拉伸）按钮，命令行提示：

命令: _extrude

当前线框密度: ISOLINES=4

选择对象: 选择圆（按<Enter>键）

指定拉伸的高度或 [方向(D)/路径(P)/倾斜角(T)]: 48（按<Enter>键）

拉伸结果如图 12-16 所示。

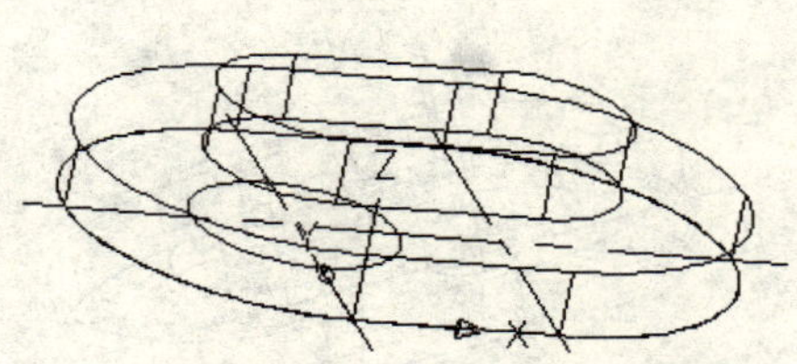

图 12-15　绘制圆

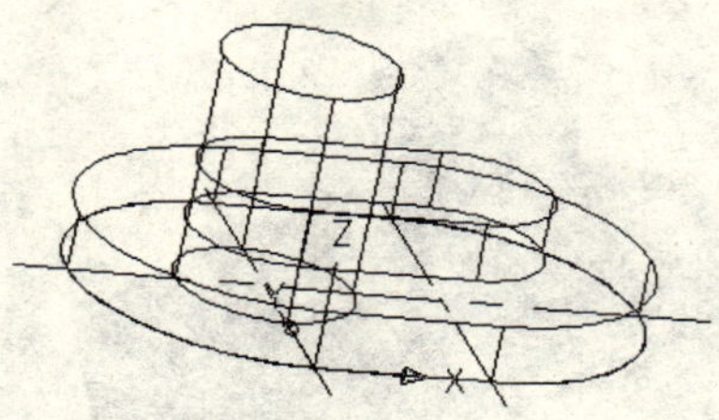

图 12-16　拉伸圆

（10）合并实体。单击常用选项卡中的“实体编辑”面板→（并集）按钮，命令行提示：

命令: _union

选择对象: 选择所有的实体（按<Enter>键）

合并结果如图 12-17 所示。

（11）创建圆柱体。单击常用选项卡中的“建模”面板→（圆柱体）命令，命令行提示：

命令: _cylinder

当前线框密度:　ISOLINES=4

指定圆柱体底面的中心点或 [椭圆(E)] <0,0,0>: 选择实体底面左端圆柱体的圆心

指定圆柱体底面的半径或 [直径(D)]: 8.5（按<Enter>键）

指定圆柱体高度或 [另一个圆心(C)]: 48（按<Enter>键）

命令: _cylinder

当前线框密度:　ISOLINES=4

指定圆柱体底面的中心点或 [椭圆(E)] <0,0,0>: 在实体底面右端两条中心线的交点

指定圆柱体底面的半径或 [直径(D)]: 8.5（按<Enter>键）

指定圆柱体高度或 [另一个圆心(C)]: 24（按<Enter>键）

创建的圆柱体如图 12-18 所示。

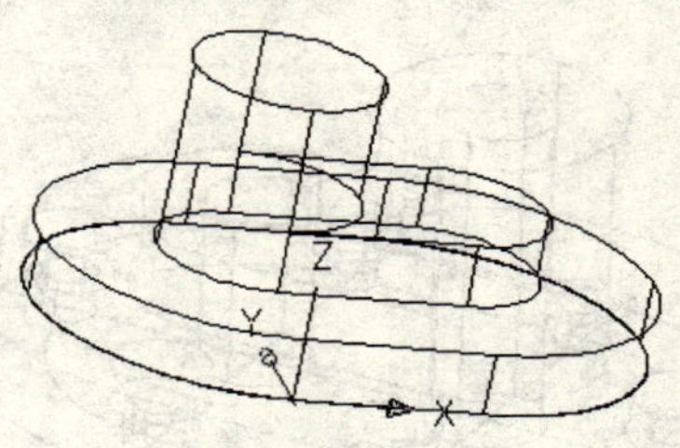

图 12-17　合并实体

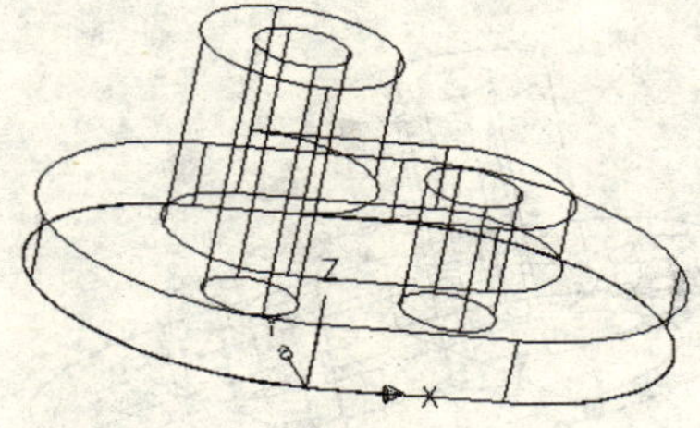

图 12-18　创建圆柱体

（12）差集运算。单击常用选项卡中的“实体编辑”面板→（差集）按钮，命令行提示：

命令: _subtract

选择要从中减去的实体或面域...

选择对象: 选择主体（按<Enter>键）

选择要减去的实体或面域 ...

选择对象: 选择创建的两个圆柱体（按<Enter>键）

差集运算的结果如图 12-19 所示。

（13）绘制底板阶梯孔中心位置。单击常用选项卡中的“修改”面板→（偏移）按钮，将步骤（3）复制的边向内偏移11，如图12-20所示。

图 12-19　差集运算

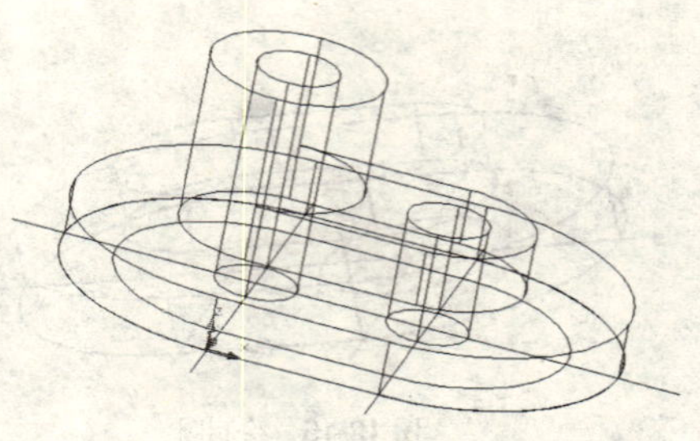

图 12-20　绘制底板阶梯孔位置

（14）创建圆柱体。单击常用选项卡中的“建模”面板→（圆柱体）按钮，命令行提示：

命令: _cylinder

当前线框密度：　ISOLINES=4

指定圆柱体底面的中心点或 [椭圆(E)] <0,0,0>: 选择偏移的边与中心线的交点

指定圆柱体底面的半径或 [直径(D)]: 4（按<Enter>键）

指定圆柱体高度或 [另一个圆心(C)]: 6（按<Enter>键）

命令: _cylinder

当前线框密度：　ISOLINES=4

指定圆柱体底面的中心点或 [椭圆(E)] <0,0,0>: 选择半径为4的圆柱体的上表面圆心

指定圆柱体底面的半径或 [直径(D)]: 7（按<Enter>键）

指定圆柱体高度或 [另一个圆心(C)]: 6（按<Enter>键）

完成如图12-21所示的圆柱体的创建。

（15）复制圆柱体。单击常用选项卡中的“实体编辑”面板→（并集）按钮，将步骤（14）中创建的两个圆柱体合并。单击常用选项卡中的“修改”面板→（复制）命令，以下面圆柱体的圆心为基点，将两个圆柱体复制到相应的位置上，如图12-22所示。

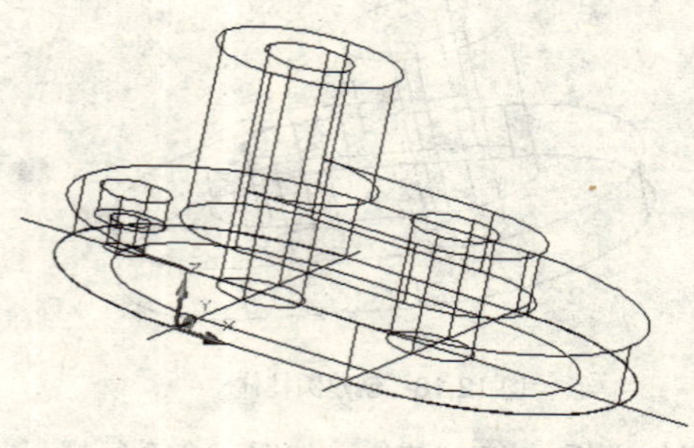

图 12-21　创建圆柱体

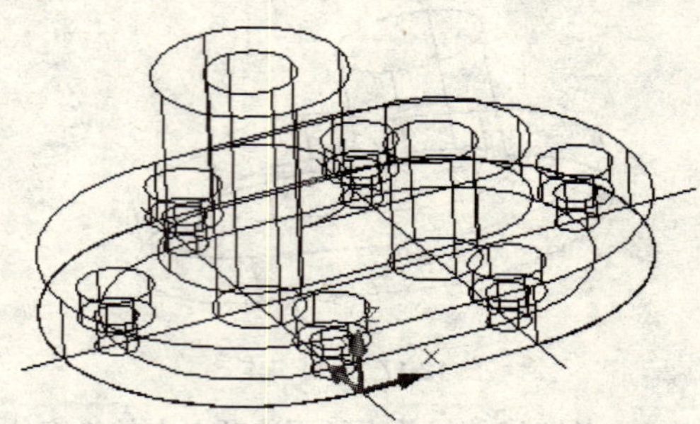

图 12-22　复制圆柱体

（16）生成圆孔。单击常用选项卡中的“实体编辑”面板→（差集）按钮，生成底板圆孔，如图12-23所示。

（17）圆角处理。单击常用选项卡中的“修改”面板→（圆角）按钮，设定圆角半径为4，对实体进行圆角处理。

（18）倒角处理。单击常用选项卡中的“修改”面板→（倒角）按钮，设定倒角距离为2，对

实体进行倒角处理，如图 12-24 所示。

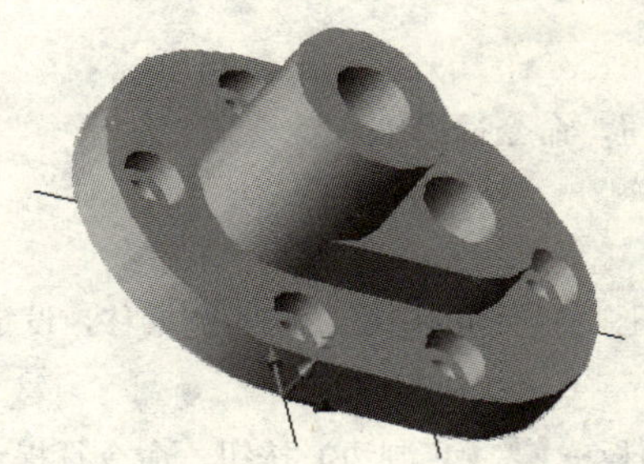

图 12-23　阶梯孔效果图

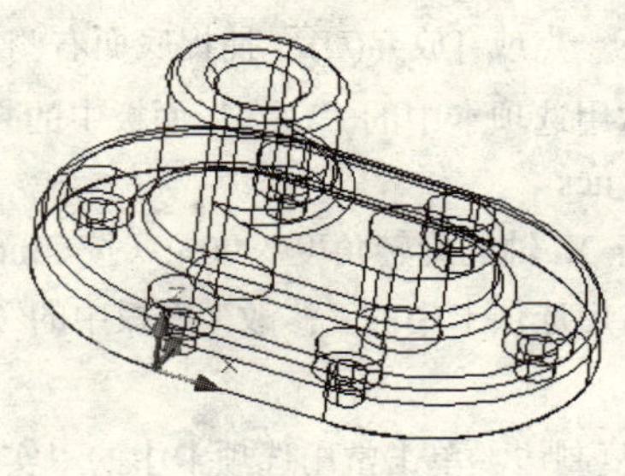

图 12-24　圆角和倒角处理

（19）整理图形。删除所有辅助线，并选择适当材质对实体进行渲染，完成如图 12-8 所示的机盖实体的创建。

12.3　减速箱上盖建模

如图 12-25 所示为减速箱上盖实体。

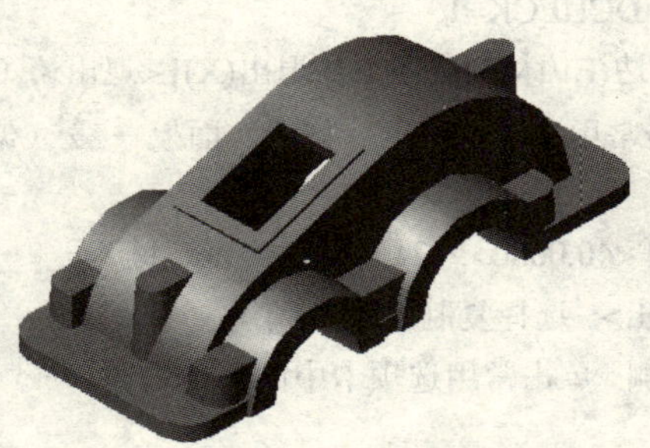

图 12-25　减速箱上盖实体

12.3.1　创建长方体

单击常用选项卡中的“建模”面板→（长方体）按钮，命令行提示如下：

命令: _box

指定长方体的角点或 [中心点(CE)]: 0，0，0（按<Enter>键）

指定其他角点或 [立方体(C)/长度(L)]: @326，130（按<Enter>键）

指定高度或 [两点(2P)]:　10（按<Enter>键）

完成如图 12-26 所示的长方体的创建。

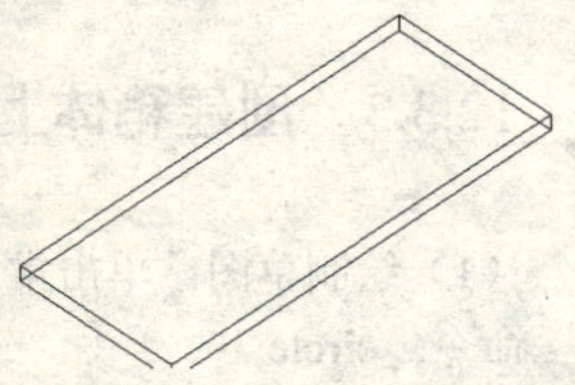

图 12-26　创建长方体

12.3.2　绘制中心线和轴线

（1）绘制并偏移中心线。切换到西南等轴侧视图。单击常用选项卡中的“绘图”面板→（直线）按钮，命令行提示：

命令: _line

指定第一点: 捕捉圆柱体底面左侧边的中心点

指定下一点或 [放弃(U)]: 捕捉底面右侧边的中心点

单击常用选项卡中的“UCS”面板中的（X）按钮，命令行提示:

命令: _ucs

指定绕 X 轴的旋转角度 <90>:（按<Enter>键）

单击常用选项卡中的“修改”面板中的（偏移）按钮，将绘制的中心线向两侧偏移，设定偏移距离为 40。

（2）复制边。单击常用选项卡中的“实体编辑”面板→（复制边）按钮，命令行提示:

命令: _solidedit

实体编辑自动检查: SOLIDCHECK=1

输入实体编辑选项 [面(F)/边(E)/体(B)/放弃(U)/退出(X)] <退出>: _edge

输入边编辑选项 [复制(C)/着色(L)/放弃(U)/退出(X)] <退出>: _copy

选择边或 [放弃(U)/删除(R)]: 选择底边右侧线

指定基点或位移: 指定一点

指定位移的第二点: 指定同一点

输入边编辑选项 [复制(C)/着色(L)/放弃(U)/退出(X)] <退出>:（按<Enter>键）

实体编辑自动检查: SOLIDCHECK=1

输入实体编辑选项 [面(F)/边(E)/体(B)/放弃(U)/退出(X)] <退出>:（按<Enter>键）

（3）偏移复制的边。单击常用选项卡中的“修改”面板→（偏移）命令，命令行提示:

命令: _offset

指定偏移距离或 [通过(T)] <40.0000>: 124.5（按<Enter>键）

选择要偏移的对象或 <退出>: 选择复制的边

指定点以确定偏移所在一侧: 单击常用选项卡中的实体内侧

命令: _offset

指定偏移距离或 [通过(T)] <124.5000>: 111.5（按<Enter>键）

选择要偏移的对象或 <退出>: 选择偏移后的直线

指定点以确定偏移所在一侧: 单击常用选项卡中的偏移后直线的左侧

完成如图 12-27 所示的中心线和轴线的绘制。

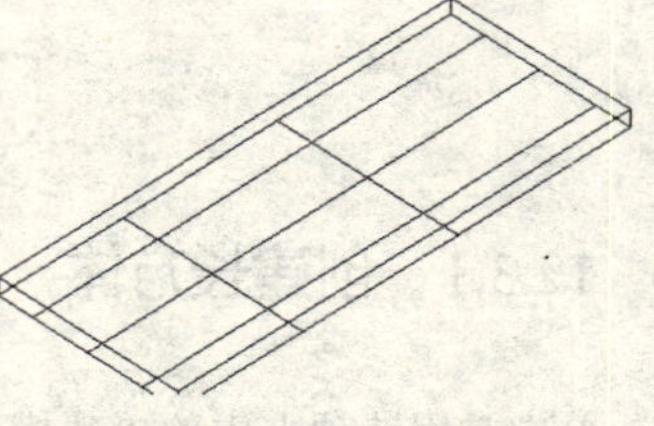

图 12-27　绘制的中心线和轴线

12.3.3　创建箱体上壳

（1）绘制草图。单击常用选项卡中的“绘图”面板→（圆）按钮，命令行提示:

命令: _circle

指定圆的圆心或 [三点(3P)/两点(2P)/相切、相切、半径(T)]: 捕捉右侧轴线与后面一条定位线的交点作为圆心

指定圆的半径或 [直径(D)]: 97（按<Enter>键）

命令: _circle

指定圆的圆心或 [三点(3P)/两点(2P)/相切、相切、半径(T)]: 捕捉左侧轴线与后面一条定位线的

交点作为圆心

指定圆的半径或 [直径(D)]: 59（按<Enter>键）

使用“直线”命令，绘制两圆的公切线。

使用“修剪”命令对图形进行修剪，完成如图 12-28 所示的草图的绘制。

（2）创建箱体上壳。单击常用选项卡中的“绘图”面板→（面域）按钮，命令行提示：

命令: _region

选择对象: 选择修剪的圆弧及其公切线和底面的定位线（按<Enter>键）

已提取 1 个环

已创建 1 个面域

（3）单击常用选项卡中的“建模”面板→（拉伸）按钮，命令行提示：

命令: _extrude

当前线框密度: ISOLINES=4

选择对象: 选择面域（按<Enter>键）

指定拉伸的高度或 [方向(D)/路径(P)/倾斜角(T)]: 80（按<Enter>键）

拉伸面域创建箱体上壳的效果如图 12-29 所示。

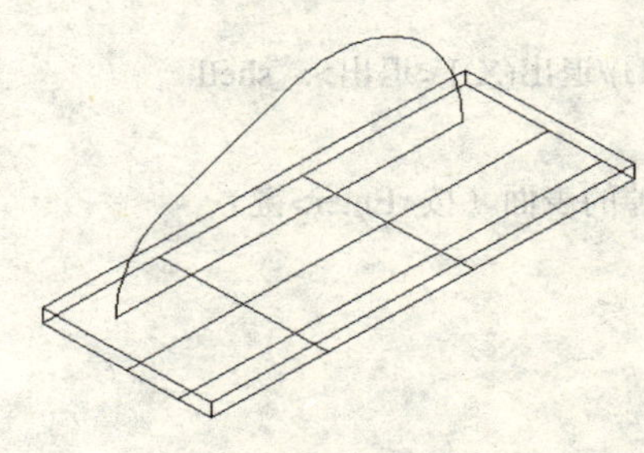

图 12-28　绘制草图

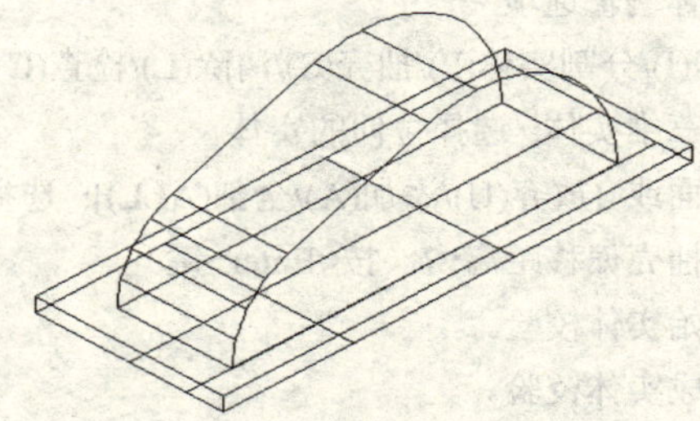

图 12-29　拉伸面域创建箱体上壳

12.3.4　切空底板

（1）单击常用选项卡中的“修改”面板→（复制）按钮，命令行提示：

命令: _copy

选择对象: 选择拉伸的实体（按<Enter>键）

指定基点或 [位移(D)] <位移>: 指定一点

指定位移的第二点或 <用第一点作位移>: 指定同一点

（2）单击常用选项卡中的“实体编辑”面板→（差集）按钮，命令行提示：

命令: _subtract

选择要从中减去的实体或面域...

选择对象: 选择长方形底板（按<Enter>键）

选择要减去的实体或面域 ...

选择对象: 选择复制的立体

完成如图 12-30 所示的切空底板操作。

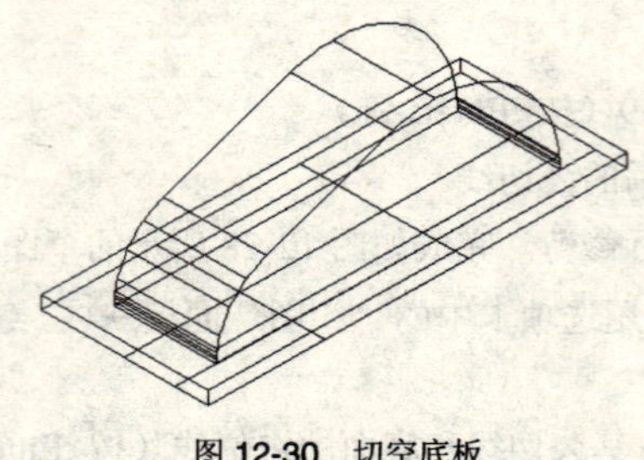

图 12-30 切空底板

12.3.5 上壳抽空

调用三维动态观察器，拖动光标至可见底板下面的位置。

单击常用选项卡中的“实体编辑”面板→（抽壳）按钮，命令行提示：

命令: _solidedit

实体编辑自动检查: SOLIDCHECK=1

输入实体编辑选项 [面(F)/边(E)/体(B)/放弃(U)/退出(X)] <退出>: _body

输入体编辑选项

[压印(I)/分割实体(P)/抽壳(S)/清除(L)/检查(C)/放弃(U)/退出(X)] <退出>: _shell

选择三维实体: 选择拉伸的实体

删除面或 [放弃(U)/添加(A)/全部(ALL)]: 选择要去掉的表面（按<Enter>键）

输入抽壳偏移距离: 7（按<Enter>键）

已开始实体校验。

已完成实体校验。

完成如图 12-31 所示的上壳抽空操作。

12.3.6 将底板倒圆角

单击常用选项卡中的“修改”面板→（圆角）按钮，根据命令行的提示将底板倒圆角，设定圆角半径为 18，如图 12-32 所示。

图 12-31 上壳抽空

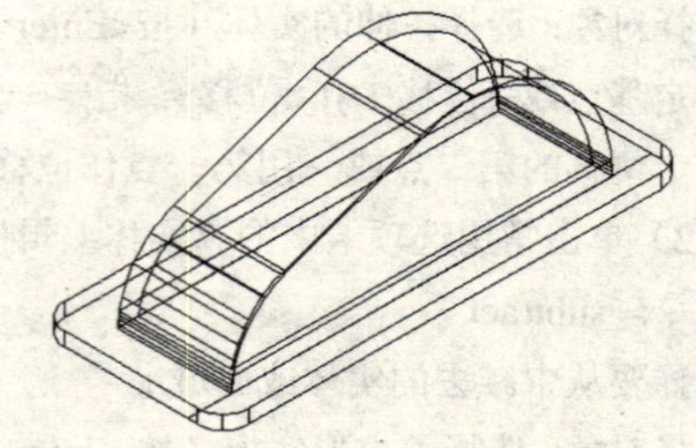

图 12-32 圆角操作

12.3.7 创建左侧凸台

（1）合并实体。单击常用选项卡中的“实体编辑”面板→（并集）按钮，命令行提示：

命令: _union

选择对象: 选择底板和壳体（按<Enter>键）

（2）绘制中心线。单击常用选项卡中的“修改”面板→（偏移）按钮，命令行提示:

命令: _offset

指定偏移距离或 [通过(T)] <22.0000>: 159.5（按<Enter>键）

选择要偏移的对象或 <退出>: 选择右侧轴线

指定点以确定偏移所在一侧: 单击常用选项卡中的轴线左侧

完成凸台定位线的绘制，如图 12-33 所示。

（3）绘制草图。单击常用选项卡中的“绘图”面板→（圆）按钮，命令行提示:

命令: _circle

指定圆的圆心或 [三点(3P)/两点(2P)/相切、相切、半径(T)]: 捕捉中心线与凸台定位线的交点

指定圆的半径或 [直径(D)] <9.0000>: 12（按<Enter>键）

单击常用选项卡中的“绘图”面板→（矩形）按钮，命令行提示:

命令: _rectang

指定第一个角点或 [倒角(C)/标高(E)/圆角(F)/厚度(T)/宽度(W)]: 捕捉圆前面的一个象限点

指定另一个角点或 [尺寸(D)]: @22，24

修剪草图，完成如图 12-34 所示的凸台草图的绘制。

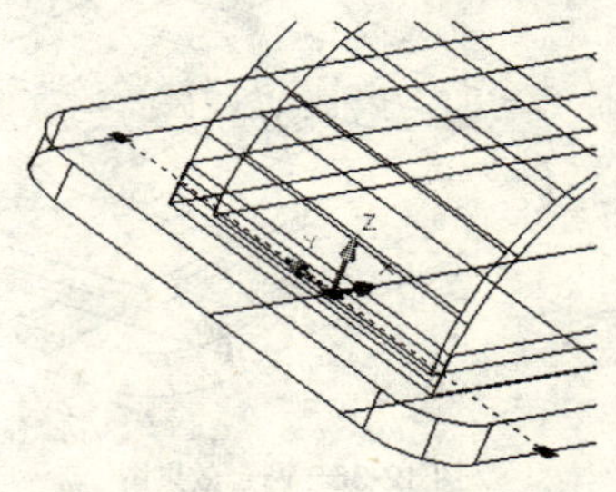

图 12-33　绘制凸台定位线

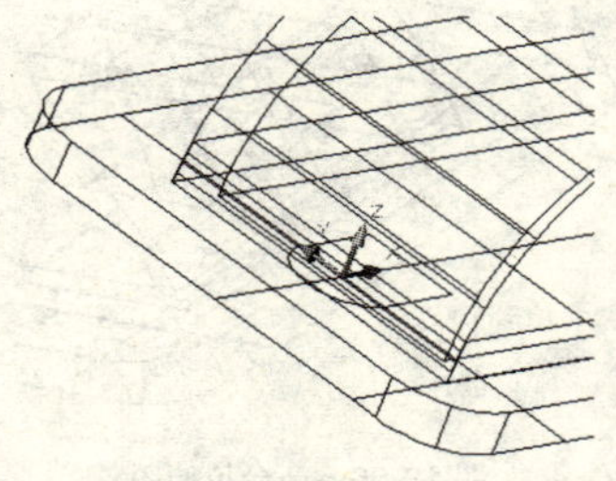

图 12-34　凸台草图

（4）单击常用选项卡中的“绘图”面板→（面域）按钮，命令行提示:

命令: _region

选择对象: 选择修剪后的圆与矩形的轮廓（按<Enter>键）

已提取 1 个环

已创建 1 个面域

（5）实体拉伸。单击常用选项卡中的“建模”面板→（拉伸）按钮，命令行提示:

命令: _extrude

当前线框密度: ISOLINES=4

选择要拉伸的对象: 选择面域（按<Enter>键）

指定拉伸的高度或 [方向(D)/路径(P)/倾斜角(T)]: t（按<Enter>键）

指定拉伸的倾斜角度 <0>: 3（按<Enter>键）

指定拉伸的高度或 [方向(D)/路径(P)/倾斜角(T)]: 52（按<Enter>键）

拉伸结果如图 12-35 所示。

（6）创建圆柱体。单击常用选项卡中的“建模”面板→（圆柱体）按钮，命令行提示:

命令: _cylinder

当前线框密度: ISOLINES=4

指定圆柱体底面的中心点或 [椭圆(E)] <0,0,0>: 捕捉壳体左侧后端中心点

指定圆柱体底面的半径或 [直径(D)]: 52（按<Enter>键）

指定圆柱体高度或 [另一个圆心(C)]: 80（按<Enter>键）

（7）差集命令。单击常用选项卡中的“实体编辑”面板→（差集）按钮，命令行提示:

命令: _subtract

选择要从中减去的实体或面域...

选择对象: 选择左侧凸台（按<Enter>键）

选择要减去的实体或面域 ...

选择对象: 选择创建的圆柱体

（8）合并实体。单击常用选项卡中的“实体编辑”面板→（并集）按钮，命令行提示:

命令: _union

选择对象: 选择主体和凸台（按<Enter>键）

合并后的凸台效果如图 12-36 所示。

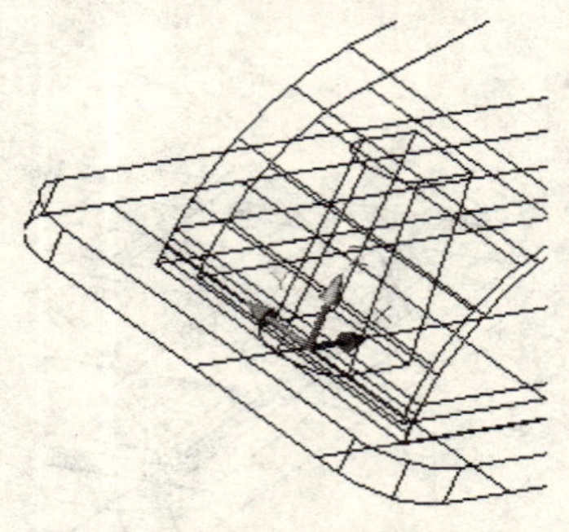

图 12-35 凸台拉伸图

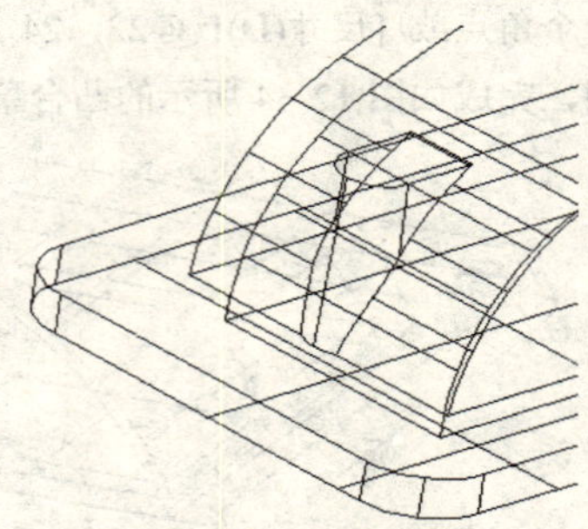

图 12-36 凸台效果图

12.3.8 创建右侧凸台

（1）绘制中心线。单击常用选项卡中的“修改”面板→（偏移）按钮，命令行提示:

命令: _offset

指定偏移距离或 [通过(T)] <22.0000>: 83（按<Enter>键）

选择要偏移的对象或 <退出>: 选择右侧轴线

指定点以确定偏移所在一侧: 单击常用选项卡中的轴线右侧

绘制中心线的结果如图 12-37 所示。

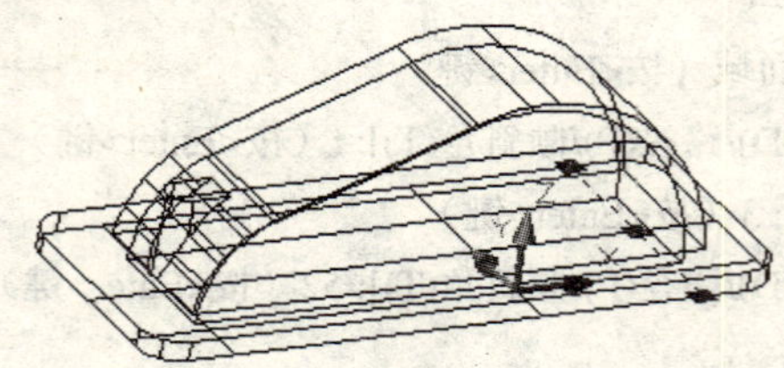

图 12-37 绘制中心线

（2）绘制草图。单击常用选项卡中的“绘图”面板→（圆）按钮，命令行提示：

命令: _circle

指定圆的圆心或[三点(3P)/两点(2P)/相切、相切、半径(T)]: 捕捉绘制的中心线与底板中线的交点

指定圆的半径或 [直径(D)] <9.0000>: 12（按<Enter>键）

单击常用选项卡中的“绘图”面板→（矩形）按钮，命令行提示：

命令: _rectang

指定第一个角点或 [倒角(C)/标高(E)/圆角(F)/厚度(T)/宽度(W)]: 捕捉圆前面一个象限点

指定另一个角点或 [面积(A)/尺寸(D)/旋转(R)]: @－27，24（按<Enter>键）

修剪图形，完成如图 12-38 所示的草图的绘制。

（3）实体拉伸。单击常用选项卡中的“绘图”面板→（面域）按钮，命令行提示：

命令: _region

选择对象: 选择修剪后圆与矩形的轮廓（按<Enter>键）

已提取 1 个环

已创建 1 个面域

单击常用选项卡中的“建模”面板→（拉伸）按钮，命令行提示：

命令: _extrude

当前线框密度: ISOLINES=4

选择要拉伸的对象: 选择面域（按<Enter>键）

指定拉伸的高度或 [方向(D)/路径(P)/倾斜角(T)]: t（按<Enter>键）

指定拉伸的倾斜角度 <0>: 2（按<Enter>键）

指定拉伸的高度或 [方向(D)/路径(P)/倾斜角(T)]: 78（按<Enter>键）

完成如图 12-39 所示的右侧凸台实体的创建。

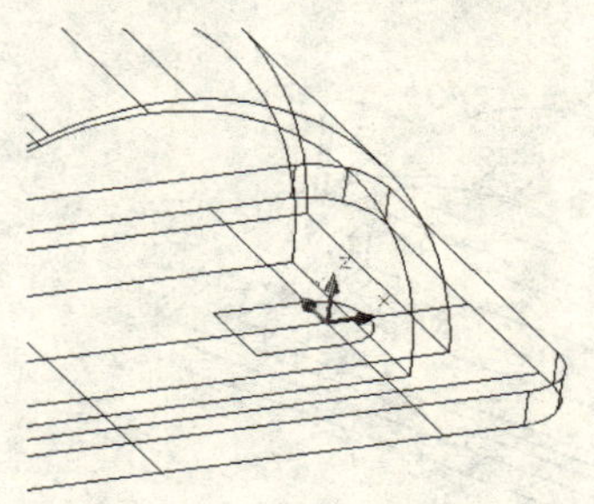

图 12-38　绘制草图

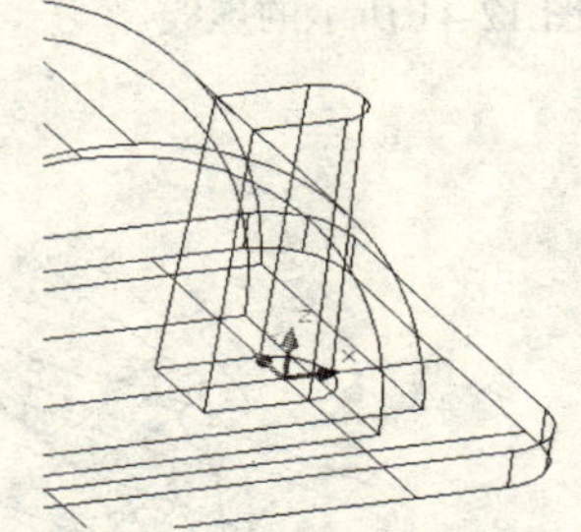

图 12-39　右侧凸台实体

（4）创建圆柱体。单击常用选项卡中的“建模”面板→（圆柱体）按钮，命令行提示：

命令: _cylinder

当前线框密度: ISOLINES=4

指定圆柱体底面的中心点或 [椭圆(E)] <0,0,0>: 捕捉壳体右侧后端中心点

指定圆柱体底面的半径或 [直径(D)]: 90（按<Enter>键）

指定圆柱体高度或 [另一个圆心(C)]: 80（按<Enter>键）

（5）差集命令。单击常用选项卡中的“实体编辑”面板→（差集）按钮，命令行提示：

命令: _subtract

选择要从中减去的实体或面域...

选择对象：选择右侧凸台（按<Enter>键）
选择要减去的实体或面域 ...
选择对象：选择创建的圆柱体

（6）合并实体。单击常用选项卡中的“实体编辑”面板→（并集）按钮，命令行提示：
命令: _union
选择对象：选择主体和右侧凸台（按<Enter>键）
两侧凸台的效果如图 12-40 所示。

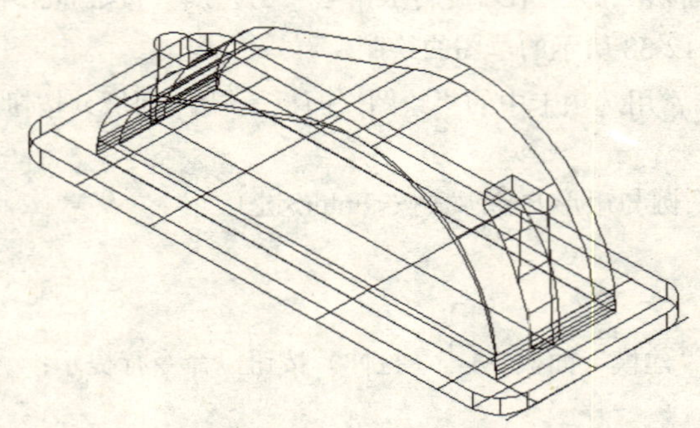

图 12-40　两侧凸台效果图

12.3.9　创建顶面检查孔凸台

（1）绘制顶面中心线。单击常用选项卡中的“绘图”面板中的（直线）按钮，捕捉壳顶面上平面与右侧柱面相切部位的轮廓线的中点和顶面上平面与左侧柱面相切部位的轮廓线的中点，绘制顶面的中心线，如图 12-41 所示的虚线。

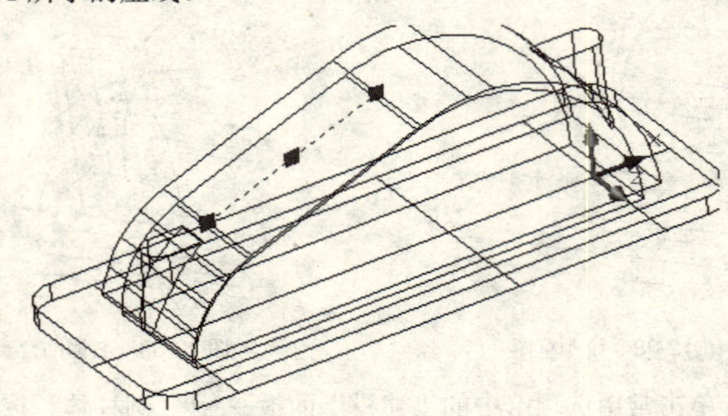

图 12-41　绘制顶面中心线

（2）绘制垂直中心线。单击常用选项卡中的“绘图”面板→（直线）按钮，命令行提示：
命令: _line
指定第一点：捕捉底板中心线与右侧轴线的交点
指定下一点或 [放弃(U)]: @0，0，100（按<Enter>键）
绘制的垂直中心线如图 12-42 所示。

（3）绘制竖直定位线。单击常用选项卡中的“修改”面板→（复制）按钮，命令行提示：
命令: _copy

选择对象：选择竖直中心线（按<Enter>键）

指定基点或 [位移(D)] <位移>：选择竖直中心线的下方端点作为基点

指定位移的第二点或 <用第一点作位移>：@－40，0，0（按<Enter>键）

绘制的竖直定位线如图 12-43 所示。

图 12-42　绘制垂直中心线

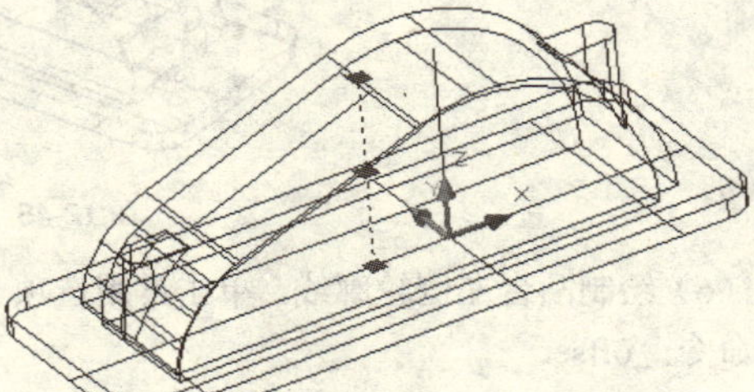

图 12-43　绘制竖直定位线

（4）绘制凸台右侧轮廓线。单击常用选项卡中的“修改”面板→（复制）按钮，命令行提示：

命令：_copy

选择对象：选择右侧轴线（按<Enter>键）

指定基点或 [位移(D)] <位移>：捕捉右侧轴线的中点

指定位移的第二点或 <用第一点作位移>：捕捉绘制的顶面中心线与竖直定位线的交点

绘制的凸台右侧轮廓线如图 12-44 所示。

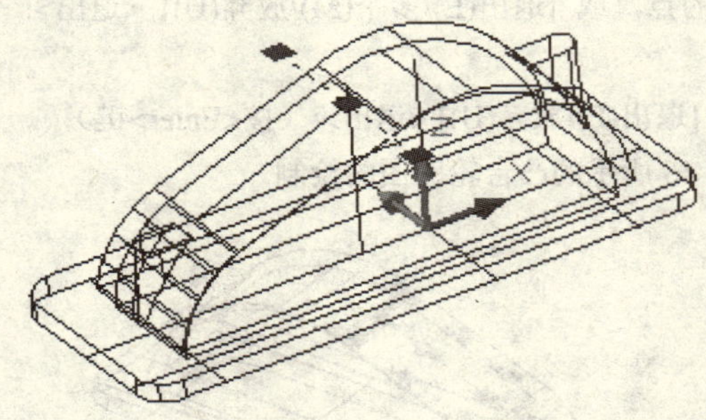

图 12-44　绘制凸台右侧轮廓线

（5）建立新坐标系。单击视图选项卡中的“坐标”面板→UCS（三点）按钮，命令行提示：

命令：_ucs

当前 UCS 名称：*没有名称*

指定 UCS 的原点或 [面(F)/命名(NA)/对象(OB)/上一个(P)/视图(V)/世界(W)/X/Y/Z/Z 轴(ZA)] <世界>：_3

指定新原点 <0,0,0>：捕捉步骤（4）绘制的凸台右侧轮廓线的中点

在正 X 轴范围上指定点 <120.5000,0.0000,88.6765>：捕捉顶面中心线的左侧端点

在 UCS XY 平面的正 Y 轴范围上指定点 <119.5000,－1.0000,88.6765>：捕捉步骤（4）绘制的凸台右侧轮廓线的前端点

建立的新坐标系的位置如图 12-45 所示。

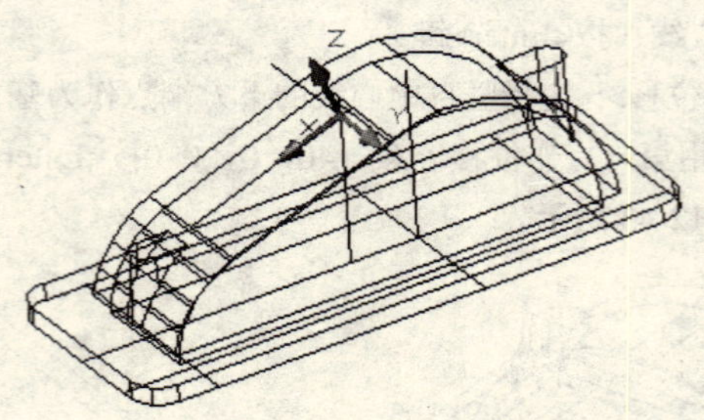

图 12-45　新坐标系位置图

（6）绘制凸台左侧轮廓线。单击常用选项卡中的“修改”面板→（偏移）按钮，命令行提示：

命令: _offset

指定偏移距离或 [通过(T)/删除(E)/图层(L)]: 80

选择要偏移的对象，或 [退出(E)/放弃(U)] <退出>: 选择凸台右侧轮廓线

指定要偏移的那一侧上的点，或 [退出(E)/多个(M)/放弃(U)] <退出>: 单击常用选项卡中的轮廓线左侧

选择要偏移的对象，或 [退出(E)/放弃(U)] <退出>:（按<Enter>键）

（7）绘制前后两条轮廓线。单击常用选项卡中的“修改”面板→（偏移）按钮，命令行提示：

命令: _offset

指定偏移距离或 [通过(T)/删除(E)/图层(L)]: 30

选择要偏移的对象，或 [退出(E)/放弃(U)] <退出>: 选择顶面中心线

指定要偏移的那一侧上的点，或 [退出(E)/多个(M)/放弃(U)] <退出>: 分别单击常用选项卡中的顶面中心线的前侧和后侧

选择要偏移的对象，或 [退出(E)/放弃(U)] <退出>:（按<Enter>键）

修剪图形，完成如图 12-46 所示的凸台轮廓图的绘制。

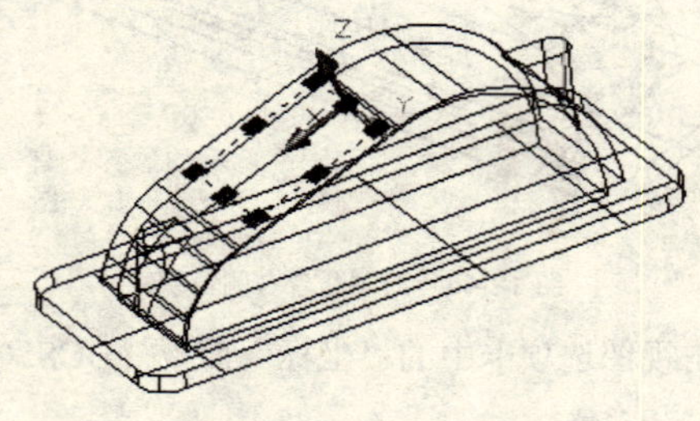

图 12-46　凸台轮廓图

（8）创建面域。单击常用选项卡中的“绘图”面板→（面域）按钮，命令行提示：

命令: _region

选择对象: 选择凸台的 4 条轮廓线（按<Enter>键）

已提取 1 个环

已创建 1 个面域

（9）完成顶面检查孔凸台的创建。单击常用选项卡中的“建模”面板→（拉伸）按钮，命令行提示：

命令: _extrude

当前线框密度:　ISOLINES=4

选择要拉伸的对象: 选择面域（按<Enter>键）

指定拉伸的高度或 [方向(D)/路径(P)/倾斜角(T)] <78.0000>: 2（按<Enter>键）

完成如图 12-47 所示的顶面检查孔凸台的创建。

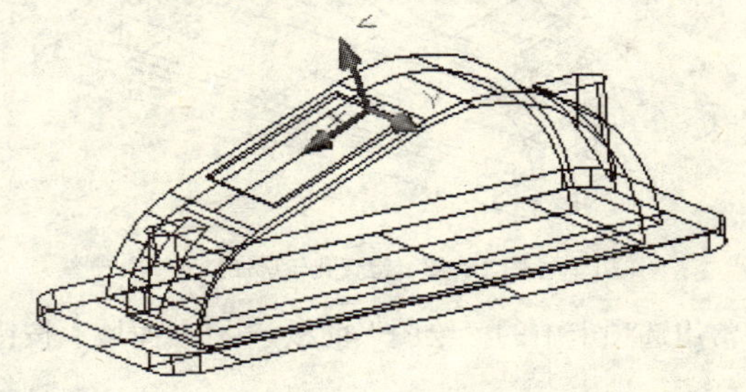

图 12-47　完成顶面检查孔凸台的创建

12.3.10　创建检查孔

（1）复制边。单击常用选项卡中的“实体编辑”面板→（复制边）按钮，命令行提示:

命令: _solidedit

实体编辑自动检查:　SOLIDCHECK=1

输入实体编辑选项 [面(F)/边(E)/体(B)/放弃(U)/退出(X)] <退出>: _edge

输入边编辑选项 [复制(C)/着色(L)/放弃(U)/退出(X)] <退出>: _copy

选择边或 [放弃(U)/删除(R)]: 选择凸台左侧轮廓线（按<Enter>键）

指定基点或位移: 指定任意一点

指定位移的第二点: 指定同一点

输入边编辑选项 [复制(C)/着色(L)/放弃(U)/退出(X)] <退出>:（按<Enter>键）

实体编辑自动检查:　SOLIDCHECK=1

输入实体编辑选项 [面(F)/边(E)/体(B)/放弃(U)/退出(X)] <退出>:（按<Enter>键）

同理，使用“复制边”命令复制凸台前轮廓线。

（2）绘制检查孔轮廓图。单击常用选项卡中的“修改”面板→（偏移）按钮，命令行提示:

使用偏移命令，偏移量变 10，选择左侧轮廓线，向右选择一点，创建出检查孔左轮廓线。同样的方法，分别将前轮廓线向后偏移 10 和 50，左轮廓线向右偏移 70，创建检查孔其他 3 条轮廓线。

命令: _offset

指定偏移距离或 [通过(T)/删除(E)/图层(L)]: 10

选择要偏移的对象，或 [退出(E)/放弃(U)] <退出>: 选择复制的凸台左侧轮廓线

指定要偏移的那一侧上的点，或 [退出(E)/多个(M)/放弃(U)] <退出>: 单击常用选项卡中的左侧轮廓线的右侧

选择要偏移的对象，或 [退出(E)/放弃(U)] <退出>:（按<Enter>键）

同理，将复制的左侧轮廓线向右偏移，设定偏移距离为 70；将复制的前轮廓线向后偏移两次，设定偏移距离分别为 10 和 50。

修剪偏移后的 4 条轮廓线，完成如图 12-48 所示的检查孔轮廓图的绘制。

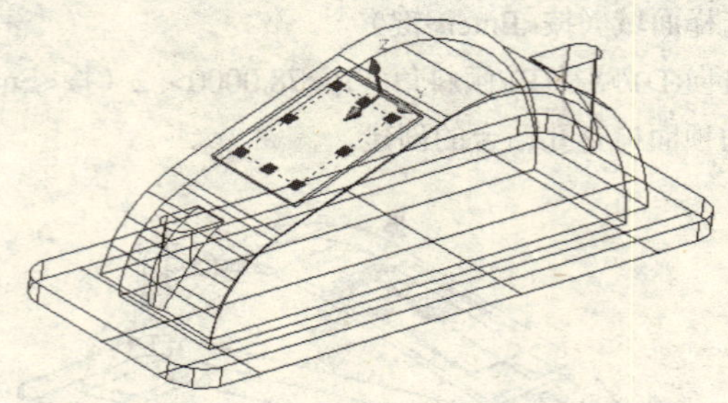

图 12-48　检查孔轮廓图

（3）创建面域。单击常用选项卡中的“绘图”面板→（面域）按钮，命令行提示：

命令: _region

选择对象: 选择 4 条轮廓线（按<Enter>键）

已提取 1 个环

已创建 1 个面域

（4）创建检查孔实体。单击常用选项卡中的“建模”面板→（拉伸）按钮，命令行提示：

命令: _extrude

当前线框密度:　ISOLINES=4

选择要拉伸的对象: 选择面域（按<Enter>键）

指定拉伸的高度或 [方向(D)/路径(P)/倾斜角(T)] <78.0000>: －9（按<Enter>键）

完成如图 12-49 所示的检查孔实体的创建。

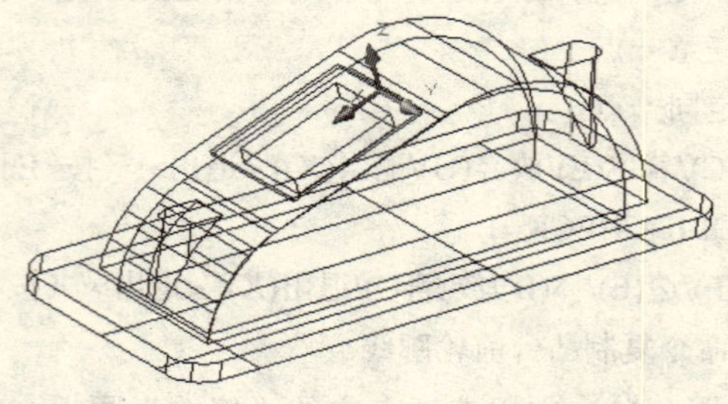

图 12-49　创建检查孔实体

（5）布尔运算。单击常用选项卡中的“实体编辑”面板→（并集）按钮，命令行提示：

命令: _union

选择对象: 选择主体和检查孔凸台（按<Enter>键）

（6）单击常用选项卡中的“实体编辑”面板→（差集）按钮，命令行提示：

命令: _subtract

选择要从中减去的实体或面域...

选择对象: 选择主体（按<Enter>键）

选择要减去的实体或面域 ...

选择对象: 选择检查孔实体

完成如图 12-50 所示的检查孔的创建。

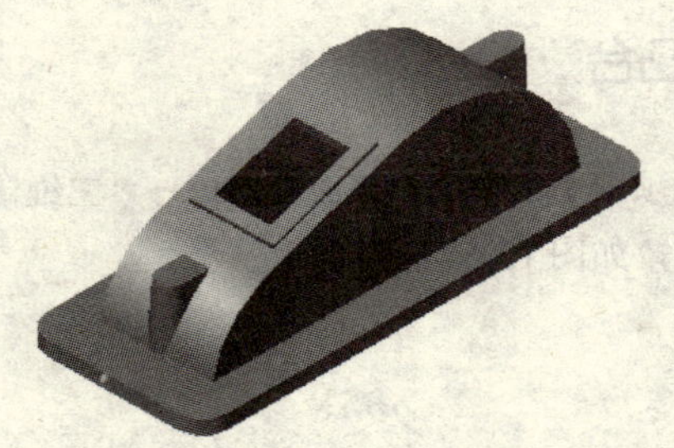

图 12-50　检查孔效果图

12.3.11　创建前半圆凸台

（1）单击常用选项卡中的“UCS”面板→（世界）按钮，切换到世界坐标系。

（2）绘制定位线。单击常用选项卡中的“修改”面板→（偏移）按钮，根据命令行的提示将底板中心线分别向前和向后偏移，设定偏移距离为 67.5，如图 12-51 所示。

（3）绘制半圆。单击常用选项卡中的“绘图”面板→（圆）按钮，根据命令行的提示以右侧轴线与前定位线的交点为圆心绘制圆，设定其半径值为 52.5；以左侧轴线与前定位线的交点为圆心绘制圆，设定其半径值为 47.5。修剪两圆，结果如图 12-52 所示。

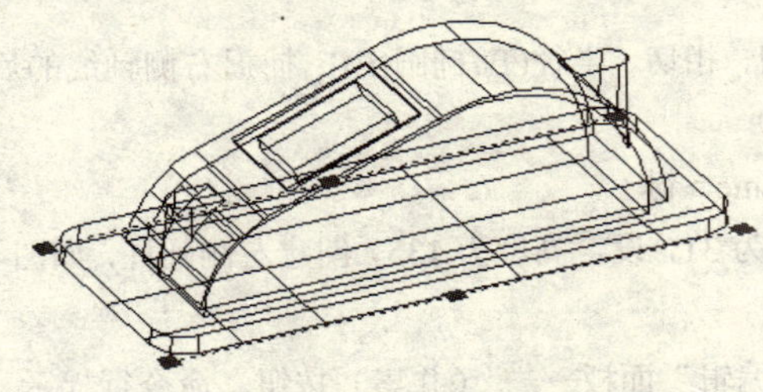

图 12-51　绘制定位线

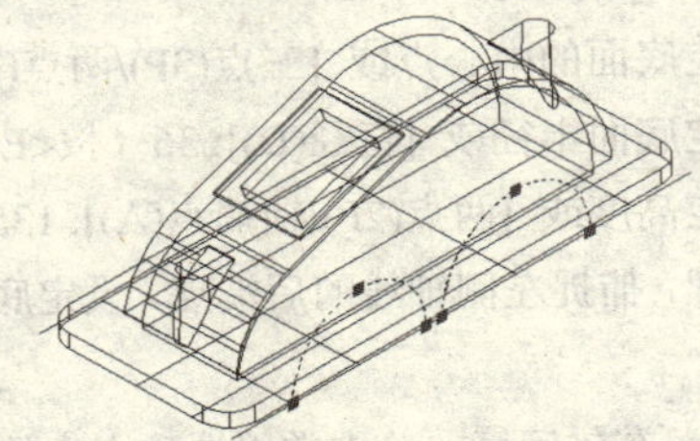

图 12-52　绘制半圆

（4）创建面域。单击常用选项卡中的“绘图”面板→（面域）按钮，命令行提示：

命令: _region

选择对象: 选择两半圆与前定位线（按<Enter>键）

已提取 2 个环

已创建 2 个面域

（5）实体拉伸。单击常用选项卡中的“建模”面板→（拉伸）按钮，根据命令行的提示将创建的两个面域拉伸，设定拉伸高度为 27.5，设定拉伸的倾斜角度为－3°，如图 12-53 所示。

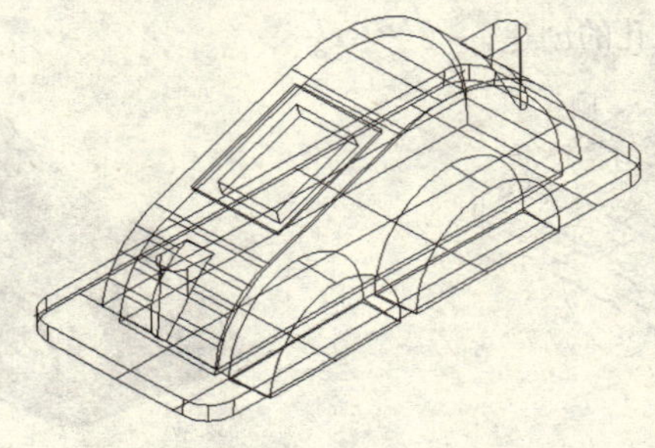

图 12-53　前半圆凸台

12.3.12　创建后半圆凸台

单击常用选项卡中的常用选项卡中的中的“修改”面板→“三维镜像”命令，根据命令行的提示将两个前半圆凸台进行镜像操作，如图 12-54 所示。

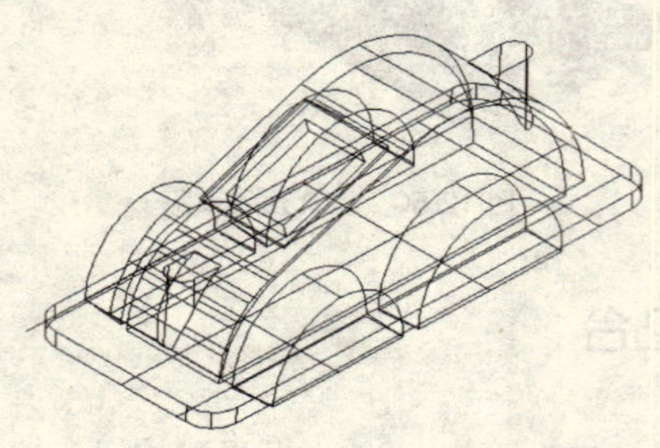

图 12-54　后半圆凸台

12.3.13　创建半圆孔

（1）创建圆柱体。单击常用选项卡中的“建模”面板→（圆柱体）按钮，命令行提示：

命令: _cylinder

指定底面的中心点或 [三点(3P)/两点(2P)/相切、相切、半径(T)/椭圆(E)]: 捕捉右侧轴线的后端点

指定底面半径或 [直径(D)]: 36（按<Enter>键）

指定高度或 [两点(2P)/轴端点(A)]: 135（按<Enter>键）

同理，捕捉左侧轴线的后端点，设定底面半径为 31，设定高度为 135，创建左侧圆柱，如图 12-55 所示。

（2）布尔运算。单击常用选项卡中的“实体编辑”面板→（并集）按钮，命令行提示：

命令: _union

选择对象: 选择主体和前后的半圆凸台（按<Enter>键）

（3）单击常用选项卡中的“实体编辑”面板→（差集）按钮，命令行提示：

命令: _subtract

选择要从中减去的实体或面域...

选择对象: 选择主体（按<Enter>键）

选择要减去的实体或面域 ...

选择对象: 选择左右两个圆柱体

完成如图 12-56 所示的半圆孔的创建。

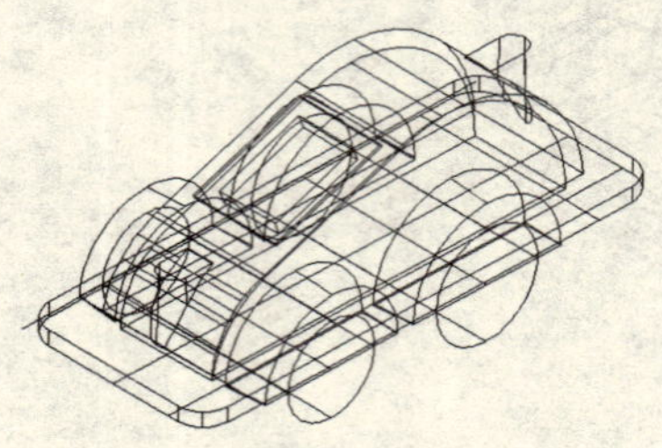

图 12-55　创建圆柱体

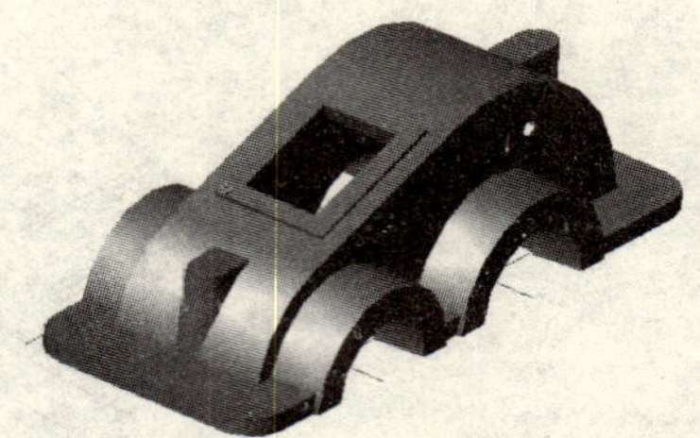

图 12-56　创建半圆孔

12.3.14　创建前凸台

（1）绘制前后凸台的定位线。单击常用选项卡中的“修改”面板→（偏移）按钮，根据命令行的提示将底板中心线分别向前和向后偏移，设定偏移距离为 52。

（2）复制凸台定位线与轴线。单击常用选项卡中的“修改”面板→（复制）按钮，命令行提示：

命令: _copy

选择对象: 选择步骤（1）绘制的凸台定位线和左右两侧轴线（按<Enter>键）

指定基点或 [位移(D)] <位移>: 捕捉轴线上一点作为基点

指定第二个点或 <使用第一个点作为位移>: 在图形外面适当位置选择一点作为目标点

（3）单击常用选项卡中的“修改”面板→（偏移）按钮，根据命令行的提示将偏移后的右侧轴线分别向左右两侧偏移，设定偏移距离为 57.5；将偏移后的左侧轴线向左侧偏移，设定偏移距离为 54。

（4）绘制圆。单击常用选项卡中的“绘图”面板→（圆）按钮，命令行提示：

命令: _circle

指定圆的圆心或 [三点(3P)/两点(2P)/相切、相切、半径(T)]: 捕捉右侧定位线和复制后的凸台定位线的交点

指定圆的半径或 [直径(D)]:12（按<Enter>键）

同理，以左侧定位线和复制后的凸台定位线的交点为圆心绘制圆，设定半径为 12。

（5）单击常用选项卡中的“绘图”面板→（矩形）按钮，根据命令行的提示绘制与两个圆外切的矩形。

（6）修剪图形，绘制前凸台的封闭线框，如图 12-57 所示。

（7）创建面域。单击常用选项卡中的“绘图”面板→（面域）按钮，命令行提示：

命令: _region

选择对象: 选择前凸台的封闭线框（按<Enter>键）

已提取 1 个环

已创建 1 个面域

（8）单击常用选项卡中的“建模”面板→（拉伸）按钮，根据命令行的提示将创建的面域拉伸，设定拉伸高度为 30，倾斜角度为 3，完成如图 12-58 所示的前凸台实体的创建。

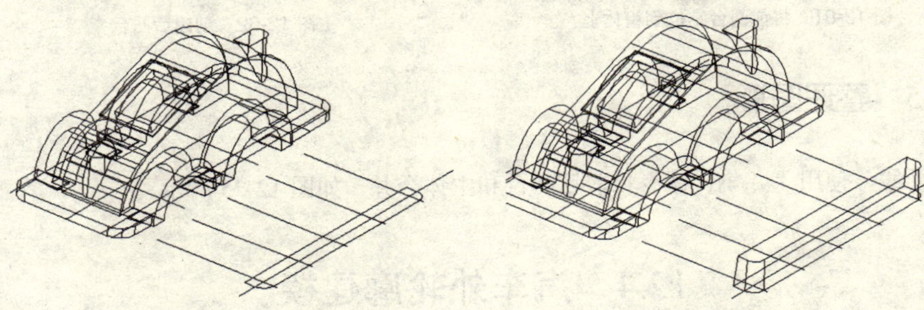

图 12-57　前凸台的封闭线框　　图 12-58　前凸台实体

（9）单击视图选项卡中的“坐标”面板中的“UCS”→（X）按钮，根据命令行的提示将坐标系绕 X 轴旋转 90°。

（10）创建圆柱体。单击常用选项卡中的“建模”面板→（圆柱体）按钮，根据命令行的提示分别选择偏移后的左右两侧轴线的后端点为底面圆心，设定底面直径为 95 和 105，高度超过前凸台实体的前端面，如图 12-59 所示。

（11）单击常用选项卡中的“实体编辑”面板→（差集）按钮，命令行提示：

命令: _subtract

选择要从中减去的实体或面域...

选择对象: 选择前凸台实体（按<Enter>键）

选择要减去的实体或面域 ..

选择对象: 选择两个圆柱体

结果如图 12-60 所示。

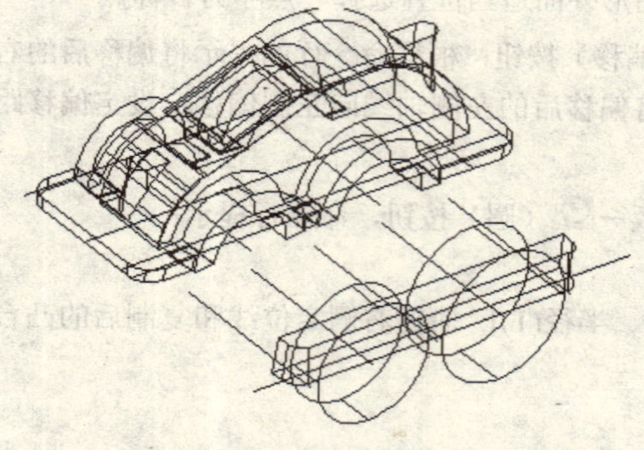

图 12-59　前凸台圆孔图

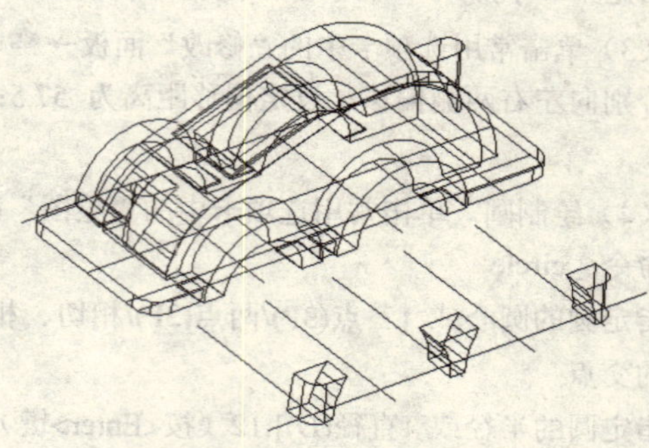

图 12-60　完成前凸台造型

（12）使用“移动”命令将前凸台定位到箱体上，如图 12-61 所示。

（13）创建后凸台。单击常用选项卡中的“修改”面板→（镜像）按钮，根据命令行的提示以底板中心线为镜像线对前凸台进行镜像操作，如图 12-62 所示。

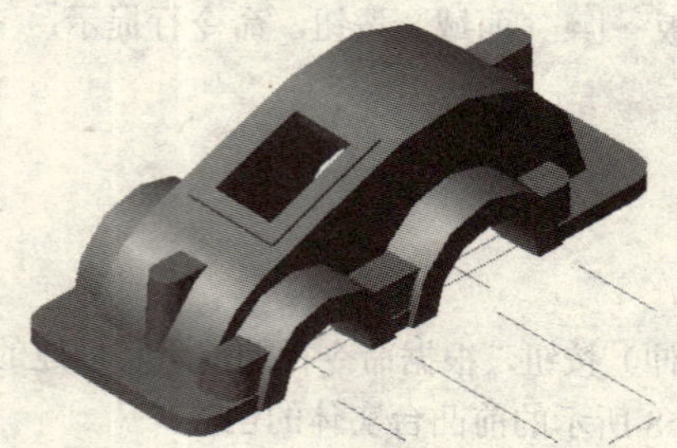

图 12-61　将前凸台定位到箱体上

图 12-62　创建后凸台

12.3.15　整理图形

删除辅助线，使用“并集”命令将前后凸台和主体合并，如图 12-25 所示。

12.4　汽车外轮廓建模

如图 12-63 所示为汽车外轮廓。小型汽车的外轮廓是一个复杂的曲面，它的侧面、正前面和顶面的截面投影复杂，这里选择三维网络来创建汽车外轮廓。

图 12-63　汽车外轮廓效果图

12.4.1　定义控制点

汽车外轮廓在长度方向的截面曲线外形相同，只是车前部在 X 轴方向上中间的曲线偏向右。车的前后部 Z 轴方向上中间的曲线偏向上，而在最两侧 Z 轴方向上中间的曲线偏向下。

可以先绘制一条截面曲线的控制点，然后通过复制得到其他的控制点，最后再单独调整这些控制点。单击常用选项卡中的“选择”绘图面板→（点）按钮，命令行提示：

命令: _point

当前点模式:　PDMODE=0　PDSIZE=0.0000

指定点: 0，0（按<Enter>键）

指定点: 1，4（按<Enter>键）

指定点: 2，8（按<Enter>键）

指定点: 12，9（按<Enter>键）

指定点: 29，10（按<Enter>键）

指定点: 44，11（按<Enter>键）

指定点: 63，12（按<Enter>键）

指定点: 67，16（按<Enter>键）

指定点: 73，22（按<Enter>键）

指定点: 82，30（按<Enter>键）

指定点: 88，35（按<Enter>键）

指定点: 98，36（按<Enter>键）

指定点: 108，37（按<Enter>键）

指定点: 120，38（按<Enter>键）

指定点: 135，37（按<Enter>键）

指定点: 149，36（按<Enter>键）

指定点: 155，31（按<Enter>键）

指定点: 161，25（按<Enter>键）

指定点: 171，14（按<Enter>键）

指定点: 186，13（按<Enter>键）

指定点: 203，12（按<Enter>键）

指定点: 204，7（按<Enter>键）

指定点: 205，0（按<Enter>键）

指定点: （按<Enter>键）

结果如图 12-64 所示。

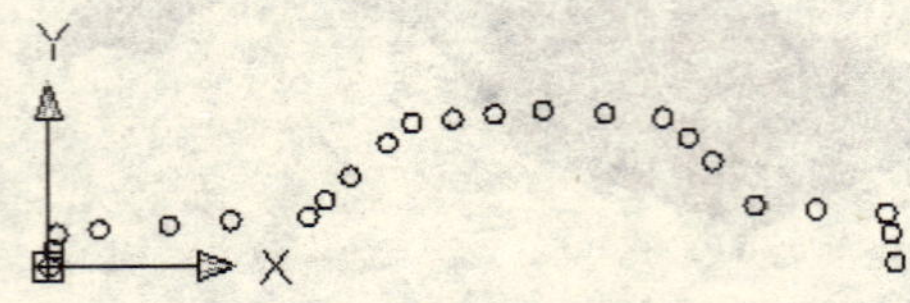

图 12-64　输入控制点

12.4.2　复制控制点

单击常用选项卡中的“修改”面板→（复制）按钮，命令行提示:

命令: _copy

选择对象: 选择所有点

指定基点或 [位移(D)] <位移>: 指定任意一点

指定位移的第二点或 <用第一点作位移>: @－0.5，0.5，11（按<Enter>键）

指定位移的第二点或 <用第一点作位移>: @－1，1，22（按<Enter>键）

指定位移的第二点或 <用第一点作位移>: @－1.5，1.5，33（按<Enter>键）

指定位移的第二点或 <用第一点作位移>: @－1，1，44（按<Enter>键）

指定位移的第二点或 <用第一点作位移>: @－0.5，0.5，55（按<Enter>键）

指定位移的第二点或 <用第一点作位移>: @0，0，66（按<Enter>键）

指定位移的第二点或 <用第一点作位移>: @0，－5，－4（按<Enter>键）

指定位移的第二点或 <用第一点作位移>: @0，－5，70（按<Enter>键）

指定位移的第二点或 <用第一点作位移>:（按<Enter>键）

复制控制点的结果如图 12-65 所示。

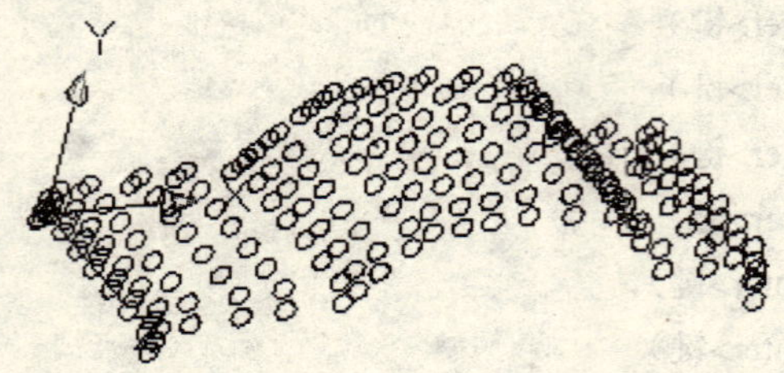

图 12-65　复制控制点

12.4.3　调整控制点

在复制的过程中，曲线控制点整体向车头偏移了，现在需要将车尾部分的控制点调整成向后偏移。选择对象是每一列车身后部分 8 个点。

命令: _move

选择对象：指定对角点：找到 8 个
选择对象：（按<Enter>键）
指定基点或位移：指定位移的第二点或 <用第一点作位移>: @1，0，0（按<Enter>键）
命令: _move
选择对象：指定对角点：找到 8 个
选择对象：（按<Enter>键）
指定基点或位移：指定位移的第二点或 <用第一点作位移>: @2，0，0（按<Enter>键）
命令: _move
选择对象：指定对角点：找到 8 个
选择对象：（按<Enter>键）
指定基点或位移：指定位移的第二点或 <用第一点作位移>: @3，0，0（按<Enter>键）
命令: _move
选择对象：指定对角点：找到 8 个
选择对象：（按<Enter>键）
指定基点或位移：指定位移的第二点或 <用第一点作位移>: @2，0，0（按<Enter>键）
命令: _move
选择对象：指定对角点：找到 8 个
选择对象：（按<Enter>键）
指定基点或位移：指定位移的第二点或 <用第一点作位移>: @2，0，0（按<Enter>键）
命令: _move
选择对象：指定对角点：找到 8 个
选择对象：（按<Enter>键）
指定基点或位移：指定位移的第二点或 <用第一点作位移>: @1，0，0（按<Enter>键）

操作结束后车尾后边的轮廓也是向外凸起，如图 12-66 所示。

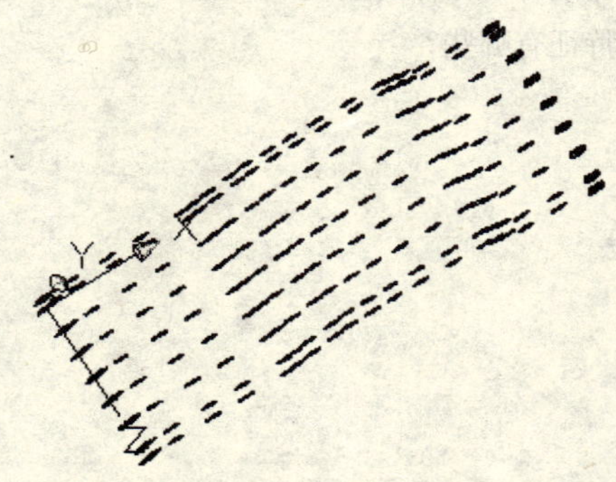

图 12-66　调整控制点位置图

12.4.4　绘制三维网格曲面

完成控制点的绘制后，就可以绘制三维曲面了。在命令行输入 3dmesh，按<Enter>键，命令行提示：

命令: _3dmesh

输入 M 方向上的网格数量: 9（按<Enter>键）

输入 N 方向上的网格数量: 23（按<Enter>键）

指定顶点(0,0)的位置: 输入控制点坐标

……

指定顶点 (8，22) 的位置

结果如图 12-67 所示。

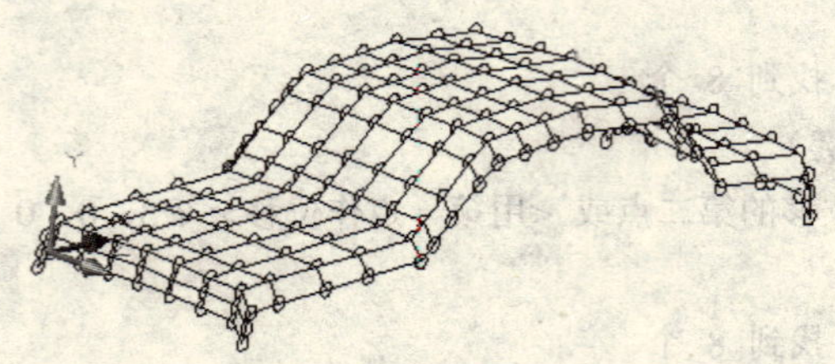

图 12-67　网格图

12.4.5　渲染图形

单击常用选项卡中的常用选项卡中的中的“视图”面板→“渲染”命令，选择合适材质对图形进行渲染，如图 12-63 所示。

思　考　题

1. AutoCAD 中盘盖类零件建模的基本过程是什么？
2. 按照书中的讲述，动手完成各个零件的建模。
3. 盘盖类零件建模常用的特征有哪些？

第 13 章　支架、杆、轮、叶片类零件建模

【内容】

本章将介绍一些机械零件的实体建模实例，同时介绍当前常见的时尚创作实例以及综合运用快捷命令进行建模的方法。

【实例】

实例 1: 支架体建模。

实例 2: 弹椅建模。

实例 3: 机械臂建模。

实例 4: 玩具车轮建模。

实例 5: 活塞体建模。

实例 6: 连杆建模。

实例 7: 风扇叶片建模。

【目的】

更加熟练地掌握 AutoCAD 2010 中的绘图命令，更加快速、准确地进行实体建模。

13.1　支架体建模

创建如图 13-1 所示的支架体的操作步骤如下：

（1）创建长方体。依次单击常用选项卡中的“建模”面板→（长方体）按钮，命令行提示：

命令: _box

指定长方体的角点或 [中心点(CE)]: 0，0，0（按<Enter>键）

指定角点或 [立方体(C)/长度(L)]: L（按<Enter>键）

指定长度: 60（按<Enter>键）

指定宽度: 100（按<Enter>键）

指定高度或 [两点(2P)]: 15（按<Enter>键）

创建结果如图 13-2 所示。

图 13-1　支架体

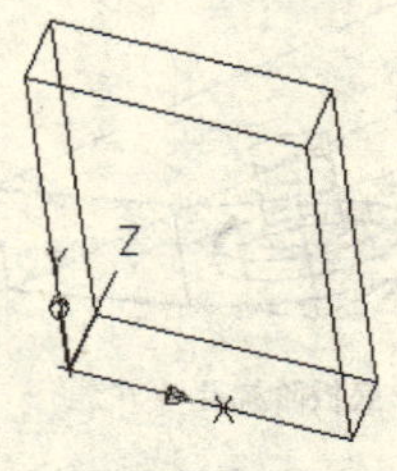

图 13-2　长方体

（2）圆角处理。单击常用选项卡中的“修改”面板→（圆角）按钮，根据命令行的提示将如图

13-3 所示的长方体的两个角倒圆角，设定圆角半径为 25。

（3）创建底板圆孔轮廓。单击常用选项卡中的“建模”面板→（圆柱体）按钮，命令行提示：

命令: _cylinder

当前线框密度:　ISOLINES=4

指定圆柱体底面的中心点或 [椭圆(E)] <0,0,0>: 选择底板下方圆角的圆心为圆柱体圆心

指定圆柱体底面的半径或 [直径(D)]: 13（按<Enter>键）

指定圆柱体高度或 [另一个圆心(C)]: 3（按<Enter>键）

创建的底板圆孔轮廓如图 13-4 所示。

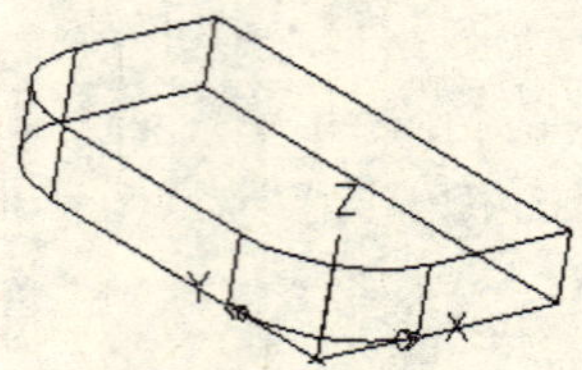

图 13-3　圆角处理

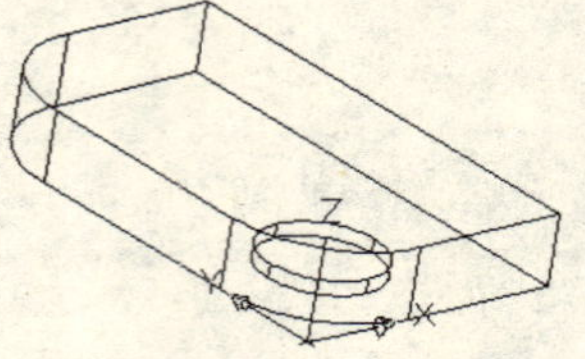

图 13-4　创建底板圆孔轮廓

（4）创建阶梯孔。单击常用选项卡中的“建模”面板→（圆柱体）按钮，命令行提示：

命令: _cylinder

当前线框密度:　ISOLINES=4

指定圆柱体底面的中心点或 [椭圆(E)] <0,0,0>: 选择底板下方圆角的圆心为圆柱体圆心

指定圆柱体底面的半径或 [直径(D)]: 7.5（按<Enter>键）

指定圆柱体高度或 [另一个圆心(C)]: 12（按<Enter>键）

创建的阶梯孔如图 13-5 所示。

（5）形成底板圆孔。单击常用选项卡中的“实体编辑”面板→（并集）按钮，根据命令行的提示将创建的两个圆柱体合并。

单击常用选项卡中的“修改”面板→（复制）按钮，命令行提示：

命令: _copy

选择对象:（选择圆柱体）找到 1 个

选择对象:（按<Enter>键）

指定基点或位移，或者 [重复(M)]: 选择圆柱体中心点

指定位移的第二点或 <用第一点作位移>: 选择另一个圆角的圆心

复制结果如图 13-6 所示。

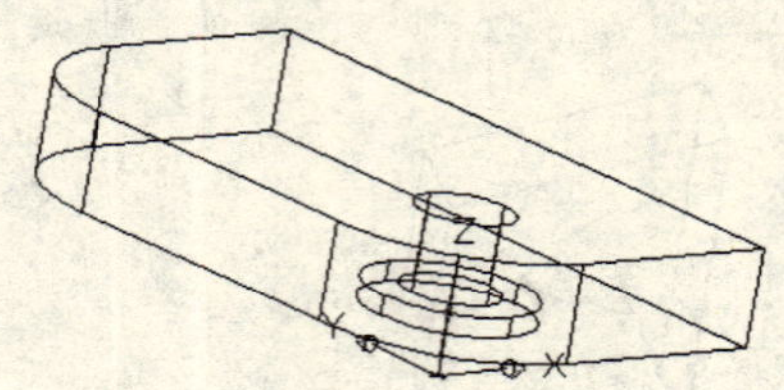

图 13-5　底板阶梯孔

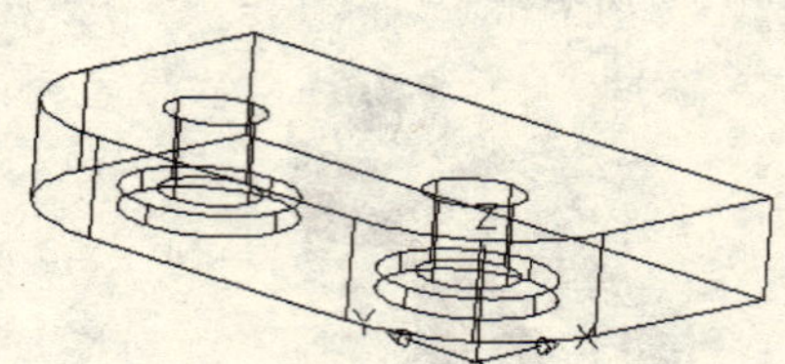

图 13-6　复制阶梯孔

单击常用选项卡中的“实体编辑”面板→（差集）按钮，命令行提示：

命令: _subtract

选择要从中减去的实体或面域...

选择对象: 选择底板 找到 1 个

选择对象:（按<Enter>键）

选择要减去的实体或面域 ...

选择对象: 选择两个圆孔轮廓（按<Enter>键）

（6）绘制矩形。单击视图选项卡中的“坐标”面板中的“UCS”→（原点）按钮，移动坐标系到如图 13-7 所示的位置。

单击常用选项卡中的“绘图”面板→（直线）按钮，绘制矩形，矩形尺寸如图 13-7 所示。

（7）生成面域。单击常用选项卡中的“绘图”面板→（面域）按钮，命令行提示:

命令: _region

选择对象: 选择矩形 4 条边（按<Enter>键）

已提取 1 个环

已创建 1 个面域

（8）创建拉伸路径。在不改变坐标系的状态下，单击常用选项卡中的“绘图”面板→（多段线）按钮，命令行提示:

命令: _pline

指定起点: 0，0，0（按<Enter>键）

当前线宽为 0.0000

指定下一个点或 [圆弧(A)/半宽(H)/长度(L)/放弃(U)/宽度(W)]: @0，23（按<Enter>键）

指定下一点或 [圆弧(A)/闭合(C)/半宽(H)/长度(L)/放弃(U)/宽度(W)]: a（按<Enter>键）

指定圆弧的端点或 [角度(A)/圆心(CE)/闭合(CL)/方向(D)/半宽(H)/直线(L)/半径(R)/第二个点(S)/放弃(U)/宽度(W)]: a（按<Enter>键）

指定包含角: －90（按<Enter>键）

指定圆弧的端点或 [圆心(CE)/半径(R)]: @10，10（按<Enter>键）

指定圆弧的端点或[角度(A)/圆心(CE)/闭合(CL)/方向(D)/半宽(H)/直线(L)/半径(R)/第二个点(S)/放弃(U)/宽度(W)]: L（按<Enter>键）

指定下一点或 [圆弧(A)/闭合(C)/半宽(H)/长度(L)/放弃(U)/宽度(W)]: @35，0（按<Enter>键）

指定下一点或 [圆弧(A)/闭合(C)/半宽(H)/长度(L)/放弃(U)/宽度(W)]: （按<Enter>键）

绘制结果如图 13-8 所示。

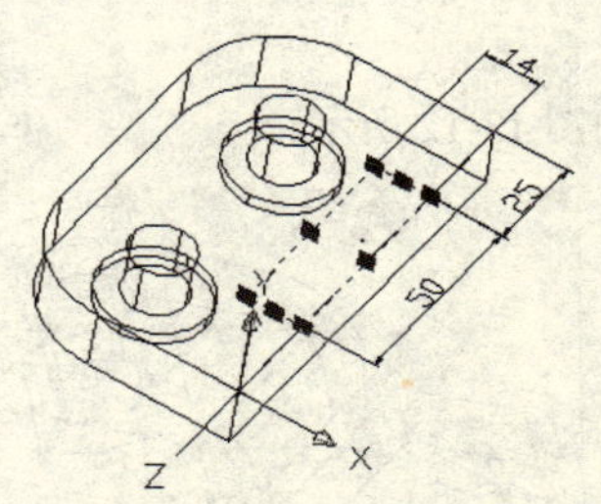

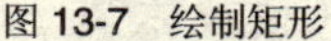
图 13-7　绘制矩形

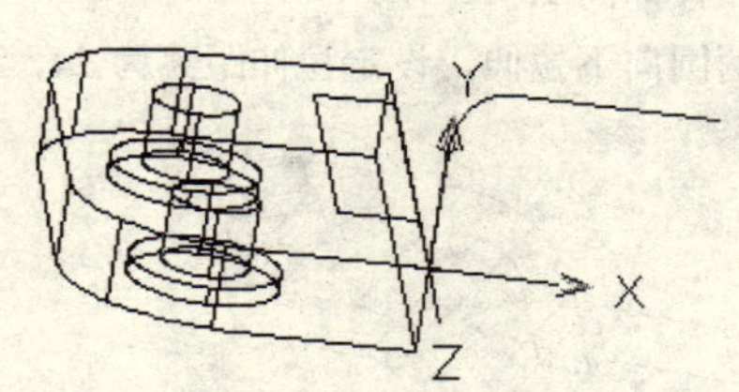

图 13-8　创建拉伸路径

（9）拉伸面域。单击常用选项卡中的“建模”面板→（拉伸）按钮，命令行提示:

命令: _extrude

当前线框密度:　ISOLINES=4

选择对象：选择步骤（7）中生成的面域 找到 1 个
选择对象：（按<Enter>键）
指定拉伸高度或 [路径(P)]: p
选择拉伸路径或 [倾斜角]: 选择绘制的多段线
拉伸结果如图 13-9 所示。

（10）绘制圆柱体草图。单击常用选项卡中的“绘图”面板→（圆）按钮，命令行提示：
命令: _circle
指定圆的圆心或 [三点(3P)/两点(2P)/相切、相切、半径(T)]: 选择如图 13-10 所示的直线中点
指定圆的半径或 [直径(D)]: d（按<Enter>键）
指定圆的直径: 50（按<Enter>键）
命令: _circle
指定圆的圆心或 [三点(3P)/两点(2P)/相切、相切、半径(T)]: 选择如图 13-10 所示的直线中点
指定圆的半径或 [直径(D)] <25.0000>: d（按<Enter>键）
指定圆的直径 <50.0000>: 25（按<Enter>键）

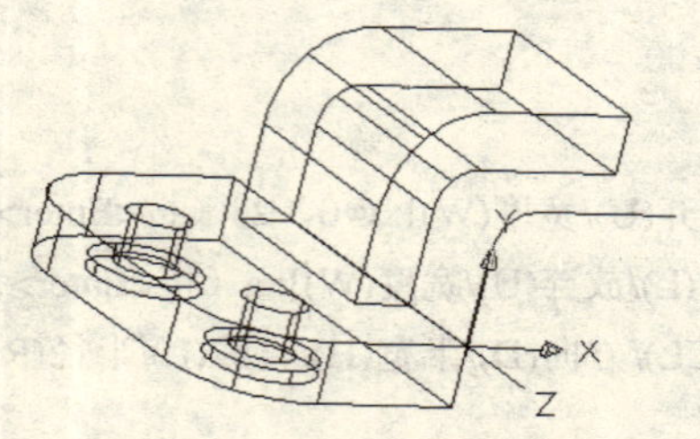

图 13-9　拉伸面域

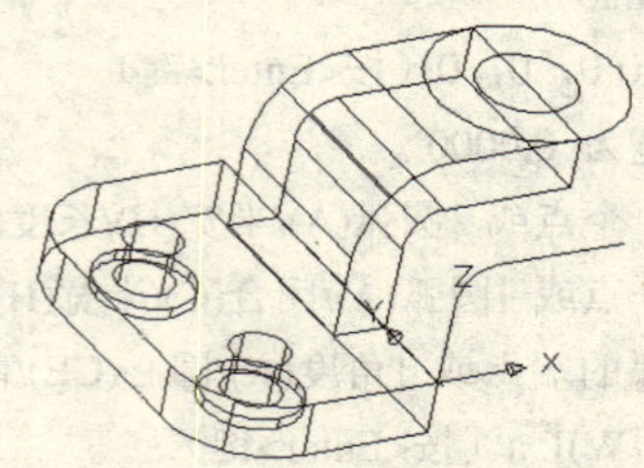

图 13-10　圆柱草图

（11）拉伸圆创建圆柱体。单击常用选项卡中的“建模”面板→（拉伸）按钮，命令行提示：
命令: _extrude
当前线框密度:　ISOLINES=4
选择对象：选择两个圆（按<Enter>键）
指定拉伸高度或 [路径(P)]: 10（按<Enter>键）
指定拉伸的倾斜角度 <0>:（按<Enter>键）
创建的圆柱体如图 13-11 所示。
同理，将两圆向下拉伸，设定拉伸距离为 24，结果如图 13-12 所示。

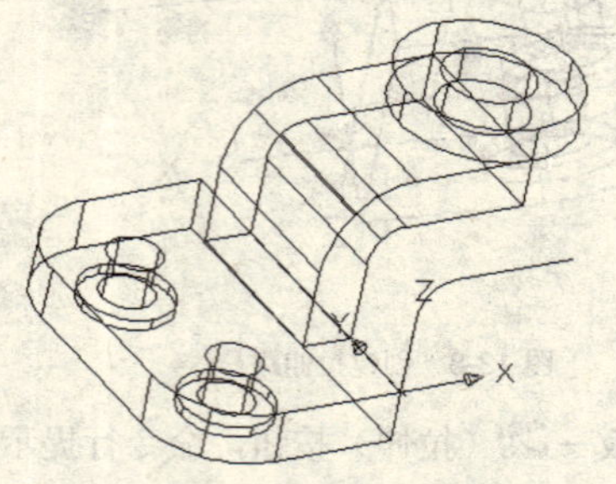

图 13-11　拉伸圆创建圆柱体

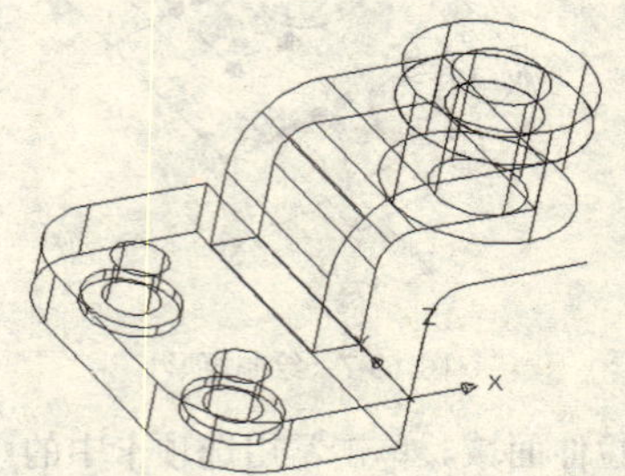

图 13-12　向下拉伸圆

（12）单击常用选项卡中的“实体编辑”面板→（并集）按钮，命令行提示：

命令: _union

选择对象: 选择两个大圆柱体（按<Enter>键）

命令: _union

选择对象: 选择两个小圆柱体（按<Enter>键）

结果如图 13-13 所示。

（13）单击常用选项卡中的“实体编辑”面板→（并集）按钮，命令行提示:

命令: _union

选择对象: 选择大圆柱体和步骤（9）中创建的实体（按<Enter>键）

（14）单击常用选项卡中的“实体编辑”面板→（差集）按钮，命令行提示:

命令: _subtract

选择要从中减去的实体或面域...

选择对象: 选择大圆柱体（按<Enter>键）

选择要减去的实体或面域 ...

选择对象: 选择小圆柱体（按<Enter>键）

完成如图 13-14 所示的实体的创建。

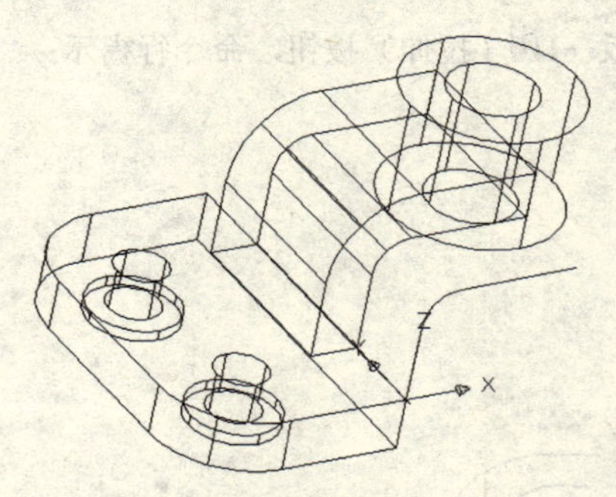

图 13-13　合并圆柱体

图 13-14　完成实体的创建

（15）复制边。单击常用选项卡中的“实体编辑”面板→（复制边）按钮，命令行提示:

命令: _solidedit

实体编辑自动检查:　SOLIDCHECK=1

输入实体编辑选项 [面(F)/边(E)/体(B)/放弃(U)/退出(X)] <退出>: _edge

输入边编辑选项 [复制(C)/着色(L)/放弃(U)/退出(X)] <退出>: _copy

选择边或 [放弃(U)/删除(R)]: 选择如图 13-15 所示的边线

选择边或 [放弃(U)/删除(R)]:（按<Enter>键）

指定基点或位移: 指定一点

指定位移的第二点: 指定同一点

输入边编辑选项 [复制(C)/着色(L)/放弃(U)/退出(X)] <退出>:（按<Enter>键）

实体编辑自动检查:　SOLIDCHECK=1

输入实体编辑选项 [面(F)/边(E)/体(B)/放弃(U)/退出(X)] <退出>:（按<Enter>键）

（16）绘制肋板草图。使用“直线”“偏移”和“修剪”命令绘制肋板草图，尺寸如图 13-16 所示。

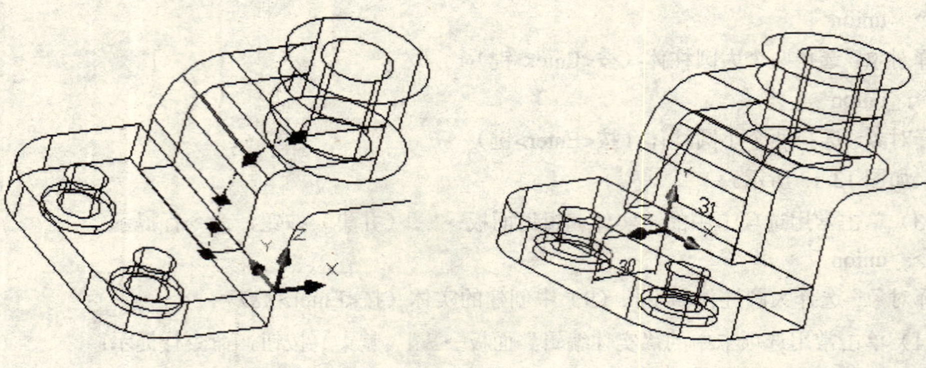

图 13-15　选择需复制的边线　　　　图 13-16　草图

（17）生成面域。单击常用选项卡中的“绘图”面板→（面域）按钮，命令行提示：

命令: _region

选择对象: 选择肋板草图各条直线（按<Enter>键）

已提取 1 个环

已创建 1 个面域

（18）拉伸面域。单击常用选项卡中的“建模”面板→（拉伸）按钮，命令行提示：

命令: _extrude

当前线框密度: ISOLINES=4

选择对象: 选择面域（按<Enter>键）

指定拉伸高度或 [路径(P)]: 12（按<Enter>键）

指定拉伸的倾斜角度 <0>:（按<Enter>键）

创建的肋板模型如图 13-17 所示。

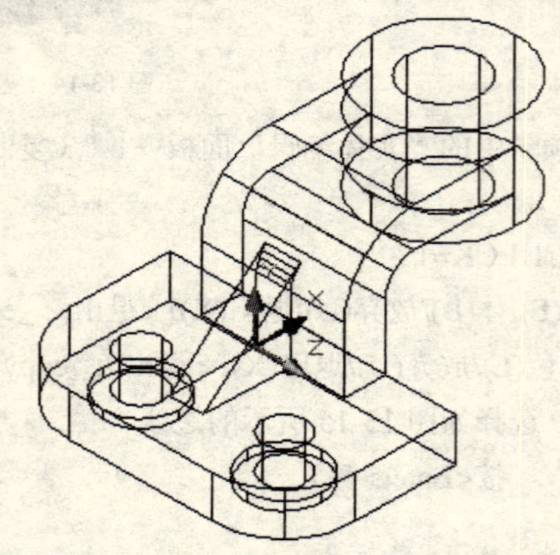

图 13-17　肋板模型

（19）并集运算。单击常用选项卡中的“建模”面板→（并集）按钮，命令行提示：

命令: _union

选择对象: 选择所有实体（按<Enter>键）

（20）完成实体创建。单击常用选项卡中的“修改”面板→（删除）按钮，删除所有辅助线。经过渲染后的实体如图 13-1 所示。

13.2 弹椅建模

如图 13-18 所示为弹椅实体。

图 13-18　弹椅实体

13.2.1 绘制底板和靠背

（1）创建长方体。单击常用选项卡中的“建模”面板→（长方体）按钮，命令行提示：
命令: _box
指定第一个角点或 [中心(C)]: 0，0，0（按<Enter>键）
指定角点或 [立方体(C)/长度(L)]: L（按<Enter>键）
指定长度: 60（按<Enter>键）
指定宽度: 50（按<Enter>键）
指定高度或 [两点(2P)]: 10（按<Enter>键）
创建结果如图 13-19 所示。

（2）绘制圆角。单击常用选项卡中的“修改”面板→（圆角）按钮，根据命令行的提示将如图 13-20 所示长方体倒圆角，设定圆角半径为 15。

同理，将其他棱倒圆角，设定圆角半径为 3，如图 13-21 所示。

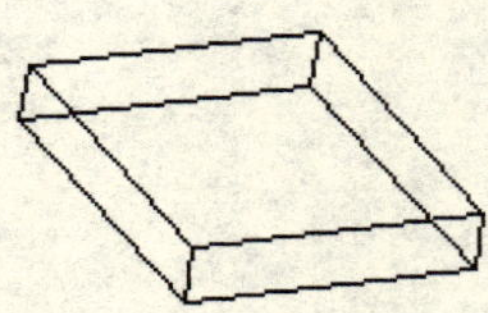

图 13-19　创建长方体

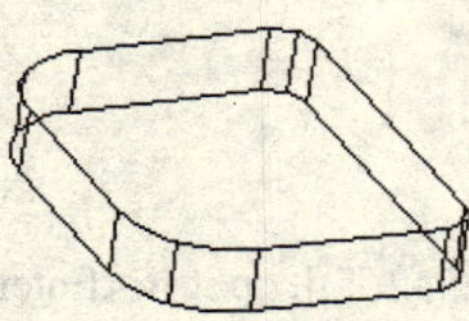

图 13-20　圆角效果图

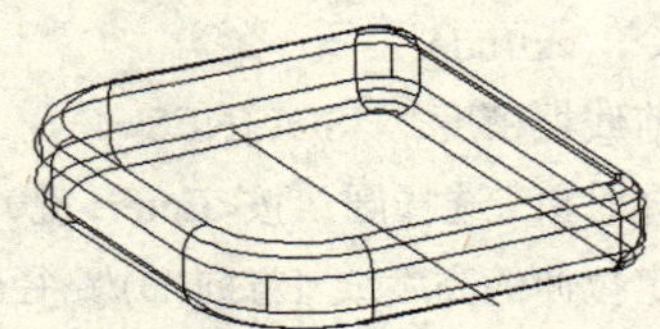

图 13-21　底板效果图

13.2.2 创建椅腿

（1）绘制草图，尺寸如图 13-22 所示。

（2）单击常用选项卡中的“修改”面板→（复制）按钮，命令行提示：
命令: _copy
选择对象: 选择草图（按<Enter>键）

指定基点或位移，或者 [重复(M)]: 选择草图中的一点

指定位移的第二点或 <用第一点作位移>: @0，0，50（按<Enter>键）

复制结果如图 13-23 所示。

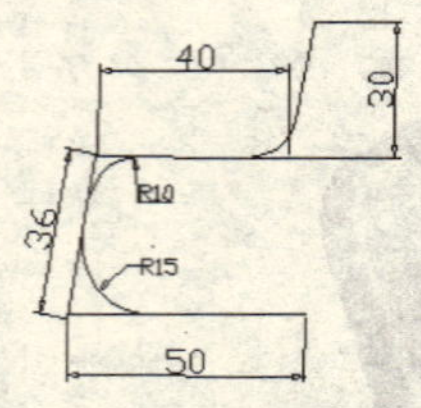

图 13-22　草图尺寸

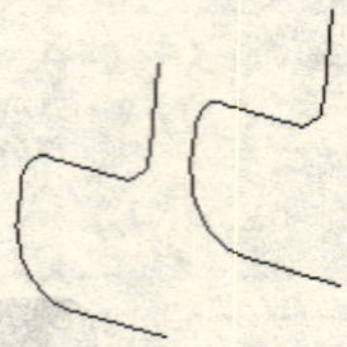

图 13-23　复制草图

（3）完成草图绘制。使用“直线”命令连接下方两点，并进行倒圆角操作，设定圆角半径为 10，完成如图 13-24 所示的椅腿草图的绘制。

（4）合并多段线。单击常用选项卡中的“修改”面板→（编辑多段线）按钮，命令行提示：

命令: pedit

选择多段线或 [多条(M)]: m（按<Enter>键）

选择对象: 选择步骤（2）中绘制的线段（按<Enter>键）

是否将直线和圆弧转换为多段线？[是(Y)/否(N)] <Y>:（按<Enter>键）

输入选项[闭合(C)/打开(O)/合并(J)/宽度(W)/拟合(F)/样条曲线(S)/非曲线化(D)/线型生成(L)/放弃(U)]: j（按<Enter>键）

合并类型 = 延伸

输入模糊距离或 [合并类型(J)] <0.0000>:（按<Enter>键）

多段线已增加 6 条线段

输入选项[闭合(C)/打开(O)/合并(J)/宽度(W)/拟合(F)/样条曲线(S)/非曲线化(D)/线型生成(L)/放弃(U)]:（按<Enter>键）

同理，将步骤（3）中绘制的直线和圆角生成 3 条多段线。

（5）绘制圆。单击常用选项卡中的“绘图”面板→（圆）按钮，根据命令行的提示绘制圆，设定圆的圆心为如图 13-25 所示的多段线的端点，半径为 3.5。

（6）创建实体。单击常用选项卡中的“建模”面板→（拉伸）按钮，命令行提示：

命令: _extrude

当前线框密度:　ISOLINES=4

选择对象: 选择圆（按<Enter>键）

指定拉伸的高度或 [方向(D)/路径(P)/倾斜角(T)]: p（按<Enter>键）

选择拉伸路径或 [倾斜角]: 选择多段线

创建的椅腿实体如图 13-26 所示。

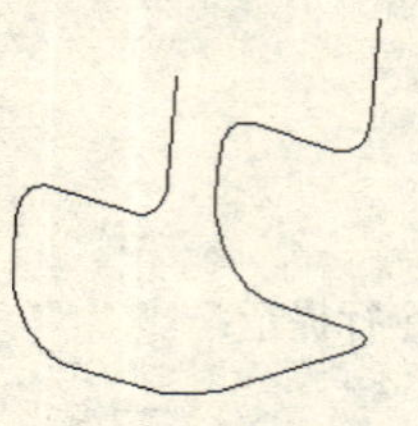

图 13-24　椅腿草图

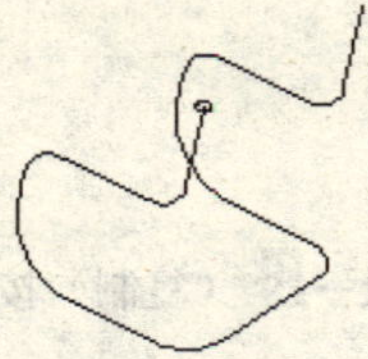

图 13-25　绘制圆

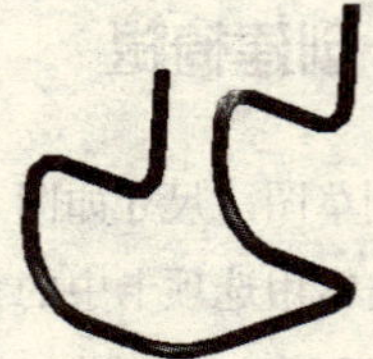

图 13-26　椅腿实体

13.2.3　创建圆形盖

（1）绘制草图。设定顶部圆半径为 2，下部矩形长度为 0.75，宽度为 2，矩形到最左侧距离为 1，如图 13-27 所示。

（2）生成面域。单击常用选项卡中的“绘图”面板→（面域）按钮，命令行提示：

命令: _region

选择对象: 选择草图中的所有线条（按<Enter>键）

已提取 1 个环

已创建 1 个面域

（3）创建实体。单击常用选项卡中的“建模”面板→（旋转）按钮，命令行提示：

命令: _revolve

当前线框密度:　ISOLINES=4

选择对象: 选择面域（按<Enter>键）

指定旋转轴的起点或定义轴依照 [对象(O)/X 轴(X)/Y 轴(Y)]:单击常用选项卡中的草图左端线

指定轴端点:

指定旋转角度 <360>:（按<Enter>键）

完成的圆形盖实体如图 13-28 所示。

（4）圆角处理。单击常用选项卡中的“修改”面板→（圆角）按钮，根据命令行的提示将圆形盖实体进行倒圆角操作，设定圆角半径为 0.5，如图 13-29 所示。

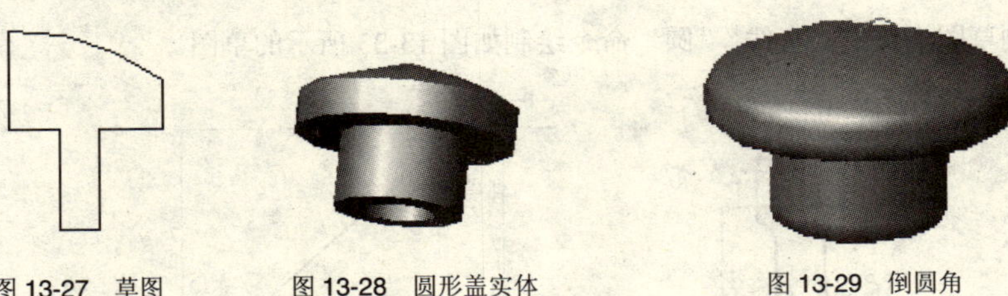

图 13-27　草图　　图 13-28　圆形盖实体　　图 13-29　倒圆角

13.2.4　装配

装配各部分零件，如图 13-30 所示。

图 13-30　弹椅装配图

13.3　机械臂建模

如图 13-31 所示为机械臂实体。

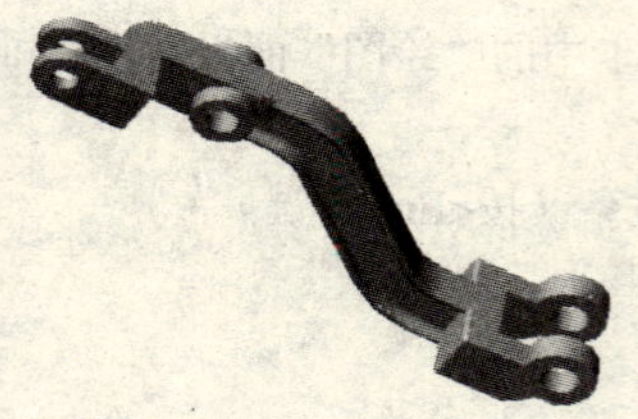

图 13-31　机械臂实体

13.3.1　创建主干

（1）绘制草图。使用“直线”“圆”“修剪”和“删除”命令绘制如图 13-32 所示的二维图形。

（2）生成面域。单击常用选项卡中的“绘图”面板→（面域）按钮，命令行提示：

命令: _region

选择对象: 选择草图中的所有线条（按<Enter>键）

已提取 1 个环

已创建 1 个面域

（3）绘制草图。使用“直线”“圆”命令绘制如图 13-33 所示的草图。

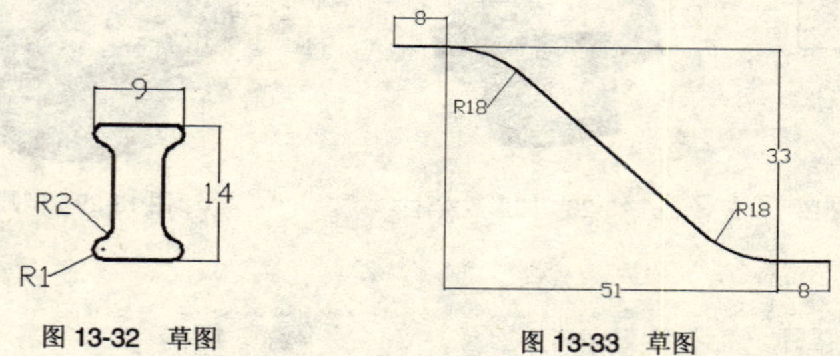

图 13-32　草图　　图 13-33　草图

（4）旋转草图。单击视图选项卡中的“坐标”面板中的 UCS→（X）按钮，命令行提示：

命令: _ucs

当前 UCS 名称: *没有名称*

输入选项 [新建(N)/移动(M)/正交(G)/上一个(P)/恢复(R)/保存(S)/删除(D)/应用(A)/?/世界(W)] <世界>: _x

指定绕 X 轴的旋转角度 <90>:（按<Enter>键）

（5）单击常用选项卡中的“修改”面板→（旋转）按钮，命令行提示：

命令: _rotate

UCS 当前的正角方向: ANGDIR=逆时针　ANGBASE=0

选择对象: 选择如图 13-32 所示的草图（按<Enter>键）

指定基点: 选择一点

指定旋转角度或 [参照(R)]: 90（按<Enter>键）

旋转后的草图如图 13-34 所示。

（6）单击常用选项卡中的“修改”面板→（编辑多段线）按钮，命令行提示：

命令: pedit

选择多段线或 [多条(M)]: m（按<Enter>键）

选择对象: 选择如图 13-33 所示的草图中的所有线段（按<Enter>键）

是否将直线和圆弧转换为多段线？[是(Y)/否(N)] <Y>:（按<Enter>键）

输入选项[闭合(C)/打开(O)/合并(J)/宽度(W)/拟合(F)/样条曲线(S)/非曲线化(D)/线型生成(L)/放弃(U)]: j（按<Enter>键）

合并类型 = 延伸

输入模糊距离或 [合并类型(J)] <0.0000>: （按<Enter>键）

多段线已增加 4 条线段

输入选项 [闭合(C)/打开(O)/合并(J)/宽度(W)/拟合(F)/样条曲线(S)/非曲线化(D)/线型生成(L)/放弃(U)]:（按<Enter>键）

（7）单击常用选项卡中的“建模”面板→（拉伸）按钮，命令行提示：

命令: _extrude

当前线框密度: ISOLINES=4

选择对象: 选择如图 13-32 所示的草图（按<Enter>键）

指定拉伸高度或 [路径(P)]: p（按<Enter>键）

选择拉伸路径或 [倾斜角]: 选择上一步中生成的多段线（按<Enter>键）

拉伸完成的主干造型如图 13-35 所示。

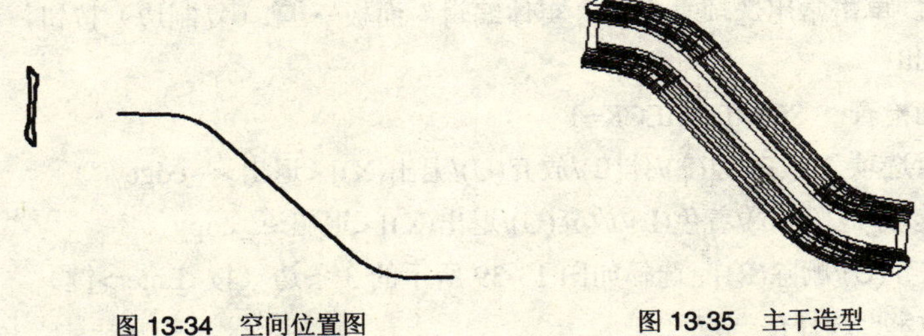

图 13-34　空间位置图　　　　图 13-35　主干造型

13.3.2　创建实体 1

（1）绘制草图。单击常用选项卡中的“视图”面板→“俯视”命令，切换到俯视图。绘制如图 13-36 所示的二维图形。

（2）生成多段线。单击常用选项卡中的“绘图”面板→“边界”命令，命令行提示：

命令: _boundary

选择内部点: 正在选择所有对象...

正在选择所有可见对象...

正在分析所选数据...

正在分析内部孤岛...

选择内部点：选择草图中的一点（按<Enter>键）

BOUNDARY 已创建 2 个多段线

（3）拉伸实体。单击常用选项卡中的“建模”面板→（拉伸）按钮，命令行提示：

命令：_extrude

当前线框密度：ISOLINES=4

选择要拉伸的对象：选择多段线（按<Enter>键）

指定拉伸的高度或 [方向(D)/路径(P)/倾斜角(T)]: 24（按<Enter>键）

同理，将圆向上拉伸，设定拉伸高度为 24，如图 13-37 所示。

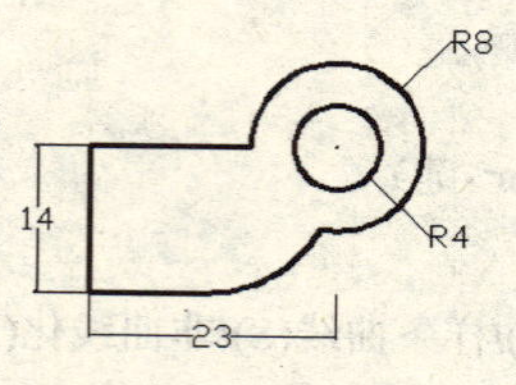

图 13-36　草图

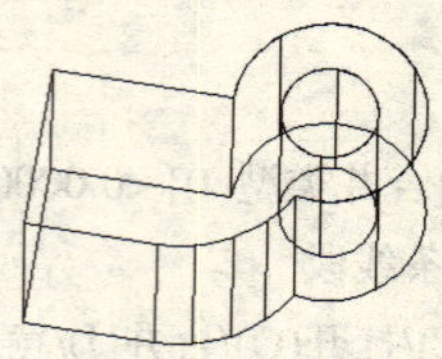
图 13-37　拉伸实体

（4）单击常用选项卡中的“实体编辑”面板→（差集）按钮，命令行提示：

命令：_subtract

选择要从中减去的实体或面域...

选择对象：选择实体（按<Enter>键）

选择要减去的实体或面域 ...

选择对象：选择圆柱体（按<Enter>键）

结果如图 13-38 所示。

（5）复制边。单击常用选项卡中的“实体编辑”面板→（复制边）按钮，命令行提示：

命令：_solidedit

实体编辑自动检查：SOLIDCHECK=1

输入实体编辑选项 [面(F)/边(E)/体(B)/放弃(U)/退出(X)] <退出>: _edge

输入边编辑选项 [复制(C)/着色(L)/放弃(U)/退出(X)] <退出>: _copy

选择边或 [放弃(U)/删除(R)]: 选择如图 13-39 所示的 3 条边（按<Enter>键）

指定基点或位移：选择任一点

指定位移的第二点：选择同一点

输入边编辑选项 [复制(C)/着色(L)/放弃(U)/退出(X)] <退出>:（按<Enter>键）

实体编辑自动检查：SOLIDCHECK=1

输入实体编辑选项 [面(F)/边(E)/体(B)/放弃(U)/退出(X)] <退出>:（按<Enter>键）

图 13-38　差集效果图

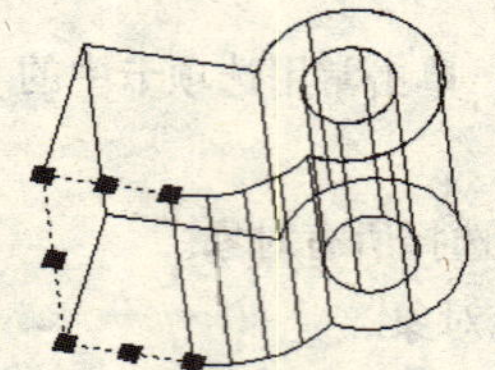
图 13-39　复制边

（6）绘制辅助线位置。绘制如图 13-40 所示的直线。

（7）绘制辅助线。绘制如图 13-41 所示的直线。

（8）生成面域。单击常用选项卡中的“绘图”面板→（面域）按钮，命令行提示：

命令: _region

选择对象: 选择所绘制的直线（按<Enter>键）

已提取 1 个环

已创建 1 个面域

（9）创建实体。单击常用选项卡中的“建模”面板→（拉伸）按钮，命令行提示：

命令: _extrude

当前线框密度: ISOLINES=4

选择对象: 选择面域（按<Enter>键）

指定拉伸高度或 [路径(P)]: 22（按<Enter>键）

指定拉伸的倾斜角度 <0>:（按<Enter>键）

结果如图 13-42 所示。

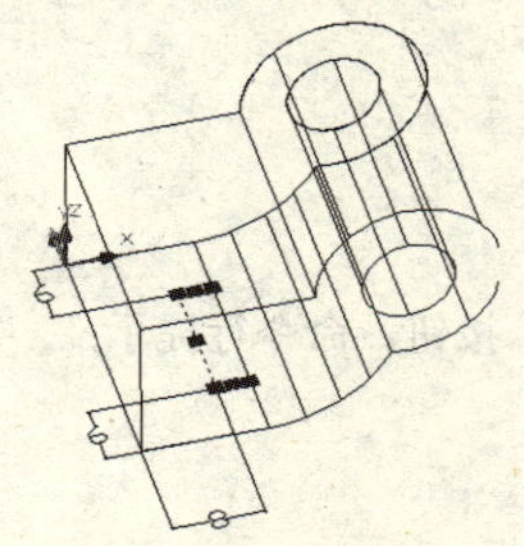

图 13-40　绘制辅助线位置

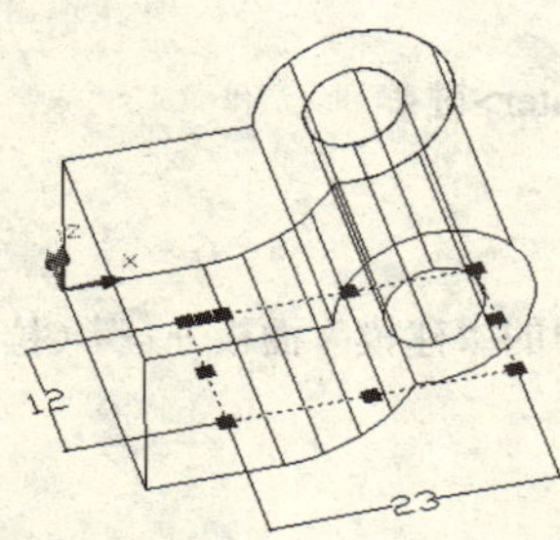

图 13-41　绘制辅助线

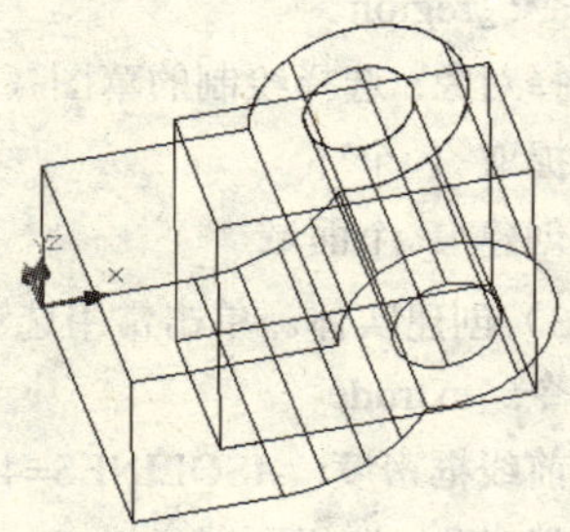
图 13-42　拉伸创建的实体

（10）单击常用选项卡中的“实体编辑”面板→（差集）按钮，命令行提示：

命令: _subtract

选择要从中减去的实体或面域...

选择对象: 找到 1 个

选择对象: 选择步骤（4）中创建的实体（按<Enter>键）

选择要减去的实体或面域...

选择对象: 选择步骤（9）中创建的实体（按<Enter>键）

结果如图 13-43 所示。

（11）合并实体。单击常用选项卡中的“修改”面板→（移动）按钮，选择上一节中创建的两个实体，分别以连接部位处的中点为基点，连接后单击常用选项卡中的“实体编辑”面板→（并集）按钮，选择两个实体后按<Enter>键，合并为一个实体，结果如图 13-44 所示。

图 13-43　实体 1 效果图

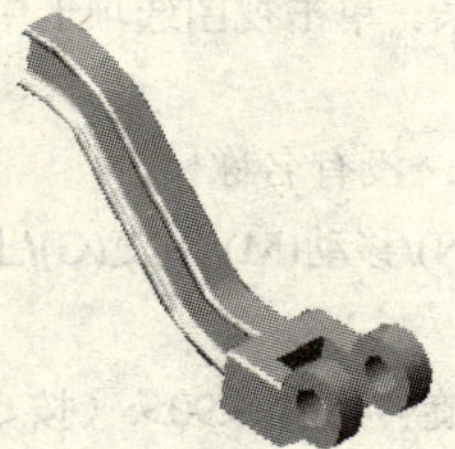
图 13-44　合并实体

13.3.3　创建实体 2

（1）绘制草图。将坐标系移动到如图 13-45 所示的位置。绘制如图 13-45 所示的二维图形。

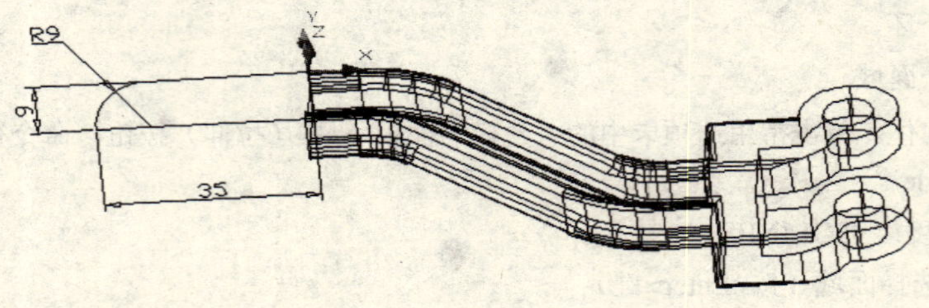

图 13-45　绘制草图

（2）生成面域。单击常用选项卡中的“绘图”面板→（面域）按钮，命令行提示：

命令: _region

选择对象: 选择绘制的草图（按<Enter>键）

已提取 1 个环

已创建 1 个面域

（3）创建实体。单击常用选项卡中的“建模”面板→（拉伸）按钮，命令行提示：

命令: _extrude

当前线框密度: ISOLINES=4

选择对象: 选择面域（按<Enter>键）

指定拉伸高度或 [路径(P)]: －14（按<Enter>键）

指定拉伸的倾斜角度 <0>:（按<Enter>键）

拉伸结果如图 13-46 所示。

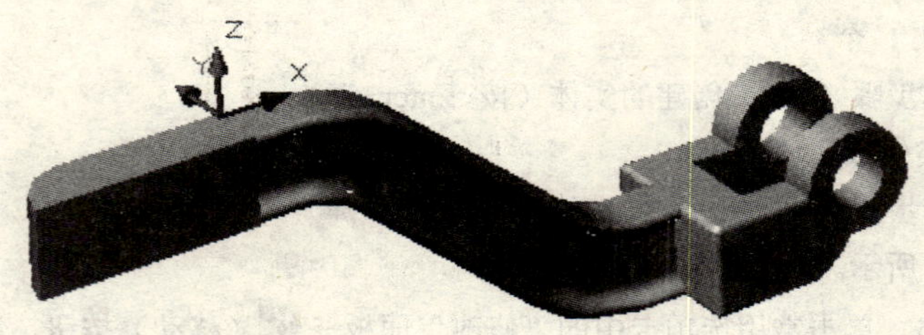

图 13-46　拉伸创建的实体

（4）旋转坐标系。单击视图选项卡中的“坐标”面板→UCS→（X）按钮，命令行提示：

命令: _ucs

当前 UCS 名称: *没有名称*

输入选项[新建(N)/移动(M)/正交(G)/上一个(P)/恢复(R)/保存(S)/删除(D)/应用(A)/?/世界(W)] <世界>: _x

指定绕 X 轴的旋转角度 <90>:（按<Enter>键）

（5）复制边。单击常用选项卡中的“实体编辑”面板→（复制边）按钮，命令行提示：

命令: _solidedit

实体编辑自动检查:　SOLIDCHECK=1

输入实体编辑选项 [面(F)/边(E)/体(B)/放弃(U)/退出(X)] <退出>: _edge

输入边编辑选项 [复制(C)/着色(L)/放弃(U)/退出(X)] <退出>: _copy

选择边或 [放弃(U)/删除(R)]: 选择如图 13-47 所示的两条边（按<Enter>键）

指定基点或位移: 指定任一点

指定位移的第二点: 指定同一点

输入边编辑选项 [复制(C)/着色(L)/放弃(U)/退出(X)] <退出>:（按<Enter>键）

实体编辑自动检查:　SOLIDCHECK=1

输入实体编辑选项 [面(F)/边(E)/体(B)/放弃(U)/退出(X)] <退出>:（按<Enter>键）

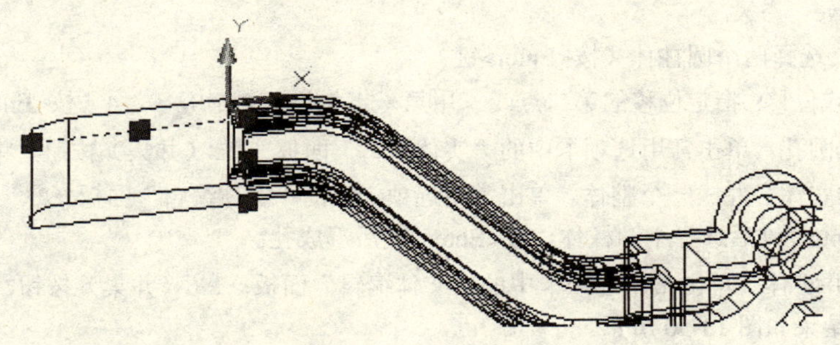

图 13-47　复制边

（6）绘制辅助圆。单击常用选项卡中的“修改”面板→（偏移）按钮，分别将复制的两条边向下和向左偏移，设定偏移距离为 7。以偏移后的直线交点为圆心绘制两个圆，设定半径分别为 7 和 4，结果如图 13-48 所示。

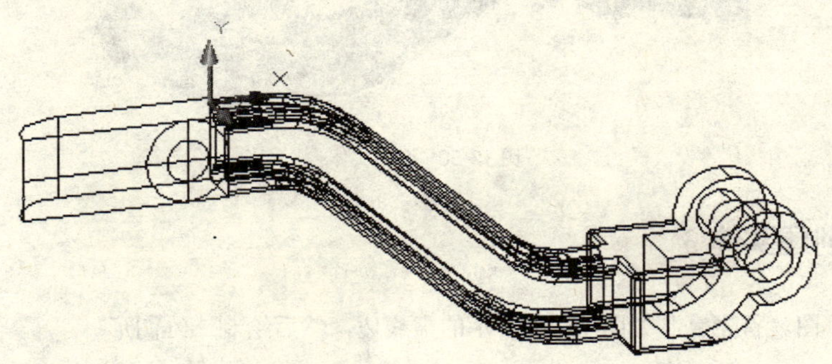

图 13-48　绘制圆

（7）拉伸圆。单击常用选项卡中的“建模”面板→（拉伸）按钮，命令行提示:

命令: _extrude

当前线框密度:　ISOLINES=4

选择对象: 选择大圆和小圆（按<Enter>键）

指定拉伸高度或 [路径(P)]: －17（按<Enter>键）

指定拉伸的倾斜角度 <0>:（按<Enter>键）

拉伸结果如图 13-49 所示。

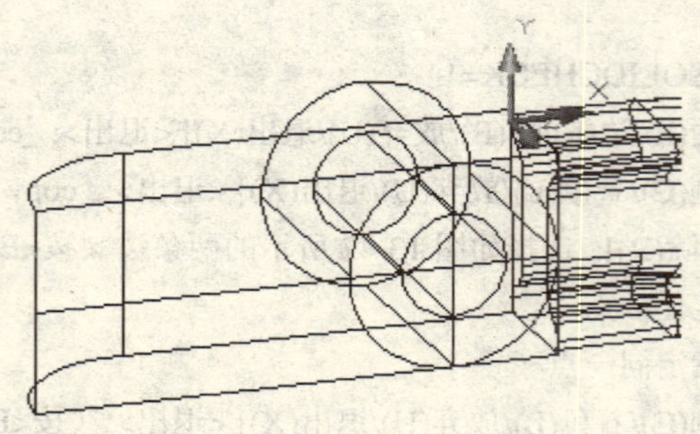

图 13-49 拉伸圆

（8）移动实体。单击常用选项卡中的“修改”面板→（移动）按钮，命令行提示：

命令: _move

选择对象: 选择两个圆柱体（按<Enter>键）

指定基点或位移: 指定位移的第二点或 <用第一点作位移>: @0，0，4（按<Enter>键）

（9）生成圆孔。单击常用选项卡中的“实体编辑”面板→（并集）按钮，将大圆柱体和步骤（3）中创建的实体合并成一个整体。单击常用选项卡中的“实体编辑”面板→（差集）按钮，选择实体，按<Enter>键后选择小圆柱体，按<Enter>键后形成孔。

（10）合并实体。单击常用选项卡中的“实体编辑”面板→（并集）按钮，将所有实体合并成一个整体，结果如图 13-50 所示。

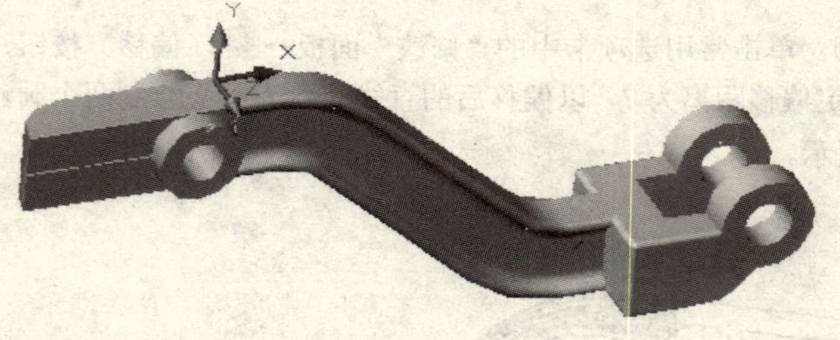

图 13-50 合并实体

13.3.4 创建实体 3

（1）绘制草图。首先复制如图 13-51 所示的虚线边，然后绘制二维图形。

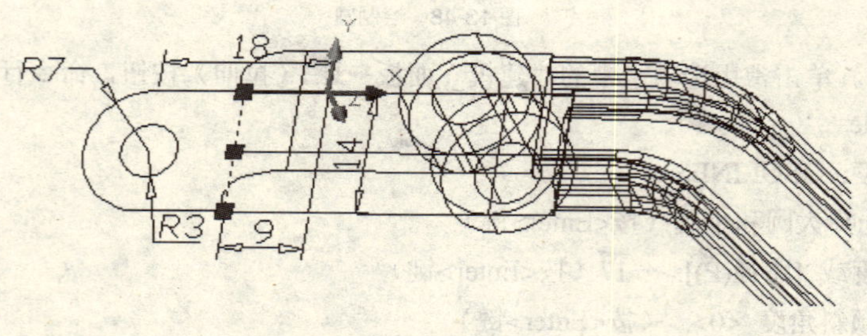

图 13-51 绘制草图

（2）生成面域。单击常用选项卡中的“绘图”面板→（面域）按钮，选择绘制的二维图形各线条和复制的边，生成一个面域。

（3）创建实体。单击常用选项卡中的“建模”面板→（拉伸）按钮，命令行提示：

命令: _extrude

当前线框密度:　ISOLINES=4

选择要拉伸的对象: 选择面域和圆（按<Enter>键）

指定拉伸高度或 [路径(P)]: 12（按<Enter>键）

指定拉伸的倾斜角度 <0>:（按<Enter>键）

拉伸结果如图 13-52 所示。

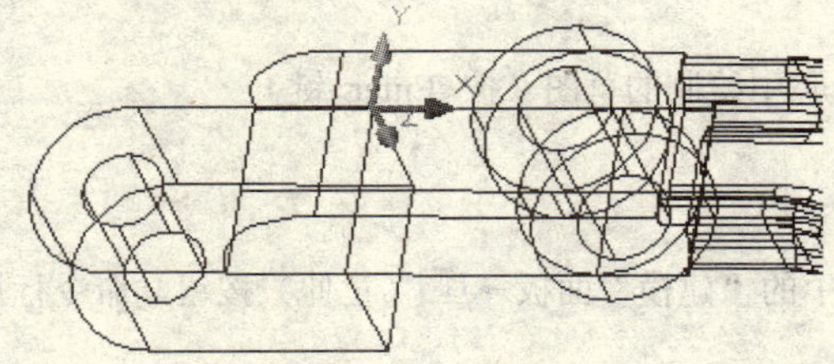

图 13-52　拉伸效果图

（4）生成孔。单击常用选项卡中的“实体编辑”面板→（差集）按钮，命令行提示：

命令: _subtract

选择要从中减去的实体或面域...

选择对象: 选择拉伸实体（按<Enter>键）

选择要减去的实体或面域 ...

选择对象: 选择圆柱体（按<Enter>键）

（5）复制边。单击视图选项卡中的“坐标”面板→UCS→（X）按钮，命令行提示：

命令: _ucs

当前 UCS 名称: *世界*

输入选项[新建(N)/移动(M)/正交(G)/上一个(P)/恢复(R)/保存(S)/删除(D)/应用(A)/?/世界(W)] <世界>: _x

指定绕 X 轴的旋转角度 <90>:（按<Enter>键）

（6）单击常用选项卡中的“实体编辑”面板→（复制边）按钮，命令行提示：

命令: _solidedit

实体编辑自动检查:　SOLIDCHECK=1

输入实体编辑选项 [面(F)/边(E)/体(B)/放弃(U)/退出(X)] <退出>: _edge

输入边编辑选项 [复制(C)/着色(L)/放弃(U)/退出(X)] <退出>: _copy

选择边或 [放弃(U)/删除(R)]: 选择如图 13-53 所示的两条直线（按<Enter>键）

指定基点或位移: 指定任一点

指定位移的第二点: 指定同一点

输入边编辑选项 [复制(C)/着色(L)/放弃(U)/退出(X)] <退出>:（按<Enter>键）

实体编辑自动检查:　SOLIDCHECK=1

输入实体编辑选项 [面(F)/边(E)/体(B)/放弃(U)/退出(X)] <退出>:（按<Enter>键）

绘制草图。绘制如图 13-54 所示的二维图形。

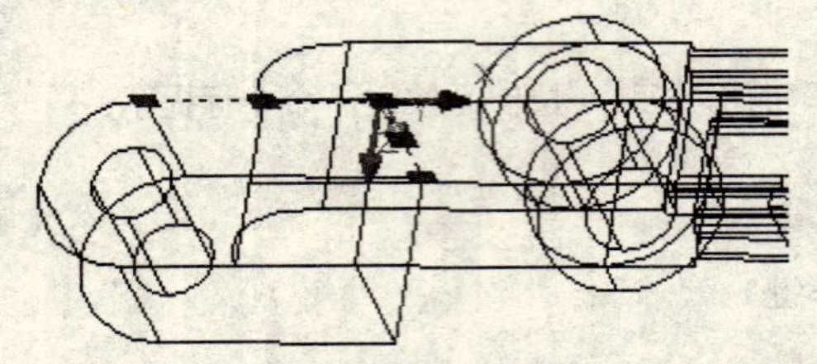

图 13-53　复制边

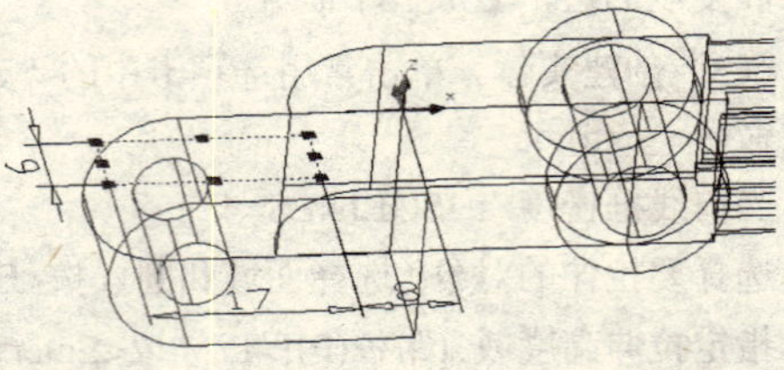

图 13-54　绘制草图

（7）创建长方体。单击常用选项卡中的“绘图”面板→ （面域）按钮，命令行提示：

命令: _region

选择对象: 选择上一步骤中绘制的草图（按<Enter>键）

已提取 1 个环

已创建 1 个面域

（8）单击常用选项卡中的“建模”面板→ （拉伸）按钮，命令行提示：

命令: _extrude

当前线框密度:　ISOLINES=4

选择对象: 指定对角点: 选择面域（按<Enter>键）

指定拉伸高度或 [路径(P)]: -14（按<Enter>键）

指定拉伸的倾斜角度 <0>:（按<Enter>键）

结果如图 13-55 所示。

（9）单击常用选项卡中的“实体编辑”面板→ （差集）按钮，命令行提示：

命令: _subtract

选择要从中减去的实体或面域...

选择对象: 选择步骤（3）中创建的实体（按<Enter>键）

选择要减去的实体或面域...

选择对象: 选择长方体（按<Enter>键）

结果如图 13-56 所示。

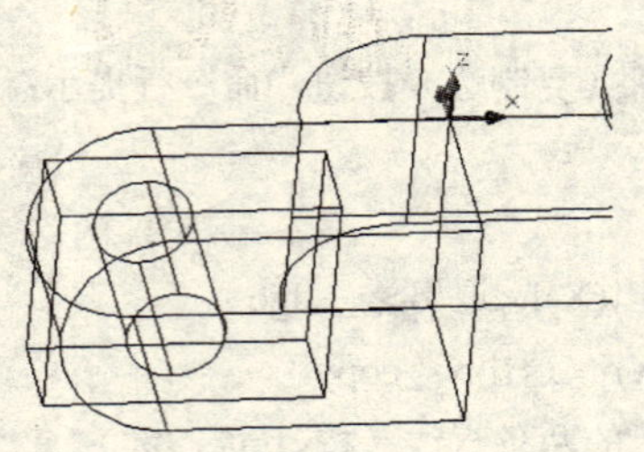

图 13-55　拉伸实体

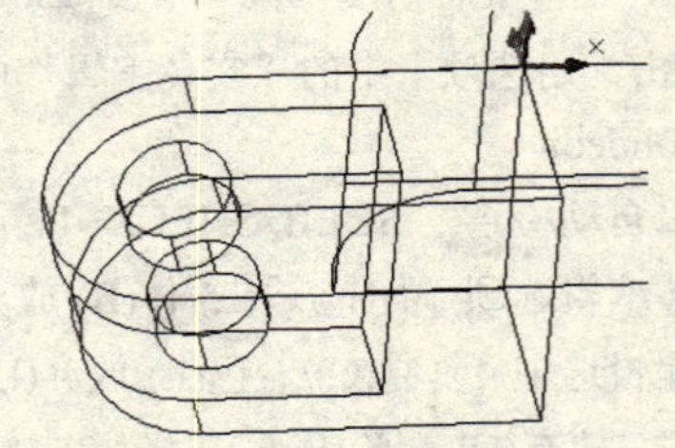

图 13-56　差集运算结果

13.3.5　整理图形

单击常用选项卡中的“实体编辑”面板→ （并集）按钮，将创建的所有实体合并成一个整体。删除所有辅助线，渲染实体，完成如图 13-31 所示的机械臂实体的创建。

13.4　玩具车轮建模

如图 13-57 所示为玩具车轮实体。

图 13-57　玩具车轮

13.4.1　创建玩具车车轮凸起结构

玩具车轮从整体上看是一个旋转体零件，由于车轮表面上有使用旋转方法无法完成的凸起结构，因此无法直接采用创建旋转实体特征的方法来直接创建。在设计过程中，使用“拉伸”命令创建凸起结构，然后使用“阵列”命令创建一圈之内的凸起结构。

（1）绘制圆。使用“直线”命令绘制两条垂直中心线，单击常用选项卡中的“绘图”面板→（圆）按钮，命令行提示：

命令: _circle

指定圆的圆心或 [三点(3P)/两点(2P)/相切、相切、半径(T)]: 选择中心线交点

指定圆的半径或 [直径(D)]: 192（按<Enter>键）

命令: _circle

指定圆的圆心或 [三点(3P)/两点(2P)/相切、相切、半径(T)]: 选择轮廓圆与中心线交点

指定圆的半径或 [直径(D)] <192.0000>: 20（按<Enter>键）

完成如图 13-58 所示的圆的绘制。

（2）首先对小圆进行拉伸操作，创建圆柱，然后单击视图选项卡中的“坐标”面板→UCS→（X）按钮，设定旋转角度为 90°，最后使用“旋转”命令，创建斜圆柱，结果如图 13-59 所示。

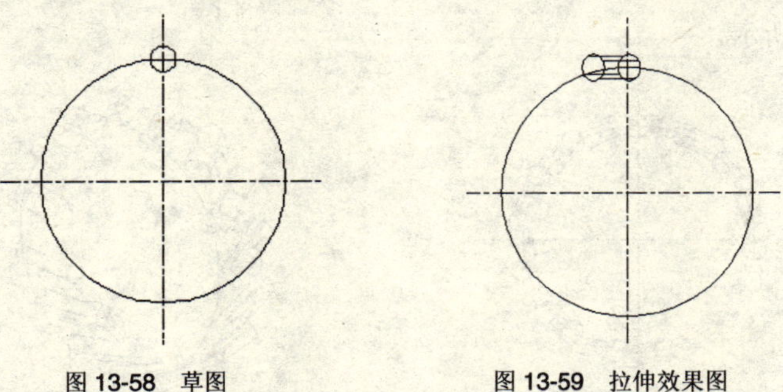

图 13-58　草图　　　　图 13-59　拉伸效果图

（3）单击常用选项卡中的“建模”面板→（拉伸）按钮，命令行提示：

命令: _extrude

当前线框密度：ISOLINES=4

选择对象：选择小圆（按<Enter>键）

指定拉伸高度或 [路径(P)]: 100（按<Enter>键）

指定拉伸的倾斜角度 <0>:（按<Enter>键）

（4）单击视图选项卡中的“坐标”面板→UCS→（X）按钮，命令行提示：

命令: _ucs

当前 UCS 名称: *世界*

输入选项[新建(N)/移动(M)/正交(G)/上一个(P)/恢复(R)/保存(S)/删除(D)/应用(A)/?/世界(W)] <世界>: _x

指定绕 X 轴的旋转角度 <90>:（按<Enter>键）

（5）单击常用选项卡中的“修改”面板→（旋转）按钮，命令行提示：

命令: _rotate

UCS 当前的正角方向： ANGDIR=逆时针　ANGBASE=0

选择对象：选择圆柱（按<Enter>键）

指定基点：单击常用选项卡中的圆柱底部中心

指定旋转角度或 [参照(R)]: 33（按<Enter>键）

（6）阵列实体。坐标系统切换到世界坐标系。单击常用选项卡中的“修改”面板→（阵列）按钮，选择环形阵列，在绘图区选择圆柱体，设定中心线交点中心点，阵列数目为 15，阵列结果如图 13-60 所示。

（7）单击常用选项卡中的“建模”面板→（拉伸）按钮，命令行提示：

命令: _extrude

当前线框密度：ISOLINES=4

选择对象：选择绘制的大圆

选择对象：（按<Enter>键）

指定拉伸高度或 [路径(P)]: 90（按<Enter>键）

指定拉伸的倾斜角度 <0>:（按<Enter>键）

（8）单击常用选项卡中的“实体编辑”面板→（并集）按钮，命令行提示：

命令: _union

选择对象：选择所有实体（按<Enter>键）

结果如图 13-61 所示。

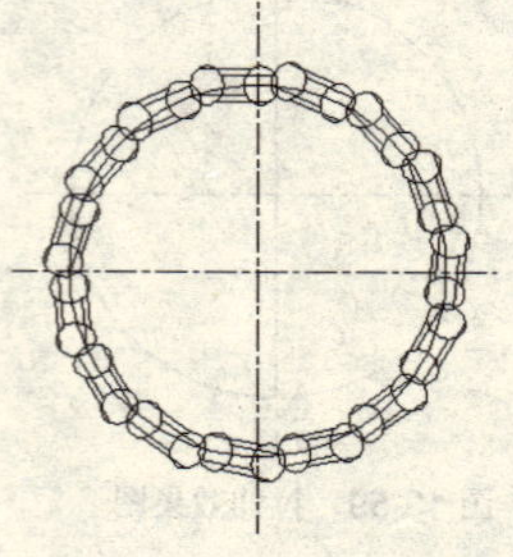

图 13-60　环形阵列

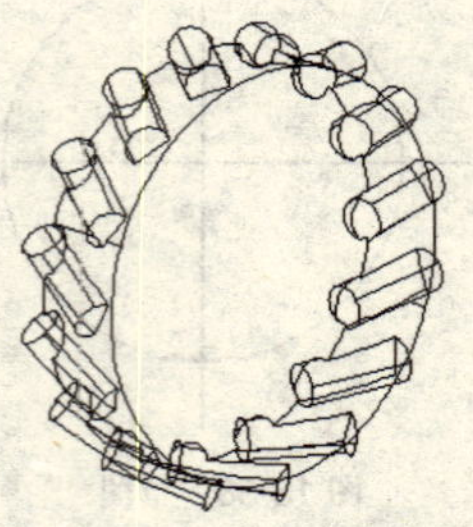

图 13-61　并集操作

（9）创建车轮内腔实体。单击常用选项卡中的“建模”面板→（圆柱体）按钮，命令行提示：

命令: _cylinder

当前线框密度:　ISOLINES=4

指定底面的中心点或 [三点(3P)/两点(2P)/相切、相切、半径(T)/椭圆(E)]: 选择中心线交点

指定圆柱体底面的半径或 [直径(D)]: 160

指定圆柱体高度或 [另一个圆心(C)]: 90

（10）单击常用选项卡中的“实体编辑”面板→（差集）按钮，命令行提示:

命令: _subtract

选择要从中减去的实体或面域...

选择对象: 选择车轮凸起结构（按<Enter>键）

选择要减去的实体或面域 ...

选择对象: 选择内腔实体（按<Enter>键）

（11）镜像实体。单击常用选项卡中的“修改”面板→“三维镜像”命令按钮，命令行提示:

命令: _mirror3d

选择对象: 选择实体（按<Enter>键）

指定镜像平面 (三点) 的第一个点或 [对象(O)/最近的(L)/Z 轴(Z)/视图(V)/XY 平面(XY)/YZ 平面(YZ)/ZX 平面(ZX)/三点(3)] <三点>: xy

指定 XY 平面上的点 <0,0,0>: 单击常用选项卡中的实体前表面中心

是否删除源对象？[是(Y)/否(N)] <N>:（按<Enter>键）

镜像结果如图 13-62 所示。

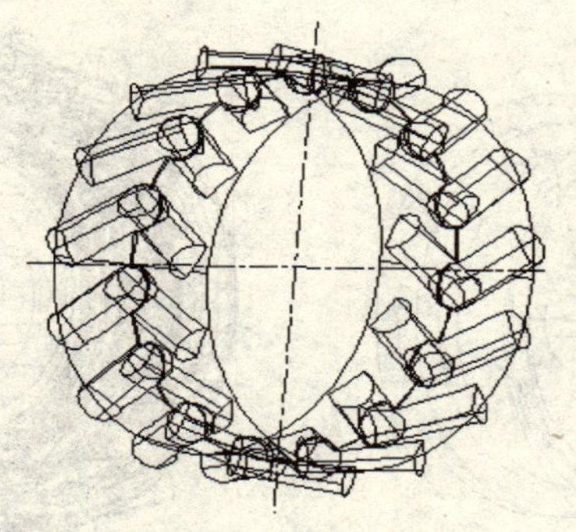

图 13-62　镜像效果图

13.4.2　创建轮体模型

（1）绘制草图。绘制如图 13-63 所示的二维图形，尺寸如图 13-64 所示。

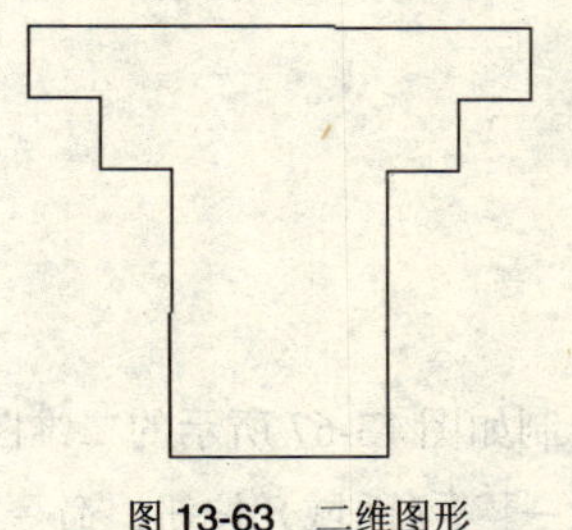

图 13-63　二维图形

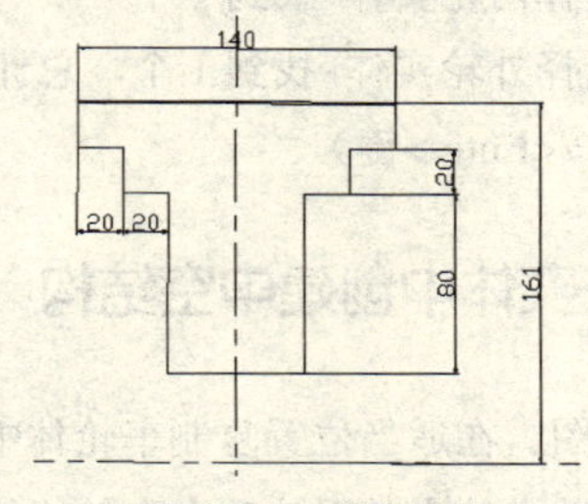

图 13-64　草图尺寸

（2）生成面域。单击常用选项卡中的“绘图”面板→（面域）按钮，命令行提示：

命令: _region

选择对象: 选择草图各线条（按<Enter>键）

已提取 1 个环

已创建 1 个面域

（3）单击常用选项卡中的“建模”面板→（旋转）按钮，命令行提示：

命令: _revolve

当前线框密度: ISOLINES=4

选择要旋转的对象: 选择绘制的草图（按<Enter>键）

指定旋转轴的起点或定义轴依照 [对象(O)/X 轴(X)/Y 轴(Y)]: 选择水平中心线

指定轴端点:

指定旋转角度 <360>:（按<Enter>键）

旋转结果如图 13-65 所示。

（4）单击常用选项卡中的“修改”面板→（移动）按钮，命令行提示：

命令: _move

选择对象: 选择内轮实体（按<Enter>键）

指定基点或位移: 选择中心线交点作为基点

指定位移的第二点或 <用第一点作位移>: 选择外轮实体中心线交点

移动结果如图 13-66 所示。

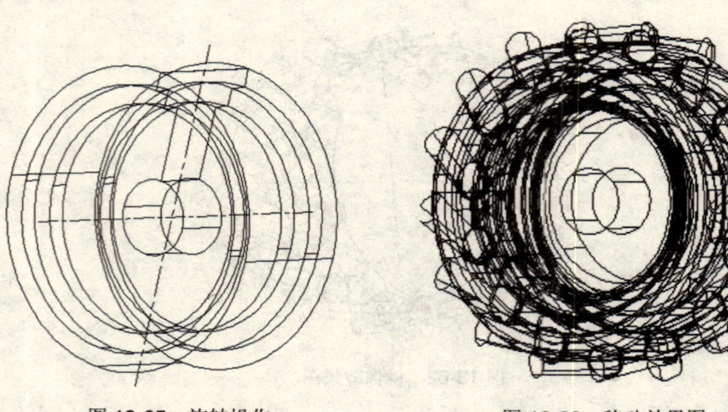

图 13-65 旋转操作　　图 13-66 移动效果图

（5）单击常用选项卡中的“实体编辑”面板→（并集）按钮，命令行提示：

命令: _union

选择对象: 选择内轮实体 找到 1 个

选择对象: 选择外轮实体 找到 1 个，总计 2 个

选择对象:（按<Enter>键）

13.4.3 在实体中创建中空结构

（1）绘制草图。在适当位置复制车轮体中心线，绘制如图 13-67 所示的二维图形。

（2）生成面域。单击常用选项卡中的“绘图”面板→（面域）按钮，命令行提示：

命令: _region

选择对象: 选择草图的各线条（按<Enter>键）

已提取 1 个环

已创建 1 个面域

（3）单击常用选项卡中的“建模”面板→（拉伸）按钮，命令行提示:

命令: _extrude

当前线框密度: ISOLINES=4

选择对象: 选择面域（按<Enter>键）

指定拉伸高度或 [路径(P)]: 30（按<Enter>键）

指定拉伸的倾斜角度 <0>:（按<Enter>键）

拉伸结果如图 13-68 所示。

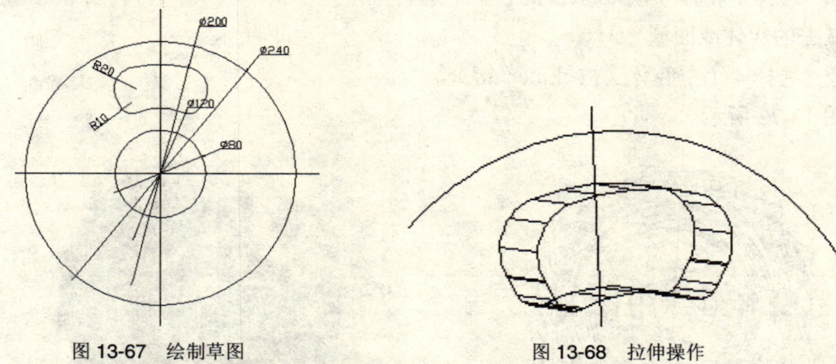

图 13-67　绘制草图　　　图 13-68　拉伸操作

（4）镜像实体。单击常用选项卡中的“修改”→“三维镜像”命令，命令行提示:

命令: _mirror3d

选择对象: 选择实体（按<Enter>键）

指定镜像平面（三点）的第一个点或 [对象(O)/最近的(L)/Z 轴(Z)/视图(V)/XY 平面(XY)/YZ 平面(YZ)/ZX 平面(ZX)/三点(3)] <三点>: xy

指定 XY 平面上的点 <0,0,0>: 单击常用选项卡中的拉伸实体后表面内一点

是否删除源对象？[是(Y)/否(N)] <N>:（按<Enter>键）

镜像结果如图 13-69 所示。

（5）创建空腔实体。单击常用选项卡中的“实体编辑”面板→（并集）按钮，命令行提示:

命令: _union

选择对象: 选择镜像体和原实体（按<Enter>键）

（6）阵列空腔实体。单击常用选项卡中的“修改”面板→（阵列）按钮，选择环形阵列，选择空腔体，设定中心线交点为中心点，阵列数目为 4。阵列结果如图 13-70 所示。

（7）移动空腔实体。单击常用选项卡中的“修改”面板→（移动）按钮，命令行提示:

命令: _move

选择对象: 选择 4 个空腔体（按<Enter>键）

指定基点或位移: 选择中心线交点

指定位移的第二点或 <用第一点作位移>: 选择外轮实体中心线交点

移动结果如图 13-71 所示。

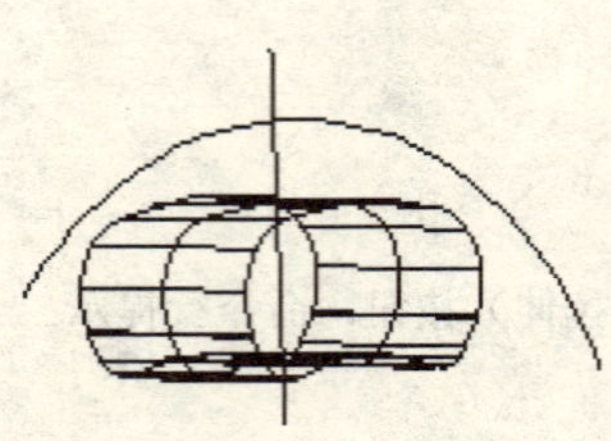

图 13-69　镜像操作

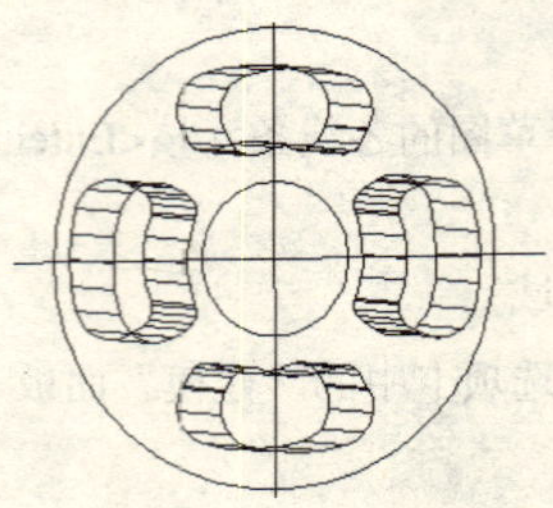

图 13-70　阵列空腔实体

（8）生成空腔。单击常用选项卡中的“实体编辑”面板→（差集）按钮，命令行提示：

命令: _subtract

选择要从中减去的实体或面域...

选择对象: 选择车轮体（按<Enter>键）

选择要减去的实体或面域 ...

选择对象: 选择 4 个空腔体（按<Enter>键）

结果如图 13-72 所示。

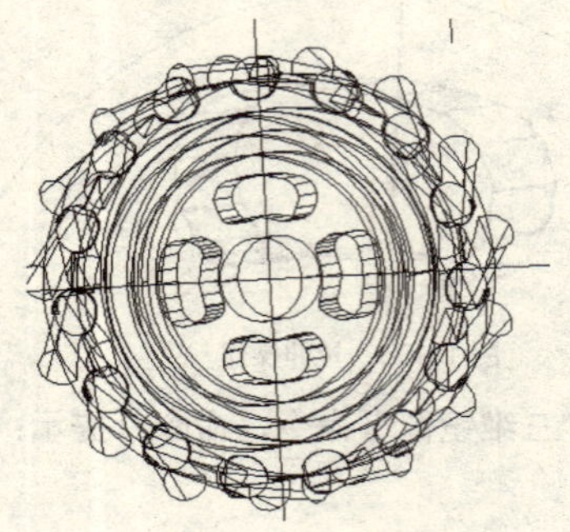

图 13-71　装配效果图

图 13-72　生成空腔

13.4.4　整理图形

使用“删除”命令删除辅助线。

单击常用选项卡中的“修改”面板→（圆角）按钮，将车轮的各个棱角倒圆角，设定圆角半径为 10。同理，将车轮凸起结构部分倒圆角，设定圆角半径为 5，效果如图 13-73 所示。

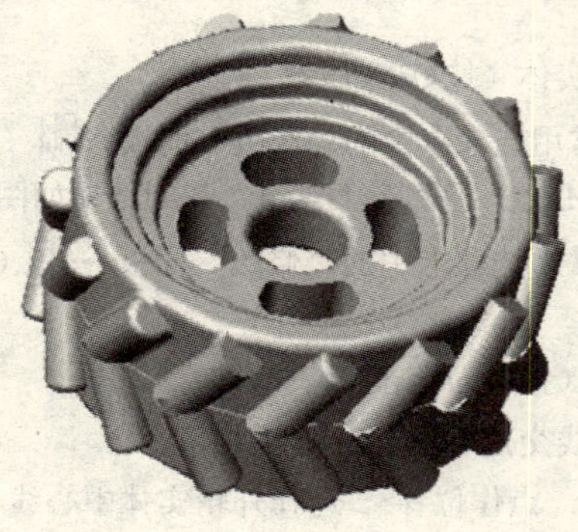

图 13-73　倒圆角

13.5　活塞体建模

如图 13-74 所示为活塞体实体。

13.5.1　绘制截面草图

使用“直线”和“圆”命令绘制草图，尺寸如图 13-75 所示。

单击常用选项卡中的菜单栏中的“绘图”→“边界”命令，命令行提示：

命令: _boundary

选择内部点: 正在选择所有对象...

正在选择所有可见对象...

正在分析所选数据...

正在分析内部孤岛...

选择内部点: 单击常用选项卡中的草图内部

BOUNDARY 已创建 1 个多段线

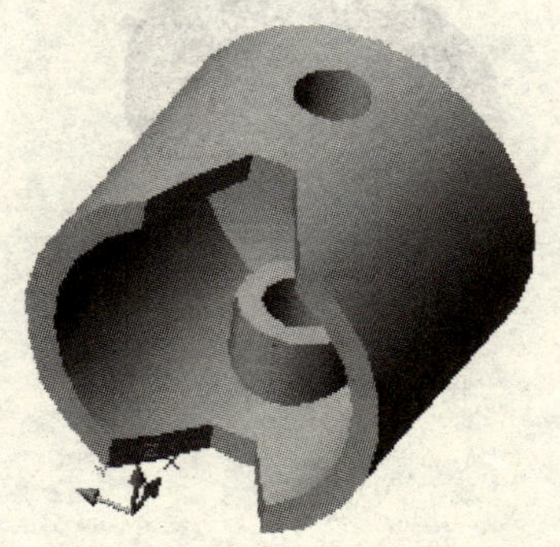

图 13-74　活塞体实体

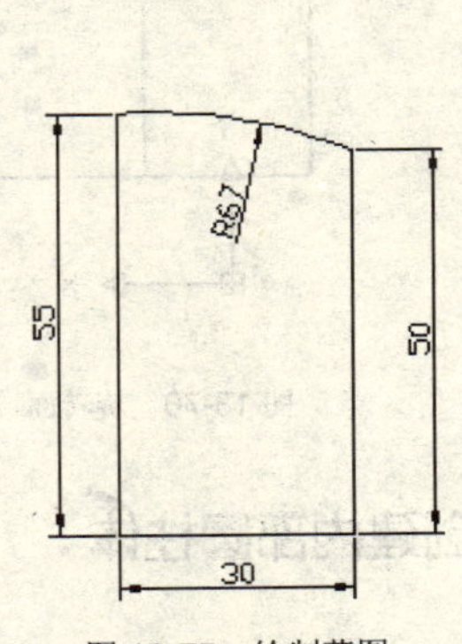

图 13-75　绘制草图

13.5.2　创建主体

（1）旋转面域。选择常用选项卡中的“建模”面板→（旋转）按钮，命令行提示：

命令: _revolve

当前线框密度:　ISOLINES=4

选择对象: 选择多段线（按<Enter>键）

指定旋转轴的起点或根据以下选项之一定义轴[对象(O)/X 轴(X)/Y 轴(Y)]:选择左侧直线的上端点

指定轴端点: 选择左侧直线的下端点

指定旋转角度 <360>:（按<Enter>键）

结果如图 13-76 所示。

（2）实体抽壳。单击常用选项卡中的“实体编辑”面板→（抽壳）按钮，命令行提示：

命令: _solidedit

实体编辑自动检查:　SOLIDCHECK=1

输入实体编辑选项 [面(F)/边(E)/体(B)/放弃(U)/退出(X)] <退出>: _body

输入体编辑选项[压印(I)/分割实体(P)/抽壳(S)/清除(L)/检查(C)/放弃(U)/退出(X)] <退出>: _shell

选择三维实体: 选择主体

删除面或 [放弃(U)/添加(A)/全部(ALL)]: 选择主体底面

找到一个面，已删除 1 个。

删除面或 [放弃(U)/添加(A)/全部(ALL)]: （按<Enter>键）

输入抽壳偏移距离: 5（按<Enter>键）

已开始实体校验。

已完成实体校验。

输入体编辑选项[压印(I)/分割实体(P)/抽壳(S)/清除(L)/检查(C)/放弃(U)/退出(X)] <退出>: （按<Enter>键）

结果如图 13-77 所示。

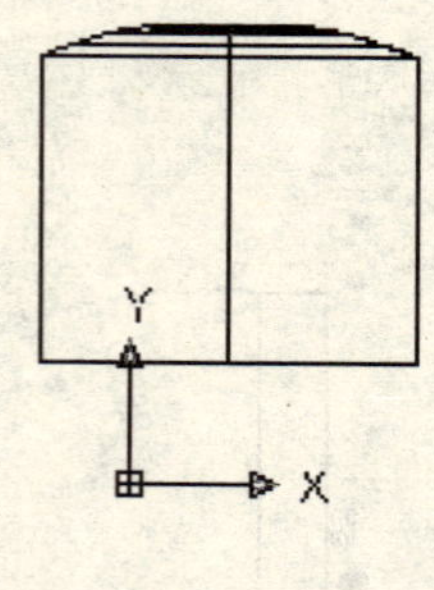

图 13-76　旋转面域

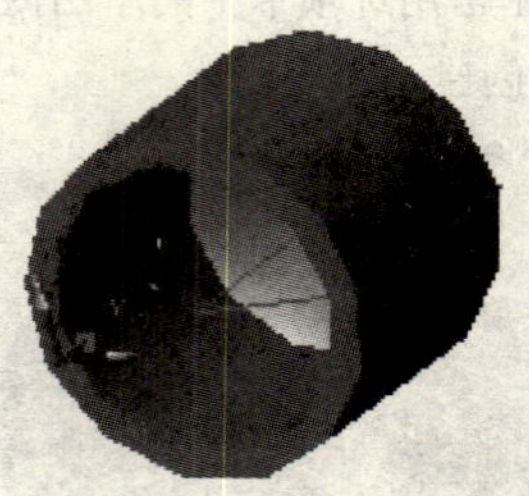

图 13-77　抽壳模型

13.5.3　创建内部圆柱体

（1）单击常用选项卡中的“修改”面板→（偏移）按钮，命令行提示:

命令: _offset

指定偏移距离或 [通过(T)/删除(E)/图层(L)]: 12.5（按<Enter>键）

选择要偏移的对象或 <退出>: 选择主体中心线

指定要偏移的那一侧上的点，或 [退出(E)/多个(M)/放弃(U)] <退出>: 单击常用选项卡中的中心线右侧

选择要偏移的对象或 <退出>:（按<Enter>键）

命令: _offset

指定偏移距离或 [通过(T)/删除(E)/图层(L)]:　35（按<Enter>键）

选择要偏移的对象或 <退出>: 选择草图中长度为 30 的直线

指定要偏移的那一侧上的点，或 [退出(E)/多个(M)/放弃(U)] <退出>: 单击常用选项卡中的直线上方

选择要偏移的对象或 <退出>:（按<Enter>键）

（2）绘制圆。单击视图选项卡中的“坐标”面板中的 UCS→（Y）按钮，命令行提示:

命令: _ucs

当前 UCS 名称: *俯视*

输入选项 [新建(N)/移动(M)/正交(G)/上一个(P)/恢复(R)/保存(S)/删除(D)/应用(A)/?/世界(W)] <世界>: _y

指定绕 Y 轴的旋转角度 <90>:（按<Enter>键）

（3）单击常用选项卡中的“绘图”面板→（圆）按钮，根据命令行的提示绘制以上一步骤中偏移的两条直线的交点为圆心，半径分别为 10 和 6 的两个圆，结果如图 13-78 所示。

（4）单击常用选项卡中的“建模”面板→（拉伸）按钮，根据命令行的提示将大圆和小圆分别拉伸，设定拉伸距离为 17.5，结果如图 13-79 所示。

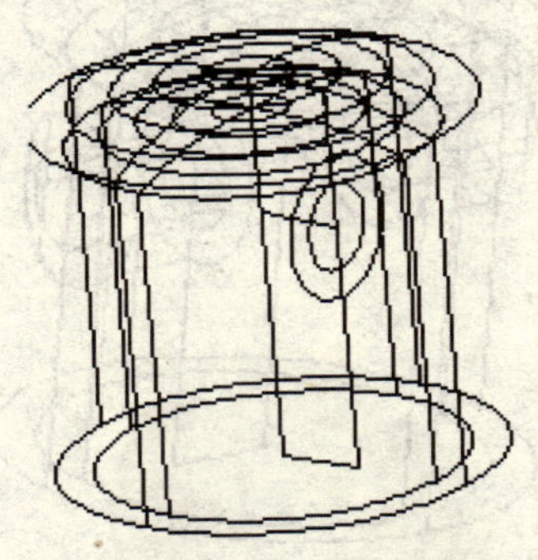

图 13-78 绘制圆

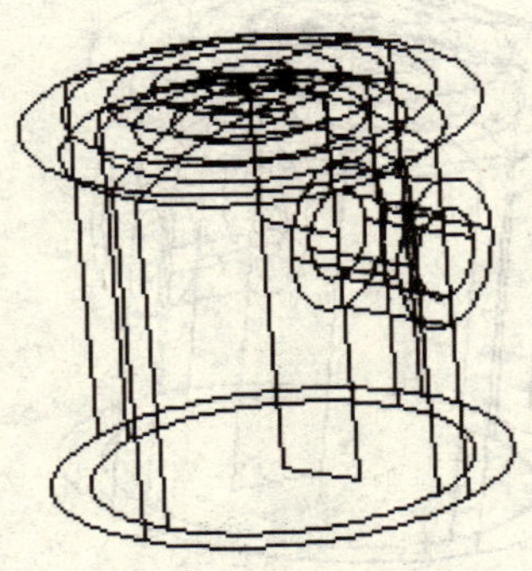

图 13-79 拉伸操作

（5）创建辅助圆柱体。单击视图选项卡中的“坐标”面板→UCS→（X）按钮，命令行提示：

命令: _ucs

当前 UCS 名称: *没有名称*

输入选项[新建(N)/移动(M)/正交(G)/上一个(P)/恢复(R)/保存(S)/删除(D)/应用(A)/?/世界(W)]
<世界>: _x

指定绕 X 轴的旋转角度 <90>: -90（按<Enter>键）

（6）单击常用选项卡中的“建模”面板→（圆柱体）按钮，命令行提示：

命令: _cylinder

当前线框密度: ISOLINES=4

指定底面的中心点或 [三点(3P)/两点(2P)/相切、相切、半径(T)/椭圆(E)]: 0，0，0（按<Enter>键）

指定圆柱体底面的半径或 [直径(D)]: 30（按<Enter>键）

指定高度或 [两点(2P)/轴端点(A)]: 55（按<Enter>键）

（7）单击常用选项卡中的“实体编辑”面板→（交集）按钮，命令行提示：

命令: _intersect

选择对象: 选择半径为 10 的圆柱体和辅助圆柱体（按<Enter>键）

结果如图 13-80 所示。

（8）单击视图选项卡中的“坐标”面板→UCS→（Y）按钮，命令行提示：

命令: _ucs

当前 UCS 名称: *没有名称*

输入选项 [新建(N)/移动(M)/正交(G)/上一个(P)/恢复(R)/保存(S)/删除(D)/应用(A)/?/世界(W)] <世

界>: _y

指定绕 Y 轴的旋转角度 <90>:（按<Enter>键）

（9）单击常用选项卡中的“修改”面板→（镜像）按钮，命令行提示：

命令: _mirror

选择对象: 选择半径为 10 和半径为 6 的圆柱体（按<Enter>键）

指定镜像线的第一点: 指定镜像线的第二点: 选择主体中心线上的两点（按<Enter>键）

是否删除源对象？[是(Y)/否(N)] <N>:（按<Enter>键）

镜像结果如图 13-81 所示。

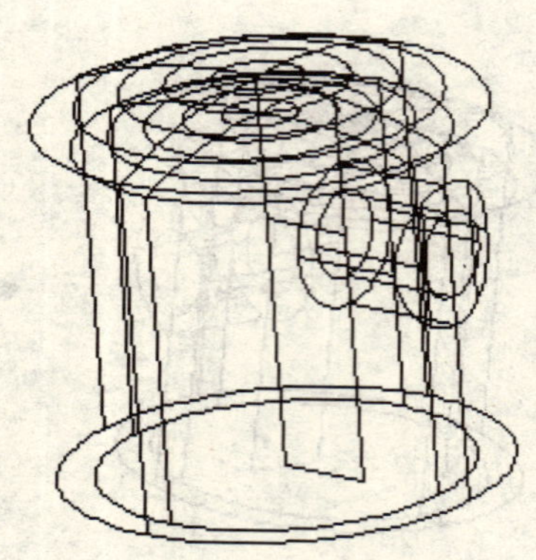

图 13-80 交集操作

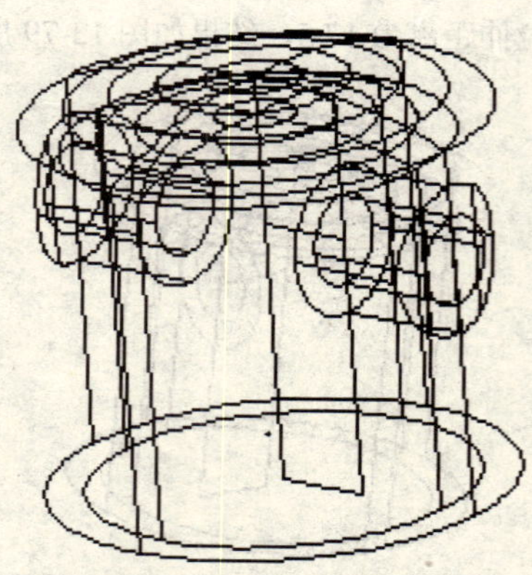

图 13-81 镜像圆柱体

（10）单击常用选项卡中的“实体编辑”面板→（并集）按钮，命令行提示：

命令: _union

选择对象: 选择主体和两个半径为 10 的圆柱体（按<Enter>键）

（11）单击常用选项卡中的“实体编辑”面板→（差集）按钮，命令行提示：

命令: _subtract

选择要从中减去的实体或面域...

选择对象: 选择主体（按<Enter>键）

选择要减去的实体或面域...

选择对象: 选择两个半径为 6 的圆柱体（按<Enter>键）

结果如图 13-82 所示。

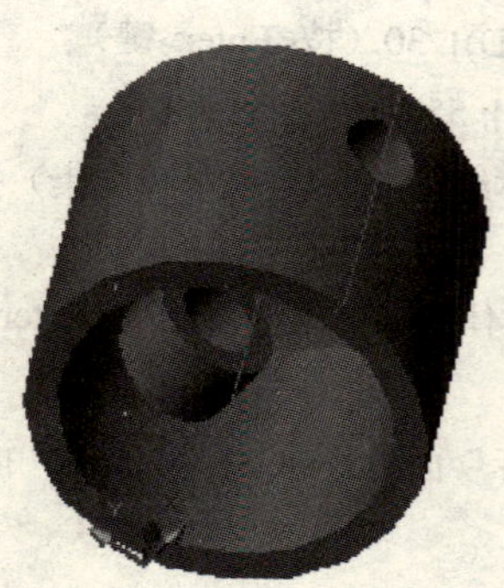

图 13-82 布尔运算结果

13.5.4　绘制空槽

（1）绘制草图。切换到右视图，单击视图选项卡中的“坐标”面板→UCS→（原点）按钮，将坐标系原点移动到主体模型中心线左端。绘制二维图形，尺寸如图 13-83 所示。

（2）创建空槽实体。单击常用选项卡中的“绘图”面板→（面域）按钮，命令行提示：

命令: _region

选择对象: 选择二维图形（按<Enter>键）

已提取 1 个环

已创建 1 个面域

（3）单击常用选项卡中的“建模”面板→（拉伸）按钮，命令行提示：

命令: _extrude

当前线框密度:　ISOLINES=4

选择对象: 选择面域（按<Enter>键）

指定拉伸高度或 [路径(P)]: 30（按<Enter>键）

指定拉伸的倾斜角度 <0>:（按<Enter>键）

（4）单击常用选项卡中的“修改”面板→（镜像）按钮，命令行提示：

命令: _mirror

选择对象: 选择拉伸实体（按<Enter>键）

指定镜像线的第一点: 指定镜像线的第二点: 以中心线为镜像线

是否删除源对象？[是(Y)/否(N)] <N>:（按<Enter>键）

（5）单击常用选项卡中的“实体编辑”面板→（差集）按钮，命令行提示：

命令: _subtract

选择要从中减去的实体或面域...

选择对象: 选择主体（按<Enter>键）

选择要减去的实体或面域...

选择对象: 选择两个对称实体（按<Enter>键）

13.5.5　整理图形

删除多余线条，渲染实体，完成如图 13-84 所示的活塞体的三维建模。

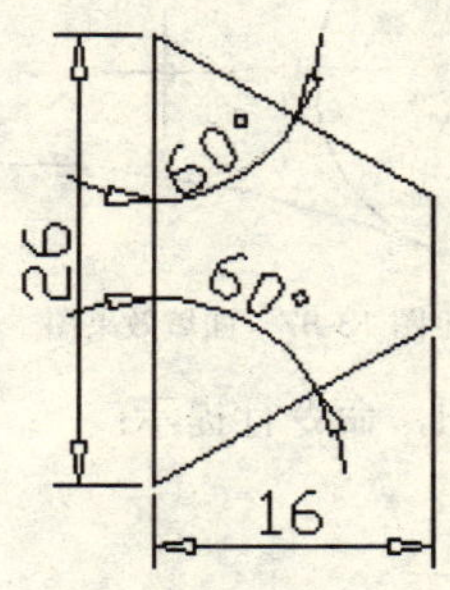

图 13-83　绘制草图

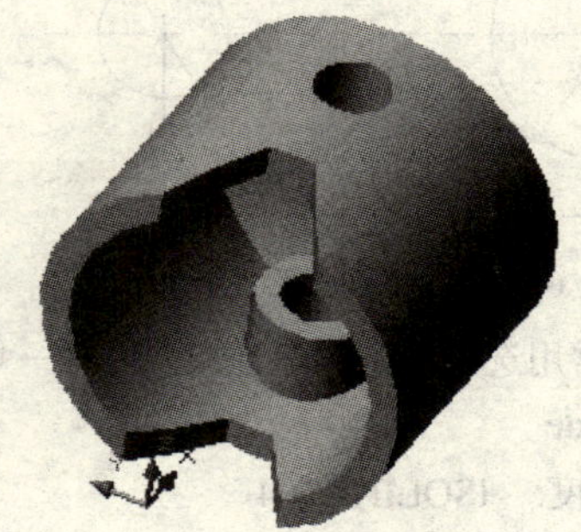

图 13-84　渲染效果图

注意：当在三维空间绘制二维图形以及进行镜像等操作时，要注意坐标系的位置，只能在XY 平面内操作。

13.6 连杆建模

如图 13-85 所示为连杆实体。

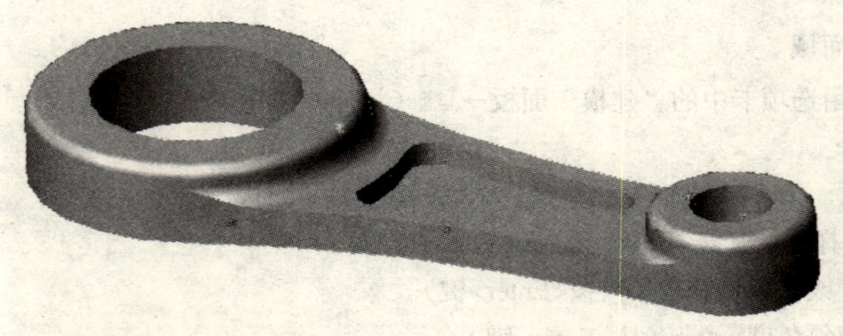

图 13-85 连杆实体

13.6.1 绘制连杆主体

（1）绘制草图。绘制二维图形，尺寸如图 13-86 所示。

（2）生成面域。单击常用选项卡中的“绘图”→“边界”按钮，命令行提示：

命令: _boundary

选择内部点: 正在选择所有对象...

正在选择所有可见对象...

正在分析所选数据...

正在分析内部孤岛...

选择内部点: 单击常用选项卡中的如图 13-87 所示的位置

BOUNDARY 已创建 1 个多段线

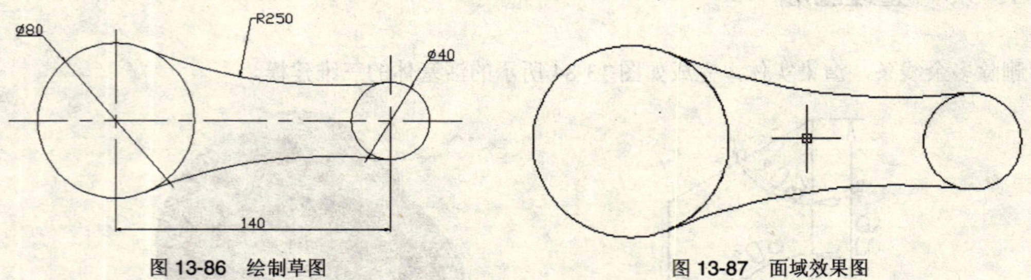

图 13-86 绘制草图　　图 13-87 面域效果图

（3）单击常用选项卡中的“建模”面板→（拉伸）按钮，命令行提示：

命令: _extrude

当前线框密度: ISOLINES=4

选择对象: 选择多段线（按<Enter>键）

指定拉伸高度或 [路径(P)]: 10（按<Enter>键）

拉伸结果如图 13-88 所示。

（4）单击常用选项卡中的“建模”面板→（拉伸）按钮，命令行提示：

命令: _extrude

当前线框密度:　ISOLINES=4

选择对象: 选择两个圆（按<Enter>键）

指定拉伸高度或 [路径(P)]: 20（按<Enter>键）

拉伸结果如图 13-89 所示。

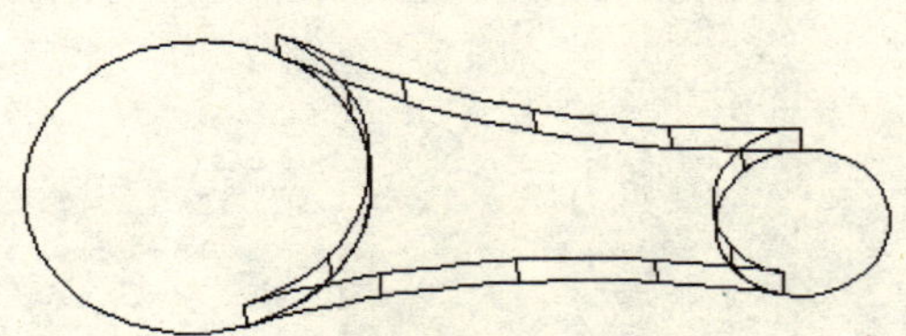

图 13-88　拉伸操作

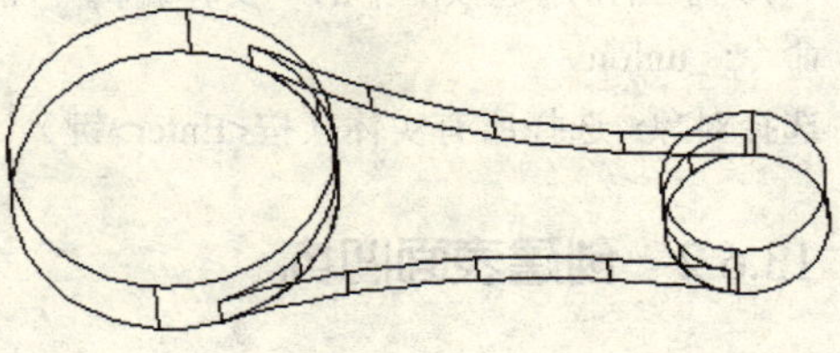

图 13-89　拉伸圆

（5）凸台打孔。单击常用选项卡中的“建模”面板→（圆柱体）按钮，命令行提示：

命令: _cylinder

当前线框密度:　ISOLINES=4

指定底面的中心点或 [三点(3P)/两点(2P)/相切、相切、半径(T)/椭圆(E)]: 选择步骤（1）中绘制的大圆的圆心

指定底面半径或 [直径(D)]: 25（按<Enter>键）

指定高度或 [两点(2P)/轴端点(A)]: 20（按<Enter>键）

命令: _cylinder

当前线框密度:　ISOLINES=4

指定底面的中心点或 [三点(3P)/两点(2P)/相切、相切、半径(T)/椭圆(E)]: 选择步骤（1）中绘制的小圆的圆心

指定底面半径或 [直径(D)]: 10.（按<Enter>键）

指定高度或 [两点(2P)/轴端点(A)]: 20（按<Enter>键）

结果如图 13-90 所示。

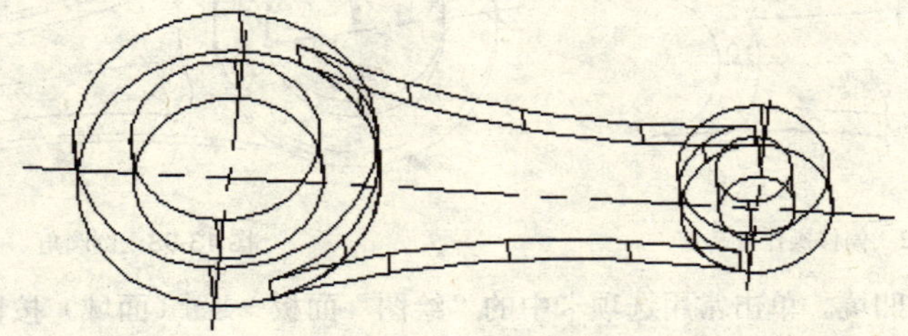

图 13-90　创建圆柱体

（6）单击常用选项卡中的“实体编辑”面板→（差集）按钮，命令行提示：

命令: _subtract

选择要从中减去的实体或面域...

选择对象：选择步骤（4）中创建的大圆柱体（按<Enter>键）
选择要减去的实体或面域...
选择对象：选择上一步骤中创建的大圆柱体（按<Enter>键）
命令：_subtract
选择要从中减去的实体或面域...
选择对象：选择步骤（4）中创建的小圆柱体（按<Enter>键）
选择要减去的实体或面域...
选择对象：选择上一步骤中创建的小圆柱体（按<Enter>键）

（7）单击常用选项卡中的“实体编辑”面板→（并集）按钮，命令行提示：

命令：_union
选择对象：选择所有实体（按<Enter>键）

13.6.2　创建表面凹坑

（1）绘制二维草图。单击常用选项卡中的“实体编辑”面板→（复制边）按钮，选择如图 13-91 所示的虚线，指定任意一点作为基点，指定同一点作为第二点，按<Enter>键完成复制边操作。

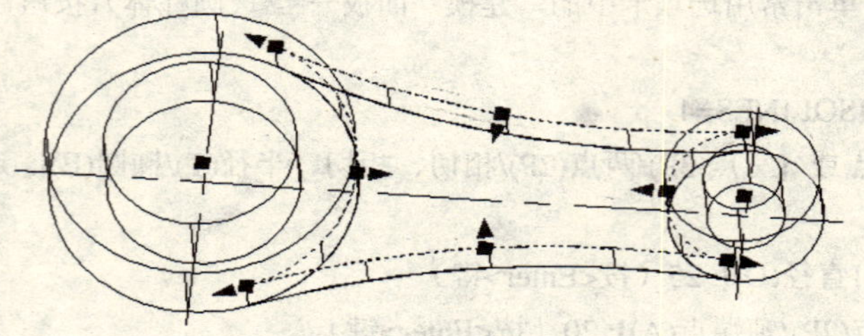

图 13-91　复制边

（2）单击常用选项卡中的“修改”面板→（偏移）按钮，分别偏移 4 条复制的边，结果如图 13-92 所示。

（3）倒圆角。单击常用选项卡中的“修改”面板→（圆角）按钮，根据命令行的提示将偏移后的图形倒圆角，设定圆角半径为 6，结果如图 13-93 所示。

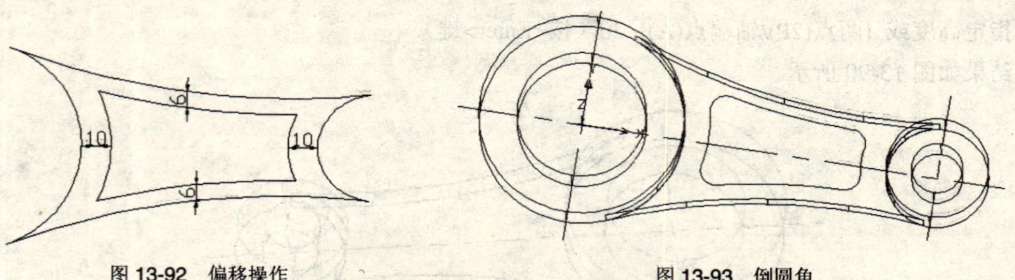

图 13-92　偏移操作　　图 13-93　倒圆角

（4）生成面域及凹坑。单击常用选项卡中的“绘图”面板→（面域）按钮，命令行提示：

命令：_region
选择对象：选择偏移的 4 条边线（按<Enter>键）
已提取 1 个环
已创建 1 个面域

（5）单击常用选项卡中的“建模”面板→ （拉伸）按钮，根据命令行的提示将生成的面域向下拉伸，设定拉伸距离为 6。

（6）单击常用选项卡中的“实体编辑”面板→ （差集）按钮，命令行提示：

命令: _subtract

选择要从中减去的实体或面域...

选择对象: 选择实体（按<Enter>键）

选择要减去的实体或面域...

选择对象: 选择凹坑（按<Enter>键）

结果如图 13-94 所示。

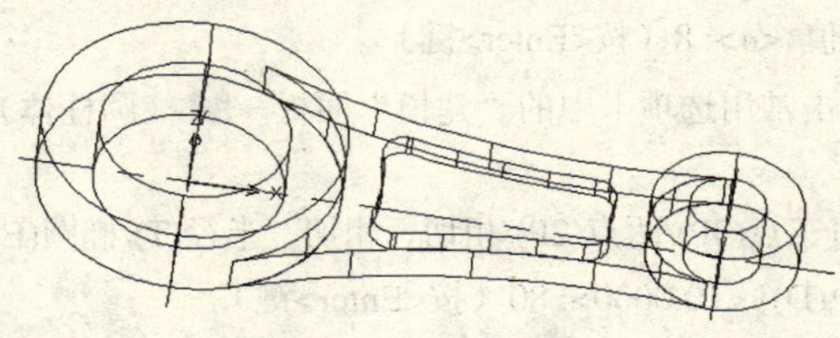

图 13-94 凹坑模型

13.6.3 倒圆角

单击常用选项卡中的“修改”面板→ （圆角）按钮，根据命令行的提示将如图 13-95 所示的部位倒圆角，设定圆角半径为 3。删除所有的辅助线，完成连杆实体的创建，结果如图 13-85 所示。

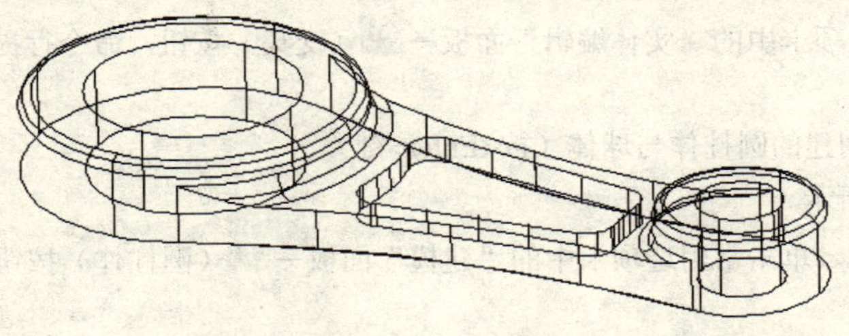

图 13-95 圆角效果图

13.7 风扇叶片建模

如图 13-96 所示为风扇叶片效果图。

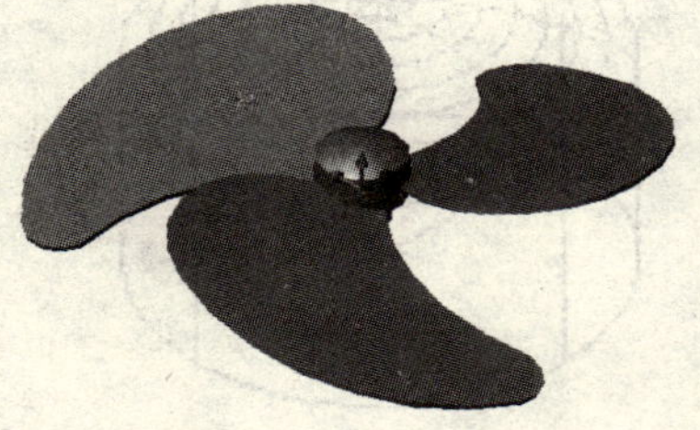

图 13-96 风扇叶片效果图

13.7.1 设置图层

依次单击常用选项卡中的“格式”→“图层”命令，弹出“图层特性管理器”对话框，新建两个图层，分别是“转轴”和“叶片”。

13.7.2 创建转轴

切换到“转轴”图层。单击常用选项卡中的“视图”→“西南等轴测”命令，将视图模式设置为西南等轴测。使用“isolines”命令设置线框密度，执行该命令后，命令行提示：

输入 ISOLINES 的新值 <4>: 8（按<Enter>键）

（1）创建圆柱体。单击常用选项卡中的“建模”面板→（圆柱体）按钮。命令行提示：

命令: _cylinder

指定底面的中心点或 [三点(3P)/两点(2P)/相切、相切、半径(T)/椭圆(E)]: 0，0，0（按<Enter>键）

指定底面半径或 [直径(D)] <10.0000>: 80（按<Enter>键）

指定高度或 [两点(2P)/轴端点(A)]:　200（按<Enter>键）

（2）创建球体。单击常用选项卡中的“建模”面板→（球体）按钮。命令行提示：

命令: _sphere

指定中心点或 [三点(3P)/两点(2P)/相切、相切、半径(T)]: 0，0，−50（按<Enter>键）

指定球体半径或 [直径(D)]: 150（按<Enter>键）

结果如图 13-97 所示。

（3）单击常用选项卡中的“实体编辑”面板→（交集）按钮，命令行提示：

命令: _intersect

选择对象: 选择创建的圆柱体与球体（按<Enter>键）

结果如图 13-98 所示。

（4）创建小圆柱。单击常用选项卡中的“建模”面板→（圆柱体）按钮。命令行提示：

命令: _cylinder

指定底面的中心点或 [三点(3P)/两点(2P)/相切、相切、半径(T)/椭圆(E)]: 0，0，0（按<Enter>键）

指定底面半径或 [直径(D)] <10.0000>: 50（按<Enter>键）

指定高度或 [两点(2P)/轴端点(A)]: 50（按<Enter>键）

结果如图 13-99 所示。

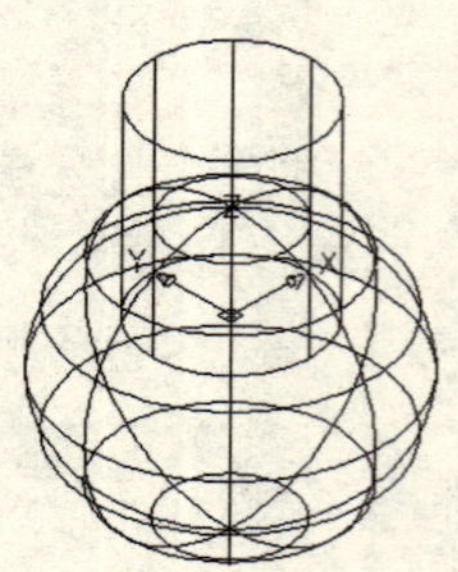

图 13-97　创建圆柱体与球体

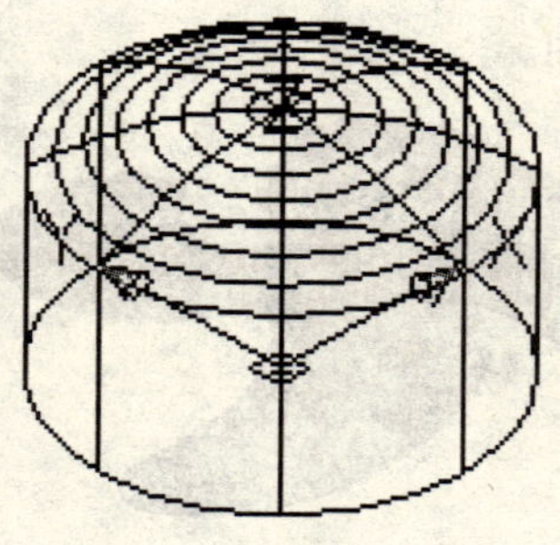

图 13-98　交集操作

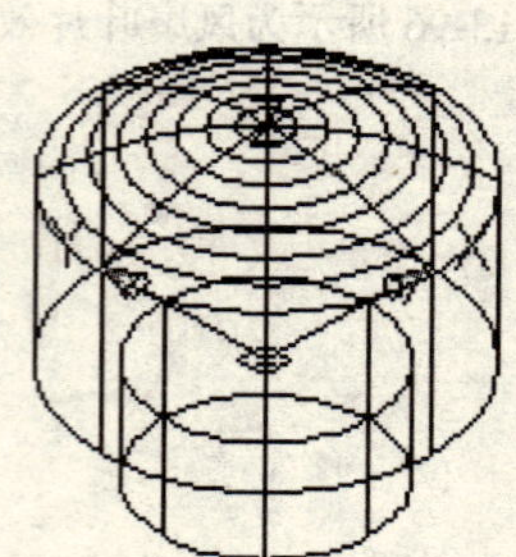

图 13-99　创建小圆柱

13.7.3　创建叶片

（1）绘制叶片外轮廓草图。切换到“叶片”图层，依次单击常用选项卡中的“绘图”面板→（多段线）按钮，命令行提示：

命令: _pline

指定起点: －50，50（按<Enter>键）

当前线宽为 0.0000

指定下一个点或 [圆弧(A)/半宽(H)/长度(L)/放弃(U)/宽度(W)]: @100，0（按<Enter>键）

指定下一点或 [圆弧(A)/闭合(C)/半宽(H)/长度(L)/放弃(U)/宽度(W)]: a（按<Enter>键）

指定圆弧的端点或[角度(A)/圆心(CE)/闭合(CL)/方向(D)/半宽(H)/直线(L)/半径(R)/第二个点(S)/放弃(U)/宽度(W)]: @160，360（按<Enter>键）

指定圆弧的端点或[角度(A)/圆心(CE)/闭合(CL)/方向(D)/半宽(H)/直线(L)/半径(R)/第二个点(S)/放弃(U)/宽度(W)]: @－600，0（按<Enter>键）

指定圆弧的端点或[角度(A)/圆心(CE)/闭合(CL)/方向(D)/半宽(H)/直线(L)/半径(R)/第二个点(S)/放弃(U)/宽度(W)]: @20，－120（按<Enter>键）

指定圆弧的端点或[角度(A)/圆心(CE)/闭合(CL)/方向(D)/半宽(H)/直线(L)/半径(R)/第二个点(S)/放弃(U)/宽度(W)]: d（按<Enter>键）

指定圆弧的起点切向: @1，0（按<Enter>键）

指定圆弧的端点: －50，50（按<Enter>键）

指定圆弧的端点或[角度(A)/圆心(CE)/闭合(CL)/方向(D)/半宽(H)/直线(L)/半径(R)/第二个点(S)/放弃(U)/宽度(W)]: （按<Enter>键）

绘制结果如图 13-100 所示。

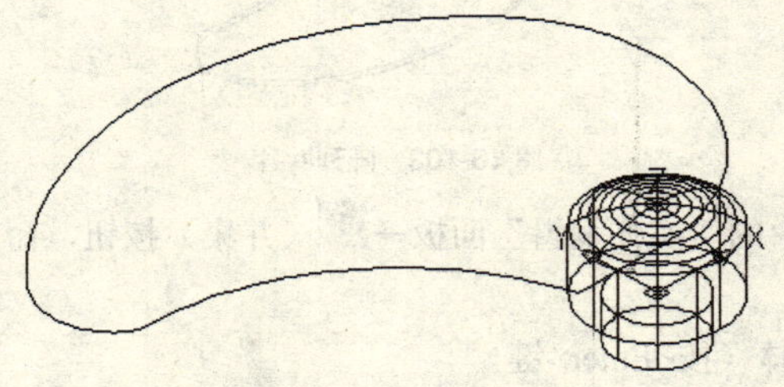

图 13-100　叶片外轮廓草图

（2）单击常用选项卡中的“建模”面板→（拉伸）按钮，命令行提示：

命令: _extrude

当前线框密度: ISOLINES=8

选择要拉伸的对象: 选择叶片外轮廓草图（按<Enter>键）

指定拉伸的高度或 [方向(D)/路径(P)/倾斜角(T)]: 10（按<Enter>键）

拉伸结果如图 13-101 所示。

（3）安装风扇叶片。单击常用选项卡中的“修改”→“三维操作”→“三维旋转”命令，命令行提示：

命令: _rotate3d

当前正向角度: ANGDIR=逆时针 ANGBASE=0

选择对象: 选择叶片（按<Enter>键）

指定轴上的第一个点或定义轴依据 [对象(O)/最近的(L)/视图(V)/X 轴(X)/Y 轴(Y)/Z 轴(Z)/两点(2)]: y

指定 Y 轴上的点 <0,0,0>: －50，50，0

指定旋转角度或 [参照(R)]: －15

安装结果如图 13-102 所示。

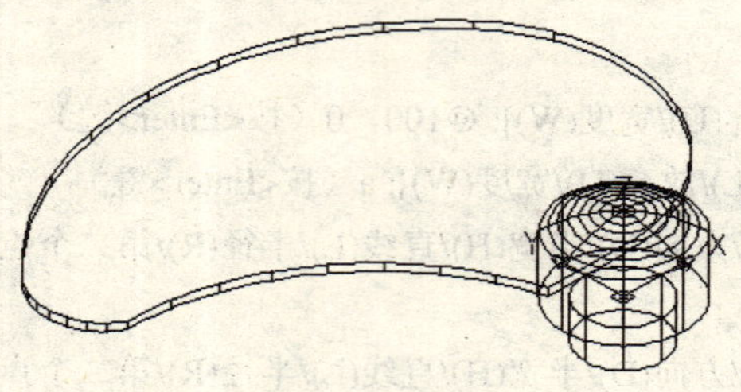

图 13-101 拉伸操作

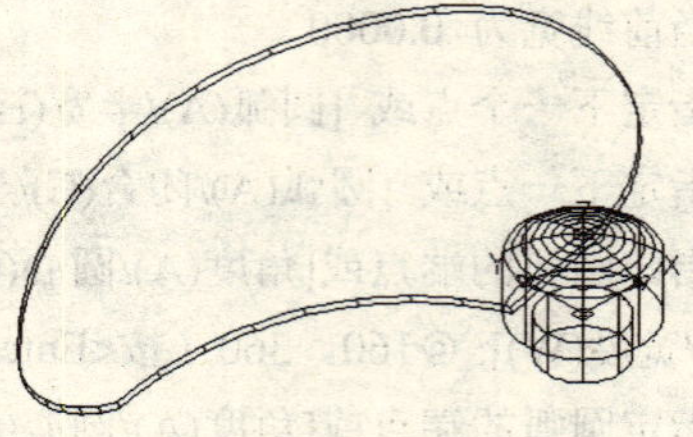

图 13-102 安装风扇叶片

（4）创建另外的两个叶片。单击常用选项卡中的“修改”面板→（阵列）按钮，弹出“阵列”对话框，选择环形阵列，选择叶片作为阵列对象，设定中心点为“0，0”，项目总数为 3。阵列操作结果如图 13-103 所示。

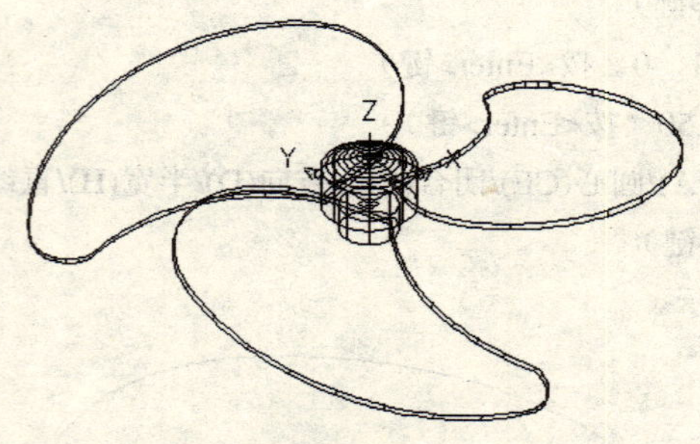

图 13-103 阵列叶片

（5）单击常用选项卡中的“实体编辑”面板→（并集）按钮，命令行提示:

命令: _union

选择对象: 选择所有实体（按<Enter>键）

13.7.4 整理图形

选取适当材质渲染实体，完成如图 13-96 所示的风扇叶片实体的创建。

思 考 题

1. AutoCAD 中支架、杆、轮、叶片类零件建模的基本过程是什么？
2. 按照书中的讲述，动手完成各个零件的建模。
3. 支架、杆、轮、叶片类零件建模常用的特征有哪些？

第 14 章　模具型腔类零件建模

【内容】

本章将介绍模具型腔类实体建模的相关知识，这类实体的建模可以通过拉伸二维曲线的方法获得（例如手机机身），也可以通过辅助曲面立体进行实体编辑获得（例如赛车车身）。通过实例介绍建模方法及技巧。

【实例】

实例 1：手机建模。

实例 2：玩具赛车建模。

实例 3：电视机壳体建模。

【目的】

进一步掌握在 AutoCAD 2010 中建模的方法，熟悉命令的使用和坐标系的空间变换。

14.1　手 机 建 模

手机由按键、机身、显示屏和天线 4 部分构成，如图 14-1 所示。

图 14-1　手机模型

14.1.1　创建机身

（1）绘制机身二维草图。使用“直线”“圆”“修剪”和“圆角”命令，绘制手机二维草图，如图 14-2 所示。

（2）绘制多段线。单击常用选项卡中的“绘图”面板→“边界”命令，选择草图内部一点，绘制一条多段线。

（3）创建面域。单击常用选项卡中的“绘图”面板→（面域）按钮，根据命令行的提示将机身草图创建面域。

（4）实体拉伸。单击常用选项卡中的“建模”面板→（拉伸）按钮，命令行提示：

命令: _extrude

当前线框密度: ISOLINES=4

选择拉伸对象: 选择面域（按<Enter>键）

指定拉伸的高度或 [方向(D)/路径(P)/倾斜角(T)]: －43.18（按<Enter>键）

拉伸结果如图 14-3 所示。

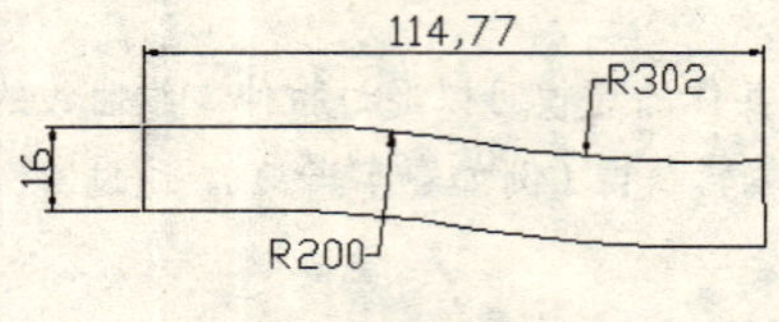

图 14-2 机身草图

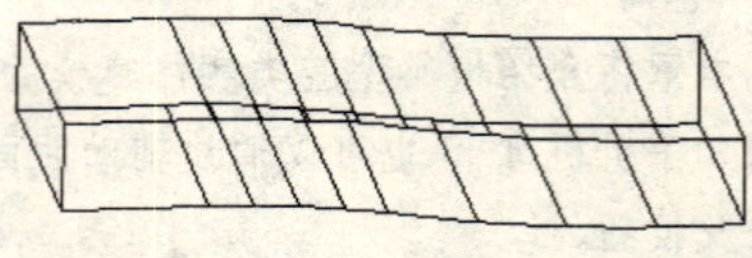

图 14-3 机身实体

14.1.2 创建天线

（1）复制边。单击常用选项卡中的“实体编辑”面板→（复制边）按钮，命令行提示：

命令: _solidedit

实体编辑自动检查: SOLIDCHECK=1

输入实体编辑选项 [面(F)/边(E)/体(B)/放弃(U)/退出(X)] <退出>: _edge

输入边编辑选项 [复制(C)/着色(L)/放弃(U)/退出(X)] <退出>: _copy

选择边或 [放弃(U)/删除(R)]: 选择如图 14-4 所示的虚线边（按<Enter>键）

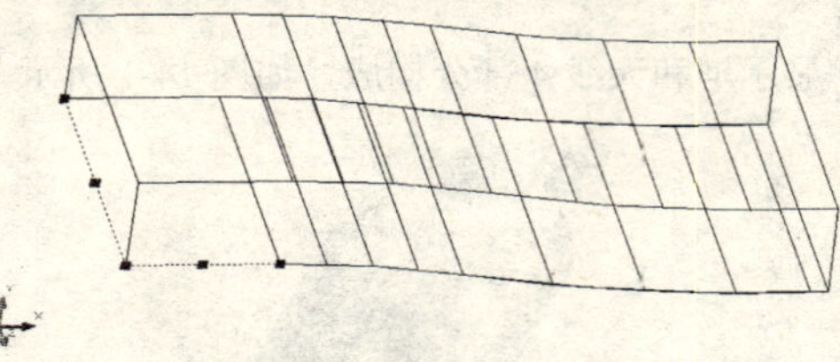

图 14-4 复制的虚线边

指定基点或位移: 指定任意一点

指定位移的第二点: 指定同一点

输入边编辑选项 [复制(C)/着色(L)/放弃(U)/退出(X)] <退出>:（按<Enter>键）

实体编辑自动检查: SOLIDCHECK=1

输入实体编辑选项 [面(F)/边(E)/体(B)/放弃(U)/退出(X)] <退出>:（按<Enter>键）

（2）确定天线位置。单击常用选项卡中的“修改”面板→（偏移）按钮，根据命令行的提示将复制的两条边向实体内侧偏移，设定偏移距离为 12.75，结果如图 14-5 所示。

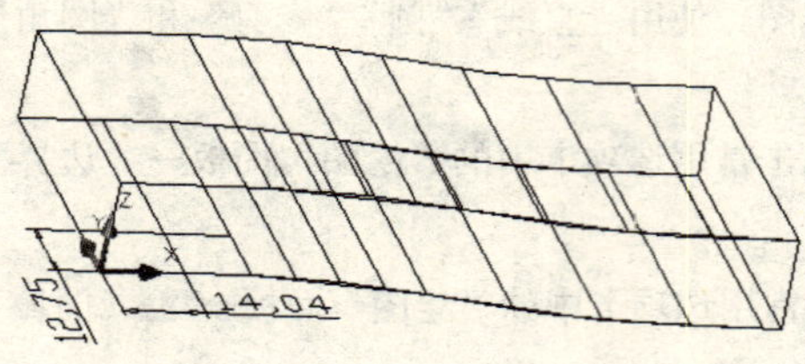

图 14-5 天线位置图

（3）创建圆柱体。单击常用选项卡中的“建模”面板→（圆柱体）按钮，命令行提示：

命令: _cylinder

当前线框密度:　ISOLINES=4

指定圆柱体底面的中心点或 [椭圆(E)] <0,0,0>: 圆柱体与机身后表面相切

指定圆柱体底面的半径或 [直径(D)]: 3（按<Enter>键）

指定圆柱体高度或 [另一个圆心(C)]: 30（按<Enter>键）

（4）单击常用选项卡中的“实体编辑”面板→（并集）按钮，命令行提示：

命令: _union

选择对象: 选择天线和机身（按<Enter>键）

完成如图 14-6 所示的天线模型的创建。

（5）圆角处理。单击常用选项卡中的“修改”面板→（圆角）按钮，根据命令行的提示将天线进行圆角处理，设定圆角半径为 2，结果如图 14-7 所示。

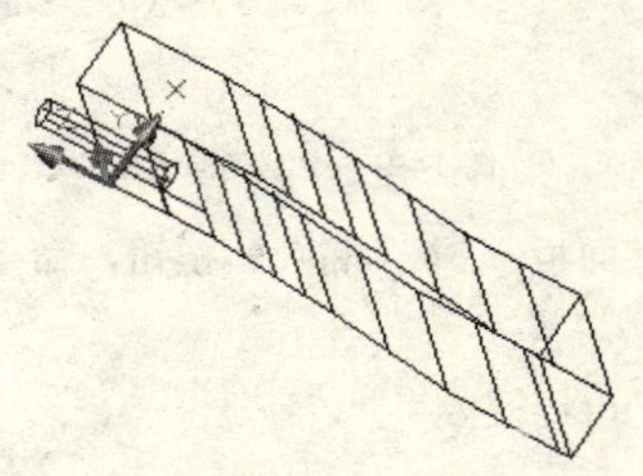

图 14-6　天线模型

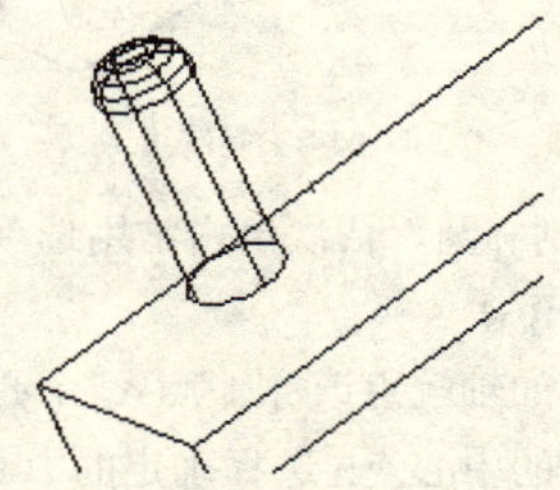

图 14-7　圆角处理

14.1.3　创建机身侧面键

（1）复制边。单击常用选项卡中的“实体编辑”面板→（复制边）命令，命令行提示：

命令: _solidedit

实体编辑自动检查:　SOLIDCHECK=1

输入实体编辑选项 [面(F)/边(E)/体(B)/放弃(U)/退出(X)] <退出>: _edge

输入边编辑选项 [复制(C)/着色(L)/放弃(U)/退出(X)] <退出>: _copy

选择边或 [放弃(U)/删除(R)]: 选择如图 14-8 所示的虚线边（按<Enter>键）

指定基点或位移: 指定任意一点

指定位移的第二点: 指定同一点

输入边编辑选项 [复制(C)/着色(L)/放弃(U)/退出(X)] <退出>:（按<Enter>键）

实体编辑自动检查:　SOLIDCHECK=1

输入实体编辑选项 [面(F)/边(E)/体(B)/放弃(U)/退出(X)] <退出>:（按<Enter>键）

（2）绘制侧面键中心线。单击常用选项卡中的“修改”面板→（偏移）按钮，命令行提示：

命令: _offset

指定偏移距离或 [通过(T)] <通过>: 16.38（按<Enter>键）

选择要偏移的对象或 <退出>: 选择复制的左边线

指定点以确定偏移所在一侧: 单击实体内侧

选择要偏移的对象或 <退出>:（按<Enter>键）

命令: _offset

指定偏移距离或 [通过(T)] <通过>: 13.05（按<Enter>键）

选择要偏移的对象或 <退出>: 选择偏移的一条边

指定点以确定偏移所在一侧: 点击实体内侧

选择要偏移的对象或 <退出>:（按<Enter>键）

完成如图 14-9 所示的侧面键中心线的绘制。

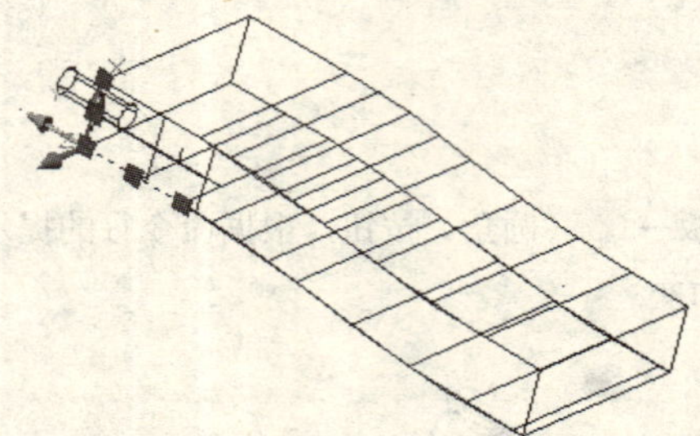

图 14-8　复制边

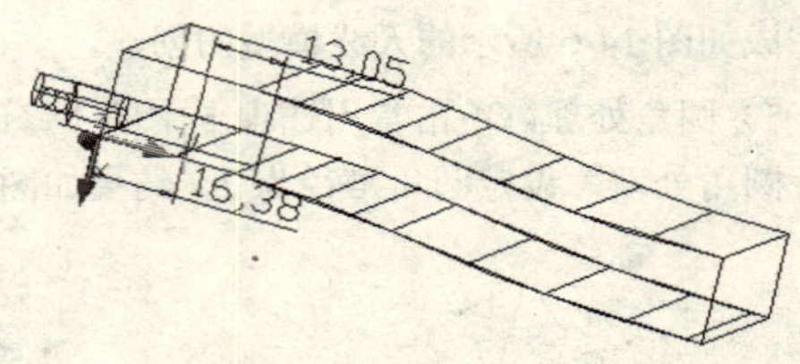

图 14-9　绘制侧面键中心线

（3）绘制椭圆。依次单击常用选项卡中的“绘图”面板→（椭圆）按钮，命令行提示:

命令: _ellipse

指定椭圆的轴端点或 [圆弧(A)/中心点(C)]: c（按<Enter>键）

指定椭圆的中心点: 选择确定的中心点

指定轴的端点: @5.9，0（按<Enter>键）

指定另一条半轴长度或 [旋转(R)]: 3.375（按<Enter>键）

完成如图 14-10 所示的椭圆的绘制。

（4）依次单击常用选项卡中的“建模”面板→（拉伸）按钮，命令行提示:

命令: _extrude

当前线框密度:　ISOLINES=4

选择拉伸对象: 选择两个椭圆（按<Enter>键）

指定拉伸的高度或 [方向(D)/路径(P)/倾斜角(T)]: 1（按<Enter>键）

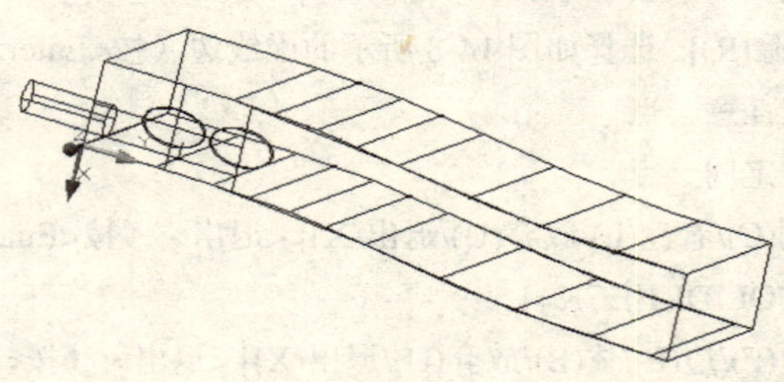

图 14-10　绘制椭圆

14.1.4　创建显示屏

（1）复制边。依次单击常用选项卡中的“实体编辑”面板→（复制边）按钮，命令行提示:

命令: _solidedit

实体编辑自动检查:　SOLIDCHECK=1

输入实体编辑选项 [面(F)/边(E)/体(B)/放弃(U)/退出(X)] <退出>: _edge

输入边编辑选项 [复制(C)/着色(L)/放弃(U)/退出(X)] <退出>: _copy

选择边或 [放弃(U)/删除(R)]: 选择如图 14-11 所示的虚线边（按<Enter>键）

指定基点或位移: 指定任意一点）

指定位移的第二点: 指定同一点

输入边编辑选项 [复制(C)/着色(L)/放弃(U)/退出(X)] <退出>:（按<Enter>键）

实体编辑自动检查:　SOLIDCHECK=1

输入实体编辑选项 [面(F)/边(E)/体(B)/放弃(U)/退出(X)] <退出>:（按<Enter>键）

（2）绘制显示屏草图。单击常用选项卡中的“修改”面板→（偏移）按钮，命令行提示:

命令: _offset

指定偏移距离或 [通过(T)] <通过>: 17.5（按<Enter>键）

选择要偏移的对象或 <退出>: 选择复制的上边线

指定点以确定偏移所在一侧: 单击实体内侧

选择要偏移的对象或 <退出>:（按<Enter>键）

（3）单击常用选项卡中的“绘图”面板→（直线）按钮，绘制如图 14-12 所示的显示屏草图。

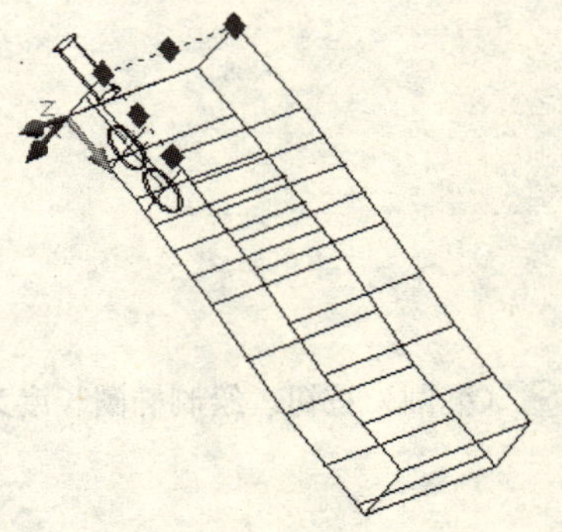

图 14-11　复制边

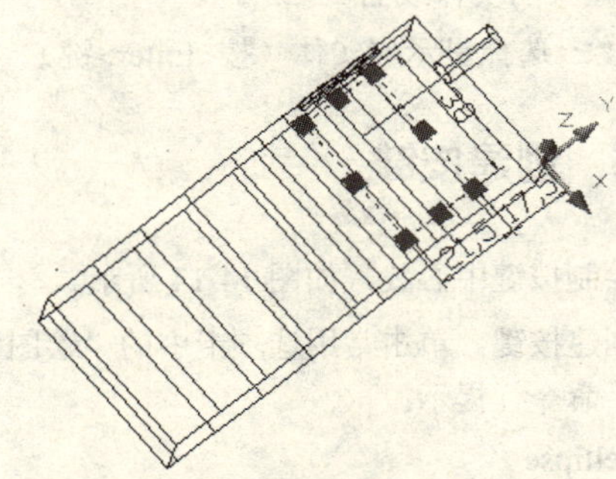

图 14-12　显示屏草图

注意：显示屏草图的矩形中其他 3 条线不完全在机体表面上。

（4）创建面域。单击常用选项卡中的“绘图”面板→（面域）按钮，命令行提示:

命令: _region

选择对象:选择绘制的显示屏草图（按<Enter>键）

已提取 1 个环

已创建 1 个面域

（5）实体拉伸。单击常用选项卡中的“建模”面板→（拉伸）按钮，命令行提示:

命令: _extrude

当前线框密度:　ISOLINES=4

选择对象: 拾取面域（按<Enter>键）

指定拉伸的高度或 [方向(D)/路径(P)/倾斜角(T)]: t（按<Enter>键）

指定拉伸的倾斜角度 <0>: 30（按<Enter>键）

指定拉伸的高度或 [方向(D)/路径(P)/倾斜角(T)]:-2（按<Enter>键）

完成如图 14-13 所示的实体的创建。

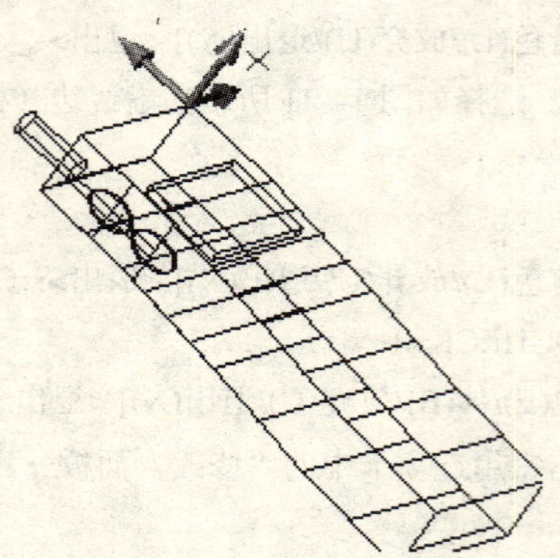

图 14-13　显示屏实体

（6）形成显示屏。单击常用选项卡中的“实体编辑”面板→（差集）按钮，命令行提示:

命令: _subtract

选择要从中减去的实体或面域...

选择对象: 选择机身（按<Enter>键）

选择要减去的实体或面域 ...

选择对象: 选择显示屏实体（按<Enter>键）

14.1.5　创建按键

（1）绘制按键中心线，如图 14-14 所示。

（2）创建按键。单击常用选项卡中的“绘图”面板→（椭圆）按钮，绘制椭圆长度为 9.48，宽度为 5.8。命令行提示:

命令: _ellipse

指定椭圆的轴端点或 [圆弧(A)/中心点(C)]: c（按<Enter>键）

指定椭圆的中心点: 选择中心线位置

指定轴的端点: @9.48，0（按<Enter>键）

指定另一条半轴长度或 [旋转(R)]: 5.8（按<Enter>键）

（3）单击常用选项卡中的“建模”面板→（拉伸）按钮，命令行提示:

命令: _extrude

当前线框密度:　ISOLINES=4

选择拉伸对象: 选择椭圆（按<Enter>键）

指定拉伸的高度或 [方向(D)/路径(P)/倾斜角(T)]: 1（按<Enter>键）

完成如图 14-15 所示的按键的创建。

（4）阵列按键。单击常用选项卡中的“修改”面板→（阵列）按钮，弹出“阵列”对话框，选择按键实体，阵列参数设置如图 14-16 所示。单击“确定”按钮，创建 9 个按键，如图 14-17 所示。

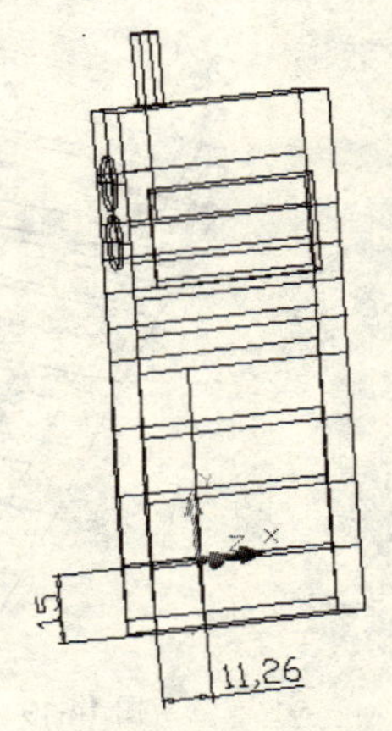
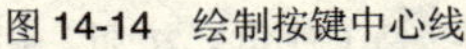

图 14-14　绘制按键中心线

图 14-15　创建按键

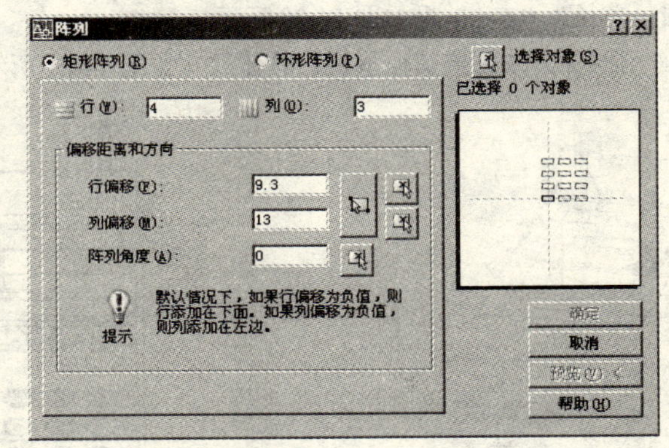

图 14-16　设置阵列参数

（5）调整按键。因为机身表面是曲面，而阵列形成的按键实体在一个平面上，所以需要调整按键位置。

单击常用选项卡中的“修改”面板→（移动）按钮，命令行提示：

命令: _move

选择对象: 选择第一行的 3 个按键（按<Enter>键）

指定基点或位移: 指定位移的第二点或 <用第一点作位移>: @0，0，2.5（按<Enter>键）

命令: _move

选择对象: 选择第二行的 3 个按键（按<Enter>键）

指定基点或位移: 指定位移的第二点或 <用第一点作位移>: @0，0，1.5（按<Enter>键）

命令: _move

选择对象: 选择第三行的 3 个按键（按<Enter>键）

指定基点或位移: 指定位移的第二点或 <用第一点作位移>: @0，0，1（按<Enter>键）

调整后的按键位置如图 14-18 所示。

（6）添加文字。单击视图选项卡中的“坐标”面板→UCS→（原点）按钮，调整坐标系原点到按键上，单击“绘图”面板→（多行文字）按钮，设定文字高度为 3，如图 14-19 所示。

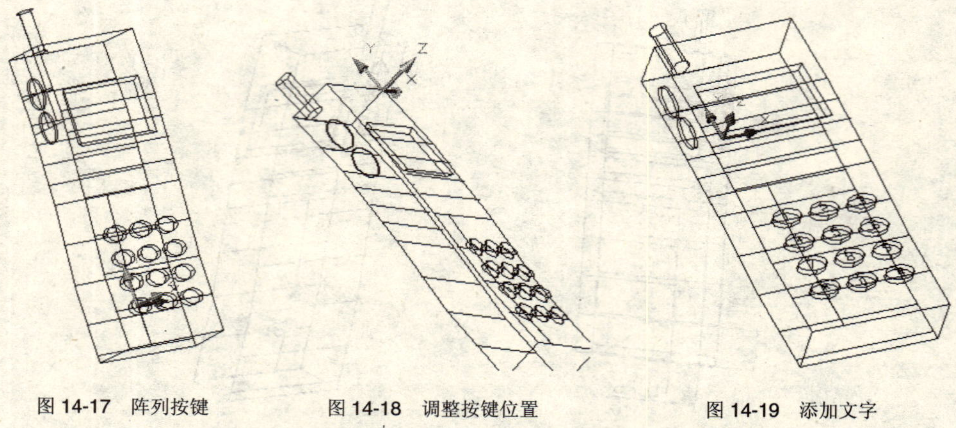

图 14-17　阵列按键　　图 14-18　调整按键位置　　图 14-19　添加文字

（7）圆角处理。单击常用选项卡中的“修改”面板→（圆角）按钮，根据命令行的提示对按键进行圆角处理，设定圆角半径为 0.6，结果如图 14-20 所示。

（8）创建其他按键。用同样方法创建其他按键，具体尺寸如图 14-21 所示。

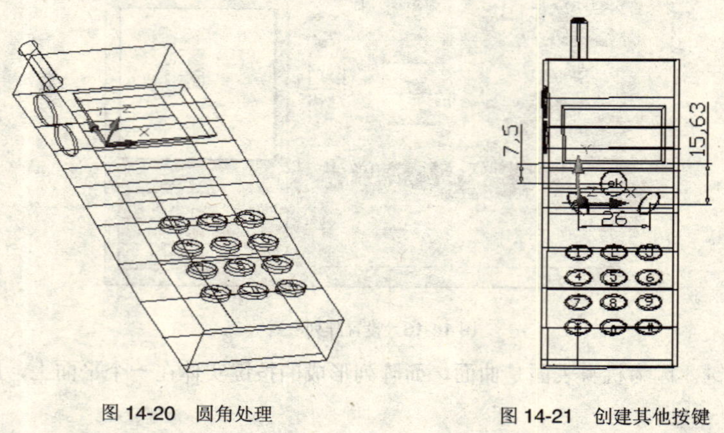

图 14-20　圆角处理　　图 14-21　创建其他按键

14.1.6　细节设计

（1）绘制听筒草图。绘制如图 14-22 所示的草图，设定椭圆长度为 16，宽度为 4。

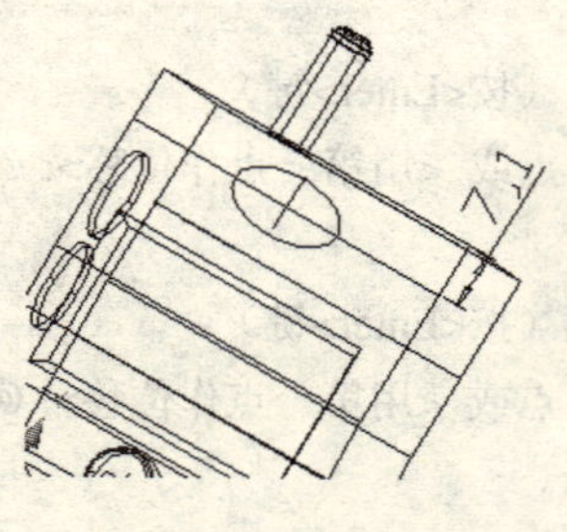

图 14-22　听筒草图

（2）实体拉伸。单击常用选项卡中的“建模”面板→（拉伸）按钮，命令行提示：

命令: _extrude

当前线框密度:　ISOLINES=4

选择拉伸对象: 选择草图（按<Enter>键）

指定拉伸的高度或 [方向(D)/路径(P)/倾斜角(T)]: -0.5（按<Enter>键）

（3）单击常用选项卡中的“实体编辑”面板→（差集）按钮，命令行提示:

命令: _subtract

选择要从中减去的实体或面域...

选择对象: 选择机身（按<Enter>键）

选择要减去的实体或面域 ...

选择对象: 选择椭圆实体（按<Enter>键）

结果如图 14-23 所示。

（4）圆角处理。单击常用选项卡中的“修改”面板→（圆角）按钮，根据命令行的提示将机身进行圆角处理，设定圆角半径为 8，如图 14-24 所示。

（5）边过渡处理。单击常用选项卡中的“修改”面板→（圆角）按钮，根据命令行的提示将机身棱边进行圆角处理，设定圆角半径为 3，结果如图 14-25 所示。

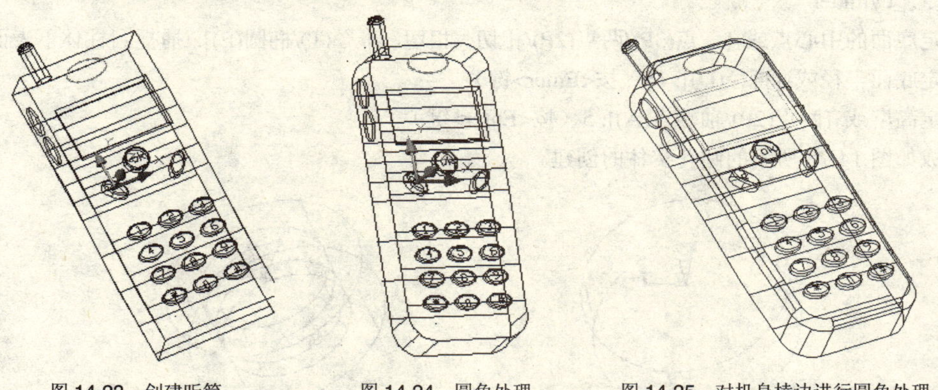

图 14-23　创建听筒　　图 14-24　圆角处理　　图 14-25　对机身棱边进行圆角处理

（6）渲染实体。选择合适的颜色对手机实体进行渲染，结果如图 14-1 所示。

14.2　玩具赛车建模

玩具赛车实体如图 14-26 所示。

图 14-26　玩具赛车

14.2.1 创建车轮

（1）创建圆柱体。单击常用选项卡中的“建模”面板→（圆柱体）按钮，命令行提示：

命令: _cylinder

指定底面的中心点或 [三点(3P)/两点(2P)/相切、相切、半径(T)/椭圆(E)]:0，0，0（按<Enter>键）

指定底面半径或 [直径(D)]: 23（按<Enter>键）

指定高度或 [两点(2P)/轴端点(A)]: 17（按<Enter>键）

完成如图 14-27 所示的圆柱体的创建。

（2）创建圆孔实体。单击常用选项卡中的“建模”面板→（圆柱体）按钮，命令行提示：

命令: _cylinder

指定底面的中心点或 [三点(3P)/两点(2P)/相切、相切、半径(T)/椭圆(E)]: 捕捉圆柱体上表面圆心

指定底面半径或 [直径(D)]: 15（按<Enter>键）

指定高度或 [两点(2P)/轴端点(A)]: 5（按<Enter>键）

命令: _cylinder

指定底面的中心点或 [三点(3P)/两点(2P)/相切、相切、半径(T)/椭圆(E)]: 捕捉圆柱体下表面圆心

指定底面半径或 [直径(D)]: 15（按<Enter>键）

指定高度或 [两点(2P)/轴端点(A)]: 5（按<Enter>键）

完成如图 14-28 所示的圆孔实体的创建。

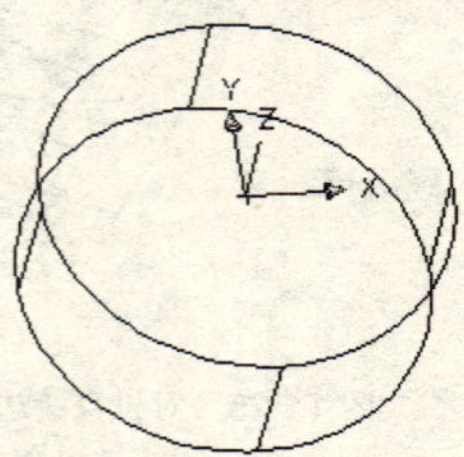

图 14-27　创建圆柱体

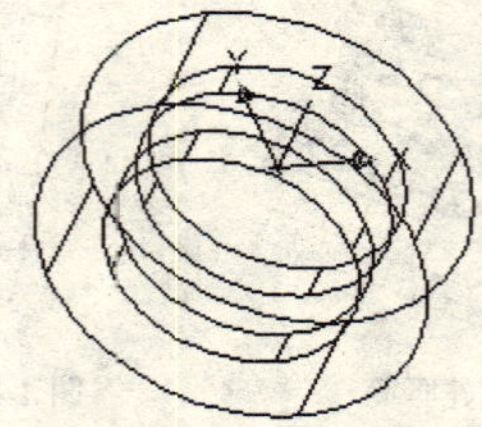

图 14-28　创建圆孔实体

（3）差集命令。单击常用选项卡中的“实体编辑”面板→（差集）按钮，命令行提示：

命令: _subtract

选择要从中减去的实体或面域...

选择对象: 选择大圆柱体（按<Enter>键）

选择要减去的实体或面域 ...

选择对象: 选择两个小圆柱体（按<Enter>键）

（4）绘制五角星。使用“直线”命令在上面孔的底部绘制五角星，设定其内接圆半径为 15，结果如图 14-29 所示。

单击常用选项卡中的“绘图”面板→（面域）按钮，命令行提示：

命令: _region

选择对象: 选择五角星（按<Enter>键）

已提取 1 个环

已创建 1 个面域

（5）实体拉伸。单击常用选项卡中的“建模”面板→（拉伸）按钮，命令行提示：

命令: _extrude

当前线框密度:　ISOLINES=4

选择要拉伸的对象: 选择面域（按<Enter>键）

指定拉伸的高度或 [方向(D)/路径(P)/倾斜角(T)]: 4（按<Enter>键）

完成如图 14-30 所示的星形体的创建。

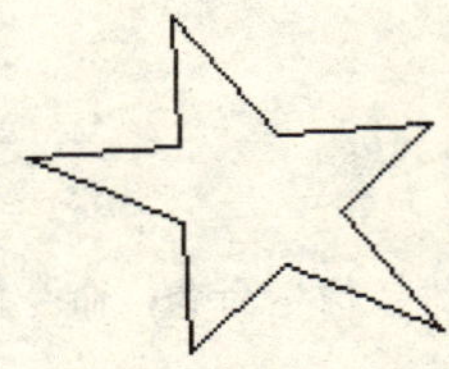

图 14-29　绘制五角星

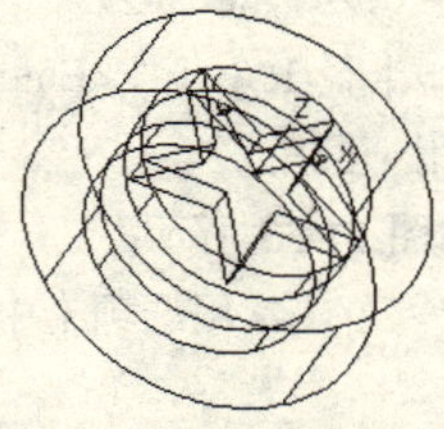

图 14-30　拉伸操作

（6）实体合并。单击常用选项卡中的“实体编辑”面板→（并集）按钮，命令行提示:

命令: _union

选择对象: 选择星形体和实体（按<Enter>键）

（7）创建圆柱体。单击“建模”面板→（圆柱体）按钮，命令行提示:

命令: _cylinder

指定底面的中心点或 [三点(3P)/两点(2P)/相切、相切、半径(T)/椭圆(E)]: 捕捉圆柱体上表面圆心

指定底面半径或 [直径(D)]: 4

指定高度或 [两点(2P)/轴端点(A)]: －1

（8）单击常用选项卡中的“实体编辑”面板→（并集）按钮，命令行提示:

命令: _union

选择对象: 选择实体和创建的圆柱体（按<Enter>键）

完成如图 14-31 所示的车轮实体的创建。

（9）创建连接杆。单击常用选项卡中的“建模”面板→（圆柱体）按钮，命令行提示:

命令: _cylinder

指定底面的中心点或 [三点(3P)/两点(2P)/相切、相切、半径(T)/椭圆(E)]: 捕捉实体下方的孔的上表面圆心

指定底面半径或 [直径(D)]: 3（按<Enter>键）

指定高度或 [两点(2P)/轴端点(A)]: －63（按<Enter>键）

创建的连接杆如图 14-32 所示。

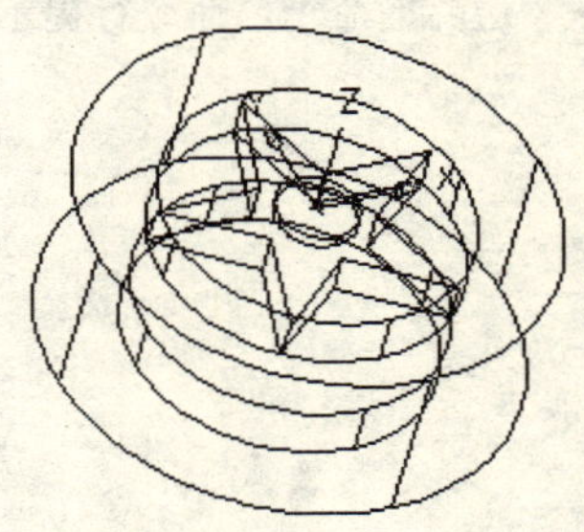

图 14-31　车轮实体

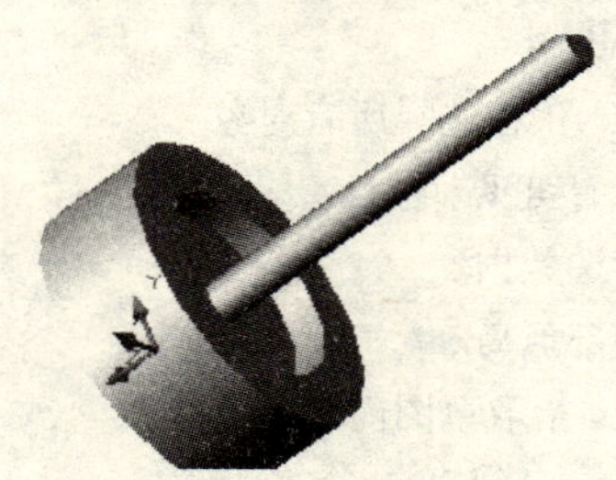

图 14-32　创建连接杆

（10）圆角处理。单击常用选项卡中的“修改”面板→（圆角）按钮，命令行提示：

命令: _fillet

当前设置: 模式 = 修剪，半径 = 0.0000

选择第一个对象或 [多段线(P)/半径(R)/修剪(T)/多个(U)]: 选择步骤（1）中创建的圆柱体的两条外缘边

输入圆角半径: 3（按<Enter>键）

选择边或 [链(C)/半径(R)]:（按<Enter>键）

已选定 2 个边用于圆角。

圆角处理结果如图 14-33 所示。

（11）镜像车轮。单击常用选项卡中的“修改”→“三维镜像”命令，命令行提示：

命令: _mirror3d

选择对象: 选择创建的车轮（按<Enter>键）

指定镜像平面 (三点) 的第一个点或 [对象(O)/最近的(L)/Z 轴(Z)/视图(V)/XY 平面(XY)/YZ 平面(YZ)/ZX 平面(ZX)/三点(3)] <三点>: XY（按<Enter>键）

指定 XY 平面上的点 <0,0,0>: 选择连接杆的中点

是否删除源对象？[是(Y)/否(N)] <N>:（按<Enter>键）

（12）合并实体。单击常用选项卡中的“实体编辑”面板→（并集）按钮，命令行提示：

命令: _union

选择对象: 选择所有实体（按<Enter>键）

创建的车轮实体如图 14-34 所示。

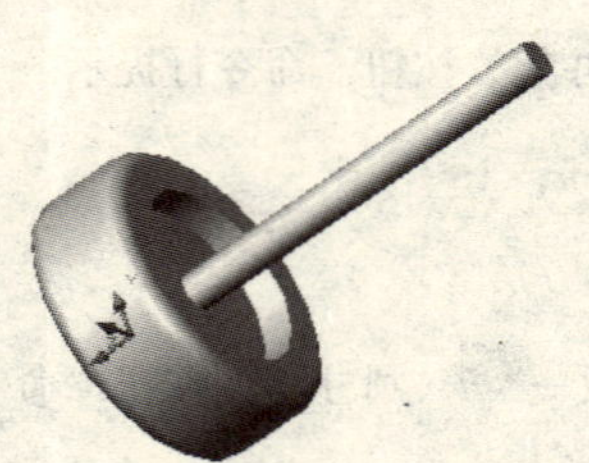

图 14-33　圆角处理

图 14-34　合并实体

14.2.2　创建车身

（1）绘制二维草图。使用“直线”和“圆”命令绘制如图 14-35 所示的草图。

（2）创建实体。单击常用选项卡中的“绘图”面板→“边界”命令，命令行提示：

命令: _boundary

选择内部点: 正在选择所有对象...

正在选择所有可见对象...

正在分析所选数据...

正在分析内部孤岛...

选择内部点: 拾取草图内部一点

BOUNDARY 已创建 1 个多段线

（3）单击常用选项卡中的“建模”面板→（拉伸）按钮，命令行提示：

命令: _extrude

当前线框密度:　ISOLINES=4

选择要拉伸的对象: 选择多段线（按<Enter>键）

指定拉伸的高度或 [方向(D)/路径(P)/倾斜角(T)]: 20（按<Enter>键）

完成如图 14-36 所示的实体的创建。

（4）绘制草图。尺寸如图 14-37 所示。

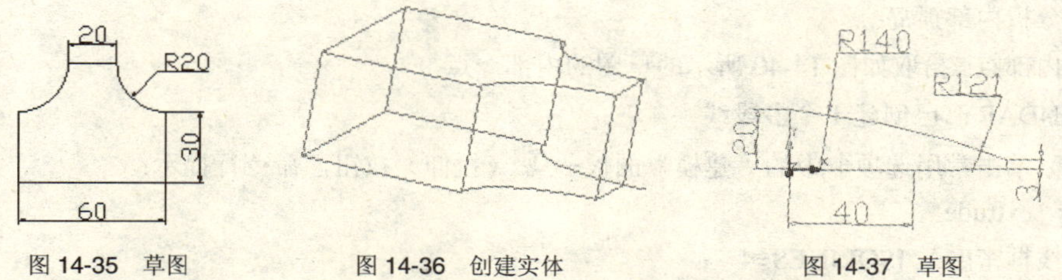

图 14-35　草图　　图 14-36　创建实体　　图 14-37　草图

（5）实体拉伸。单击常用选项卡中的“绘图”→“边界”命令，命令行提示：

命令: _boundary

选择内部点: 正在选择所有对象...

正在选择所有可见对象...

正在分析所选数据...

正在分析内部孤岛...

选择内部点: 拾取草图内部一点

BOUNDARY 已创建 1 个多段线

（6）单击常用选项卡中的“建模”面板→（拉伸）按钮，命令行提示：

命令: _extrude

当前线框密度:　ISOLINES=4

选择要拉伸的对象: 选择多段线（按<Enter>键）

指定拉伸的高度或 [方向(D)/路径(P)/倾斜角(T)]: 20（按<Enter>键）

完成如图 14-38 所示的实体的创建。

（7）绘制辅助线。单击常用选项卡中的“绘图”面板→（圆弧）按钮，命令行提示：

命令: _arc

指定圆弧的起点或 [圆心(C)]: 0，0（按<Enter>键）

指定圆弧的第二个点或 [圆心(C)/端点(E)]: 40，−4（按<Enter>键）

指定圆弧的端点: 70，−7.5（按<Enter>键）

完成如图 14-39 所示的辅助线的绘制。

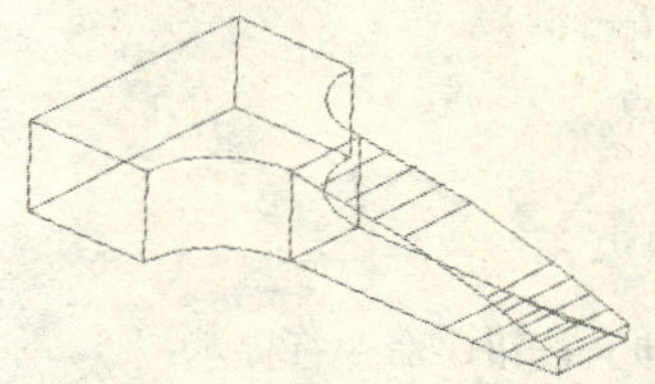

图 14-38　实体拉伸

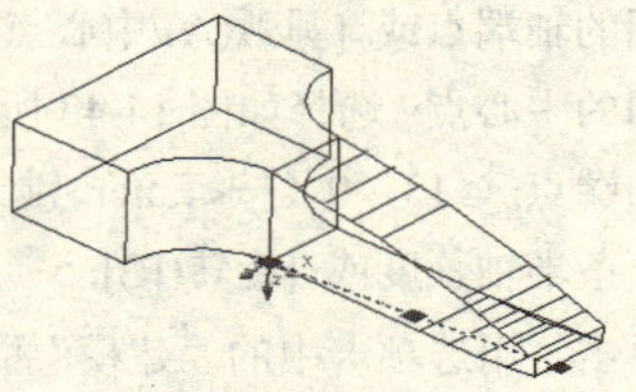

图 14-39　绘制辅助线

（8）单击常用选项卡中的“修改”面板→（镜像）按钮，根据命令行的提示完成如图 14-40 所示的图形的绘制。

（9）创建辅助实体。单击常用选项卡中的“绘图”→“边界”命令，命令行提示：

命令: _boundary

选择内部点: 正在选择所有对象...

正在选择所有可见对象...

正在分析所选数据...

正在分析内部孤岛...

选择内部点: 拾取如图 14-40 所示的草图的内部一点

BOUNDARY 已创建 1 个多段线

（10）单击常用选项卡中的“建模”面板→（拉伸）按钮，命令行提示：

命令: _extrude

当前线框密度: ISOLINES=4

选择要拉伸的对象: 选择多段线（按<Enter>键）

指定拉伸的高度或 [方向(D)/路径(P)/倾斜角(T)]: 20（按<Enter>键）

完成如图 14-41 所示的辅助实体的创建。

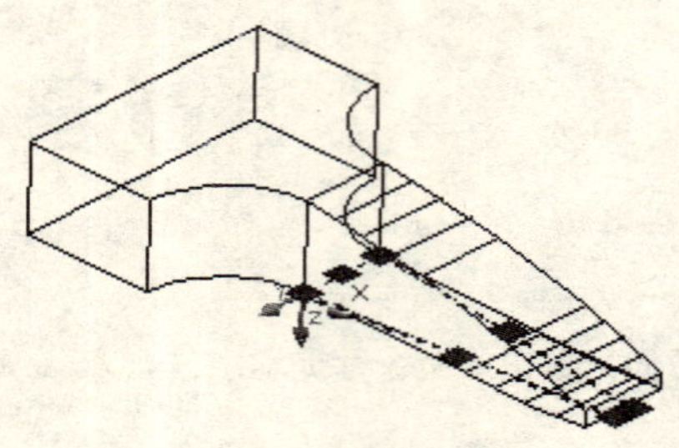

图 14-40 镜像辅助线

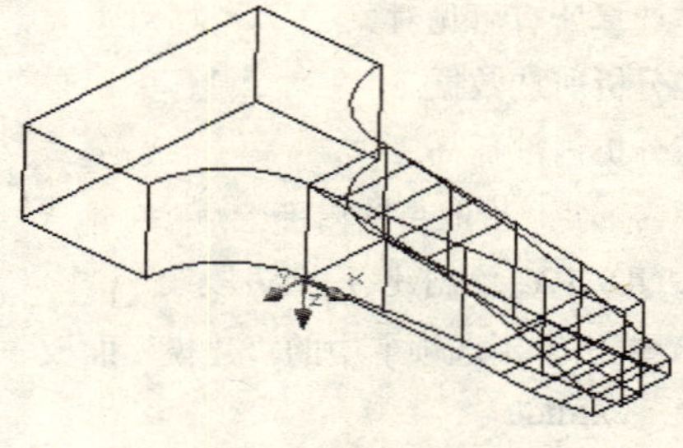

图 14-41 拉伸实体

（11）交集运算。单击常用选项卡中的“实体编辑”面板→（交集）按钮，命令行提示：

命令: _intersect

选择对象: 选择步骤（3）和步骤（6）中创建的两个实体（按<Enter>键）

结果如图 14-42 所示。

（12）并集运算。单击常用选项卡中的“实体编辑”面板→（并集）按钮，命令行提示：

命令: _union

选择对象: 选择车身的两个实体（按<Enter>键）

（13）创建椭圆体。单击常用选项卡中的“绘图”面板→（椭圆）按钮，命令行提示：

命令: _ellipse

指定椭圆的轴端点或 [圆弧(A)/中心点(C)]: c（按<Enter>键）

指定椭圆的中心点: 选择如图 14-43 所示位置为中心点

指定轴的端点: @13，0（按<Enter>键）

指定另一条半轴长度或 [旋转(R)]: 5（按<Enter>键）

（14）单击常用选项卡中的“建模”面板→（拉伸）按钮，命令行提示：

命令: _extrude

当前线框密度：ISOLINES=4
选择要拉伸的对象：选择椭圆（按<Enter>键）
指定拉伸的高度或 [方向(D)/路径(P)/倾斜角(T)]: 2（按<Enter>键）

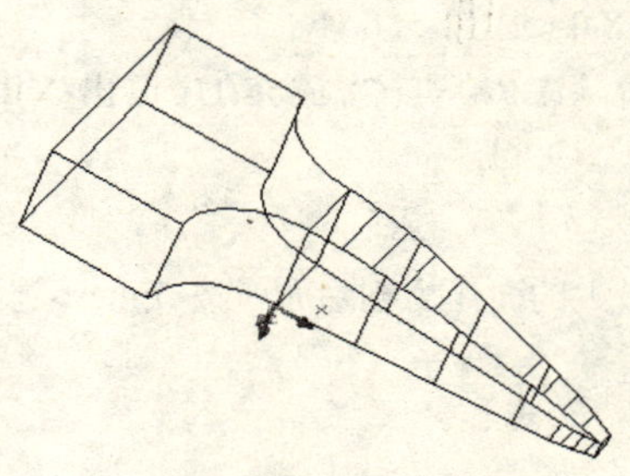

图 14-42　交集运算结果

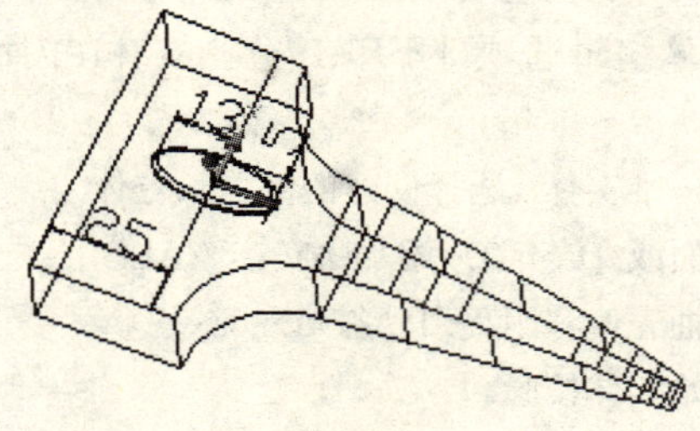

图 14-43　创建椭圆体

（15）单击常用选项卡中的“修改”面板→（圆角）按钮，根据命令行的提示对椭圆体进行圆角处理，设定圆角半径为 1。

14.2.3　创建导流架

（1）创建长方体。单击常用选项卡中的“建模”面板→（长方体）按钮，命令行提示：
命令: _box
指定第一个角点或 [中心(C)]:0，0，0（按<Enter>键）
指定其他角点或 [立方体(C)/长度(L)]: L（按<Enter>键）
指定长度: 50（按<Enter>键）
指定宽度: 20（按<Enter>键）
指定高度: 1（按<Enter>键）
完成如图 14-44 所示的长方体的创建。

（2）单击常用选项卡中的“建模”面板→（长方体）按钮，命令行提示：
命令: _box
指定第一个角点或 [中心(C)]:0，0，0（按<Enter>键）
指定角点或 [立方体(C)/长度(L)]: L（按<Enter>键）
指定长度: 50（按<Enter>键）
指定宽度: 20（按<Enter>键）
指定高度: 1（按<Enter>键）
完成如图 14-45 所示的侧面长方体的创建。

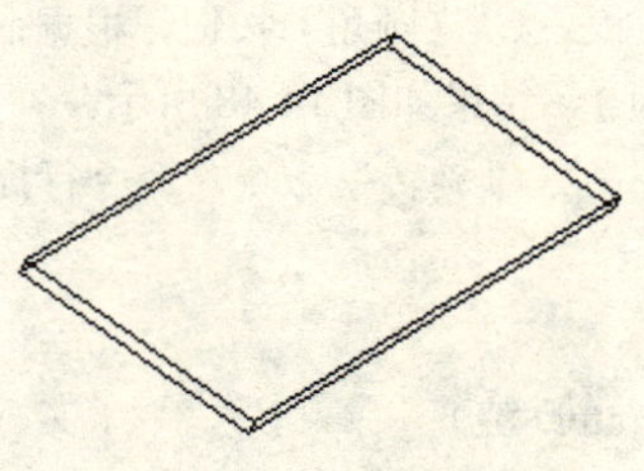

图 14-44　创建长方体

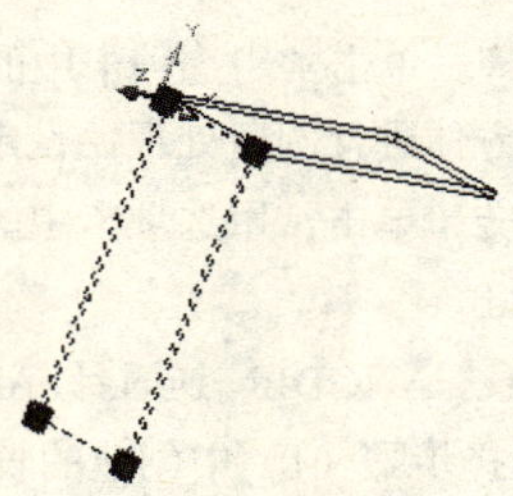

图 14-45　创建侧面长方体

（3）抽壳实体。单击常用选项卡中的“实体编辑”面板→（抽壳）按钮，命令行提示：

命令: _solidedit

实体编辑自动检查:　SOLIDCHECK=1

输入实体编辑选项 [面(F)/边(E)/体(B)/放弃(U)/退出(X)] <退出>: _body

输入体编辑选项 [压印(I)/分割实体(P)/抽壳(S)/清除(L)/检查(C)/放弃(U)/退出(X)] <退出>: _shell

选择三维实体: 选择创建的侧面长方体

删除面或 [放弃(U)/添加(A)/全部(ALL)]: 选择两个最大的面作为删除面（按<Enter>键）

输入抽壳偏移距离: 1（按<Enter>键）

已开始实体校验。

已完成实体校验。

输入体编辑选项 [压印(I)/分割实体(P)/抽壳(S)/清除(L)/检查(C)/放弃(U)/退出(X)] <退出>:（按<Enter>键）

实体编辑自动检查:　SOLIDCHECK=1

输入实体编辑选项 [面(F)/边(E)/体(B)/放弃(U)/退出(X)] <退出>:（按<Enter>键）

结果如图 14-46 所示。

（4）复制实体。单击常用选项卡中的“修改”面板→（复制）命令，命令行提示：

命令: _copy

选择对象: 选择上一步骤中创建的实体（按<Enter>键）

指定基点或 [位移(D)] <位移>: 选择任一点作为基点

指定位移的第二点或 <用第一点作位移>: @0，0，－48（按<Enter>键）

完成如图 14-47 所示的实体的复制。

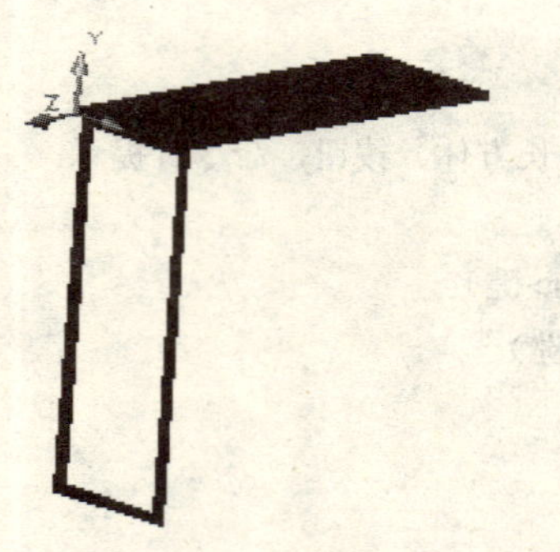

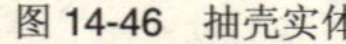

图 14-46　抽壳实体

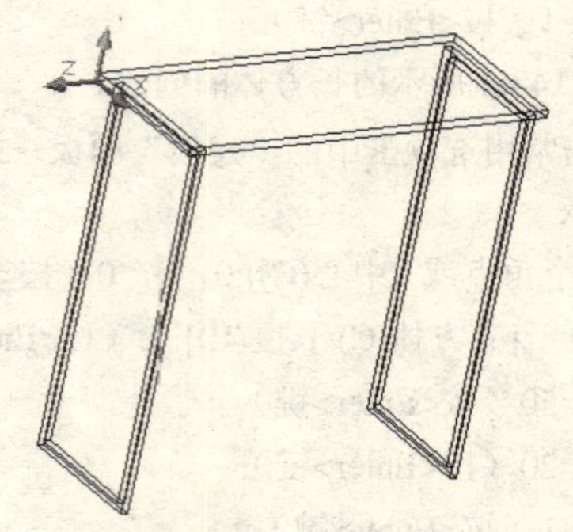

图 14-47　复制实体

（5）圆角处理。单击常用选项卡中的“修改”面板→（圆角）按钮，根据命令行的提示将步骤（1）创建的长方体进行圆角处理，设定圆角半径为 1，结果如图 14-48 所示。

（6）三维旋转。单击常用选项卡中的“修改”→“三维旋转”命令，命令行提示：

命令: _rotate3d

当前正向角度:　ANGDIR=逆时针　ANGBASE=0

选择对象: 选择步骤（1）中创建的长方体（按<Enter>键）

指定轴上的第一个点或定义轴依据 [对象(O)/最近的(L)/视图(V)/X 轴(X)/Y 轴(Y)/Z 轴(Z)/两点

(2)]: z（按<Enter>键）

指定 Z 轴上的点 <0,0,0>: 选择长方体前面一点

指定旋转角度或 [参照(R)]: 10（按<Enter>键）

（7）绘制草图。使用“直线”和“圆”命令绘制如图 14-49 所示的草图。

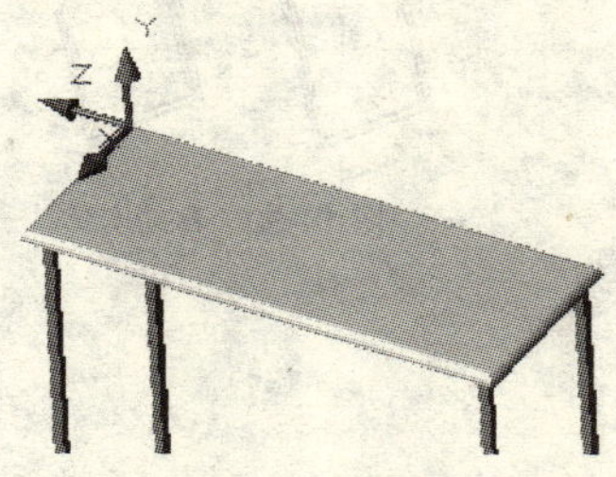

图 14-48　圆角处理

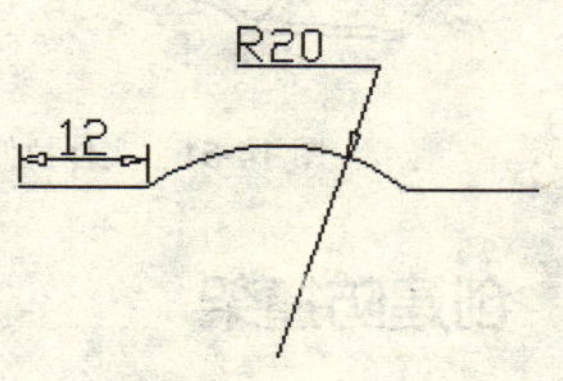

图 14-49　草图

（8）偏移草图。单击常用选项卡中的“修改”面板→（偏移）按钮，命令行提示：

命令: _offset

指定偏移距离或 [通过(T)] <通过>: 1（按<Enter>键）

选择要偏移的对象或 <退出>: 选择绘制的草图

指定点以确定偏移所在一侧: 单击草图下方一点

选择要偏移的对象或 <退出>:（按<Enter>键）

（9）实体拉伸。单击常用选项卡中的“绘图”面板→“边界”命令，命令行提示：

命令: _boundary

选择内部点: 正在选择所有对象...

正在选择所有可见对象...

正在分析所选数据...

正在分析内部孤岛...

选择内部点: 拾取如图 14-50 所示的草图的内部一点

图 14-50　拾取草图内部一点

BOUNDARY 已创建 1 个多段线

（10）单击常用选项卡中的“建模”面板→（拉伸）按钮，命令行提示：

命令: _extrude

当前线框密度:　ISOLINES=4

选择要拉伸的对象: 选择多段线（按<Enter>键）

指定拉伸的高度或 [方向(D)/路径(P)/倾斜角(T)]: 18（按<Enter>键）

结果如图 14-51 所示。

（11）移动实体。单击常用选项卡中的“修改”面板→（移动）按钮，将步骤（8）创建的实体移动到如图 14-52 所示的位置。

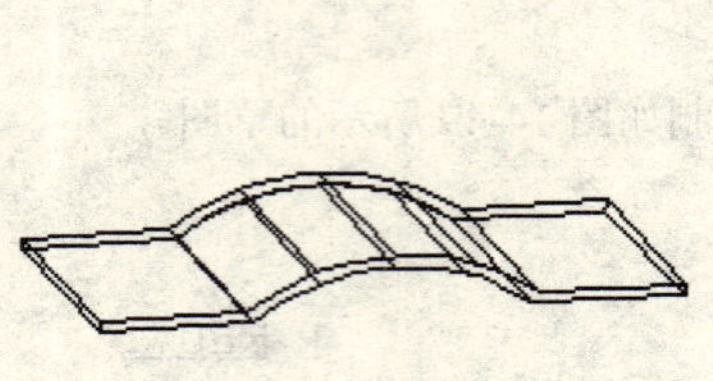
图 14-51 实体拉伸

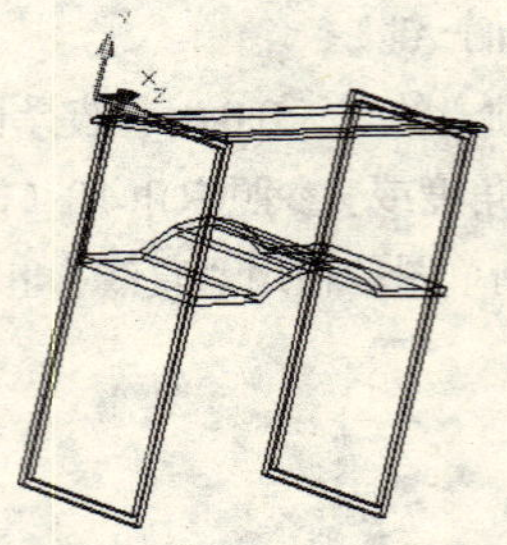
图 14-52 移动实体

14.2.4 创建防撞架

（1）创建长方体。单击常用选项卡中的“建模”面板→（长方体）按钮，命令行提示：

命令: _box

指定第一个角点或 [中心(C)]:0，0，0（按<Enter>键）

指定其他角点或 [立方体(C)/长度(L)]: L（按<Enter>键）

指定长度: 50（按<Enter>键）

指定宽度: 3（按<Enter>键）

指定高度: 30（按<Enter>键）

完成如图 14-53 所示的长方体的创建。

（2）单击常用选项卡中的“建模”面板→（长方体）按钮，命令行提示：

命令: _box

指定第一个角点或 [中心(C)]:0，0，0（按<Enter>键）

指定其他角点或 [立方体(C)/长度(L)]: L（按<Enter>键）

指定长度: 30（按<Enter>键）

指定宽度: 8.5（按<Enter>键）

指定高度: 2（按<Enter>键）

完成如图 14-54 所示的侧面长方体的创建。

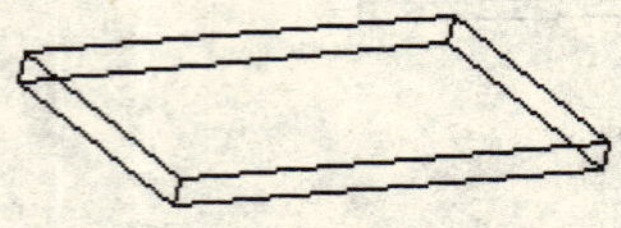
图 14-53 创建长方体

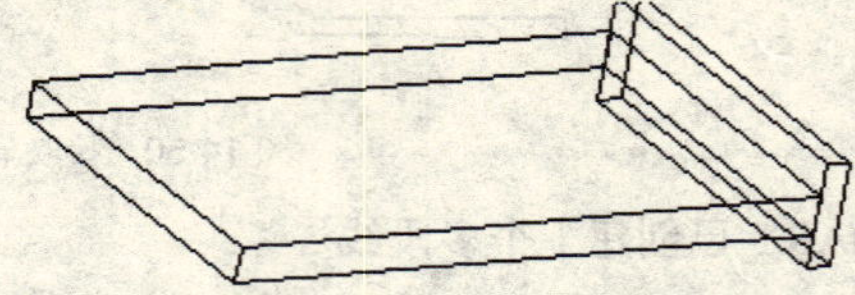
图 14-54 创建侧面长方体

（3）复制命令。单击常用选项卡中的“修改”面板→（复制）按钮，根据命令行的提示将创建的侧面长方体复制到如图 14-55 所示的位置。

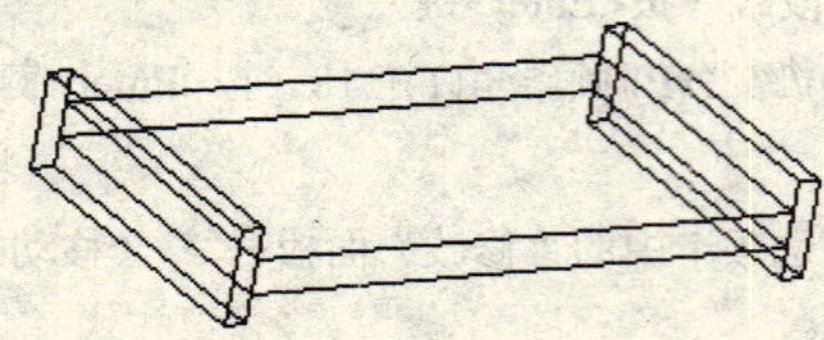
图 14-55 复制侧面长方体

（4）绘制草图。绘制如图 14-56 所示的草图。

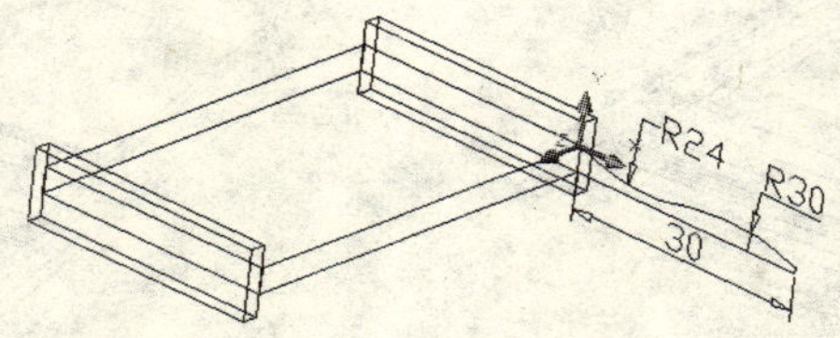

图 14-56　草图

（5）实体拉伸。单击常用选项卡中的“绘图”→“边界”命令，命令行提示：

命令: _boundary

选择内部点: 正在选择所有对象...

正在选择所有可见对象...

正在分析所选数据...

正在分析内部孤岛...

选择内部点: 拾取如图 14-56 所示的草图的内部一点

BOUNDARY 已创建 1 个多段线

（6）单击常用选项卡中的“建模”面板→（拉伸）按钮，命令行提示：

命令: _extrude

当前线框密度:　ISOLINES=4

选择要拉伸的对象: 选择多段线（按<Enter>键）

指定拉伸的高度或 [方向(D)/路径(P)/倾斜角(T)]: 50（按<Enter>键）

结果如图 14-57 所示。

（7）创建挡板。用同样方法创建两侧挡板，结果如图 14-58 所示。

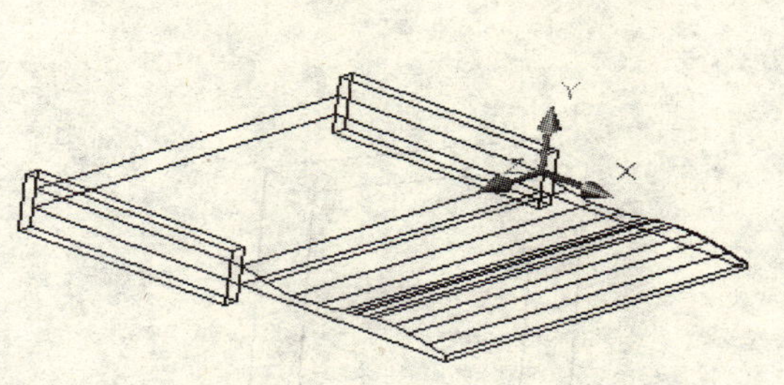

图 14-57　实体拉伸

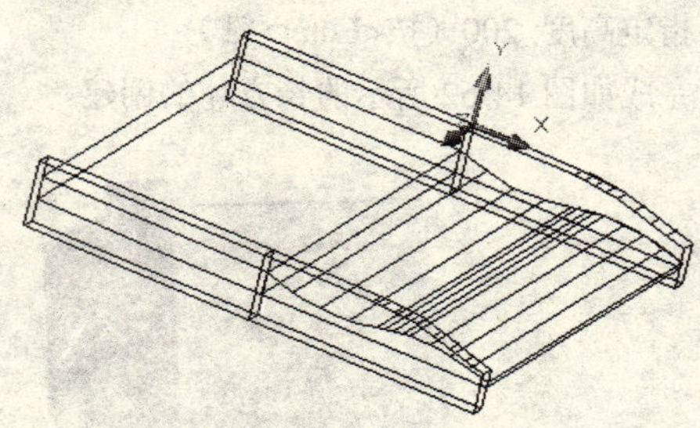

图 14-58　创建挡板

（8）合并实体。单击常用选项卡中的“实体编辑”面板→（并集）按钮，命令行提示：

命令: _union

选择对象: 选择从步骤（1）到步骤（5）中创建的实体（按<Enter>键）

（9）圆角处理。单击常用选项卡中的“修改”面板→（圆角）按钮，根据命令行的提示将侧面长方体和挡板进行圆角处理，如图 14-59 所示。

（10）创建长方体。单击常用选项卡中的“建模”面板→（长方体）按钮，根据命令行的提示创建长方体，设定长方体长度为 2，宽度为 6，高度为 4。单击常用选项卡中的“修改”面板→（圆角）按钮，根据命令行的提示将长方体进行圆角处理，设定圆角半径为 1，结果如图 14-60 所示。

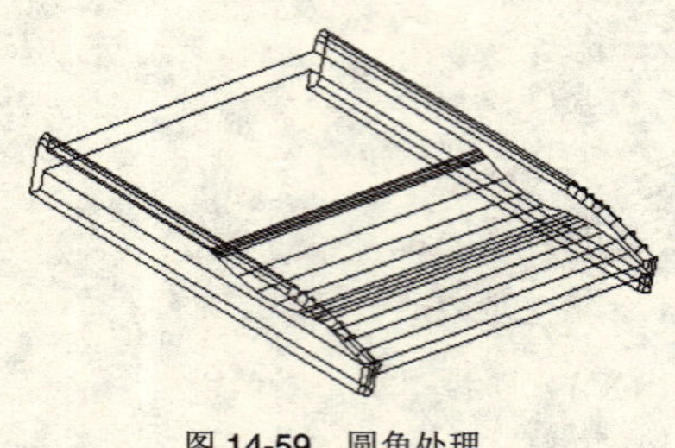
图 14-59 圆角处理

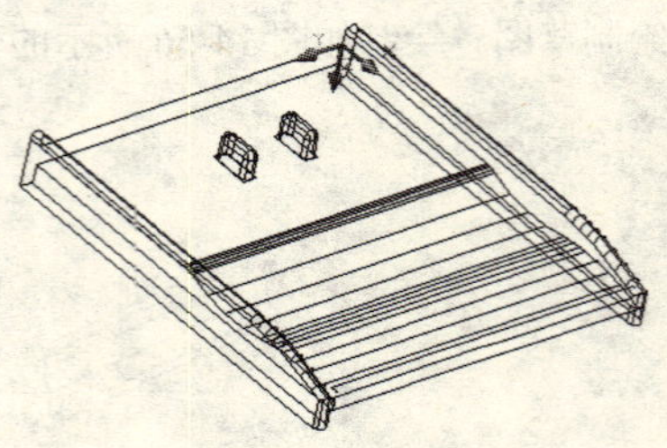
图 14-60 创建长方体

14.2.5 装配

整理图形，装配各个部分部件，效果如图 14-26 所示。

14.3 电视机壳体建模

如图 14-61 所示为电视机壳体。

14.3.1 创建长方体

单击常用选项卡中的“建模”面板→ （长方体）按钮，命令行提示：
命令: _box
指定第一个角点或 [中心(C)]:0，0，0（按<Enter>键）
指定其他角点或 [立方体(C)/长度(L)]: @700，580（按<Enter>键）
指定高度: 200（按<Enter>键）
完成如图 14-62 所示的长方体的创建。

图 14-61 电视机壳体

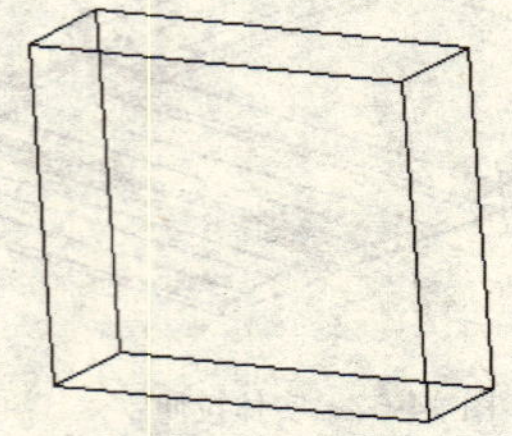
图 14-62 创建长方体

14.3.2 创建电视机壳体尾部

（1）复制边。单击常用选项卡中的“实体编辑”面板→ （复制边）按钮，命令行提示：
命令: _solidedit
实体编辑自动检查: SOLIDCHECK=1
输入实体编辑选项 [面(F)/边(E)/体(B)/放弃(U)/退出(X)] <退出>: _edge
输入边编辑选项 [复制(C)/着色(L)/放弃(U)/退出(X)] <退出>: _copy

选择边或 [放弃(U)/删除(R)]: 选择长方体后方左侧边（按<Enter>键）
指定基点或位移: 指定线的上端点
指定位移的第二点: 指定同一点
输入边编辑选项 [复制(C)/着色(L)/放弃(U)/退出(X)] <退出>:（按<Enter>键）
实体编辑自动检查: SOLIDCHECK=1
输入实体编辑选项 [面(F)/边(E)/体(B)/放弃(U)/退出(X)] <退出>:（按<Enter>键）
用同样的方法复制长方体后方上侧边。

（2）绘制壳体尾部草图。单击常用选项卡中的“修改”面板→（偏移）按钮，命令行提示:
命令: _offset
指定偏移距离或 [通过(T)/删除(E)/图层(L)]: 50
选择要偏移的对象，或 [退出(E)/放弃(U)] <退出>: 选择长方体后方上侧复制的边
指定要偏移的那一侧上的点，或 [退出(E)/多个(M)/放弃(U)] <退出>:单击其下方
选择要偏移的对象或 <退出>:（按<Enter>键）
命令: _offset
指定偏移距离或 [通过(T)/删除(E)/图层(L)]: 530
选择要偏移的对象，或 [退出(E)/放弃(U)] <退出>: 选择长方体后方上侧复制的边
指定要偏移的那一侧上的点，或 [退出(E)/多个(M)/放弃(U)] <退出>: 单击其下方
选择要偏移的对象或 <退出>:（按<Enter>键）
命令: _offset
指定偏移距离或 [通过(T)/删除(E)/图层(L)]: 50
选择要偏移的对象，或 [退出(E)/放弃(U)] <退出>: 选择长方体后方左侧复制的边
指定要偏移的那一侧上的点，或 [退出(E)/多个(M)/放弃(U)] <退出>: 单击其右方
选择要偏移的对象或 <退出>:（按<Enter>键）
命令: _offset
指定偏移距离或 [通过(T)/删除(E)/图层(L)]: 650
选择要偏移的对象，或 [退出(E)/放弃(U)] <退出>: 选择长方体后方左侧复制的边
指定要偏移的那一侧上的点，或 [退出(E)/多个(M)/放弃(U)] <退出>: 单击其右方
选择要偏移的对象或 <退出>:（按<Enter>键）
结果如图 14-63 所示。

（3）单击常用选项卡中的“修改”面板→（修剪）按钮，将图形进行修剪，如图 14-64 所示。

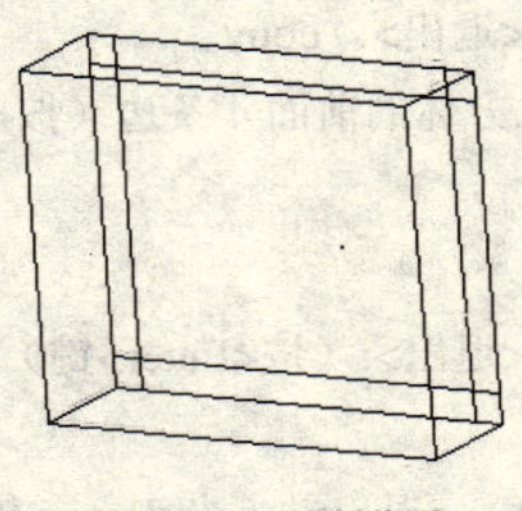
图 14-63　绘制草图

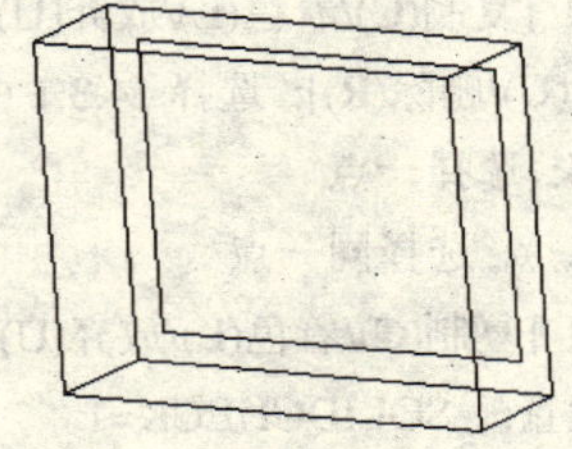
图 14-64　修剪草图

（4）实体拉伸。单击常用选项卡中的“绘图”→“边界”命令，命令行提示:
命令: _boundary

选择内部点: 正在选择所有对象...

正在选择所有可见对象...

正在分析所选数据...

正在分析内部孤岛...

选择内部点: 拾取如图 14-64 所示的草图的内部一点

BOUNDARY 已创建 1 个多段线

（5）单击常用选项卡中的“建模”面板→（拉伸）按钮，命令行提示:

命令: _extrude

当前线框密度: ISOLINES=4

选择要拉伸的对象: 选择多段线（按<Enter>键）

指定拉伸的高度或 [方向(D)/路径(P)/倾斜角(T)]: t（按<Enter>键）

指定拉伸的倾斜角度 <0>: 10（按<Enter>键）

指定拉伸的高度或 [方向(D)/路径(P)/倾斜角(T)]:330（按<Enter>键）

结果如图 14-65 所示。

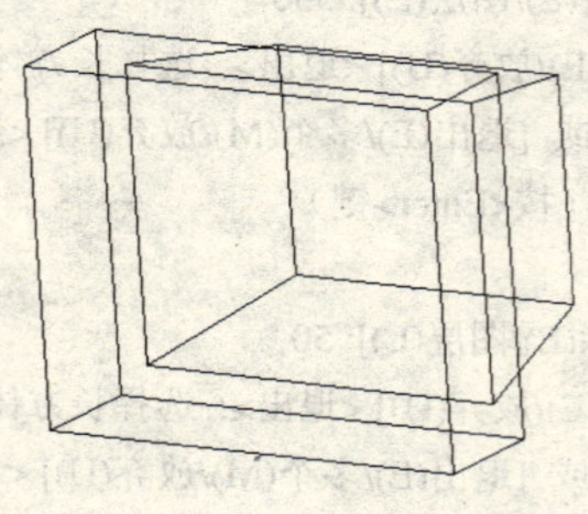

图 14-65　实体拉伸

14.3.3　绘制显示屏

（1）复制边。单击常用选项卡中的“实体编辑”面板→（复制边）按钮，命令行提示:

命令：solidedit

实体编辑自动检查: SOLIDCHECK=1

输入实体编辑选项 [面(F)/边(E)/体(B)/放弃(U)/退出(X)] <退出>: _edge

输入边编辑选项 [复制(C)/着色(L)/放弃(U)/退出(X)] <退出>: _copy

选择边或 [放弃(U)/删除(R)]: 选择 14.3.1 中创建的长方体的前面 4 条边（按<Enter>键）

指定基点或位移: 选择一点

指定位移的第二点: 选择同一点

输入边编辑选项 [复制(C)/着色(L)/放弃(U)/退出(X)] <退出>:（按<Enter>键）

实体编辑自动检查: SOLIDCHECK=1

输入实体编辑选项 [面(F)/边(E)/体(B)/放弃(U)/退出(X)] <退出>:（按<Enter>键）

（2）绘制屏幕轮廓。单击常用选项卡中的“修改”面板→（偏移）按钮，根据命令行的提示将复制的 4 条边向内侧偏移，设定偏移距离为 50，如图 14-66 所示。

（3）单击常用选项卡中的“修改”面板→（修剪）按钮，将图形进行修剪，如图 14-67 所示。

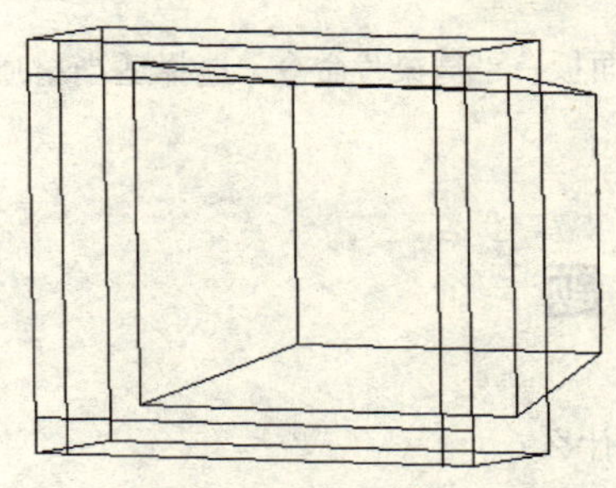

图 14-66　偏移复制的边

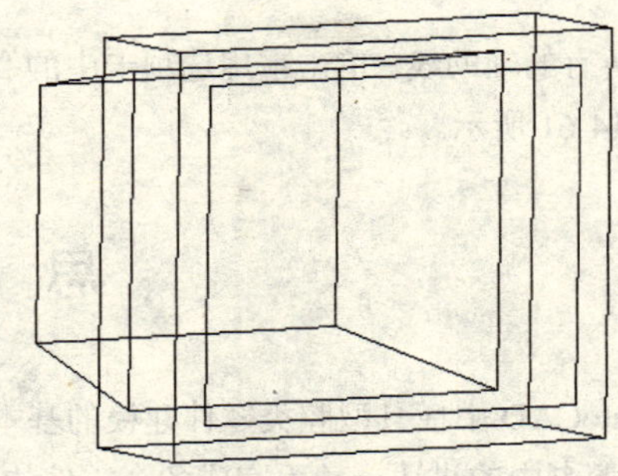

图 14-67　修剪图形

（4）创建面域。单击常用选项卡中的“绘图”面板→（面域）按钮，命令行提示：

命令：region

选择对象: 选择屏幕轮廓的 4 条边（按<Enter>键）

已提取 1 个环

已创建 1 个面域

（5）实体拉伸。单击常用选项卡中的“建模”面板→（拉伸）按钮，命令行提示：

命令: _extrude

当前线框密度:　ISOLINES=4

选择要拉伸的对象: 选择面域（按<Enter>键）

指定拉伸的高度或 [方向(D)/路径(P)/倾斜角(T)]: t（按<Enter>键）

指定拉伸的倾斜角度 <0>: 30（按<Enter>键）

指定拉伸的高度或 [方向(D)/路径(P)/倾斜角(T)]: -15（按<Enter>键）

结果如图 14-68 所示。

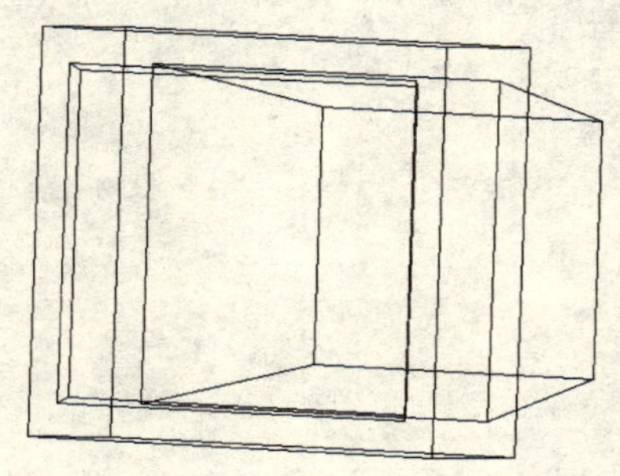

图 14-68　显示屏实体

（6）差集命令。单击常用选项卡中的“实体编辑”面板→（差集）按钮，命令行提示：

命令：subtract

选择要从中减去的实体或面域...

选择对象: 选择电视机壳体头部实体（按<Enter>键）

选择要减去的实体或面域 ...

选择对象: 选择屏幕实体（按<Enter>键）

14.3.4　图形整理

删除所有的辅助线。单击常用选项卡中的“视图”面板→“渲染”命令，选择适当材质渲染实体，效果如图 14-61 所示。

思　考　题

1. AutoCAD 中模具型腔类零件建模的基本过程是什么？
2. 按照书中的讲述，动手完成各个零件的建模。
3. 模具型腔类零件建模常用的特征有哪些？

第 15 章　曲面类零件建模

【内容】

本章将介绍一般曲面类产品建模的相关知识。对于这类结构相对复杂的曲面类产品，尤其是表面形状有一定特殊要求的曲面类产品，完全靠实体特征难以完成，即使能完成，设计过程也很麻烦。在这种情况下，一般要使用平移网格、旋转网格、直纹网格、边界网格及一些相对高级的曲面创建工具，这些工具充分利用边界曲线的优势，使创建曲面类产品的过程变得更简单。另外在创建曲面类产品时，应对所画曲线的经线密度和纬线密度进行重新设置，否则得到的曲面将不是光滑的曲面，而是带有棱角的。

【实例】

实例 1：横笛建模。

实例 2：雨伞建模。

实例 3：茶壶和茶杯建模。

实例 4：水龙头建模。

【目的】

使读者掌握在 AutoCAD 2010 中实现一般曲面类产品建模的相关知识及其操作方法。更多地强调“平移网格”“旋转网格”“直纹网格”“边界网格”等命令的综合使用技巧，以及使用“圆角”“倒角”“复制偏移”等命令对产品细节进行设计和修饰。

15.1　横 笛 建 模

本节将创建如图 15-1 所示的横笛模型，其操作步骤如下：

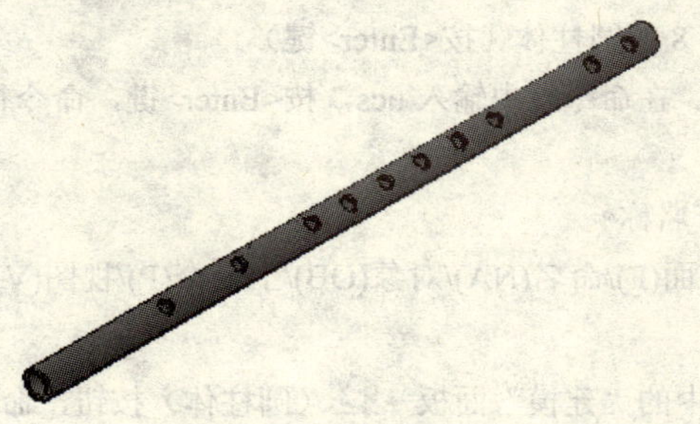

图 15-1　横笛模型

（1）启动 AutoCAD 2010 系统，单击快速访问工具栏中的□（新建）按钮，弹出“选择样板”对话框，在列表框中选择“acadiso.dwt”，单击常用选项卡中的“打开”按钮。

（2）切换视图显示方式。依次单击常用选项卡中的“视图”面板→“西南等轴测”命令，切换到西南等轴测视图。

（3）设置用户坐标系。在命令行中输入 ucs，按<Enter>键，命令行提示：

命令: ucs

当前 UCS 名称: *世界*

指定 UCS 的原点或 [面(F)/命名(NA)/对象(OB)/上一个(P)/视图(V)/世界(W)/X/Y/Z/Z 轴(ZA)] <世界>: y（按<Enter>键）

指定绕 Y 轴的旋转角度 <90>: 90（按<Enter>键）

结果如图 15-2 所示。

（4）创建两个圆柱体。单击常用选项卡中的“建模”面板→（圆柱体）按钮，命令行提示:

命令: cylinder

指定底面的中心点或 [三点(3P)/两点(2P)/相切、相切、半径(T)/椭圆(E)]: 0，0，0（按<Enter>键）

指定底面半径或 [直径(D)]: 10（按<Enter>键）

指定高度或 [两点(2P)/轴端点(A)]: 500（按<Enter>键）

同理，创建另一个圆柱体，设定其底面圆心为“0，0，0”，底面半径为 8，高度为 500，如图 15-3 所示。

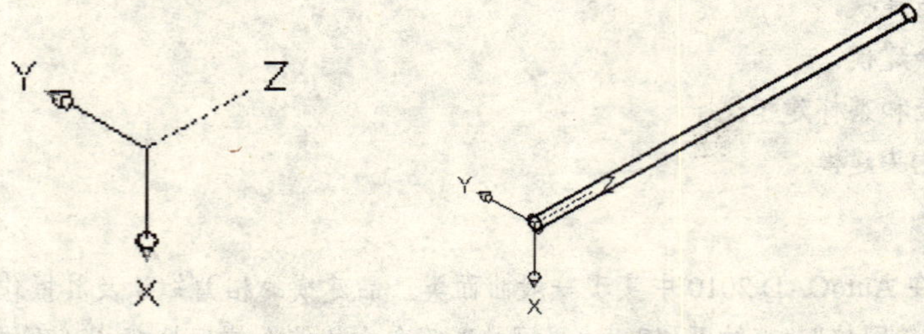

图 15-2　设置用户坐标系　　　　图 15-3　创建两个圆柱体

（5）差集命令。单击常用选项卡中的“实体编辑”面板→（差集）按钮，命令行提示:

命令: subtract

选择要从中减去的实体或面域...

选择对象: 选择底面半径为 10 的圆柱体（按<Enter>键）

选择要减去的实体或面域 ...

选择对象: 选择半径为 8 的圆柱体（按<Enter>键）

（6）返回世界坐标系。在命令行中输入 ucs，按<Enter>键，命令行提示:

命令: ucs

当前 UCS 名称: *没有名称*

指定 UCS 的原点或 [面(F)/命名(NA)/对象(OB)/上一个(P)/视图(V)/世界(W)/X/Y/Z/Z 轴(ZA)] <世界>: w（按<Enter>键）

（7）单击常用选项卡中的“建模”面板→（圆柱体）按钮，命令行提示:

命令: cylinder

指定底面的中心点或 [三点(3P)/两点(2P)/相切、相切、半径(T)/椭圆(E)]: 100，0，0（按<Enter>键）

指定底面半径或 [直径(D)] <30.0000>: 5（按<Enter>键）

指定高度或 [两点(2P)/轴端点(A)] <-240.0000>: 20（按<Enter>键）

结果如图 15-4 所示。

（8）复制圆柱体。单击常用选项卡中的“修改”面板→（复制）按钮，命令行提示：

命令: copy

选择对象: 选择上一步骤中创建的底面半径为 5 的圆柱体（按<Enter>键）

指定基点或 [位移(D)] <位移>: 100，0，0（按<Enter>键）

指定第二个点或 <使用第一个点作为位移>: 160，0，0（按<Enter>键）

指定第二个点或 [退出(E)/放弃(U)] <退出>: 220，0，0（按<Enter>键）

指定第二个点或 [退出(E)/放弃(U)] <退出>: 250，0，0（按<Enter>键）

指定第二个点或 [退出(E)/放弃(U)] <退出>: 280，0，0（按<Enter>键）

指定第二个点或 [退出(E)/放弃(U)] <退出>: 310，0，0（按<Enter>键）

指定第二个点或 [退出(E)/放弃(U)] <退出>: 340，0，0（按<Enter>键）

指定第二个点或 [退出(E)/放弃(U)] <退出>: 370，0，0（按<Enter>键）

指定第二个点或 [退出(E)/放弃(U)] <退出>: 450，0，0（按<Enter>键）

指定第二个点或 [退出(E)/放弃(U)] <退出>: 480，0，0（按<Enter>键）

结果如图 15-5 所示。

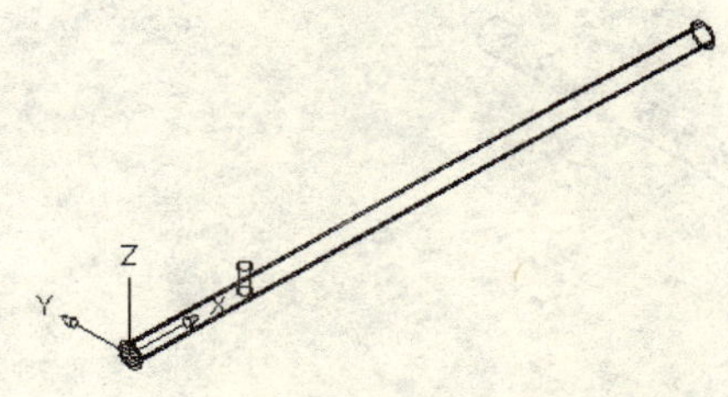

图 15-4　创建圆柱体

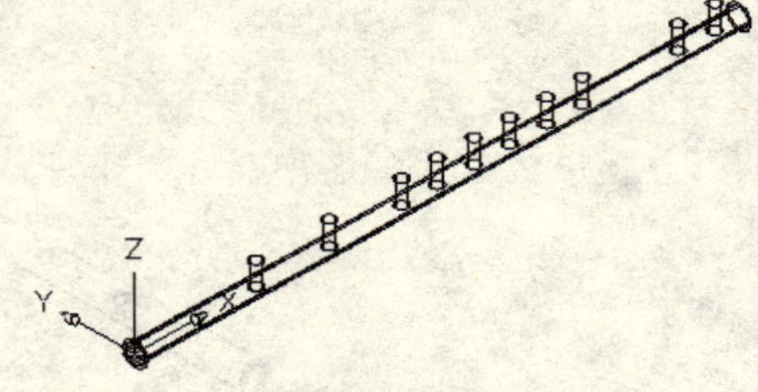

图 15-5　复制圆柱体

（9）差集命令。单击常用选项卡中的“实体编辑”面板→（差集）按钮，命令行提示：

命令: subtract

选择要从中减去的实体或面域...

选择对象: 选择如图 15-6 所示的实体（虚线所示）（按<Enter>键）

选择要减去的实体或面域...

选择对象: 选择如图 15-7 所示的所有圆柱体（虚线所示）（按<Enter>键）

结果如图 15-8 所示。

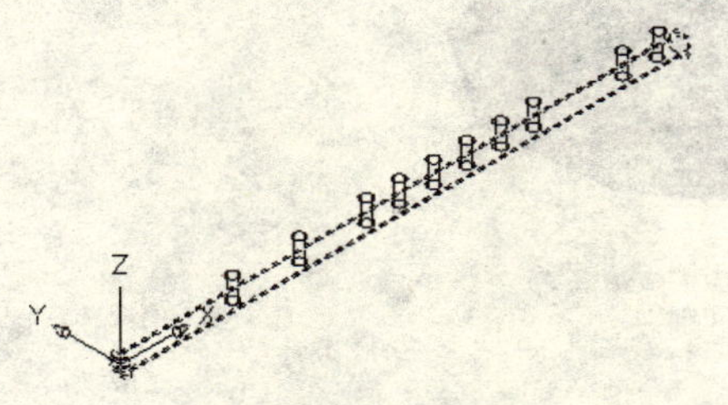

图 15-6　选择实体

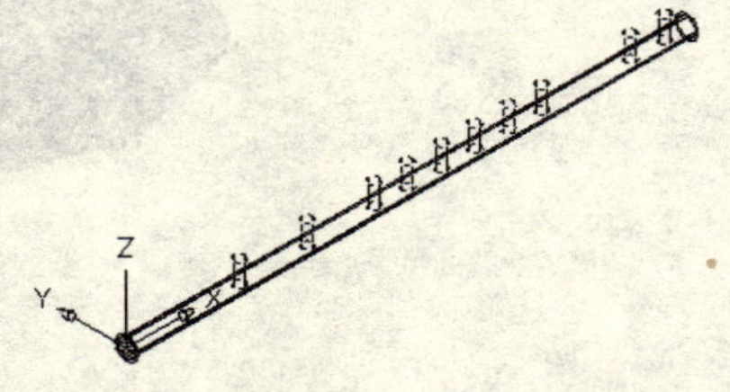

图 15-7　选择所有圆柱体

（10）三维旋转实体。单击常用选项卡中的“修改”面板→“三维旋转”按钮，按<Enter>键，命令行提示：

命令: 3drotate

当前正向角度:　ANGDIR=逆时针　ANGBASE=0

选择对象: all（按<Enter>键）

选择对象:（按<Enter>键）

指定轴上的第一个点或定义轴依据[对象(O)/最近的(L)/视图(V)/X 轴(X)/Y 轴(Y)/Z 轴(Z)/两点(2)]: x（按<Enter>键）

指定 X 轴上的点 <0,0,0>:（按<Enter>键）

结果如图 15-9 所示。

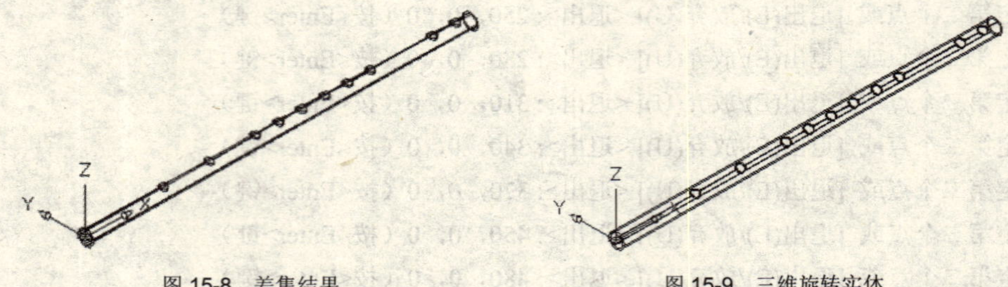

图 15-8　差集结果　　　　图 15-9　三维旋转实体

（11）消隐处理。单击常用选项卡中的“视图”面板→“三维隐藏”命令，结果如图 15-10 所示。

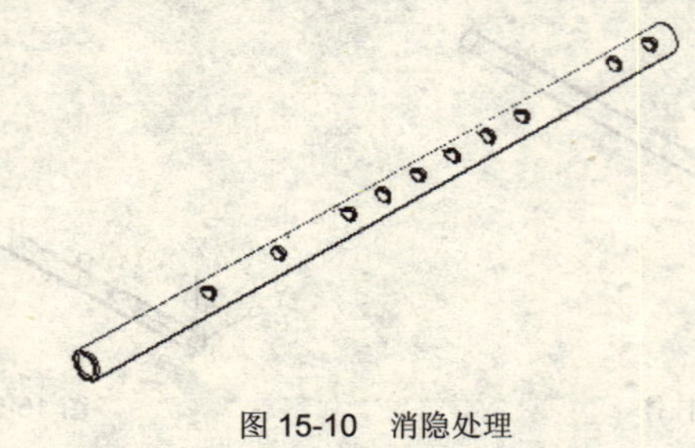

图 15-10　消隐处理

15.2　雨 伞 建 模

本节将创建如图 15-11 所示的雨伞模型。

图 15-11　雨伞模型

其操作步骤如下：

（1）启动 AutoCAD 2010 系统，单击快速访问工具栏中的（新建）按钮，弹出“选择样板”

对话框，在列表框中选择“acadiso.dwt”，单击常用选项卡中的“打开”按钮。

（2）切换视图显示方式。单击常用选项卡中的“视图”面板→“西南等轴测”命令，如图 15-12 所示。

（3）绘制直线。单击常用选项卡中的“绘图”面板→（直线）按钮，命令行提示：

命令: line

指定第一点: 0，0，0（按<Enter>键）

指定下一点或 [放弃(U)]: 0，0，30（按<Enter>键）

结果如图 15-13 所示。

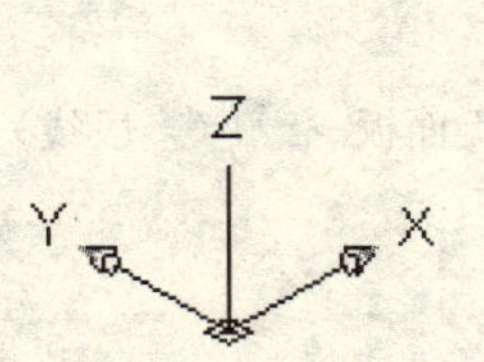

图 15-12　切换视图方式

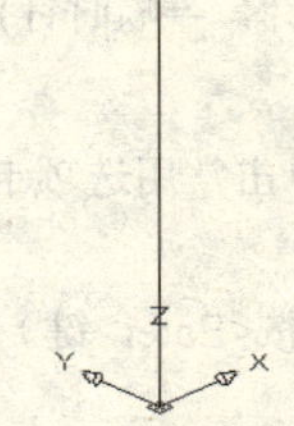

图 15-13　绘制直线

（4）设置用户坐标系。在命令行中输入 ucs，按<Enter>键，命令行提示：

命令: ucs

当前 UCS 名称: *世界*

指定 UCS 的原点或 [面(F)/命名(NA)/对象(OB)/上一个(P)/视图(V)/世界(W)/X/Y/Z/Z 轴(ZA)] <世界>: x（按<Enter>键）

指定绕 X 轴的旋转角度 <90>: 90（按<Enter>键）

结果如图 15-14 所示。

（5）绘制圆弧。单击常用选项卡中的“绘图”面板→（圆弧）按钮，命令行提示：

命令: arc

指定圆弧的起点或 [圆心(C)]: 选择直线的上端点

指定圆弧的第二个点或 [圆心(C)/端点(E)]: c（按<Enter>键）

指定圆弧的圆心: 选择直线的下端点（按<Enter>键）

指定圆弧的端点或 [角度(A)/弦长(L)]: L（按<Enter>键）

指定弦长: 20（按<Enter>键）

结果如图 15-15 所示。

（6）在命令行中输入 surftab1，按<Enter>键，设其值为 10，接着在命令行输入 surftab2，按<Enter>键，设其值也为 10。

（7）旋转曲面。单击网格建模选项卡中的“图元”面板→“建模，网格，旋转曲面”命令，命令行提示：

命令: revsurf

当前线框密度: SURFTAB1=10　SURFTAB2=10

选择要旋转的对象: 选择圆弧（按<Enter>键）

选择定义旋转轴的对象: 选择直线（按<Enter>键）

指定起点角度 <0>:（按<Enter>键）

图 15-14　设置用户坐标系　　　图 15-15　绘制圆弧

指定包含角 (+=逆时针，-=顺时针) <360>:（按<Enter>键）

结果如图 15-16 所示。

（8）绘制多段线。单击常用选项卡中的“绘图”面板→（多段线）按钮，命令行提示：

命令: pline

指定起点: 0，0，0（按<Enter>键）

当前线宽为 0.0000

指定下一个点或 [圆弧(A)/半宽(H)/长度(L)/放弃(U)/宽度(W)]: @0，−2（按<Enter>键）

指定下一点或 [圆弧(A)/闭合(C)/半宽(H)/长度(L)/放弃(U)/宽度(W)]: a（按<Enter>键）

指定圆弧的端点或[角度(A)/圆心(CE)/闭合(CL)/方向(D)/半宽(H)/直线(L)/半径(R)/第二个点(S)/放弃(U)/宽度(W)]: a（按<Enter>键）

指定包含角: −180（按<Enter>键）

指定圆弧的端点或 [圆心(CE)/半径(R)]: @−5，0（按<Enter>键）

指定圆弧的端点或[角度(A)/圆心(CE)/闭合(CL)/方向(D)/半宽(H)/直线(L)/半径(R)/第二个点(S)/放弃(U)/宽度(W)]:（按<Enter>键）

结果如图 15-17 所示。

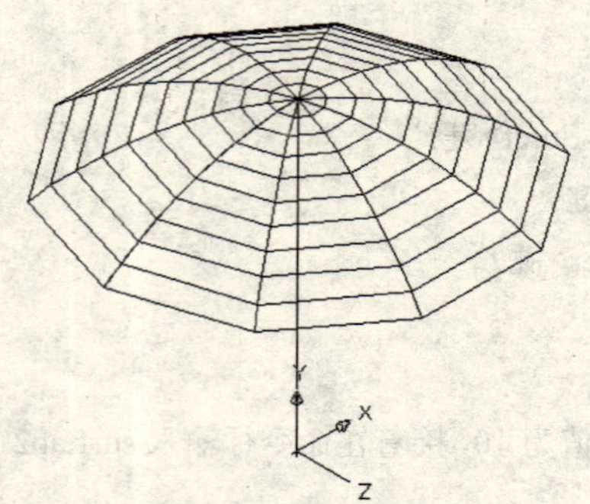

图 15-16　旋转曲面

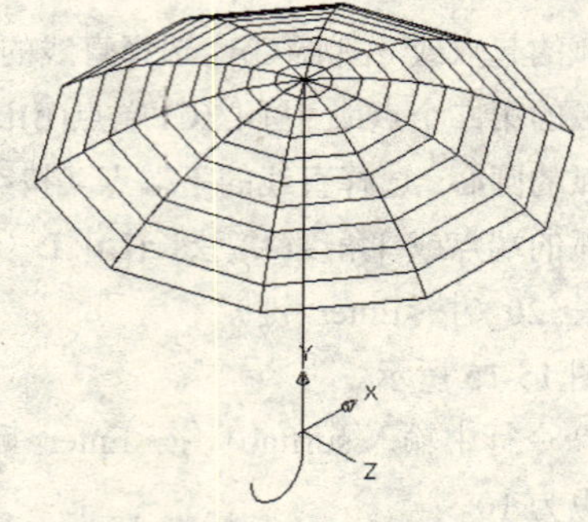

图 15-17　绘制多段线

（9）编辑多段线。单击常用选项卡中的“修改”→“对象”→“多段线”命令，命令行提示：

命令: pedit

选择多段线或 [多条(M)]: 选择如图 15-18 所示的直线（虚线所示）（按<Enter>键）

是否将其转换为多段线? <Y>:（按<Enter>键）

输入选项 [闭合(C)/合并(J)/宽度(W)/编辑顶点(E)/拟合(F)/样条曲线(S)/非曲线化(D)/线型生成(L)/放弃(U)]: j（按<Enter>键）

选择对象: 选择如图 15-19 所示的多段线（虚线所示）（按<Enter>键）

选择对象:（按<Enter>键）

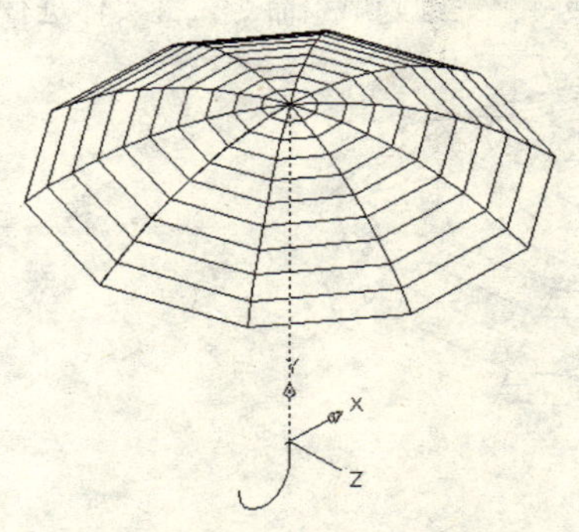

图 15-18　选择直线

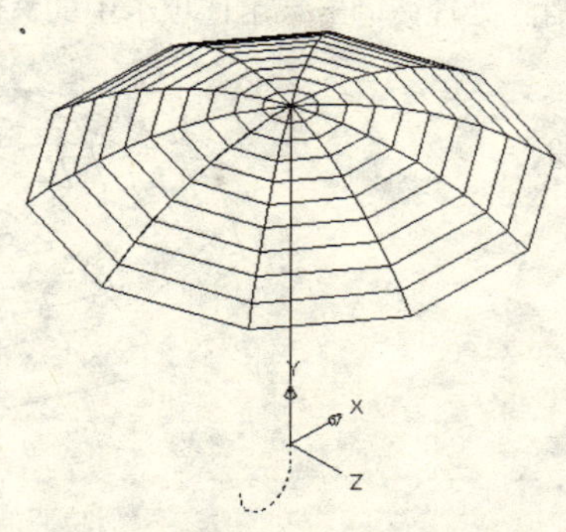

图 15-19　选择多段线

（10）设置用户坐标系。在命令行中输入 ucs，按<Enter>键，命令行提示:

命令: ucs

当前 UCS 名称: *没有名称*

指定 UCS 的原点或 [面(F)/命名(NA)/对象(OB)/上一个(P)/视图(V)/世界(W)/X/Y/Z/Z 轴(ZA)] <世界>: w（按<Enter>键）

返回世界坐标系，如图 15-20 所示。

（11）绘制圆。单击常用选项卡中的“绘图”面板→（圆）按钮，命令行提示:

命令: circle

指定圆的圆心或 [三点(3P)/两点(2P)/相切、相切、半径(T)]: －5，0，－2（按<Enter>键）

指定圆的半径或 [直径(D)]: 0.4（按<Enter>键）

结果如图 15-21 所示。

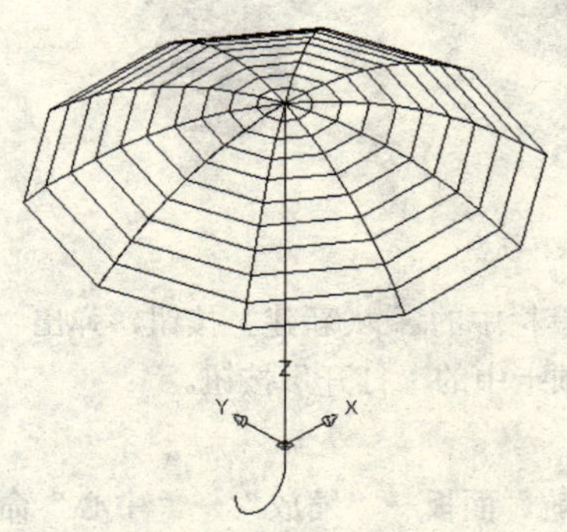

图 15-20　设置用户坐标系

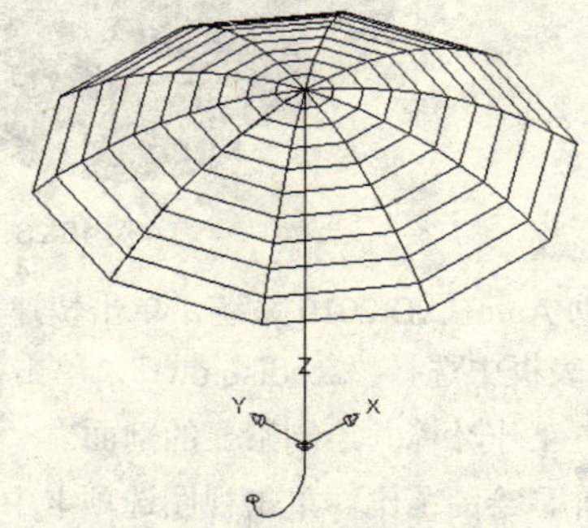

图 15-21　绘制圆

（12）实体拉伸。单击常用选项卡中的“建模”面板→（拉伸）按钮，命令行提示:

命令: extrude

当前线框密度:　ISOLINES=4

选择要拉伸的对象: 选择绘制的小圆（按<Enter>键）

选择要拉伸的对象:（按<Enter>键）

指定拉伸的高度或 [方向(D)/路径(P)/倾斜角(T)] <20.0000>: p（按<Enter>键）

选择拉伸路径或 [倾斜角]: 选择步骤（9）中合并后的多段线（按<Enter>键）

结果如图 15-22 所示。

（13）消隐处理。单击常用选项卡中的“视图”面板→“三维隐藏”命令，将实体进行消隐处理。

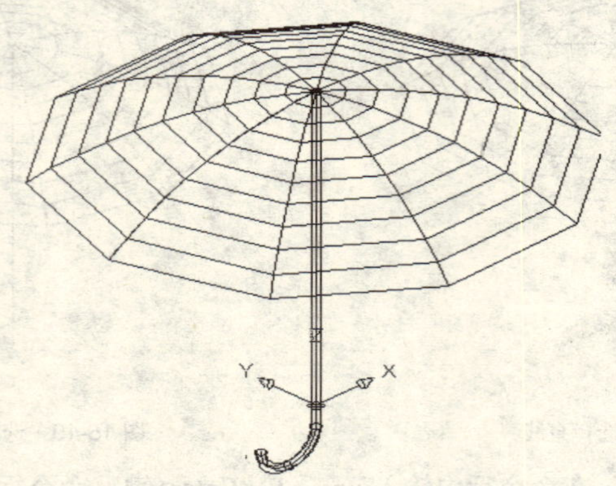

图 15-22 实体拉伸

15.3 茶壶和茶杯建模

本节将创建如图 15-23 所示的茶壶和茶杯模型，其操作步骤如下：

图 15-23 茶壶和茶杯模型

（1）启动 AutoCAD 2010 系统，单击快速访问工具栏中的 （新建）按钮，弹出“选择样板”对话框，在列表框中选择“acadiso.dwt”，单击常用选项卡中的“打开”按钮。

（2）设置工作环境并绘制茶壶的剖面。

1）设置屏幕绘图范围。单击视图选项卡中的“导航”面板→“缩放”→“中心”命令，命令行提示：

命令: zoom

指定窗口的角点，输入比例因子 (nX 或 nXP)，或者[全部(A)/中心(C)/动态(D)/范围(E)/上一个(P)/比例(S)/窗口(W)/对象(O)] <实时>: c（按<Enter>键）

指定中心点: 1000，1000（按<Enter>键）

输入比例或高度 <1141.8604>: 1000（按<Enter>键）

2）新建图层。单击常用选项卡中的“图层”面板→“图层特性”命令，弹出“图层特性管理器”

对话框，新建“茶壶剖面”图层，设定其颜色为“黑色”，线型为 Continous，线宽为 0.13mm，并将新建图层置为当前层，如图 15-24 所示。

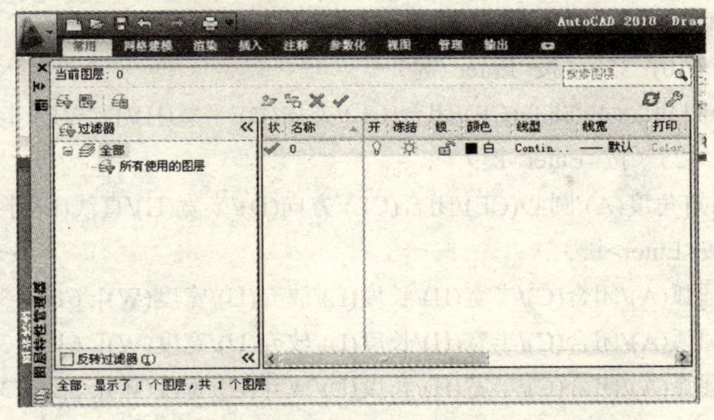

图 15-24　“图层特性管理器”对话框

3）绘制垂直线。单击常用选项卡中的“绘图”面板→（直线）按钮，命令行提示：

命令: line

指定第一点: 500，250（按<Enter>键）

指定下一点或 [放弃(U)]: 500，750（按<Enter>键）

4）绘制多段线。单击常用选项卡中的“绘图”面板→（多段线）按钮，命令行提示：

命令: pline

指定起点: 500，700（按<Enter>键）

当前线宽为 0.0000

指定下一个点或 [圆弧(A)/半宽(H)/长度(L)/放弃(U)/宽度(W)]: a（按<Enter>键）

指定圆弧的端点或[角度(A)/圆心(CE)/方向(D)/半宽(H)/直线(L)/半径(R)/第二个点(S)/放弃(U)/宽度(W)]: d（按<Enter>键）

指定圆弧的起点切向: 指定水平向右方向（按<Enter>键）

指定圆弧的端点: 530，684（按<Enter>键）

指定圆弧的端点或[角度(A)/圆心(CE)/闭合(CL)/方向(D)/半宽(H)/直线(L)/半径(R)/第二个点(S)/放弃(U)/宽度(W)]: l（按<Enter>键）

指定下一点或[圆弧(A)/闭合(C)/半宽(H)/长度(L)/放弃(U)/宽度(W)]: 530，670（按<Enter>键）

指定下一点或[圆弧(A)/闭合(C)/半宽(H)/长度(L)/放弃(U)/宽度(W)]: a（按<Enter>键）

指定圆弧的端点或[角度(A)/圆心(CE)/闭合(CL)/方向(D)/半宽(H)/直线(L)/半径(R)/第二个点(S)/放弃(U)/宽度(W)]: d（按<Enter>键）

指定圆弧的起点切向: 指定水平向左方向（按<Enter>键）

指定圆弧的端点: 514，633（按<Enter>键）

指定圆弧的端点或[角度(A)/圆心(CE)/闭合(CL)/方向(D)/半宽(H)/直线(L)/半径(R)/第二个点(S)/放弃(U)/宽度(W)]: d（按<Enter>键）

指定圆弧的起点切向: 指定水平向右方向（按<Enter>键）

指定圆弧的端点: 620，605（按<Enter>键）

指定圆弧的端点或[角度(A)/圆心(CE)/闭合(CL)/方向(D)/半宽(H)/直线(L)/半径(R)/第二个点(S)/放弃(U)/宽度(W)]: 620，580（按<Enter>键）

指定圆弧的端点或[角度(A)/圆心(CE)/闭合(CL)/方向(D)/半宽(H)/直线(L)/半径(R)/第二个点(S)/放弃(U)/宽度(W)]: d（按<Enter>键）

指定圆弧的起点切向: 指定水平向右方向（按<Enter>键）

指定圆弧的端点: 610，350（按<Enter>键）

指定圆弧的端点或[角度(A)/圆心(CE)/闭合(CL)/方向(D)/半宽(H)/直线(L)/半径(R)/第二个点(S)/放弃(U)/宽度(W)]: 590，325（按<Enter>键）

指定圆弧的端点或[角度(A)/圆心(CE)/闭合(CL)/方向(D)/半宽(H)/直线(L)/半径(R)/第二个点(S)/放弃(U)/宽度(W)]: L（按<Enter>键）

指定下一点或 [圆弧(A)/闭合(C)/半宽(H)/长度(L)/放弃(U)/宽度(W)]: 610，310（按<Enter>键）

指定下一点或 [圆弧(A)/闭合(C)/半宽(H)/长度(L)/放弃(U)/宽度(W)]: 610，300（按<Enter>键）

指定下一点或 [圆弧(A)/闭合(C)/半宽(H)/长度(L)/放弃(U)/宽度(W)]: 500，300（按<Enter>键）

指定下一点或 [圆弧(A)/闭合(C)/半宽(H)/长度(L)/放弃(U)/宽度(W)]:（按<Enter>键）

结果如图 15-25 所示。

（3）创建茶壶主体模型。

1）为使画出的曲面比较精细，需将所画曲线的经线密度和纬线密度重新设置。在命令行输入 surftab1，按<Enter>键，设其值为 30。在命令行输入 surftab2，按<Enter>键，设其值为 12。

注意：旋转茶壶剖面时，如果经纬线密度过低，旋转所得到的曲面将不是光滑的曲面，而带有棱角，因此应该预先对经纬线密度进行设置。

2）旋转茶壶剖面。单击网格建模选项卡中的“图元”面板中的“建模，网格，旋转曲面”命令，命令行提示：

命令: revsurf

当前线框密度: SURFTAB1=30　SURFTAB2=12

选择要旋转的对象: 选择绘制的多段线（按<Enter>键）

选择定义旋转轴的对象: 选择垂直线（按<Enter>键）

指定起点角度 <0>:（按<Enter>键）

指定包含角 (+=逆时针，-=顺时针) <360>:（按<Enter>键）

单击常用选项卡中的“视图”面板→“西南等轴测”命令，切换视点，结果如图 15-26 所示。

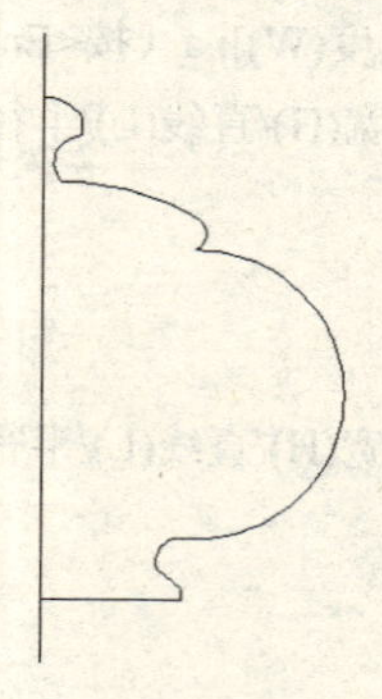

图 15-25　绘制多段线

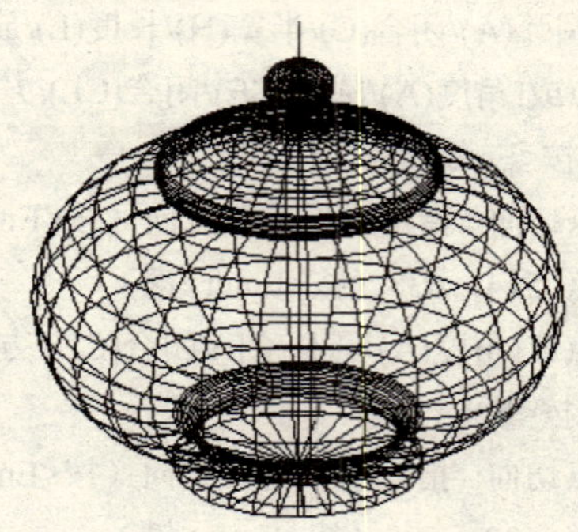

图 15-26　旋转茶壶剖面

（4）创建壶嘴模型。

1）切换视点。单击常用选项卡中的“视图”面板→“仰视”命令，如图 15-27 所示。

2）新建图层。单击常用选项卡中的“图层”面板→“图层特性”命令，弹出“图层特性管理器”对话框，新建“壶嘴剖面”图层，设定其颜色为“黑色”，线型为 Continous，线宽为 0.13mm，并将其置为当前层。

3）绘制壶嘴剖面图。单击常用选项卡中的“绘图”面板→（样条曲线）按钮，分别以如图 15-27 所示的点 1 和点 2 为起点绘制两条样条曲线，结果如图 15-28 所示。

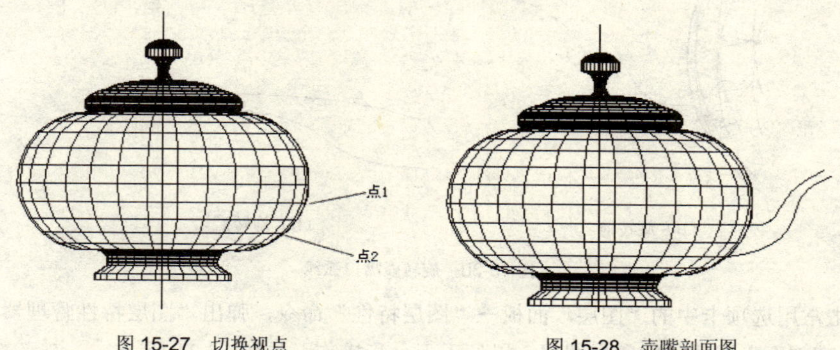

图 15-27　切换视点　　图 15-28　壶嘴剖面图

4）绘制壶嘴口的弧线。单击常用选项卡中的“绘图”面板→（圆弧）按钮，命令行提示：

命令: arc

指定圆弧的起点或 [圆心(C)]: 选择上方样条曲线的终点（按<Enter>键）

指定圆弧的第二个点或 [圆心(C)/端点(E)]: e（按<Enter>键）

指定圆弧的端点: 选择下方样条曲线的终点（按<Enter>键）

指定圆弧的圆心或 [角度(A)/方向(D)/半径(R)]: r（按<Enter>键）

指定圆弧的半径: 10（按<Enter>键）

结果如图 15-29 所示。

图 15-29　绘制壶嘴口的弧线

5）旋转壶嘴口的弧线。单击常用选项卡中的“修改”面板→“三维旋转”按钮，命令行提示：

命令: rotate3d

当前正向角度:　ANGDIR=逆时针　ANGBASE=0

选择对象: 选择壶嘴口的弧线（按<Enter>键）

选择对象:（按<Enter>键）

指定轴上的第一个点或定义轴依据[对象(O)/最近的(L)/视图(V)/X 轴(X)/Y 轴(Y)/Z 轴(Z)/两点(2)]: 2（按<Enter>键）

指定轴上的第一点: 选择上方样条曲线的终点（按<Enter>键）

指定轴上的第二点: 选择下方样条曲线的终点（按<Enter>键）

指定旋转角度或 [参照(R)]: 90（按<Enter>键）

结果如图 15-30 所示。

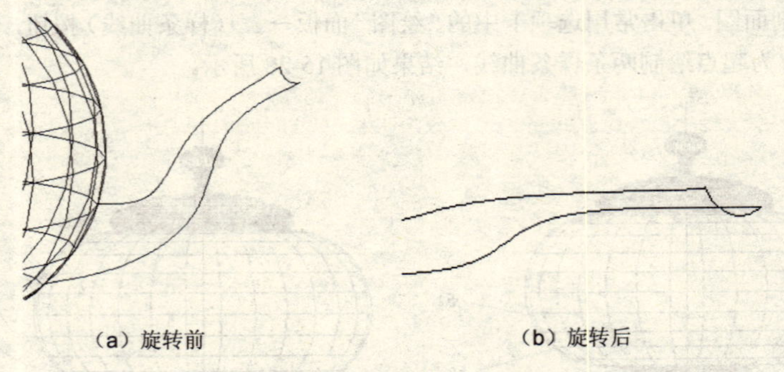

（a）旋转前　（b）旋转后

图 15-30　旋转壶嘴口弧线

6）单击常用选项卡中的“图层”面板→“图层特性”命令，弹出“图层特性管理器”对话框，冻结除“壶嘴剖面”图层外的所有图层，以便于下一步操作，如图 15-31 所示。

7）绘制壶嘴尾段弧线。单击常用选项卡中的“绘图”面板→（圆弧）按钮，命令行提示:

命令: arc

指定圆弧的起点或 [圆心(C)]: 选择如图 15-31 所示的点 1（按<Enter>键）

指定圆弧的第二个点或 [圆心(C)/端点(E)]: 662，416（按<Enter>键）

指定圆弧的端点: 选择如图 15-31 所示的点 2（按<Enter>键）

结果如图 15-32 所示。

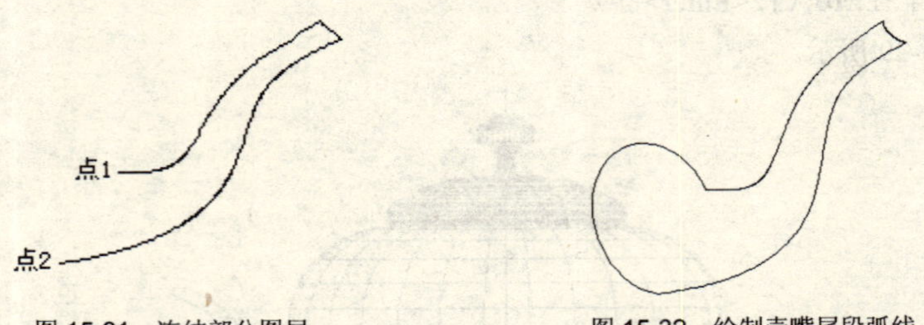

图 15-31　冻结部分图层　　图 15-32　绘制壶嘴尾段弧线

8）旋转壶嘴尾段弧线。单击常用选项卡中的“修改”面板→“三维旋转”按钮，命令行提示:

命令: rotate3d

当前正向角度:　ANGDIR=逆时针　ANGBASE=0

选择对象: 选择壶嘴尾段弧线（按<Enter>键）

选择对象:（按<Enter>键）

指定轴上的第一个点或定义轴依据[对象(O)/最近的(L)/视图(V)/X 轴(X)/Y 轴(Y)/Z 轴(Z)/两点(2)]: 2（按<Enter>键）

指定轴上的第一点: 选择如图 15-31 所示的点 1（按<Enter>键）

指定轴上的第二点: 选择如图 15-31 所示的点 2（按<Enter>键）

指定旋转角度或 [参照(R)]: 90（按<Enter>键）

旋转前后的效果分别如图 15-33 和图 15-34 所示。

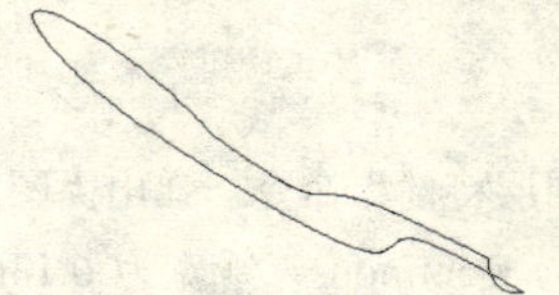

图 15-33　旋转壶嘴尾段弧线前　　　　图 15-34　旋转壶嘴口的弧线后

9）设置曲面分格线数量。在命令行中输入 surftab1，按<Enter>键，设其值为 12，接着在命令行输入 surftab2，按<Enter>键，设其值也为 12。

10）生成壶嘴曲面。单击网格建模选项卡中的“图元”面板→“建模，网格，边界曲面”命令，命令行提示：

命令: edgesurf

当前线框密度: SURFTAB1=12　SURFTAB2=12

选择用作曲面边界的对象: 依次选择刚绘制的壶嘴的外轮廓线（按<Enter>键）

结果如图 15-35 所示。

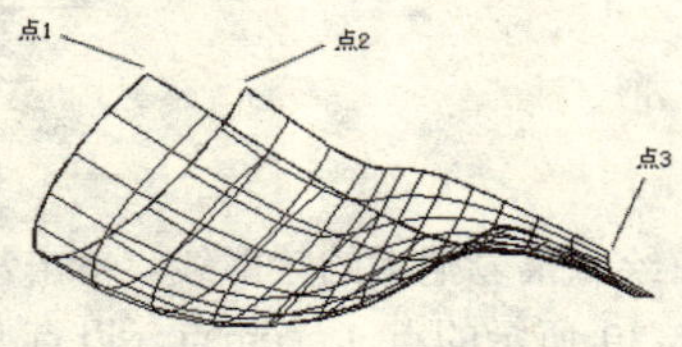

图 15-35　生成壶嘴曲面

11）将绘制好的半个壶嘴镜像成为整个。单击常用选项卡中的“修改”面板→“三维镜像”命令，命令行提示：

命令: mirror3d

选择对象: 选择壶嘴曲面（按<Enter>键）

指定镜像平面 (三点) 的第一个点或[对象(O)/最近的(L)/Z 轴(Z)/视图(V)/XY 平面(XY)/YZ 平面(YZ)/ZX 平面(ZX)/三点(3)] <三点>: 选择如图 15-35 所示的点 1（按<Enter>键）

在镜像平面上指定第二点: 选择如图 15-35 所示的点 2（按<Enter>键）

在镜像平面上指定第三点: 选择如图 15-35 所示的点 3（按<Enter>键）

是否删除源对象？[是(Y)/否(N)] <N>:（按<Enter>键）

结果如图 15-36 所示。

12）消隐处理。单击常用选项卡中的“视图”面板→“三维隐藏”命令，结果如图 15-37 所示。

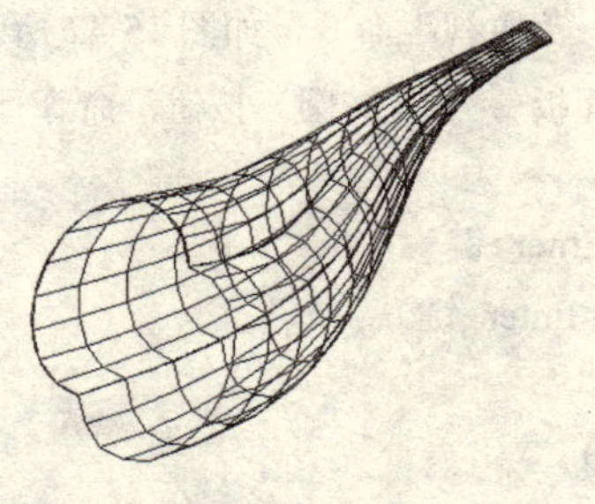

图 15-36　镜像操作

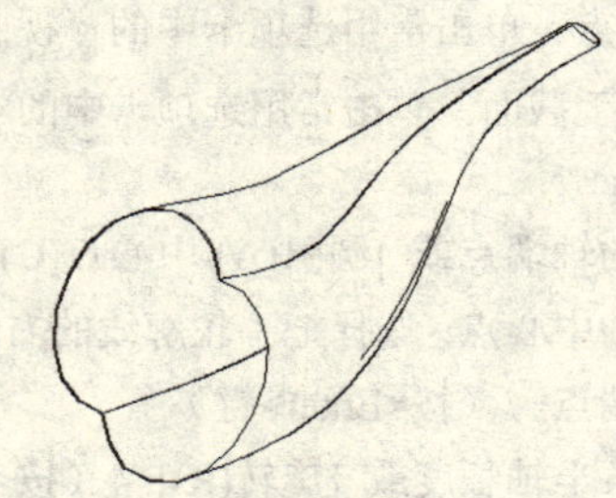

图 15-37　消隐处理

13）单击常用选项卡中的“图层”面板→“图层特性”命令，弹出“图层特性管理器”对话框，将冻结的图层解冻，结果如图 15-38 所示。

（5）创建茶壶的把手。

1）新建图层。单击常用选项卡中的“图层”面板→“图层特性”命令，弹出“图层特性管理器”对话框，新建“把手”图层，设置其颜色为“黑色”，线型为 Continous，线宽为 0.13mm，并将其置为当前层。

2）切换视点。单击常用选项卡中的“视图”面板→“仰视”命令，结果如图 15-39 所示。

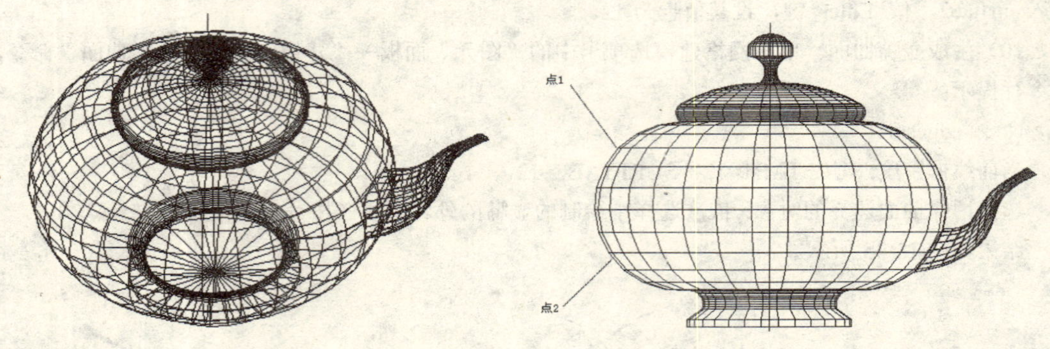

图 15-38　茶壶模型　　　　图 15-39　切换视点

3）以茶壶的外轮廓线为起点，绘制茶壶把手的轮廓线。单击常用选项卡中的“绘图”面板→（样条曲线）按钮，分别以如图 15-39 所示的点 1 为起点，以点 2 为终点绘制一条样条曲线，如图 15-40 所示。

4）单击常用选项卡中的“图层”面板→“图层特性”命令，弹出“图层特性管理器”对话框，冻结除“把手”图层外的所有图层，以便于下一步操作，如图 15-41 所示。

图 15-40　绘制茶壶把手的轮廓线

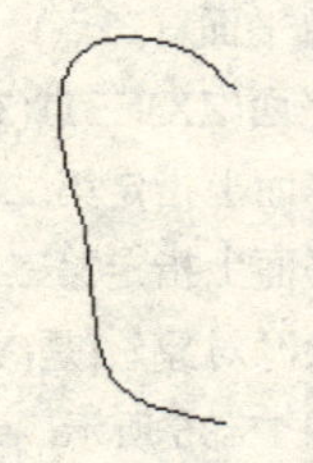

图 15-41　冻结部分图层

5）切换视点。单击常用选项卡中的“视图”面板→“主视”命令，如图 15-42 所示。

6）绘制把手截面。单击常用选项卡中的“绘图”面板→（椭圆）按钮，命令行提示：

命令: ellipse

指定椭圆的轴端点或 [圆弧(A)/中心点(C)]: c（按<Enter>键）

指定椭圆的中心点: 选择把手轮廓线的右端点（按<Enter>键）

指定轴的端点: 7（按<Enter>键）

指定另一条半轴长度或 [旋转(R)]: 4（按<Enter>键）

结果如图 15-43 所示。

图 15-42　切换视点 　　　　　　图 15-43　绘制把手截面

7）设置线框密度。在命令行输入 isolines，设其值为 16。

注意：生成把手模型时，线框的密度值不能设置得太低，否则得不到一个光滑的曲面体，而是一个线框图。

8）将把手截面沿把手外轮廓线拉伸创建三维把手。单击常用选项卡中的“建模”面板→（拉伸）按钮，命令行提示：

命令：extrude

当前线框密度：ISOLINES=16

选择要拉伸的对象：选择椭圆（按<Enter>键）

指定拉伸的高度或 [方向(D)/路径(P)/倾斜角(T)] <－17.2895>: p（按<Enter>键）

选择拉伸路径或 [倾斜角]：选择如图 15-43 所示的水平线（按<Enter>键）

单击常用选项卡中的“视图”面板中的“西南等轴测”命令，切换视点，结果如图 15-44 所示。

9）单击常用选项卡中的“图层”面板→“图层特性”命令，弹出“图层特性管理器”对话框，将冻结的图层解冻，即得到带把手的茶壶模型，效果如图 15-45 所示。

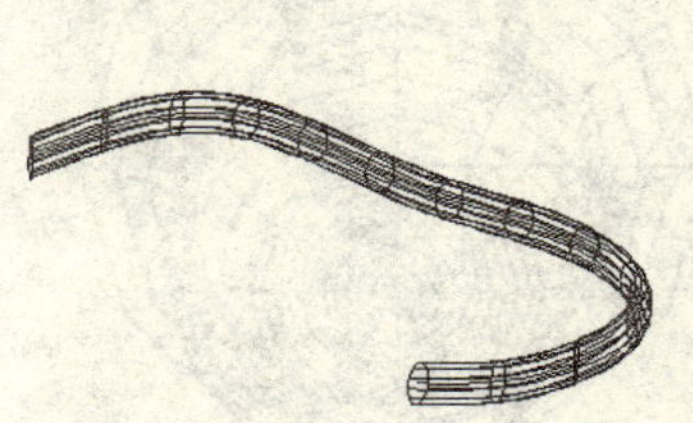

图 15-44　创建三维把手

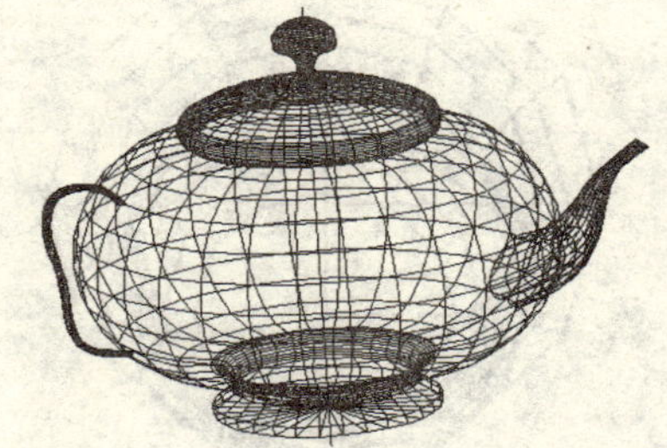

图 15-45　带把手的茶壶模型

（6）绘制茶杯模型。

1）新建图层。单击常用选项卡中的“图层”面板→“图层特性”命令，弹出“图层特性管理器”对话框，新建“茶杯”图层，设置其颜色为“黑色”，线型为 Continous，线宽为 0.13mm，并将其置为当前层。

2）切换视点。单击常用选项卡中的“视图”面板→“俯视”命令，将视图切换到俯视图。

3）绘制直线。单击常用选项卡中的“绘图”面板→（直线）按钮，命令行提示：

命令：line

指定第一点：1000，300（按<Enter>键）

指定下一点或 [放弃(U)]：1000，500（按<Enter>键）

同理，绘制起点为“1000，425”，终点为“915，425”和起点为“1000，300”、终点为“960，300”的两条直线，如图 15-46 所示。

4）单击常用选项卡中的“绘图”面板→（样条曲线）按钮，分别以如图 15-46 所示的点 1 和点 2 为端点绘制茶杯的外轮廓线，如图 15-47 所示。

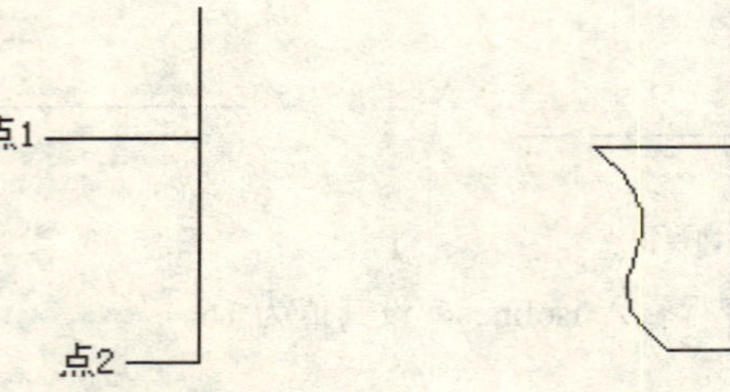

图 15-46　绘制直线　　图 15-47　绘制样条曲线

5）旋转茶杯剖面。单击网格建模选项卡中的“图元”面板→“建模，网格，旋转曲面”命令，命令行提示：

命令: revsurf

当前线框密度: SURFTAB1=12　SURFTAB2=12

选择要旋转的对象: 选择绘制的样条曲线（按<Enter>键）

选择定义旋转轴的对象: 选择垂直线（按<Enter>键）

指定起点角度 <0>:（按<Enter>键）

指定包含角 (+=逆时针，－=顺时针) <360>:（按<Enter>键）

同理，再以水平线（如图 15-48 所示的虚线）为旋转对象，垂直线为旋转轴，旋转茶杯底面，结果如图 15-49 所示。

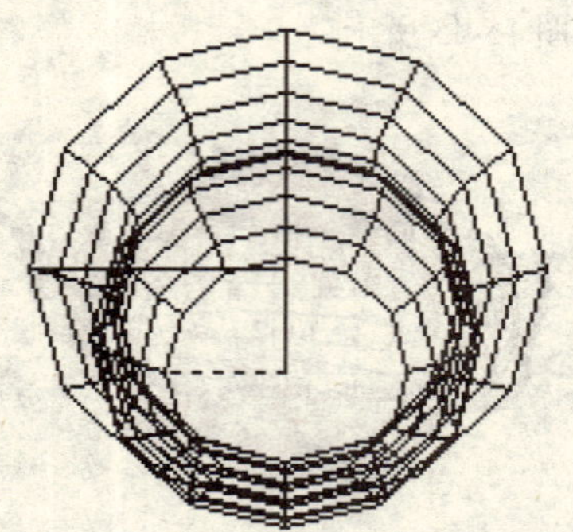

图 15-48　以水平线为旋转对象

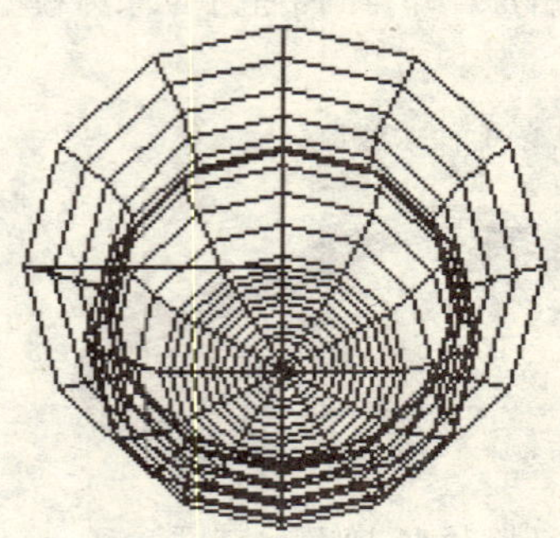

图 15-49　旋转茶杯底面

6）删除中心线和辅助线，调整视图方向，结果如图 15-50 所示。

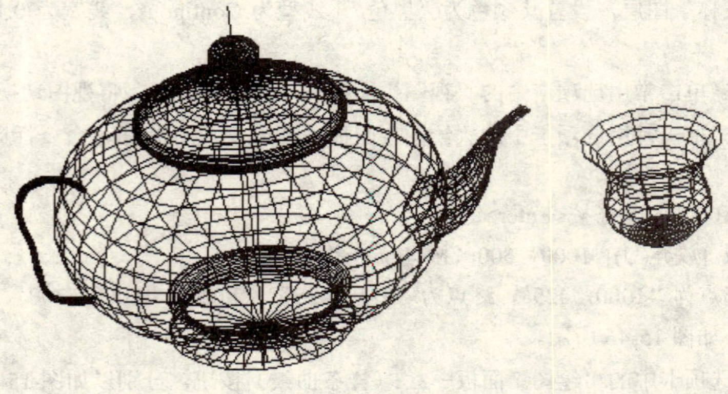

图 15-50　茶壶和茶杯模型

15.4　水龙头建模

本节将创建如图 15-51 所示的水龙头模型，其操作步骤如下：

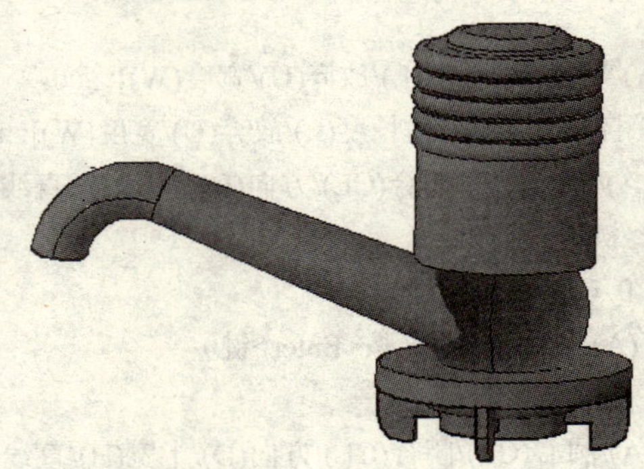

图 15-51　水龙头模型

（1）启动 AutoCAD 2010 系统，单击快速访问工具栏的（新建）按钮，弹出“选择样板”对话框，在列表框中选择“acadiso.dwt”，单击常用选项卡中的“打开”按钮。

（2）绘制底座截面轮廓线。

1）单击常用选项卡中的“绘图”面板→（直线）按钮，在绘图区偏右的位置绘制一条垂直中心线。选择此中心线，单击常用选项卡中的“修改”中的“特性”命令，将中心线的线型比例设置为 10。

2）绘制底座截面轮廓线。单击常用选项卡中的“绘图”面板→（多段线）按钮，命令行提示：

命令: pline

指定起点: 选择垂直中心线的下端点（按<Enter>键）

当前线宽为 0.0000

指定下一个点或 [圆弧(A)/半宽(H)/长度(L)/放弃(U)/宽度(W)]: @12，0（按<Enter>键）

指定下一点或 [圆弧(A)/闭合(C)/半宽(H)/长度(L)/放弃(U)/宽度(W)]: @0，4（按<Enter>键）

指定下一点或 [圆弧(A)/闭合(C)/半宽(H)/长度(L)/放弃(U)/宽度(W)]: a（按<Enter>键）

指定圆弧的端点或[角度(A)/圆心(CE)/闭合(CL)/方向(D)/半宽(H)/直线(L)/半径(R)/第二个点(S)/放弃(U)/宽度(W)]: ce（按<Enter>键）

指定圆弧的圆心: @0，4（按<Enter>键）

指定圆弧的端点或 [角度(A)/长度(L)]: a（按<Enter>键）

指定包含角: 90（按<Enter>键）

指定圆弧的端点或[角度(A)/圆心(CE)/闭合(CL)/方向(D)/半宽(H)/直线(L)/半径(R)/第二个点(S)/放弃(U)/宽度(W)]: L（按<Enter>键）

指定下一点或 [圆弧(A)/闭合(C)/半宽(H)/长度(L)/放弃(U)/宽度(W)]: @8，0（按<Enter>键）

指定下一点或 [圆弧(A)/闭合(C)/半宽(H)/长度(L)/放弃(U)/宽度(W)]: @0，5（按<Enter>键）

指定下一点或 [圆弧(A)/闭合(C)/半宽(H)/长度(L)/放弃(U)/宽度(W)]: @−24，0（按<Enter>键）

指定下一点或 [圆弧(A)/闭合(C)/半宽(H)/长度(L)/放弃(U)/宽度(W)]: c（按<Enter>键）

结果如图 15-52 所示。

（3）绘制底座凸块截面轮廓图。单击常用选项卡中的“绘图”面板→（多段线）按钮，命令行提示：

命令：pline

指定起点：选择如图 15-52 所示的点 1（按<Enter>键）

当前线宽为 0.0000

指定下一个点或 [圆弧(A)/半宽(H)/长度(L)/放弃(U)/宽度(W)]: @0，－6（按<Enter>键）

指定下一点或 [圆弧(A)/闭合(C)/半宽(H)/长度(L)/放弃(U)/宽度(W)]: a（按<Enter>键）

指定圆弧的端点或[角度(A)/圆心(CE)/闭合(CL)/方向(D)/半宽(H)/直线(L)/半径(R)/第二个点(S)/放弃(U)/宽度(W)]: ce（按<Enter>键）

指定圆弧的圆心：@－5，0（按<Enter>键）

指定圆弧的端点或 [角度(A)/长度(L)]: a（按<Enter>键）

指定包含角：－90（按<Enter>键）

指定圆弧的端点或[角度(A)/圆心(CE)/闭合(CL)/方向(D)/半宽(H)/直线(L)/半径(R)/第二个点(S)/放弃(U)/宽度(W)]: L（按<Enter>键）

指定下一点或 [圆弧(A)/闭合(C)/半宽(H)/长度(L)/放弃(U)/宽度(W)]: @－2，0（按<Enter>键）

指定下一点或 [圆弧(A)/闭合(C)/半宽(H)/长度(L)/放弃(U)/宽度(W)]: @0，5（按<Enter>键）

指定下一点或 [圆弧(A)/闭合(C)/半宽(H)/长度(L)/放弃(U)/宽度(W)]: @－5，0（按<Enter>键）

指定下一点或 [圆弧(A)/闭合(C)/半宽(H)/长度(L)/放弃(U)/宽度(W)]: @0，6（按<Enter>键）

指定下一点或 [圆弧(A)/闭合(C)/半宽(H)/长度(L)/放弃(U)/宽度(W)]: c（按<Enter>键）

结果如图 15-53 所示。

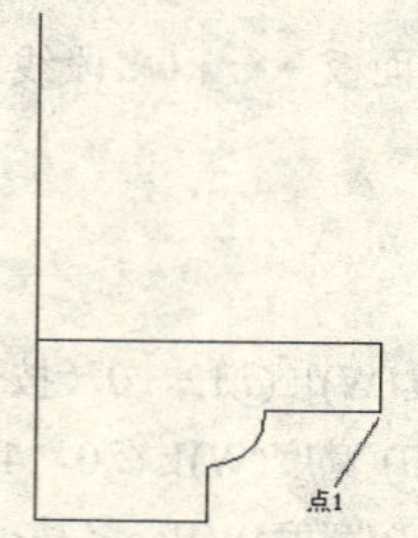

图 15-52 绘制底座截面轮廓线

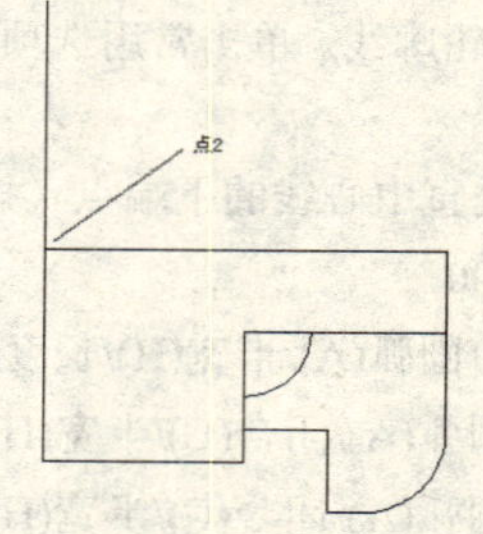

图 15-53 绘制底座凸块截面轮廓图

（4）绘制主体截面轮廓图。单击常用选项卡中的“绘图”面板→（多段线）按钮，命令行提示：

命令：pline

指定起点：选择如图 15-53 所示的点 2（按<Enter>键）

当前线宽为 0.0000

指定下一个点或 [圆弧(A)/半宽(H)/长度(L)/放弃(U)/宽度(W)]: @12，0（按<Enter>键）

指定下一点或 [圆弧(A)/闭合(C)/半宽(H)/长度(L)/放弃(U)/宽度(W)]: a（按<Enter>键）

指定圆弧的端点或[角度(A)/圆心(CE)/闭合(CL)/方向(D)/半宽(H)/直线(L)/半径(R)/第二个点(S)/放弃(U)/宽度(W)]: s（按<Enter>键）

指定圆弧上的第二个点：@4，10（按<Enter>键）

指定圆弧的端点：@－4，10（按<Enter>键）

指定圆弧的端点或[角度(A)/圆心(CE)/闭合(CL)/方向(D)/半宽(H)/直线(L)/半径(R)/第二个点(S)/放弃(U)/宽度(W)]: L（按<Enter>键）

指定下一点或 [圆弧(A)/闭合(C)/半宽(H)/长度(L)/放弃(U)/宽度(W)]: @－12，0（按<Enter>键）

指定下一点或 [圆弧(A)/闭合(C)/半宽(H)/长度(L)/放弃(U)/宽度(W)]: c（按<Enter>键）

结果如图 15-54 所示。

（5）绘制手柄截面轮廓图。

1）单击常用选项卡中的“绘图”面板→（多段线）按钮，命令行提示:

命令: pline

指定起点: 选择如图 15-54 所示的点 3（按<Enter>键）

当前线宽为 0.0000

指定下一个点或 [圆弧(A)/半宽(H)/长度(L)/放弃(U)/宽度(W)]: @0，45（按<Enter>键）

指定下一点或 [圆弧(A)/闭合(C)/半宽(H)/长度(L)/放弃(U)/宽度(W)]: @9，0（按<Enter>键）

指定下一点或 [圆弧(A)/闭合(C)/半宽(H)/长度(L)/放弃(U)/宽度(W)]: a（按<Enter>键）

指定圆弧的端点或[角度(A)/圆心(CE)/闭合(CL)/方向(D)/半宽(H)/直线(L)/半径(R)/第二个点(S)/放弃(U)/宽度(W)]: @3，－2（按<Enter>键）

指定圆弧的端点或[角度(A)/圆心(CE)/闭合(CL)/方向(D)/半宽(H)/直线(L)/半径(R)/第二个点(S)/放弃(U)/宽度(W)]: L（按<Enter>键）

指定下一点或 [圆弧(A)/闭合(C)/半宽(H)/长度(L)/放弃(U)/宽度(W)]: @0，－1（按<Enter>键）

指定下一点或 [圆弧(A)/闭合(C)/半宽(H)/长度(L)/放弃(U)/宽度(W)]: @5，0（按<Enter>键）

指定下一点或 [圆弧(A)/闭合(C)/半宽(H)/长度(L)/放弃(U)/宽度(W)]: @0，－42（按<Enter>键）

指定下一点或 [圆弧(A)/闭合(C)/半宽(H)/长度(L)/放弃(U)/宽度(W)]: c（按<Enter>键）

结果如图 15-55 所示。

2）绘制圆。单击常用选项卡中的“绘图”面板→（圆）按钮，命令行提示:

命令: circle

指定圆的圆心或 [三点(3P)/两点(2P)/相切、相切、半径(T)]: 2p（按<Enter>键）

指定圆直径的第一个端点: 选择如图 15-55 所示的点 4（按<Enter>键）

指定圆直径的第二个端点: @0，－4（按<Enter>键）

结果如图 15-56 所示。

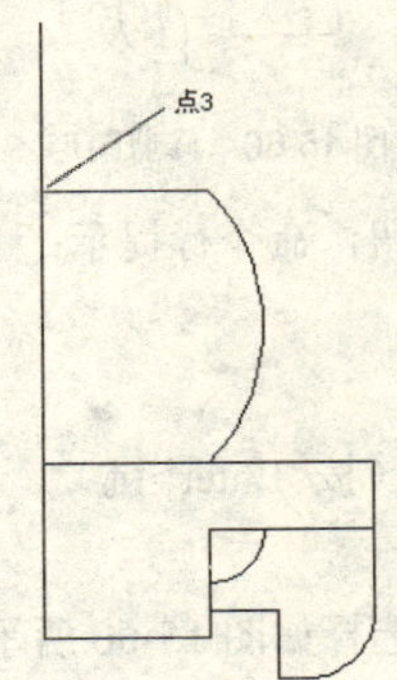

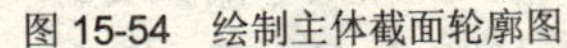

图 15-54　绘制主体截面轮廓图

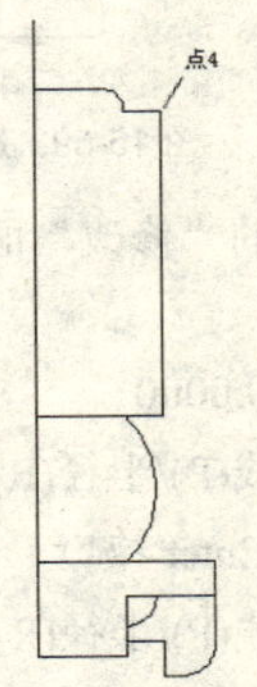

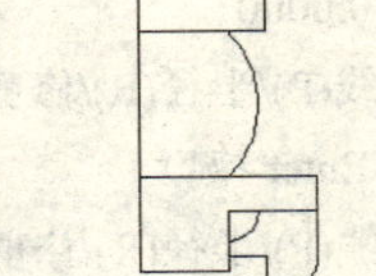

图 15-55　绘制手柄截面轮廓图

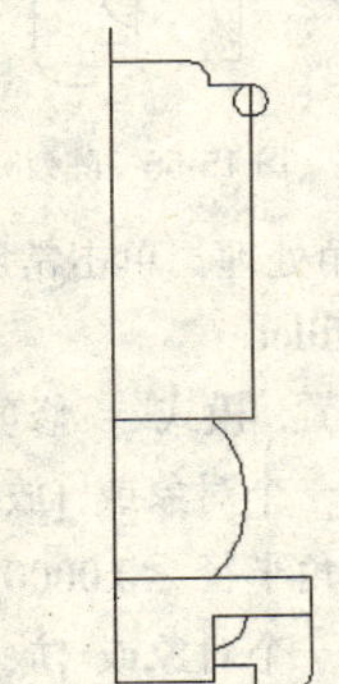

图 15-56　绘制圆

3）阵列圆。单击常用选项卡中的“修改”面板→（阵列）按钮，弹出“阵列”对话框，参数设置如图 15-57 所示。然后选择绘制的圆，单击常用选项卡中的“确定”按钮，结果如图 15-58 所示。

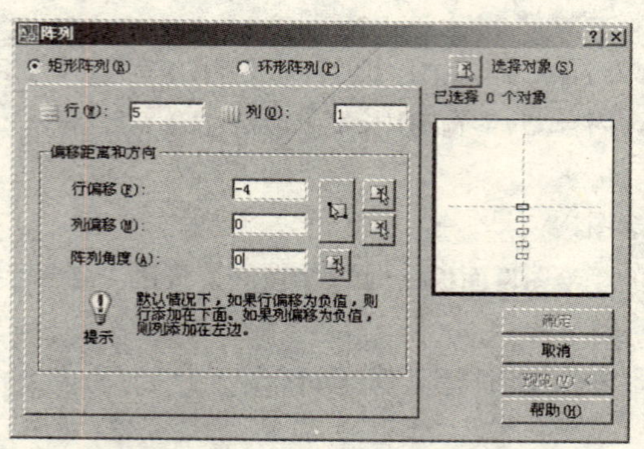

图 15-57 设置阵列参数

4）修剪图形。单击常用选项卡中的“修改”面板→（修剪）按钮，命令行提示：

命令：trim

当前设置:投影=UCS，边=无

选择剪切边...

选择对象或 <全部选择>：选择如图 15-59 所示的虚线（按<Enter>键）

选择要修剪的对象，或按住 Shift 键选择要延伸的对象，或[栏选(F)/窗交(C)/投影(P)/边(E)/删除(R)/放弃(U)]：依次单击常用选项卡中的 5 个圆的左侧

结果如图 15-60 所示。

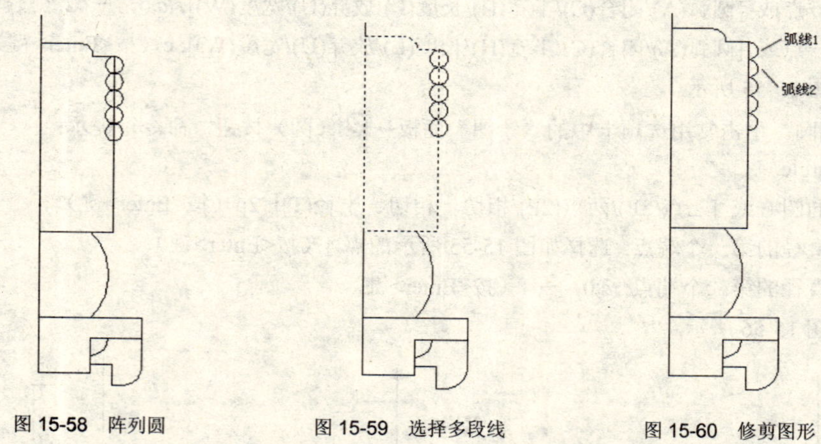

图 15-58 阵列圆　　图 15-59 选择多段线　　图 15-60 修剪图形

5）圆角处理。单击常用选项卡中的“修改”面板→（圆角）按钮，命令行提示：

命令：fillet

当前设置：模式 = 修剪，半径 = 0.0000

选择第一个对象或 [放弃(U)/多段线(P)/半径(R)/修剪(T)/多个(M)]：r（按<Enter>键）

指定圆角半径 <0.0000>：0.5（按<Enter>键）

选择第一个对象或 [放弃(U)/多段线(P)/半径(R)/修剪(T)/多个(M)]：选择如图 15-60 所示的弧线 1

选择第二个对象，或按住 Shift 键选择要应用角点的对象：选择如图 15-60 所示的弧线 2

结果如图 15-61 所示。同理，将其他的圆弧连接处进行圆角处理，结果如图 15-62 所示。

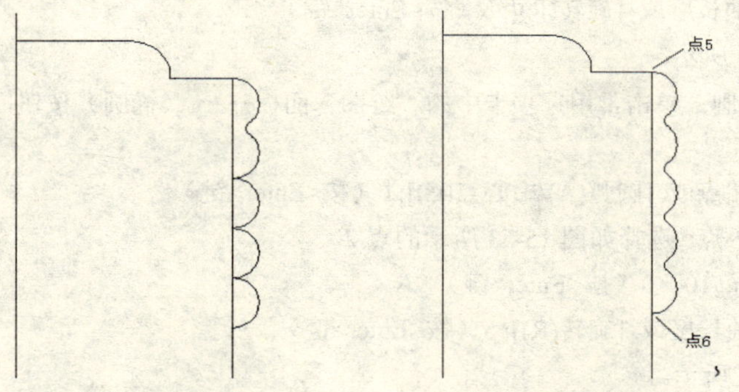

图 15-61　圆角处理　　　图 15-62　将其余圆弧连接处进行圆角处理

6）删除弧线左边的直线。单击常用选项卡中的“修改”面板→（打断）按钮，命令行提示：

命令: break

选择对象: 选择最后绘制的多段线

指定第二个打断点或[第一点(F)]: f（按<Enter>键）

指定第一个打断点: 选择如图 15-62 所示的点 5

指定第二个打断点: 选择如图 15-62 所示的点 6

结果如图 15-63 所示。

7）移动弧线。单击常用选项卡中的“修改”面板→（移动）按钮，命令行提示：

命令: move

选择对象:选择所有的弧线（按<Enter>键）

指定基点或 [位移(D)] <位移>: 选择弧线上任意一点

指定第二个点或 <使用第一个点作为位移>: @－1，0（按<Enter>键）

结果如图 15-64 所示。

8）修剪去多余的线段，再用鼠标将最下面的弧线的下端点拖到其下方直线的上端点上，结果如图 15-65 所示。

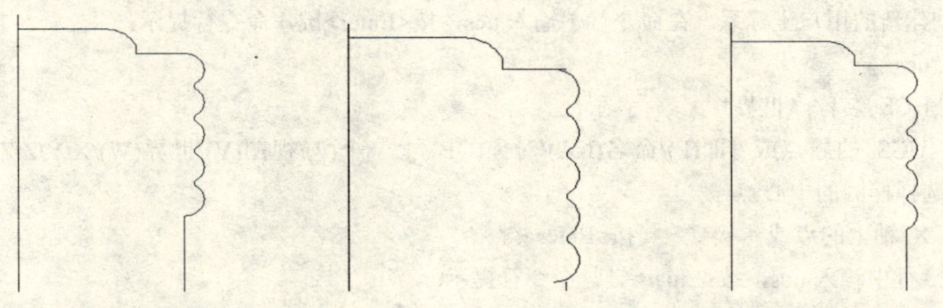

图 15-63　删除弧线左边的直线　　　图 15-64　移动弧线　　　图 15-65　修剪多余的线段

（6）绘制水管截面轮廓线。

1）单击常用选项卡中的“绘图”面板→（椭圆）按钮，命令行提示：

命令: ellipse

指定椭圆的轴端点或 [圆弧(A)/中心点(C)]: c（按<Enter>键）

指定椭圆的中心点: 选择如图 15-53 所示的点 2

指定轴的端点: @15，0（按<Enter>键）

指定另一条半轴长度或 [旋转(R)]: 8（按<Enter>键）

结果如图 15-66 所示。

2）绘制同心椭圆。单击常用选项卡中的“绘图”面板→（椭圆）按钮，命令行提示：

命令: ellipse

指定椭圆的轴端点或 [圆弧(A)/中心点(C)]: c（按<Enter>键）

指定椭圆的中心点: 选择如图 15-53 所示的点 2

指定轴的端点: @10，0（按<Enter>键）

指定另一条半轴长度或 [旋转(R)]: 5（按<Enter>键）

结果如图 15-67 所示。

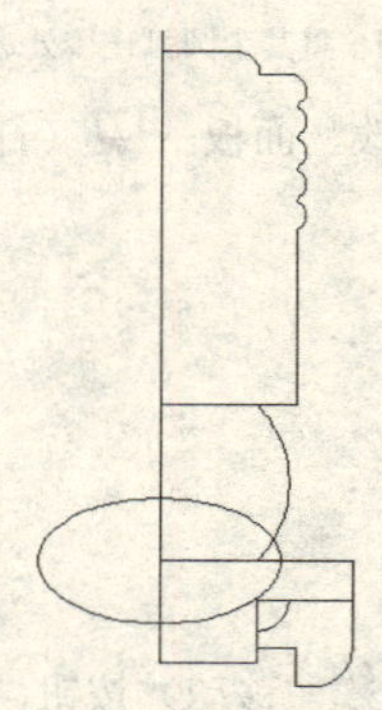

图 15-66　绘制椭圆

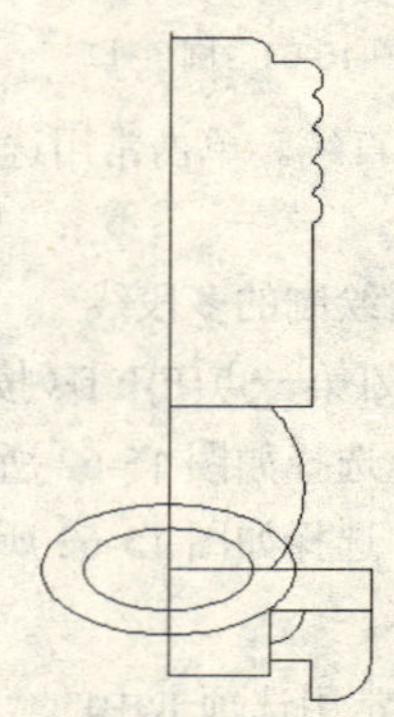

图 15-67　绘制同心椭圆

3）移动椭圆。单击常用选项卡中的“修改”面板→（移动）按钮，命令行提示：

命令: move

选择对象: 选择两个同心椭圆（按<Enter>键）

指定基点或 [位移(D)] <位移>: 选择椭圆的中心点

指定第二个点或 <使用第一个点作为位移>: @0，6（按<Enter>键）

结果如图 15-68 所示。

4）创建新的用户坐标系。在命令行中输入 ucs，按<Enter>键，命令行提示：

命令: ucs

当前 UCS 名称: *世界*

指定 UCS 的原点或 [面(F)/命名(NA)/对象(OB)/上一个(P)/视图(V)/世界(W)/X/Y/Z/Z 轴(ZA)] <世界>: 选择椭圆的中心点

指定 X 轴上的点或 <接受>:（按<Enter>键）

在命令行中输入 ucs，按<Enter>键，命令行提示：

命令: ucs

当前 UCS 名称: *没有名称*

指定 UCS 的原点或 [面(F)/命名(NA)/对象(OB)/上一个(P)/视图(V)/世界(W)/X/Y/Z/Z 轴(ZA)] <世界>: y（按<Enter>键）

指定绕 Y 轴的旋转角度 <90>: －90（按<Enter>键）

用动态观察器调整观察角度，如图 15-69 所示。

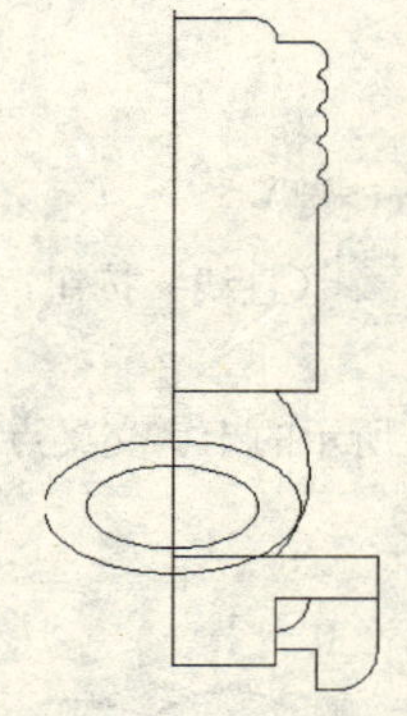

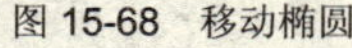

图 15-68　移动椭圆

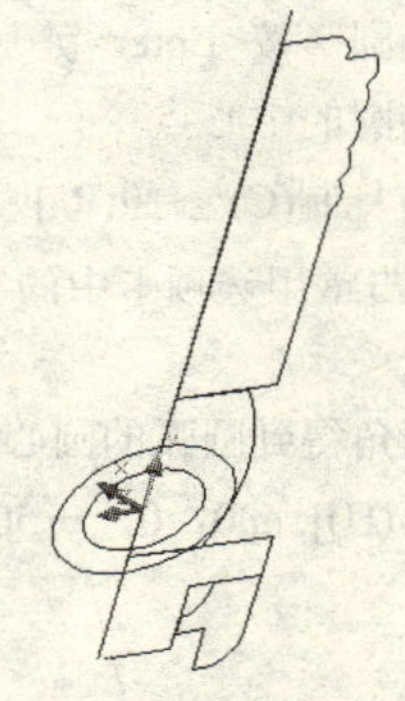

图 15-69　创建新的用户坐标系

5）绘制水管的轴线。单击常用选项卡中的“绘图”面板→（直线）按钮，命令行提示：

命令: line

指定第一点: 选择坐标系的原点

指定下一点或 [放弃(U)]: @85<20（按<Enter>键）

指定下一点或 [放弃(U)]: @15<290（按<Enter>键）

指定下一点或 [闭合(C)/放弃(U)]:（按<Enter>键）

结果如图 15-70 所示。

6）将直线连接进行圆角处理。单击常用选项卡中的“修改”面板→（圆角）按钮，根据命令行的提示将上一步骤中绘制的两条直线的连接处进行圆角处理，设定圆角半径为 15，结果如图 15-71 所示。

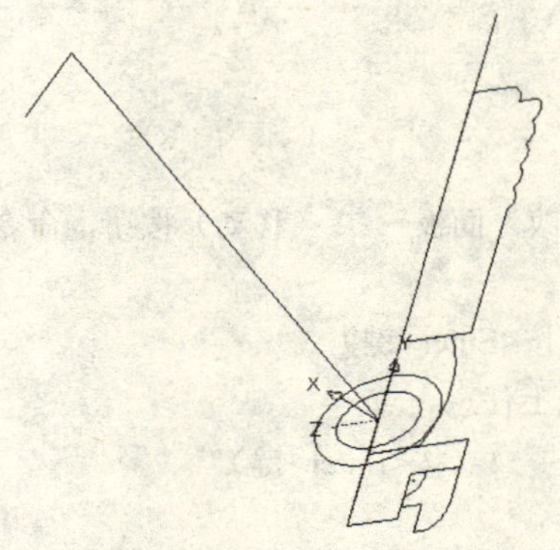

图 15-70　绘制水管的轴线

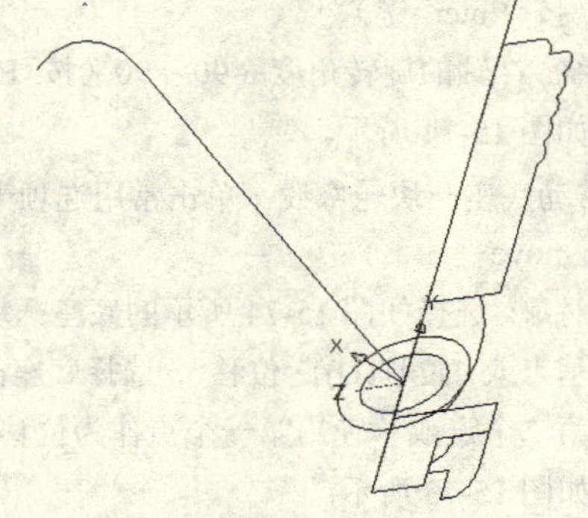

图 15-71　将直线连接进行圆角处理

7）移动小椭圆。单击常用选项卡中的“修改”面板→（移动）按钮，命令行提示：

命令: move

选择对象: 选择小椭圆（按<Enter>键）

指定基点或 [位移(D)] <位移>: 选择椭圆的中心点

指定第二个点或 <使用第一个点作为位移>: 选择步骤（5）中绘制的长直线的端点

结果如图 15-72 所示。

8）旋转小椭圆。单击常用选项卡中的“修改”面板→（旋转）按钮，命令行提示：

命令: rotate

UCS 当前的正角方向:　ANGDIR=逆时针　ANGBASE=0

选择对象: 选择小椭圆（按<Enter>键）

指定基点: 选择小椭圆的中心点

指定旋转角度，或 [复制(C)/参照(R)] <0>: 20（按<Enter>键）

9）绘制旋转轴。单击常用选项卡中的“绘图”面板→（直线）按钮，命令行提示:

命令: line

指定第一点: 选择圆角得到圆弧的圆心，即如图 15-73 所示的十字交叉点

指定下一点或 [放弃(U)]: @0，0，－50（按<Enter>键）

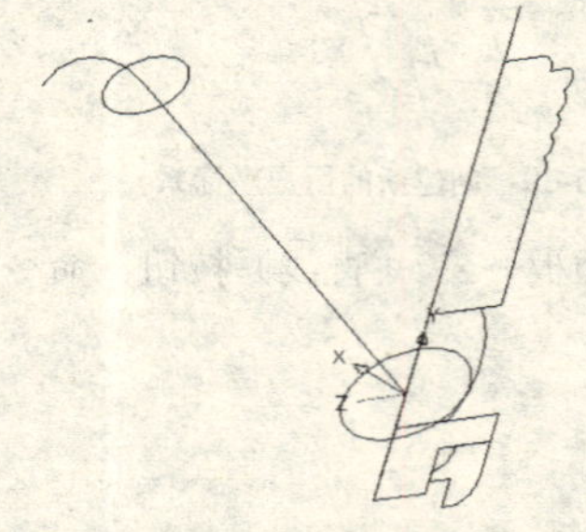

图 15-72　移动小椭圆

图 15-73　选择十字交叉点

（7）创建底座凸块实体。

1）创建新的坐标系。在命令行中输入 ucs，按<Enter>键，命令行提示:

命令: ucs

当前 UCS 名称: *没有名称*

指定 UCS 的原点或 [面(F)/命名(NA)/对象(OB)/上一个(P)/视图(V)/世界(W)/X/Y/Z/Z 轴(ZA)] <世界>: y（按<Enter>键）

指定绕 Y 轴的旋转角度 <90>: 90（按<Enter>键）

结果如图 15-74 所示。

2）移动底座凸块轮廓线。单击常用选项卡中的“修改”面板→（移动）按钮，命令行提示:

命令: move

选择对象: 选择如图 15-74 所示的底座凸块轮廓线（按<Enter>键）

指定基点或 [位移(D)] <位移>: 选择底座凸块轮廓线上任意一点

指定第二个点或 <使用第一个点作为位移>: @0，0，－1（按<Enter>键）

结果如图 15-75 所示。

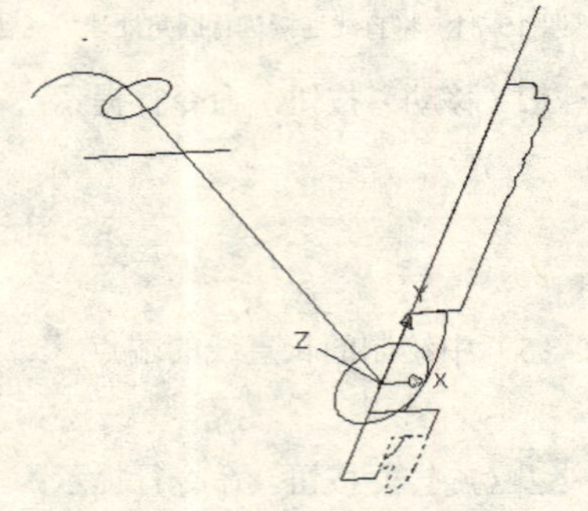

图 15-74　绘制旋转轴

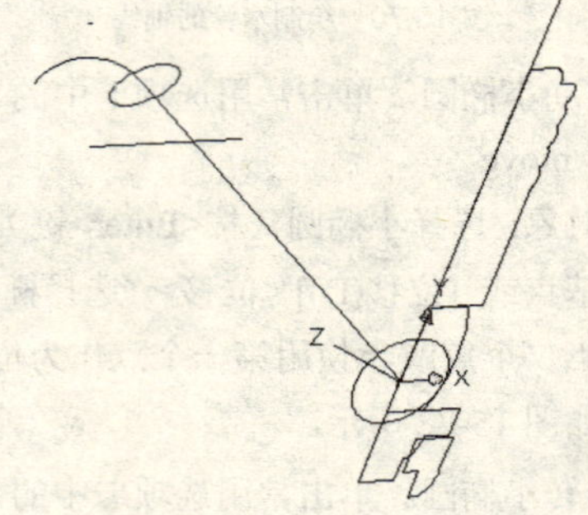

图 15-75　移动底座凸块轮廓线

3）拉伸底座凸块轮廓线。单击常用选项卡中的“建模”面板→（拉伸）按钮，命令行提示:

命令: extrude

当前线框密度:　ISOLINES=4

选择要拉伸的对象: 选择底座凸块轮廓线（按<Enter>键）

指定拉伸的高度或 [方向(D)/路径(P)/倾斜角(T)]`<53.4235>: 2（按<Enter>键）

4）阵列底座凸块实体。单击常用选项卡中的“修改”面板→“三维阵列”命令，命令行提示:

命令: 3darray

选择对象: 选择底座凸块实体（按<Enter>键）

输入阵列类型 [矩形(R)/环形(P)] <矩形>: p（按<Enter>键）

输入阵列中的项目数目: 4（按<Enter>键）

指定要填充的角度 (+=逆时针, −=顺时针) <360>:（按<Enter>键）

旋转阵列对象？[是(Y)/否(N)] <Y>:（按<Enter>键）

指定阵列的中心点: 选择 Y 轴上一点

指定旋转轴上的第二点: 选择 Y 轴上另一点

结果如图 15-76 所示。

（8）创建底座实体。单击常用选项卡中的“建模”面板→（旋转）按钮，命令行提示:

命令: revolve

当前线框密度:　ISOLINES=4

选择要旋转的对象: 选择如图 15-76 所示的虚线

指定轴起点或根据以下选项之一定义轴 [对象(O)/X/Y/Z] <对象>: y（按<Enter>键）

指定旋转角度或 [起点角度(ST)] <360>:（按<Enter>键）

结果如图 15-77 所示。

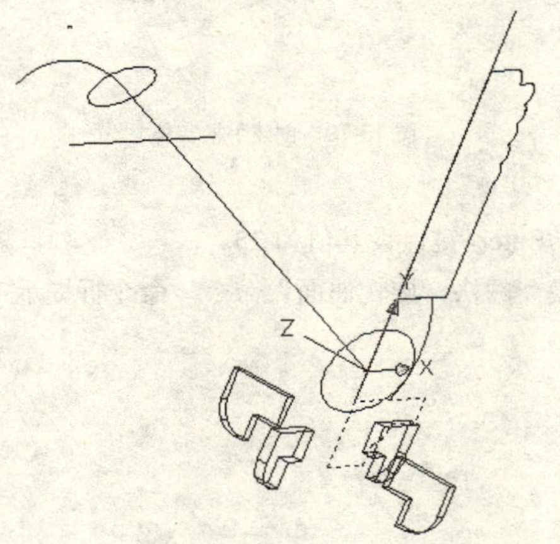

图 15-76　阵列凸块实体

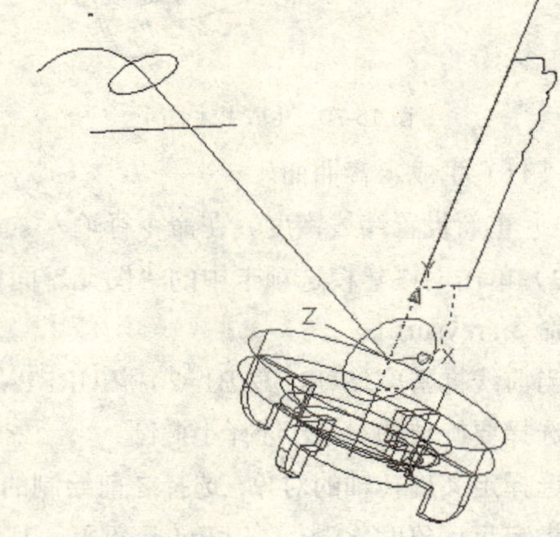

图 15-77　创建底座实体

（9）生成主体曲面。

1）为使生成的曲面比较精细，需将经线密度和纬线密度重新设置。在命令行输入 surftab1，按<Enter>键，设其值为 20。在命令行输入 surftab2，按<Enter>键，设其值为 6。

2）单击网格建模选项卡中的“图元”面板→“建模，网格，旋转曲面”命令，命令行提示:

命令: revsurf

当前线框密度: SURFTAB1=20　SURFTAB2=6

选择要旋转的对象：选择如图 15-77 所示的虚线
选择定义旋转轴的对象：选择 Y 轴上的中心线
指定起点角度 <0>：(按<Enter>键)
指定包含角 (+=逆时针，-=顺时针) <360>：(按<Enter>键)
结果如图 15-78 所示。

（10）创建手柄实体。单击常用选项卡中的“建模”面板→ （旋转）按钮，命令行提示：
命令: revolve
当前线框密度：ISOLINES=4
选择要旋转的对象：选择如图 15-78 所示的虚线
指定轴起点或根据以下选项之一定义轴 [对象(O)/X/Y/Z] <对象>: y（按<Enter>键）
指定旋转角度或 [起点角度(ST)] <360>：(按<Enter>键)
结果如图 15-79 所示。

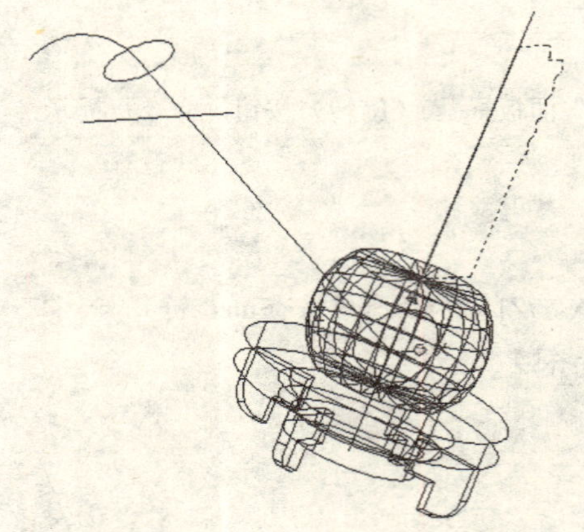

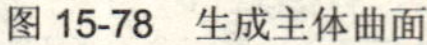

图 15-78　生成主体曲面

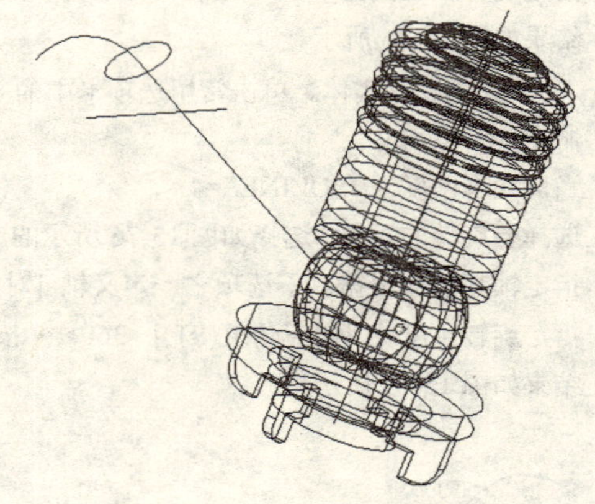

图 15-79　创建手柄实体

（11）生成水管曲面。
1）重新设置纬线密度。在命令行输入 surftab2，按<Enter>键，设其值为 25。
2）单击网格建模选项卡中的“图元”面板→“建模，网格，旋转曲面”命令，命令行提示：
命令: revsurf
当前线框密度: SURFTAB1=20　SURFTAB2=25
选择要旋转的对象：选择小椭圆
选择定义旋转轴的对象：选择之前绘制的旋转轴
指定起点角度 <0>：(按<Enter>键)
指定包含角 (+=逆时针，-=顺时针) <360>: 100（按<Enter>键）
结果如图 15-80 所示。
3）重新设置经线密度。在命令行输入 surftab1，按<Enter>键，设其值为 30。
4）单击网格建模选项卡中的“图元”面板→“建模，网格，直纹网格”命令，命令行提示：
命令: rulesurf
当前线框密度: SURFTAB1=30
选择第一条定义曲线：选择大椭圆

选择第二条定义曲线：选择小椭圆

结果如图 15-81 所示。

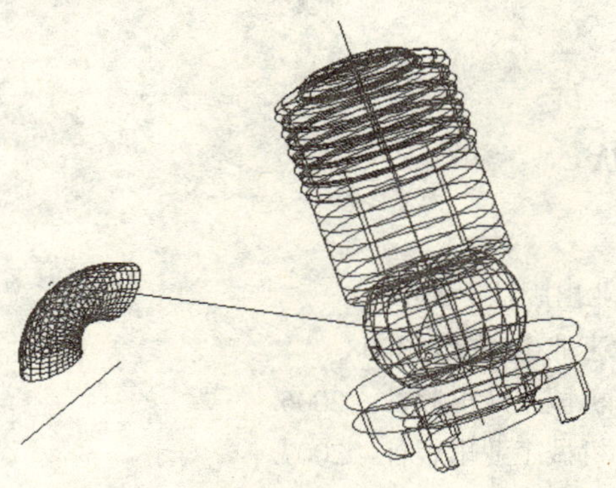

图 15-80　旋转网格

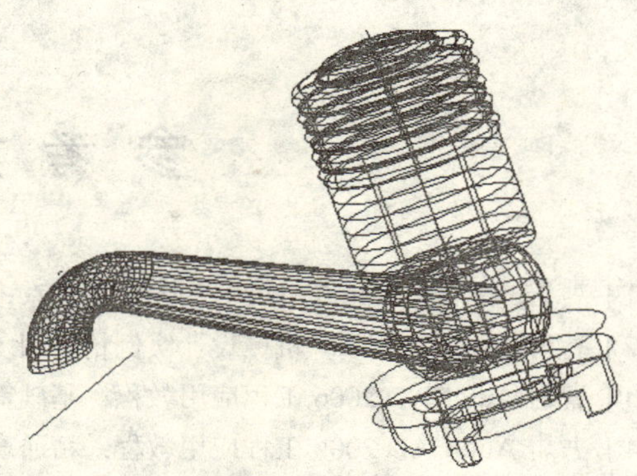

图 15-81　生成水管曲面

5）删除中心线和辅助线，调整视图方向，结果如图 15-82 所示。

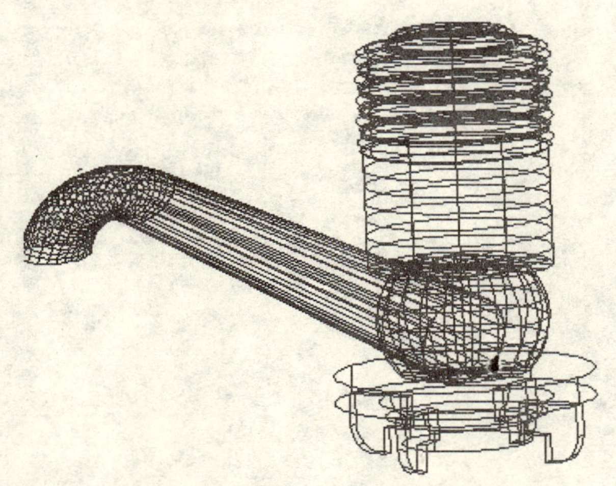

图 15-82　完成水龙头建模

思　考　题

1．AutoCAD 中曲面类零件建模的基本过程是什么？

2．按照书中的讲述，动手完成各个零件的建模。

3．曲面类零件建模常用的特征有哪些？

参 考 文 献

[1] 曹岩，秦少军.AutoCAD 2010 基础篇.北京：化学工业出版社，2009.

[2] 曹岩.AutoCAD 2007 机械设计实例精解.北京：化学工业出版社，2008.

[3] 曹岩.AutoCAD 2006 工程应用教程：基础篇.北京：机械工业出版社，2006.

[4] 曹岩.AutoCAD 2006 工程应用教程：精通篇.北京：机械工业出版社，2007.

[5] 张余，付劲英，周秀.中文版 AutoCAD 2008 从入门到精通.北京：清华大学出版社，2008.